电子标签技术

饶运涛　邹继军　编著

北京航空航天大学出版社

内 容 简 介

本书介绍了当前基于电子技术的几类主要电子标签的原理及其应用开发技术。其中包括历史久远的穿孔卡、射频识别(RFID)技术和非接触IC卡,以及条形码、磁卡和接触式IC卡等。各部分内容的重点是从底层剖析这些标签系统的电子和信息技术的原理及组成,每类标签系统都包括标签(卡)和阅读器(基站)两大部分。对于应用开发中的硬件和软件设计,尽可能地提供实例供参考。

本书适合于高等院校电子信息工程类的研究生、本科生和大专生参考,也可以供一般电子工程技术人员或业余爱好者选读。

图书在版编目(CIP)数据

电子标签技术 / 饶运涛,邹继军编著. --北京 : 北京航空航天大学出版社,2011.5

ISBN 978-7-5124-0388-8

Ⅰ. ①电… Ⅱ. ①饶… ②邹… Ⅲ. ①电子技术—应用—标签—自动识别 Ⅳ. ①TP391.44

中国版本图书馆CIP数据核字(2011)第049536号

电子标签技术

饶运涛　邹继军　编著

责任编辑　张冀青

*

北京航空航天大学出版社出版发行

北京市海淀区学院路37号(邮编100191)　http://www.buaapress.com.cn

发行部电话:(010)82317024　传真:(010)82328026

读者信箱:bhpress@263.net　邮购电话:(010)82316936

北京时代华都印刷有限公司印装　各地书店经销

*

开本:787×960　1/16　印张:21　字数:470千字

2011年5月第1版　2011年5月第1次印刷　印数:4 000册

ISBN 978-7-5124-0388-8　定价:39.00元

序

自古以来标签就存在于人类社会生活中。所谓标签,可理解为一种简单明了的信息载体,多用于人或物的"身份识别"。它的数量巨大,种类繁多,但是尺寸都尽可能小巧。标签以各种不同的形式出现,长期以来对它的识别基本都是凭人的视觉判断,如货物的标签,人们佩戴的证章等,应当都属于这个范畴。

标签和电子技术关联进入自动识别控制的领域,应当起源于18世纪编织机上"穿孔卡"的出现。从法国人杰卡德(J. Jacquard)"可编程的"编织图案的穿孔卡得到启示,德裔美国人霍列瑞斯(Herman Hollerith)博士发明了基于穿孔卡的自动制表机,并成功用于19世纪末的美国人口统计。自那以后,这一技术不断发展完善,在长达70多年的社会生活的许多方面担当自动识别的职能,以至在20世纪70年代可以看到计算机程序和数据的录入、输入还在使用穿孔卡和纸带。使用穿孔卡的就餐证在20世纪90年代的校园里还比较普遍。今天,各种类型的自动评阅答题卡和填表卡,仍以另一种形式延续并发扬着这门"原始"的技术魅力。

20世纪70年代,出现了单薄小小的条形码,可以说是身价最"低微"的标签;但是,全世界的商品和物流领域,它几乎无处不在,而且经久不衰,后来的二维条码又把这项技术推向更有竞争力的境地。现在难以想象有哪种标签能取代它们。

磁卡的威力主要体现在从一开始就占领银行的领域,迄今几十年,人们手中的信用卡大多还是磁卡。尽管人们一再指出它的缺点,提出用IC卡替代,但是谈何容易。因为这里有巨大的"惯性"和成本的考量。更何况长期以来不断完善的协议,坚强、严密的后台系统,能充分保证用户和业界的安全。因为价格低廉,在社会生活的其他许多场合也有磁卡的应用。磁卡的基础——磁记录技术,其生命力更是非凡,现代计算机的海量存储还要靠它。

近十几年来,人们把更多的注意力投入到IC卡,特别是RFIC卡(射频卡)。这是微电子技术迅速发展而衍生出的硕果之一。它们以体积小、存储量大、安全性能好、耐用、使用方便等著称,受到人们的青睐。IC卡在市场的份额会越来越大,这是必然的,但是预言它们能"一统天下",就不敢认同。世界的多样性也同样适合这一领域,通过前面的概述和现实也证明了这点。这就是为什么本书要把那些似乎"落后"、"过时"的技术再展现出来的原因,即使作为历史的回顾,也是值得的。它们存在至今,不是人为的"维护",而是自身技术价值的体现;更何况,也许还有"柳暗花明"的转机。

回头看看电子标签走过的一百多年的历程，在惊叹前人灵感和毅力的同时，也会得到许多有益的启迪。今天，眼前的这些技术成果都是“舶来品”。在收集资料和写作本书的过程中，作者常常在想，我们为什么落后？如何增强国人的创新意识，以使泱泱文明古国在当今能迸发出众多的智慧和能量？作为一个教育工作者，对此尤感深切。钱学森生前有关教育的世纪之问，是一个值得我们深思的话题。

当然电子标签技术不仅仅是这里呈现的几种，它还在不断发展，萌生出新的分支。现在人们已经知道的，有所谓“光卡”，有指纹识别、掌纹识别、虹膜识别等生物特征的识别技术和电子信息技术的结合（例如把指纹特征值存入 IC 卡，以防假冒）。DNA 无疑是身份识别精准技术中的“权威”，如何能让它运用便捷？也许电子技术能发挥重要作用。在 RFID 方面，超高频和微波段的技术也正在发展和推广中。普及中的移动电话正在和 RFID 结合，在不远的将来，也许人们凭着一部手机就能“路路通”，这已经不是幻想。

本书参考文献大多从网上收集而来，也尽可能进行了对比认证，有筛选。在此要感谢那些署名和更多未署名的中外作者，是他们的工作成果丰富了本书的内容。当然，最要感谢的是这些技术的原创者们，他们中的一些虽然离我们远去，然而给后人留下的不仅是智慧和财富，还有生生不息的创新精神。本书也有我们多年来学习与应用开发中的实验资料和成果，特别是 IC 卡部分。参与过有关电路和程序设计、调试的研究生和本科生有邹继军、张建文、李栓明、温世坚、舒鹏和欧阳良京等人。在此一并向他们表示感谢。邹继军承担了本书中 RFID 部分的重要工作，其余部分由饶运涛编写并负责全书的整编。

身处物联网正在兴起的时代，电子标签无疑在其中要担当重要的角色。在人们深入了解这类身份识别的传感器技术过程中，希望本书能有所帮助。大约是六年前，北京航空航天大学出版社就向我们约过本书，可是一拖再拖，主要原因还是感到当时手头资料和我们的认知程度所写出来的东西恐怕没有分量，但是，对于这件事一直没有放弃，而是在不断地积累和深化；可以说，推迟这些年后，心里感到踏实多了，才敢面对读者。不管怎样，我们都是创始者们的学生和这些知识的传播者，充其量在开发应用方面做了点工作，有自己的一些理解。就是这样。由于自身学识和能力的限制，书中的不妥之处恳请同行和读者不吝赐教。

饶运涛
于 2011 年 3 月

目　录

第1章 穿孔卡的标识技术

在人类社会自动化和信息化的进程中，穿孔卡可以称得上是元老级的成员，而且该项技术的生命力还在以不同的形式演变并兴旺地延续着。从穿孔卡出现在最初的信息技术到现在已经跨越三个世纪，在电子计算机出现前的一百多年中，它对大规模的信息处理发挥了无可替代的作用；在计算机的诞生和发展史中，它是数据处理编程的先驱和重要的输入设备的数据载体。正是它的直观和简单赢得了广泛的应用天地，以至于今天人们习以为常地看到它的存在；所以，把穿孔卡作为信息卡系列的第一位来回顾和介绍，不仅可以得到历史的启迪，也有现实的意义。

1.1 电子计算机出现前的穿孔卡技术

1.1.1 编织机上的穿孔卡

说到穿孔卡的起源，不得不追溯到两个多世纪前的一种编织机的发展。提花编织机具有一种升降纱线的装置，能编织图案花纹绸布。提花机最早出现在中国，在战国时期的墓葬物品中，就有许多用彩色丝线编织的漂亮花布。据史书记载，西汉年间的纺织工匠已能熟练掌握提花机技术，这种机器配置了120根经线，平均60天即可织成一匹花布。明朝刻印的《天工开物》一书里，也印着一幅提花编织机的示意图。当西方人对“丝绸之路”运来的花布赞叹不已时，提花机也沿着这条路传入欧洲。不过，用当时的编织机编织图案还是相当费事。所有的花布都是用经线（纵向线）和纬线（横向线）编织，若要织出花样，织工必须按照预先设计的图案，用手在适当位置反复提起一部分经线，以便让滑梭牵引着不同颜色的纬线通过。因为机器不可能自己“想”到该在何处提线，所以只能靠人手提起一根又一根的经线，并且不厌其烦地重复这种操作，编织效率很低。

1725年，法国纺织机械师布乔(B. Bouchon)想出了一个“穿孔纸带”的绝妙主意。布乔首先设法用一排编织针控制所有的经线运动，然后取来一卷纸带，根据图案打出一排排小孔，并把它压在编织针上。启动机器后，正对着小孔的编织针能穿过去钩起经线，其他则被纸带挡住不动。于是，编织针自动按照预先设计的图案去挑选经线，布乔的“思想”“传递”给了编织机，编织图案的“程序”也就“储存”在穿孔纸带的小孔之中。真正成功的改进是80年后，另一位法国机械师杰卡德(J. Jacquard,1752－1834),大约在 1801 年完成了“自动提花编织机”的设计制作。他出生于里昂,其父是位织工。虽然杰卡德在 1790 年就基本形成了自动提花机的设计构想,但为了参加法国大革命,他无暇顾及发明创造,投身到里昂保卫战的行列里。直到 19 世纪到来之后,杰卡德的机器才得以组装完成。

杰卡德为他的提花编织机增加了一种装置,能够同时操纵 1 200 个编织针,控制图案的穿孔纸带后来换成了穿孔卡片。1805 年,法国皇帝拿破仑在里昂工业展览会上观看提花编织机表演后大加赞赏,授予杰卡德古罗马军团荣誉勋章。据说,杰卡德编织机面世后 25 年,连考文垂附近的乡村里也有了 600 台,在老式蒸汽机的牵引下,按照穿孔卡片上的图案编织出一匹匹漂亮的花绸布。虽然有皇帝支持,但是杰卡德的机器却遭到织工们的强烈反对,因为他们害怕机器会砸掉他们的饭碗,使他们失去工作,发明家因此生活在恐惧之中。尽管如此,最后这种性能优越的自动编织机还是被人们接受,而且还派生出一种新的职业——打孔工人,可以视为最早的“程序录入员”。今天,许多杰卡德提花编织机仍在使用,而且你还可以偶然发现一系列的杰卡德卡片在出售。在伦敦出版的《不列颠百科全书》和中国出版的《英汉科技词汇大全》两部书中,“JACQUARD”(杰卡德)一词的英语和汉语的解释都是“提花机”,由此可见,杰卡德的名字已经与提花机融为了一体。杰卡德提花机的原理,即使到了电脑时代的今天,依然没有更大的改动,街头巷尾小作坊里使用的手工绒线编织机,其基本结构仍与杰卡德编织机大体相似。杰卡德为程序控制机器开辟了广阔前景的先河。或许,我们现在把“程序设计”俗称为“编程序”就引申自“编织花布”的词义。

图 1.1.1 展示的是杰卡德提花编织机的卡系列,来自美国爱荷华州阿玛拉的一个毛纺厂里的小型地毯编织机。在这个系列中,每一张卡是 9 英寸长,1.25 英寸宽,1/16 英寸厚,而其他的提花织机使用的是不同尺寸的卡。所有提花织机的卡都被串在灯芯绒的布上,而且要求有一个很重的卡托盘,因为提花编织机的“读卡”装置完全是机械的。

图 1.1.1　杰卡德提花编织机的卡系列

此外，杰卡德编织机"千疮百孔"的穿孔卡片，不仅可让机器编织出绚丽多彩的图案，而且意味着程序控制思想的萌芽，穿孔纸带和穿孔卡片也广泛用于早期电脑，用于存储程序和数据。可以说，工业社会首次大规模应用程序控制的机器不是计算机，而是纺织行业中的提花编织机(见图 1.1.2 和图 1.1.3)，因为它对计算机程序设计的思想产生过巨大的影响力。

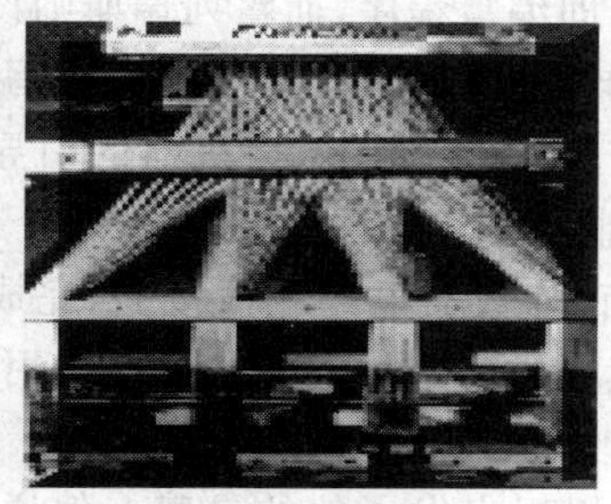

图 1.1.2 编织机局部

图 1.1.3 打孔机

1.1.2 数据处理中的穿孔卡

首次使用穿孔卡技术的数据处理机器，是美国统计专家霍列瑞斯(Herman Hollerith)博士的伟大发明。

美国人口普查始于 1790 年，当时至少花了 9 个月的时间才完成了数据的统计。1880 年，美国举行了一次全国性人口普查，为当时 5000 余万的美国人口登记造册。当时美国经济正处于迅速发展的阶段，人口流动十分频繁；再加上普查的项目繁多，统计手段落后，从当年元月开始的这次普查，花了 7 年半的时间才把数据处理完毕。也就是说，直到快进行第二次人口普查时，美国政府才得知第一次人口普查期间全国人口的状况。这一事实表明，以落后的技术方法来编制统计表格完全不能适应统计需要。为了应付 1890 年第 12 次人口普查，美国人口普查局向社会招标，希望有人发明一种能自动编制表格的机器。

霍列瑞斯(见图 1.1.4)博士是德国侨民，早年毕业于美国哥伦比亚大学矿业学院，学的是采矿专业。大学毕业后来到人口调查局，从事的第一项工作就是人口普查。人口调查局的业务异常繁忙，一个行政机构也不可能提供时间和经费让公务员搞什么科学研究。两年后，霍列瑞斯博士离开了人口局，到专利事务所工作过一段时间，也曾任教于麻省理工学院。他一边工作，一边致力于自动制表机的研制。在人口局，他曾与同事们一起深入到许多家庭，填表征集资料，深知每个数据都来之不易；他也曾终日埋在数据堆

图 1.1.4 霍列瑞斯
(Herman Hollerith，1890—1927)

里，用手摇计算机“摇”得满头大汗，一天下来，也统计不出几张表格的数据。

人口普查需要大量处理的是数据，如年龄、性别等用调查表采集的项目，并且还要统计出每个社区有多少儿童和老人，有多少男性公民和女性公民，等等。这些数据是否也可由机器自动进行统计？采矿工程师霍列瑞斯想到了纺织工程师杰卡德 80 年前发明的穿孔纸带。杰卡德提花机是用穿孔纸带上的小孔来控制提花操作的步骤，即编写程序，而霍列瑞斯则设想要用它来储存和统计数据，发明一种自动制表的机器。1884 年，霍列瑞斯在专利申请中写道：“每个人不同的统计项目，将由适当的孔给予记录，小孔分布于一条纸带上，由机器的引导盘控制纸带输入……”。基于这种设想，霍列瑞斯制作了第一台制表机。机器上装备着一个计算器，当纸带被牵引移动时，一旦有孔的地方通过鼓形转轮表面，计数器电路就被接通，完成一次累加统计。原始的制表机工作不太可靠，迫使霍列瑞斯继续寻求改进。问题之一在于用“穿孔纸带”输入只能统计出总数，无法对个人数据进行分类和修改，也无法重新登记。

一次，当他外出乘坐火车时，列车员在车票上打孔的规程启发了他的灵感。他说：“我到西部旅行，买了一张火车票。列车员在车票上打了一个孔，我脑海中火花一闪：一个人一张票，我正是需要为每个人制造一张代表身份的穿孔卡片。”于是，霍列瑞斯把穿孔纸带改造成穿孔卡片，以适应人口数据采集的需要。由于每个人的调查数据有若干不同的项目，如性别、籍贯、年龄，等等。霍列瑞斯把每个人所有的调查项目依次排列于一张卡片上，然后根据调查结果在相应项目的位置上打孔。例如，穿孔卡片“性别”栏目下，有“男”和“女”两个选项；“年龄”栏目下有从“0 岁”到“70 岁以上”等系列选项，如此等等。统计员可以根据每个调查对象的具体情况，分别在穿孔卡片各栏目相应位置打出小孔。每张卡片都代表着一位公民的个人档案(见图 1.1.5)。

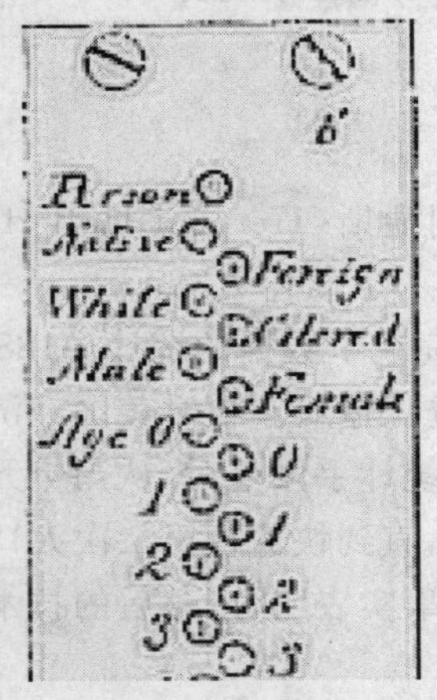

图 1.1.5　人口普查数据采集穿孔卡

霍列瑞斯将巧妙的设计用于自动统计。他在机器上安装了一组盛满水银的小杯，穿好孔的卡片就放置在这些水银杯上。卡片上方有几排精心调好的探针，探针连接在电路的一端，水银杯则连接于电路的另一端。与杰卡德提花机穿孔纸带的原理类似：只要某根探针撞到卡片上有孔的位置，便会自动跌落下去，与水银接触接通电流，启动计数装置前进一个刻度。由此可见，霍列瑞斯穿孔卡表达的也是二进制信息，即有孔处能接通电路计数，代表该调查项目为“有”(1)；无孔处不能接通电路计数，表示该调查项目为“无”(0)，如图 1.1.6 和图 1.1.7 所示。

统计分类问题解决之后，打孔的困难接踵而至。过去给穿孔纸带打孔，他用的是一种小型手持式装置，常常因用力过猛把纸带打破，而改换较厚的卡片后，打孔却变得非常费力。不久，霍列瑞斯设计出一个被他称为“缩放仪”的东西，即一种半自动打孔机(见图 1.1.8)，大大提高了工作效率。因为有了新的打孔设备，他雇佣了一些女职员来从事过去繁重的体力劳动，平均每个人一天能轻松地处理 700 张卡片。以我们今天的眼光看，这些女职员应该是世界上第一批“数据录入员”。

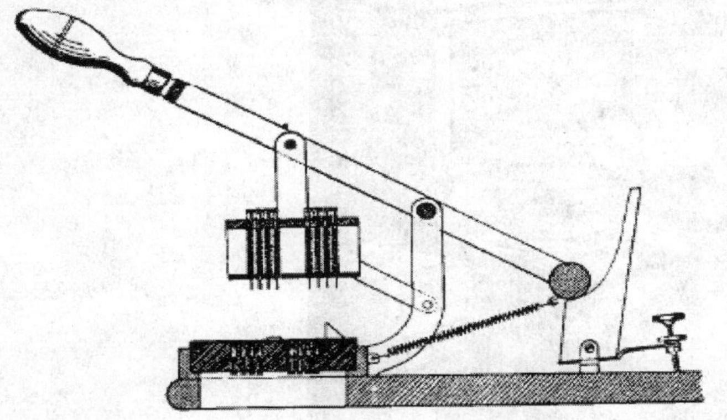

图 1.1.6　霍列瑞斯发明的带探针和水银杯的穿孔卡阅读器

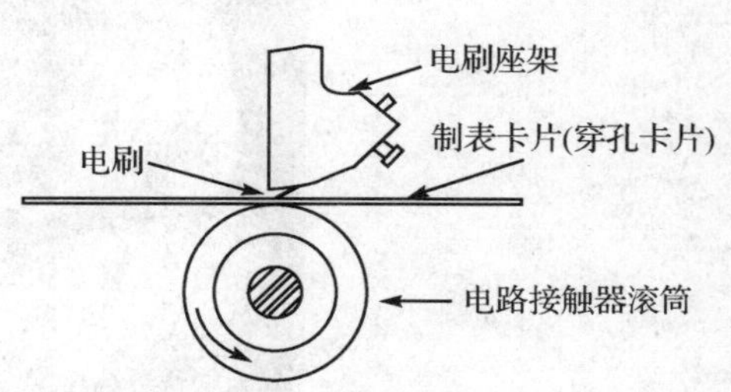

图 1.1.7　霍列瑞斯发明的电刷式穿孔卡阅读器机械原理图

图 1.1.8　操作中的缩放式穿孔机

直到 1888 年，霍列瑞斯博士才实际完成自动制表机(见图 1.1.9)设计并申报了专利。他发明的这种机电式计数装置，比传统纯机械装置更加灵敏，1890 年后历次美国人口普查都被选用，所以获得了巨大的成功。例如，1900 年进行的人口普查全部采用霍列瑞斯制表机，平均每台机器可代替 500 人工作，全国的数据统计仅用了 1 年多时间。霍列瑞斯机器的速度和可靠性令人惊讶，每台制表机连接着 40 台计数器，处理高峰期，一天能统计 2 000～3 000 个家庭数据，总共被处理的人数达到 600 万人。在霍列瑞斯制表机的支持下，第 12 次人口普查的统计工作仅用了 6 个星期时间，其中一部分时间还被用来处理上次普查的遗留问题。这种制表机为人口普查局节省了约500万美元费用。

图1.1.9 初步统计居民人数的专用制表机

虽然霍列瑞斯发明的并不是通用计算机,除了能统计数据表格外,它几乎没有别的什么用途,然而,制表机穿孔卡第一次把数据转变成二进制信息。在以后的计算机系统里,用穿孔卡片输入数据的方法一直沿用到20世纪70年代,数据处理也发展成为计算机的主要功能之一。霍列瑞斯的成就使他跻身于"信息处理之父"的行列。

杰卡德和霍列瑞斯分别开创了程序设计和数据处理之先河。以历史的目光审视他们的发明,正是这种程序设计和数据处理,构成了计算机"软件"的雏形。

穿孔卡系统的用户、设计者和生产者之间相互影响。在工业革命期间,由于美国市场的扩张,所以要求有大型的公司,但是,增长和大型常常未能产生预期的规模经济。这种扩展要求能够在公司内部沟通。一个重要的问题是纵观巨大数量的信息调查,它们产自政策的发布、额外费用(如保险费)的支付、保险公司的补偿金和铁路公司货运的发送和接收等。为了监控这些标准的商务,设计了最早的制表统计系统。

霍列瑞斯发展了他的穿孔卡机器。1890年的制表机仅仅可以计数,而且是手工操作。尔后,霍列瑞斯的设计有了新的进展,包括了基于列的卡片、键盘穿孔机、自动读卡器、插线板编程和分类器。到了1907年前,组成了霍列瑞斯第二个连贯的系统,它涵盖了穿孔、分类和制表。他把这些特点统一在基于45列的穿孔卡上和新的读卡系统中。这种45列的卡片尺寸与用在纽约中央和哈得逊河铁路公司的一样,但是包含更多的列。这些新增加的列虽然是挤在同一张卡上,但是孔位误差小,这样就可以用新的动态带刷的读卡机。进行读卡时,卡片是在移动的。在老式的探针盒中读卡时，卡片被停下来然后等待要压下来的读针。不管是新系统还是旧系统，卡片都是电绝缘体；卡片在钢刷和一排黄铜环之间通过，一组对应卡片上的一列孔位。卡片上的孔允许电流在刷子和铜环之间通过，这样使电路闭合。机器的所有部分都与卡片的移动同步，同时记录了孔位在卡片上的行所对应的数字值。动态读卡是一个比较复杂的执行过程，但是，由于它不再需要在读卡过程中停下来，所以可以快速处理卡片。

新的制表机不同于原先的机器。首先是自动进卡，原先是放在一个单独的地方，现在合并为机器的一部分；其次是新的机器更紧凑，设计的加法单元也合并到机器的主体部分；第三是通过插线板编程，而不是像原先用螺丝钉接线。新的制表机支持 5 个加法装置，运行速度是每分钟 150 张卡片。为了节省横向空间，分类机（见图 1.1.10）是竖直的。卡片从 1.5 m 高的顶部单元进入 13 个斜道，一个道对应卡片一个纵列上 12 个位置中的一个，还有一道是为了去除空白列的卡。由于有了连续读卡机械，而不是原先间歇式的动作，这种机器提高了速度。每分钟它可以对 250 张卡分类。

图 1.1.10　霍列瑞斯的垂直分类机

霍列瑞斯 1907 年的穿孔卡系统有两个新的主要特点：标准化的穿孔卡和电刷读卡。标准化的穿孔卡标志着霍列瑞斯系统概念上的一个改变。早期的系统是为顾客的特定应用而建

造的，所以系统很适合该项应用，但是要求霍列瑞斯去设计、生产和维护几种不同的机器。电刷读卡是一项全新的技术，霍列瑞斯为此在1903年申请了专利。新的机器也兼收了大量的创新，它们都是基于生产、应用和维护穿孔卡设备的过程中所积累的经验。只有较少部件的更加紧凑的加法单元也是一项重要改进，霍列瑞斯在1901年申请了该项专利。

IBM公司对计算机的发展有很大贡献，然而，真正让IBM发展成为跨国公司的产品既不是PC，也不是软盘和硬盘，而是穿孔卡片和自动制表机。自动制表机的主角是穿孔卡片，此时的卡片阅读机是将卡片上孔的分布情况由光电器件转换成电信号，然后再由计算装置对电信号进行处理，其速度已远远超过过去的机电式读卡机。制表机定期地对卡片进行加减乘除，累计存档，印成报表，就实现了管理自动化。

第二次世界大战期间，IBM制表机为战争机器的高效运转立下了汗马功劳。美国军方的后勤系统和前线指挥系统大量使用制表机，士官的军饷、伤亡情况及轰炸机的命中率等，都被制成图表。

第二次世界大战结束后，美国的政府部门、学校都利用穿孔卡片来记录雇员和学生的信息，企业也将穿孔卡片纳入到生产管理之中。就像今天的磁卡、IC卡一样，穿孔卡片广泛地融入了人们的生活，上班要打卡，就医要打卡，就餐也是打卡。

在穿孔卡片半个多世纪的生命周期内，它几乎成了IBM公司的名片，它不仅给IBM带来了滚滚财富，也使IBM的业务范围扩大到了全球。1946年第一台电子计算机ENIAC诞生时，由于当时键盘和打印机还没有诞生，数据输入和输出全都仰仗于卡片打孔机（见图1.1.11）和读卡机，所以IBM的业务自然地进入了计算机领域，并凭借雄厚的经济实力很快确立了在计算机硬件领域中的霸主地位。

图1.1.11　IBM自动打孔制表机（IBM key punch machine）

1.1.3 穿孔卡在不同领域中的应用和发展

1. 在物流管理中

《物流管理》的前身是《运输管理》。它创办于 1962 年，当初报道的只是一些民航、铁路、公路公司运输经营的情况，那时是用穿孔卡来跟踪货物运输的。

1894 年，霍列瑞斯在农业人口统计中，试验他的原型加法制表装置。这期间，他认识了纽约中央和哈得逊河铁路会计管理者 J. Shirley Eaton，此人建议在铁路会计中使用穿孔卡。霍列瑞斯开发了这个项目，并在 1894 年底前交付给铁路公司。

在 19 世纪 90 年代前，货物运输的核算和统计对于铁路会计部门是很繁重的工作，货物的分发是件复杂的任务。有众多的车站，一件包裹可能要沿着路轨经过好几个公司。另外，公司也需要统计来决定在铁路的每一段发送货运列车的频率和长度。一个主要问题是核对来自发货站和收货站的报单一致性。对运货单进行处理和分类是这项工作的主要内容，但是是很费劲的。

霍列瑞斯在 1894 年为纽约中央铁路设计的系统是根据他制表加法器改进的版本，现在是用电动机带动。为了这项应用，他设计了一种新的穿孔卡版面来适应运货单的信息。这些信息以列的形式凿孔在卡片上。每一列从上到下都印有数字 0～9。这是一项有独特创意的设计，后来一直沿用着。

处理过程首先是把来自收货站的运单上的信息用穿孔复制到卡片上；然后，用加法制表器对卡片进行累加，得出的结果与本站的报单核对。这之后，卡片按发货站分类，核对他们的报单并累加，主要处理过程结束。这样的卡片可以用于货物运输的不同车站。

霍列瑞斯原先的加法制表器是基于数字的串行处理，它们通过一个共用加法器相加。他的新系统基于 4 个加法器，每个数字有一个加法器，一种并行运行的新结构。它们类似于收银机。在按键处，有 9 个电磁铁排列在环绕加法轮的一个弧形架上。当压下探针闭合时，通过卡片上的孔形成一个电路，它激活一个磁铁。在一次按键结束时，各个数字组就被同时累加，结果数字直接显示在加法器的轮子上。一个重要的新特征是引入了插线板，这样容易为特定的任务选择连接或编程。在自动拨号系统使用之前，操作员用插线板进行电话转接。这种基于列的穿孔卡概念、并行加法和插线板编程成为了此后 IBM 穿孔卡机大多数后续发展的基础。另一方面，对于纽约中央铁路公司，穿孔卡系统凸显了穿孔机是一个薄弱环节。缩放仪式穿孔机操作起来比较缓慢，并且穿孔位置不精确。霍列瑞斯设计了一种穿孔机，操作起来就像一只手的打字机。卡片放在一个托盘上，当按键被操作时，在穿孔器下，卡片被一列一列移动。共有 11 个按键，其中，10 个按钮对应数字 0～9，1 个按钮是用做跨越和留下空白的列。这个与霍列瑞斯的缩放仪穿孔机有着根本的区别，基于列的穿孔卡用于纽约中央铁路公司的加法制表装置。这种穿孔机有很高的穿孔精度，并且使列之间距离缩小，但是操作起来费力，因为没有杠杆机械来减小按下键时所需要的压力。同时霍列瑞斯又设计了一种卡片，它比 1890 年人口普查的卡片要长。新的卡片有36列，而不是24列。在1908年，列的数目增加到45列；1928年增加到80列。

2. 在农业普查中

对农业人口普查的合同要求霍列瑞斯提供两种穿孔卡系统：一个用于农场统计，另一个用于农作物统计。农场的统计编辑完全根据每个农场自己的时间安排。农场卡系统和纽约中央铁路公司使用的一样。农作物统计覆盖了每个农场的全部产品或牲畜的类型。农作物卡片比较小(短一些，宽一样)，因为要记录的数据比较少，每个农场平均有20张卡。

在这项工作中，分类是个瓶颈，特别在作物统计中，它需要116百万张卡。因此，霍列瑞斯再继续他早期的分类器的考虑，设计了一种水平分类器，其中采用了机械或"自动"进卡装置。这种新的进卡装置是垂直的，它需要垂直传感器，不能使用水银杯。因为要传感，卡片停留片刻，然后被投入到分类器中。这台分类器是霍列瑞斯首个连续运转的穿孔卡机器。它的速度是每分钟200张卡，比人工分类和戈尔分类器快好几倍。很快，纽约中央铁路公司租用了这种分类器。

显然，自动进卡可以减轻操作员单调读卡的繁杂劳动，同时机械读卡也比人工操作系统快。霍列瑞斯不久就使他的自动进卡装置适用于计数制表器。它的平均速度大约是每分钟210张卡，价格比人工进卡设备高50%。1901年，人口普查部门租借了几台。

3. 在保险业中

寿命保险公司首先显示出作为潜在的商业顾客。到了1890年，它们积累了几十年中大量办理的保险单，而每一张保险单上的资料都要复制到一张填写的卡片上。这些卡片按照类别分成一堆一堆，为了制作表格，然后这些卡片用人工计数。

1890年，25个美国精算协会的成员观看了霍列瑞斯的穿孔卡系统应用在人口普查中的演示。这些精算师对任何一种能制定表格节省劳力的设备都感兴趣。美国五个最大的人寿保险公司之一的Prudential保险公司租借了两台制表机和分类装置。该公司使用穿孔卡来统计它的保险单。该公司的精算师John K. Gore(戈尔)发现霍列瑞斯分类装置有一个重大缺陷，并且成了保险统计过程的瓶颈。后来，他与有机械技能的内兄设计了他们自己的穿孔卡分类器，并且成为他们系统的核心。这种穿孔卡分类器的卡片尺寸只有霍列瑞斯的57%，有90个穿孔位置，而霍列瑞斯的卡片有288个。这种分类器由电动机带动，于1895年安装在Prudential公司，使用了好几十年。这个装置是圆形结构，它能对分散在卡上10个不同的穿孔位进行分类，而大多数分类器一次只能根据一行来分类。戈尔的分类器一分钟可以对大约65张卡片进行分类，速度是霍列瑞斯的两倍。

4. 在图书馆管理中

直到20世纪30年代才有图书馆使用穿孔卡的报道，那时是为了分析书的使用情况，以作出购买的决定。这几乎是霍列瑞斯在1887年首次使用穿孔卡编辑巴尔的摩(Baltimore)城市死亡率统计后的50年。在20世纪30年代之前，对原始的霍列瑞斯8.5 in×3.25 in带32个穿孔位的卡片已做了较多的修改。还有，在这之前，一个名为 James Powers 的竞争者已经设计出他自己的穿孔卡系统，同时穿孔卡的新类型也有了发展，有锯齿状的卡用在手工分拣的操作中。

成本和系统的尺寸是在第二次世界大战后图书馆和文件中心是否采用穿孔卡的两个最重要的决定因素。然而，同样重要的是冲破传统图书馆系统管理的创新精神。在同一时期，有少数公共和研究院的图书馆开始探索穿孔卡在例行公事处理上的应用，但是在 20 世纪 50 年代早期，采用并不广泛。在这之前，在美国和欧洲有一批图书馆员、文献工作者和科学家，他们不满意传统的图书馆管理方式，开始试验和采用穿孔卡技术，特别是边缘带锯齿状的卡。他们最紧迫（特别是在第二次世界大战后的年代）的问题是管理和检索迅速扩大的科学和技术文献量。这些问题导致他们对传统的图书馆目录规则、分类系统、检索的习惯以及满足用户要求的方式等产生了怀疑。

Ethel M. Fair 在 1936 年 1 月 15 日杂志《图书馆》(Library Journal)的一篇摘要文章中第一次报道穿孔卡在图书馆的应用，在那里她讨论了有关图书馆的几项新改革的可能性，其中包括“电子资料分类机”或 IBM 装置。她写道：“该方法正被一两个协会用于分析读者和读物以及分析书的购买。”；“这儿没有正当的原因说明，为什么图书馆的读者、读物、库存分布和经费记录不能比现有的人的眼睛、手和指头的方式更快、更完全、更满意地被确定、分析和记录下来。” Fair 的建议对于穿孔卡的应用是非常有远见的，在那时是机器分类卡。她简要描述什么将成为之后 30 多年中在传统图书馆里这套系统的主要应用。当 Ethel M. Fair 的文章出现在 1936 年 12 月 1 日同样是《图书馆》期刊上时，德克萨斯大学的借出图书馆员 Ralph H. Parker 等正在他的图书馆为实现循环控制系统而工作，利用 Hollerith/IBM 卡和机器，他安装了装书系统，在 1936 年 2 月 1 日全部运转。在后来的 25 年中，Ralph H. Parker 是机器分类卡的积极倡导者，他的工作最后反映在著名的作品 Library Applications of Punched Cards 中，由美国图书馆协会在 1953 年发表。

IBM 于 1940 年代后期设计了它自己的流通控制系统。Montclair 系统使用了图书卡、借阅者的身份识别卡、处理卡、返回卡、匹配返回卡的借出卡，还有用于流通出去和到期日期的单独的卡文件（见图 1.1.12）。标准的 80 行 Hollerith/IBM 卡片使用预先印刷格式，上面带有 Montclair 标识语装饰，它用于所有的事务办理。专门的有穿孔虚线可撕裂的卡片设计出来用在流通过程的不同场合。预约、罚款、迟到记录、用户借款的记录等等都是由该系统处理，在 20 世纪 30 年代 IBM 卖出的穿孔卡设备中，有完全的硬件支持 IBM 的文字数字霍尔瑞斯编码，但是大多数的机器只限于在数字方面的应用。例如，那时爱荷华大学把学生的名字用霍尔瑞斯编码穿孔在卡上，其他大学使用 4 位十进制数字编码普通名字，这样他们就避免了更昂贵的文字数字设备。由 G. W. Baehne 编写，Columbia 大学 1935 年出版的《穿孔卡在大学的应用》一书全面总结了 1935 年穿孔卡在数据处理方面的状况。

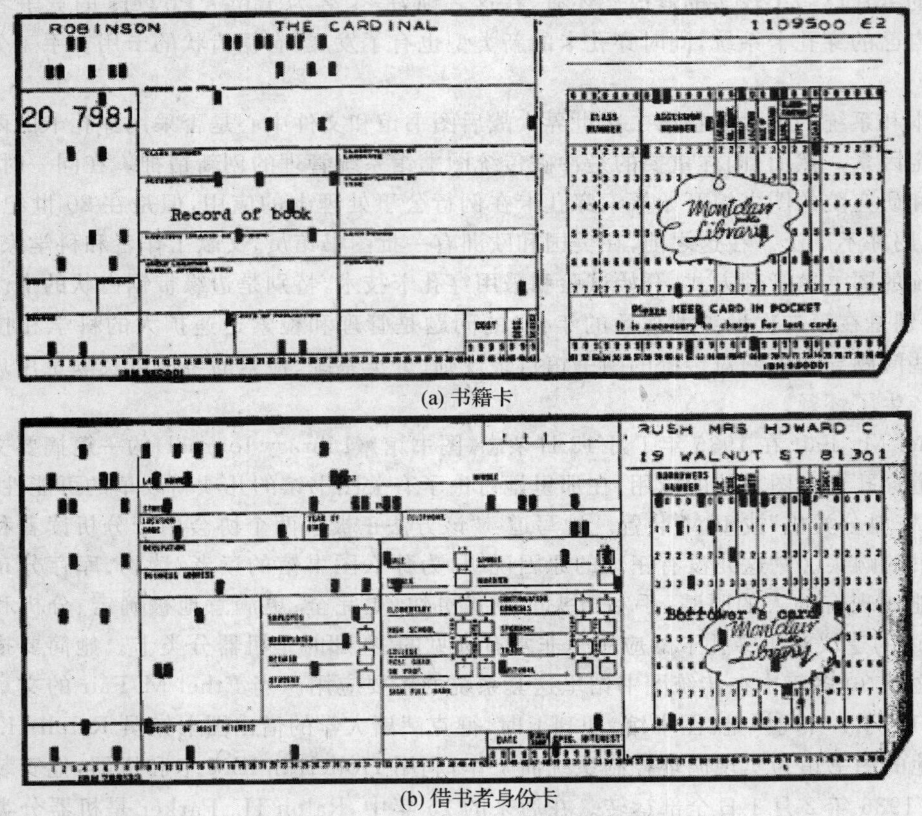

(a) 书籍卡

(b) 借书者身份卡

图 1.1.12　用在新泽西州蒙特克莱尔公共图书馆的机器分类卡

当卡作为数据处理存储固定格式的信息时，它们几乎都会被印上格式信息，这样一来，一般的读者就很容易了解在卡上穿孔的信息是什么。这种印刷可以十分明了地指出一种应用，或者它仅仅以标准方式分开各段，在卡上没有标明它的用处。

5. 在零售业中

图 1.1.13 展示的是 20 世纪 30 年代前 IBM 卡处理设备的典型卡。这张印刷出来的卡用于零售领域，考虑到顾客持有这种卡，因此会有警告提示："不要折叠或损坏卡片"。这种卡的大多数区域没有明确的目的，它包含一种有趣和非常专门的特点：当卡被处理时，出纳员要沿着凿孔的线撕下一个标签。去掉标签的卡会被卡的处理装置发现，同时在第 12 行，第 1 列穿孔。

应当说明的是，从 19 世纪 90 年代到 20 世纪 50 年代，典型的卡处理应用不可能要求使用计算机。例如，一批零售用的卡片，分类器按卡的类型段来分类，然后，每类可以通过制表机来

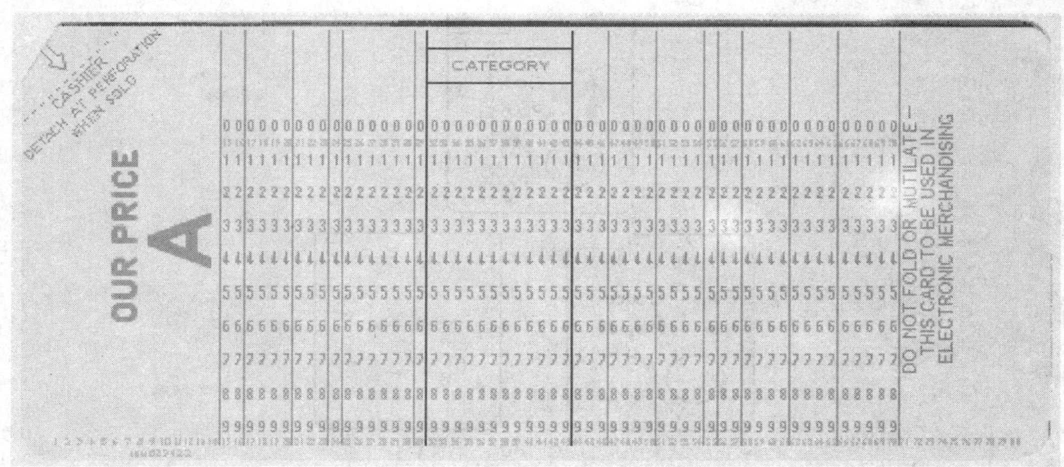

图 1.1.13　零售领域的穿孔卡

累加出所有在这类卡中价格段的总和或类似的会计功能。

通常，固定格式的卡在卡的上边沿注明这种格式，打孔机几乎总是沿着这个边打印文本信息。但有时候，这样的非标准在那些用机器穿孔的卡上是很普遍的。在 20 世纪 50 年代，IBM 公司也支持过 80 列卡缩减的版本，只有 51 列。它们频繁使用在零售业和要求卡具备有限存储量的其他场合。它们节省了大量的空间和纸张；但是，为了支持两种格式而增加了卡处理设备的复杂性。

6. 在选举投票中

穿孔卡(见图 1.1.14)重要的应用之一是用做投票。穿孔卡这种投票方式有点像学生考试用的答题卡。在卡上写着候选人的名字，选民需在自己中意的候选人名字处打孔，然后将票投进票箱，与投票箱相连的计算机可以自动识别。这种系统在 1964 年的美国总统选举中首次被佛罗里达州部分选民使用。尽管现在电子系统已经出现，但选民最多的洛杉矶市仍然在使用打孔卡。在 2000 年总统竞选期间，估计在美国有三分之一的投票点仍使用穿孔卡投票，而 1984 年爱荷华州有效地禁止了穿孔卡投票。20 世纪 90 年代早期，做标记的投票和直接记录的电子投票机器都已发展到能有效替代穿孔卡投票。事实上，在 2000 年基于投票系统的主要商家已经把他们的市场重点转移到这些新的技术上。

美国各地甚至同一个州内的选票形式各异，投票方式也五花八门，从古老的选票(paper ballots)到旧式的打孔机(punch card)，从光学扫描仪(optical scan)到最先进的计算机表决器(electronic)，不一而足。其中打孔机是最普遍的一种选举机器，全美大约 31%的选民使用这一方式投票。

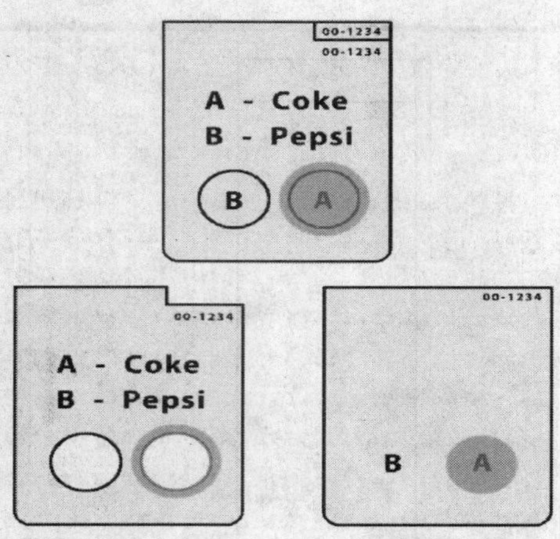

图 1.1.14　穿孔卡选票形式之一

7. 公共食堂就餐卡(这是在计算机普及之后)

穿孔卡在很长时间作为社会公共生活中的一种身份识别卡发挥过重要作用,例如最早的自动收费就餐卡就是这种形式,而且一直流行到本世纪初,在不少学校的食堂管理中,仍然可以看到它的存在。这类系统与后来普遍流行的以磁卡或IC卡作为身份识别的售饭系统相比,最大的区别就是它的读卡装置是单片机控制下的光电传感器。如图 1.1.15 所示,在卡片上有若干列孔位,每列 8 个椭圆孔位,这里按 7 位 ASCII 码编写一个字符卡号,最后一位是奇偶校验位。示例中共有 6 列,最后一列是前 5 位数字每一行的奇偶校验。读卡器有平面式的,上面的光电传感元件排列一一对应卡片上的孔位,卡片覆盖在相应位置后,外部光源透过孔眼作用传感器;还有一种封闭式的,有一插卡槽口,内有一排 8 位的光电传感器,卡片插入后,步进电机带动传感器依次扫描卡片的每列孔位,有内置光源。

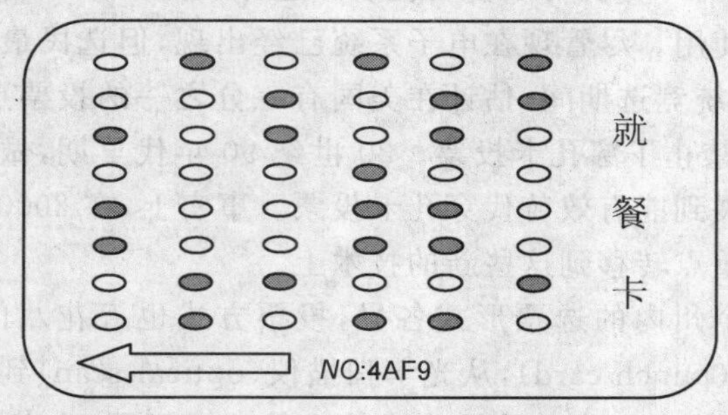

图 1.1.15　直到 21 世纪初还出现在校园食堂的穿孔式就餐卡

穿孔卡的优点是简单，成本低，但是其弱点也显而易见，即容量少，安全性差。尽管如此，它的基本原理却持久地被人们利用，今天仍有它用武之地。

1.2 穿孔标识技术在计算机中的应用

1. 穿孔卡

在20世纪70年代磁盘获得广泛应用之前，穿孔卡片是数据和程序最主要的信息载体。在那个时代，计算机既没有配置显示器，也没有打印机等交互式的设备，更没有今天广泛使用的硬盘、软盘和U盘。为了把信息输入到计算机中，不论是软件还是数据，都要求使用穿孔卡。大学里的学生去上计算机课时，都要带着从书店里买来的空白卡片（见图1.2.1）进入机房，之后第一步要做的事情是利用打孔机在卡片上凿出一些小孔（见图1.2.2，这个过程就是编程）。在打孔机的键盘上键入字母和数字，机器就会在卡上凿出方形的孔。由于每张卡片只能容纳程序的一小段，需要把一大沓卡片一张一张地顺序插入卡片阅读机中，才能将程序全部输入到计算机中，运算结果通过纸带穿孔机输出的纸带展现出来。

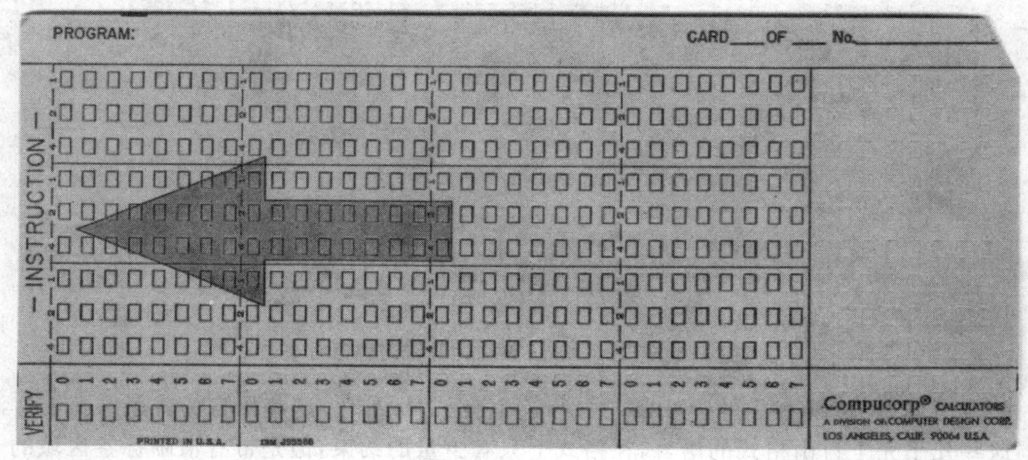

图1.2.1 20世纪60年代后期计算机公司制作的早期可编程台式计算器的程序穿孔卡

随着计算机的发展，复杂的老格式的卡继续用做保存数据，但是，为了编程员的需要，卡上印刷了格式说明（见图1.2.3）。其中的复杂程度相当于标准数据处理卡片。

编程语言的长期发展变化，穿孔卡从固定格式转变成自由格式，事先印刷在卡上的东西开始转变成其他功能。

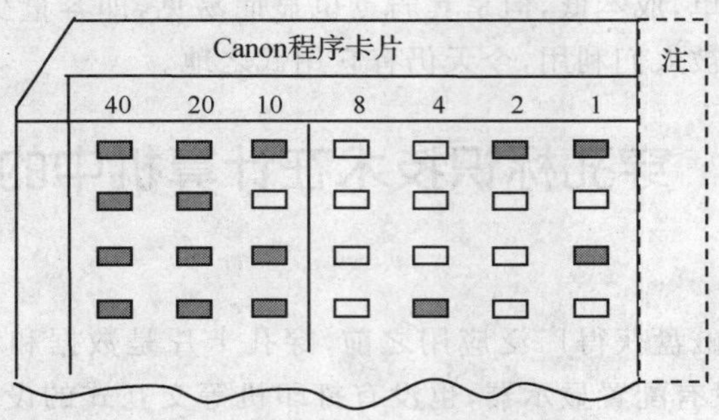

图 1.2.2 20 世纪 60 年代日本生产的 Canon167P－2 型台式计算机用的穿孔卡

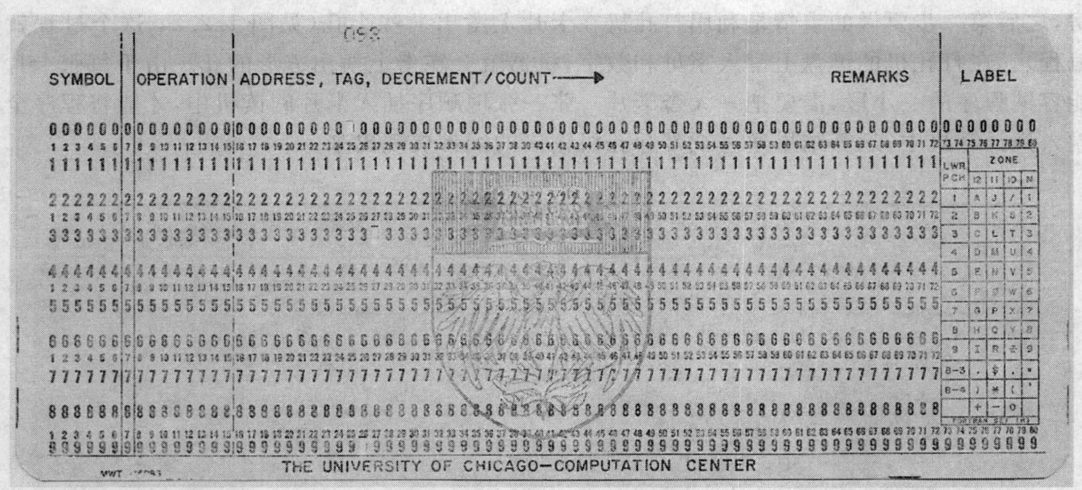

图 1.2.3 IBM 709x 系列计算机汇编语言卡

随着诸如 FORTRAN 和 COBOL 高级语言广泛的标准化，这些语言的普通穿孔卡广泛出售。这些几乎完全自由格式的语言，在格式上只有少量的约束，但是带有清晰标签区域的卡的传统仍长期存在。这里展示的 FORTRAN 卡是 IBM 公司新西兰办事处印刷的（见图 1.2.4），它与世界上印刷的类似的数以百万计的卡没有什么区别。

只有少数用户需要带有区段特殊标志的卡，而越来越多的用户为其他目的使用穿孔卡。例如，在开放的商店，大学计算机中心，这就成了特殊的问题。任何人可以上街，同时“借到”一把卡片。解决的方式是订购带有自定义印刷的卡，以确认这个协会。图 1.2.5 的这张卡来自世界上最老的计算机实验室——伊利诺伊州大学数字计算机实验室。这个卡有两套纵列的指示横跨顶部，一个是为了印刷打孔机打孔，它直接印刷在被穿孔的列上方；另一个是为了 IBM

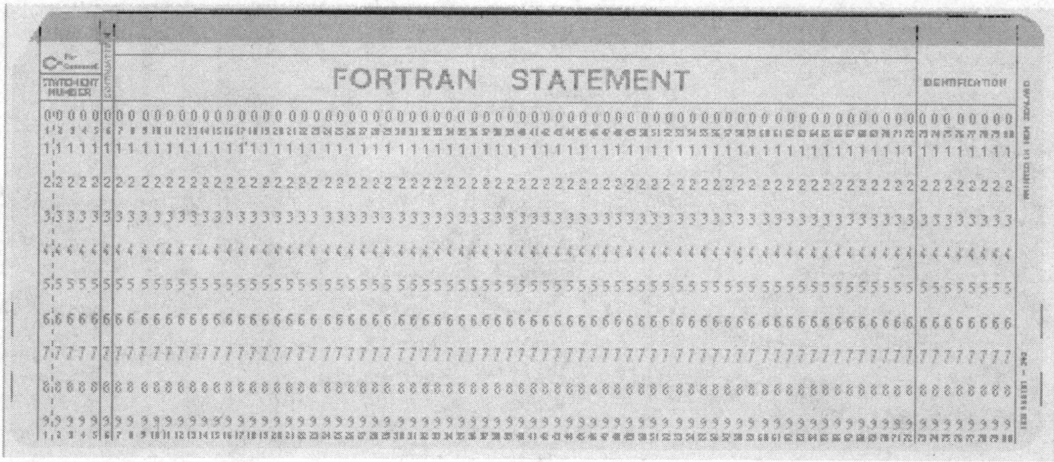

图 1.2.4　FORTRAN 语言卡

的标准注释行，它把第一批 64 列印刷在一行，其余的列就紧接在下面的一行印刷。

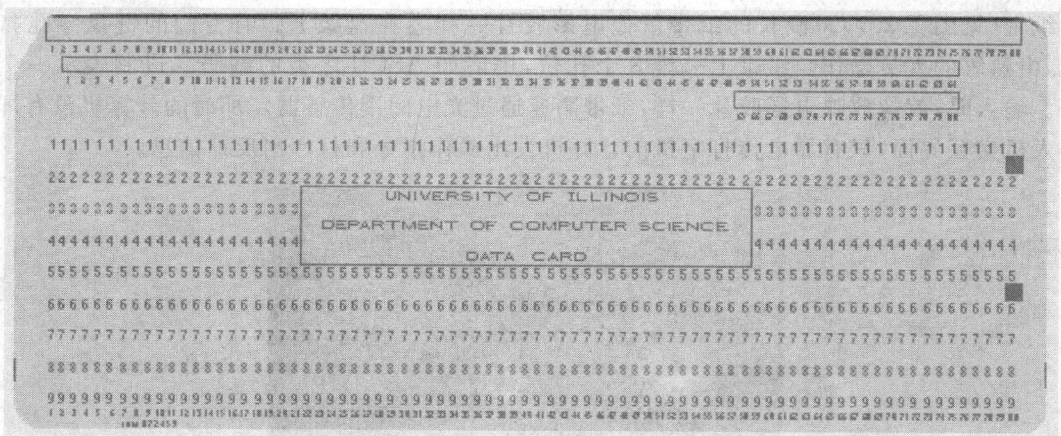

图 1.2.5　伊利诺伊州大学计算科学系的数据卡

图 1.2.6 展示的卡是给贝尔实验室印刷的一张汇编语言卡，用在 GE600 型计算机上。它们购置于 20 世纪 60 年代中期。这种卡有少量的几个固定区段，但是，公司教学语言艺术中心为了帮助编程员，卡片空间的大部分是用做穿孔位置的文件，这些位置用做 GE600 字符集的每一个字符。

图 1.2.6　1965 年 10 月设计的用于贝尔实验室 GE600 系列计算机的穿孔卡

2. 从穿孔卡转换到穿孔纸带

由于向计算机输入的指令和数据量越来越大，卡片显然满足不了这种需要，所以出现穿孔卡纸带(见图 1.2.7)。漫长的纸带就像电影胶片一样卷在盘架上。有专门的键盘穿孔打字机，由熟练的人员操作。纸带上一排 8 个孔位，用诸如 ASCII 之类的编码二进制表示一个字符。输入时，就像放映电影胶片一样，纸带高速通过光电阅读传感器。那时的计算机没有屏幕等人机交互界面，只有靠电传打字机向计算机发出操作指令和打印出反馈信息。

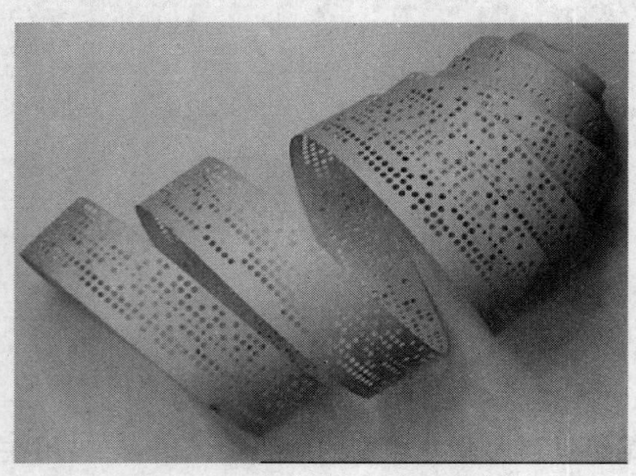

图 1.2.7　计算机用的穿孔纸带

早期的穿孔纸带机的控制系统完全由继电器制造，这种机器中如果有一小片污垢或纸片粘在触点之间，继电器就会失效，所以后来，控制电路先后改用电子管和晶体管，不仅缩小了体积，提高了速度，而且还延长了使用寿命。但是，随着计算机的速度不断提升，纸带设备的数据吞吐还是跟不上处理器速度的提升，拖了整个系统的后腿。因此，在以 Apple II(1977)和 IBM PC(1981)为代表的第四代计算机中，纸带设备的位置完全由键盘、打印机和 CRT 显示器的新式设备取代，而数据存储设备则使用了速度更快、容量更大的磁带或磁盘。大学生再去上计算机课时，就不用携带许多的卡片，磁盘与键盘结合起来就能完成数据存储和输入输出的任务，既方便又快捷。

1857—1977 年，纸带穿孔机/阅读器的生命周期长达 120 年。迄今为止还没有任何一项产品具有如此强大的生命力。

3. 莫尔斯电报码——穿孔纸带的最早应用(1857 年)

早在电子计算机被发明之前，穿孔纸带就有了应用。电报发明 20 年后的 1857 年，英国物理学家、发明家查尔斯·惠斯通爵士发明了用连续的穿孔纸带来记录莫尔斯电报码的方法。

莫尔斯电码使用点(dot)和划(dash)两个基本符号来组成数字和符号，dot 和 dash 就像五笔字型输入法中的字根，数字或字符可由 1～5 个这样的"字根"组合而成。划的持续时间是点持续时间的 3 倍，所以能够听到发报时所发出的长短不一的滴答声。通常点和划是连续记录的，而查尔斯发明的纸带将点和划分成两行，读取信息时点和划并行传送，见图 1.2.8。这样，只要事先将电码录入到纸带上，在发报时就能将传送速度提高到原来的 2 倍。

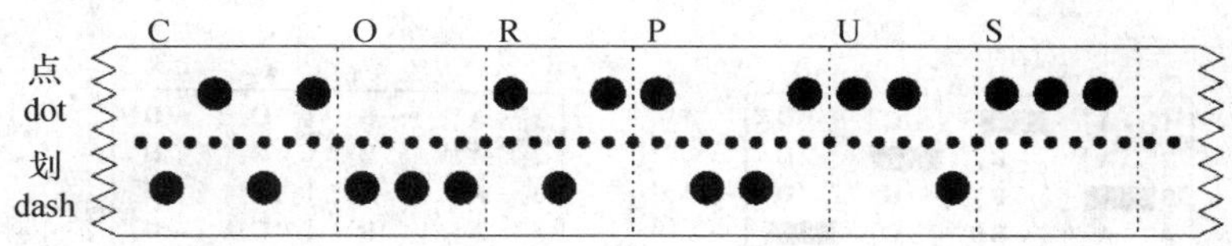

图 1.2.8　记录莫尔斯电码的查尔斯纸带

1.3　穿孔卡的衍生——光学标记卡(光标卡)

光学标记卡(简称光标卡)可以说是穿孔卡的衍生物，也是它生命的延续。二者的最大区别是，穿孔卡是光线透过孔眼到达光敏元件，而光标卡是光源和光敏元件在卡片的同一侧，传感器根据深色的标记和白色卡面反射光线强弱不同进行识别。今天，光标卡的应用遍及世界各地的考场及许多填表、选举等场合。它们的使用简单易行，在这些场合也不存在安全问题，计算机和专用设备结合，就能快速准确地处理其所载的信息。

光学识别投票系统，这种投票方式也很简单，就是在写有候选人名单的纸卡上，将自已要选的人名字涂黑即可(见图 1.3.1)。这种方法主要运用一种光学识别技术对纸卡上的标记进行统计。在 1996 年的美国总统大选中，大约有 24.6%登记选民使用了这种系统。以打孔机和光学扫描仪为例，用前者投票，其出错而无效的概率比后者高 3 倍。

以下列举的几类答题卡和报考志愿卡的边缘都有一列黑色的等间距标记，那是给机器读卡时提供定位和同步信号，如图 1.3.1～图 1.3.5 所示。

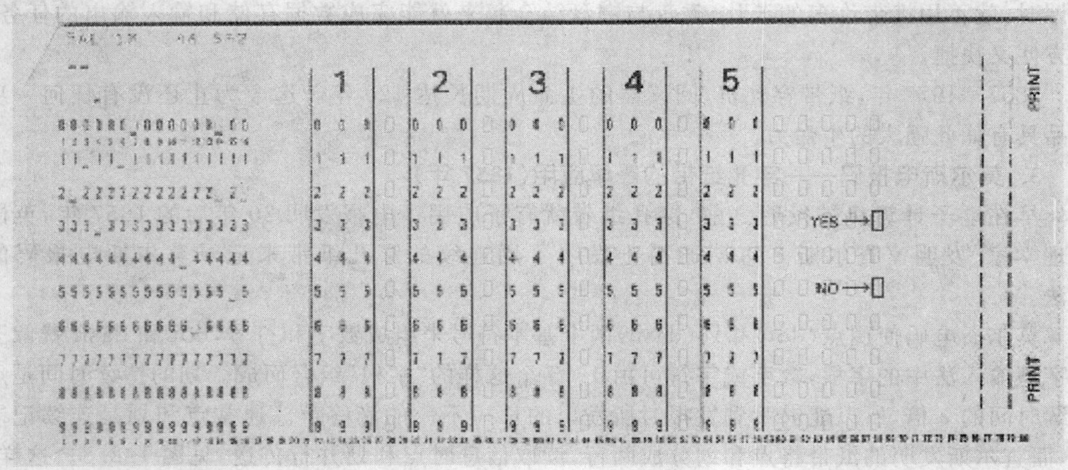

图 1.3.1　预置标记的多用途会议选票

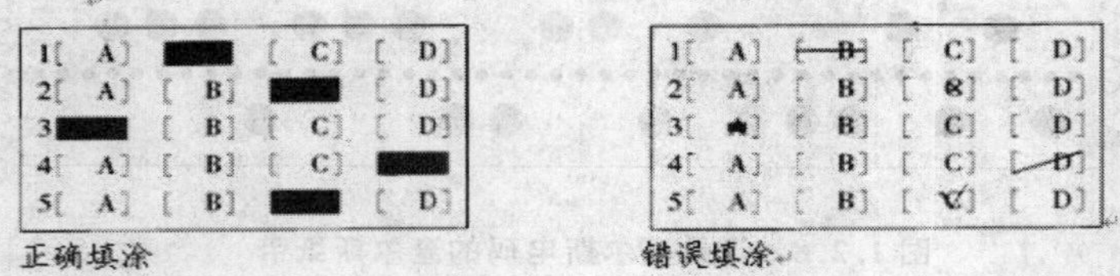

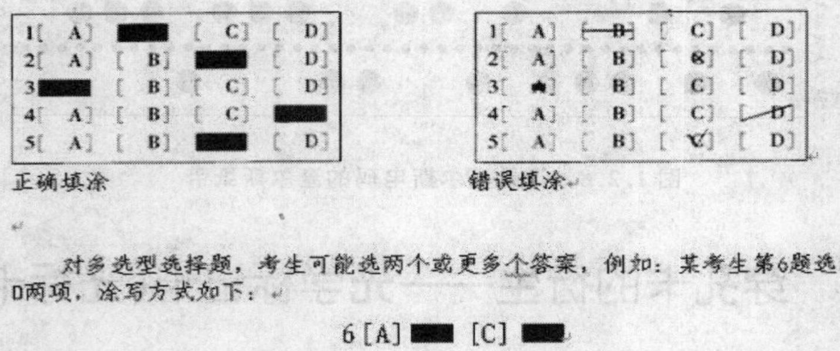

对多选型选择题，考生可能选两个或更多个答案，例如：某考生第6题选B、D两项，涂写方式如下：

6 [A] ▬ [C] ▬

图 1.3.2　某标准答题卡上的使用说明

各类标记卡的阅读器的大小和格式的差异是专门设计的，但是，其基本原理相同。例如，基本信号都是由(激)光扫描的反射在光敏器件上产生的；卡的一侧清晰印刷的等距离的黑色条块对应每一行，显然是为了产生同步脉冲与扫描信号一起就可对每个信号定位，同时也用来控制传动装置的运转和信息数据的分段(还有上下黑色线条标识的组合等)。至于数据采集后的处理，输入计算机，相应的软件流程不难设想。

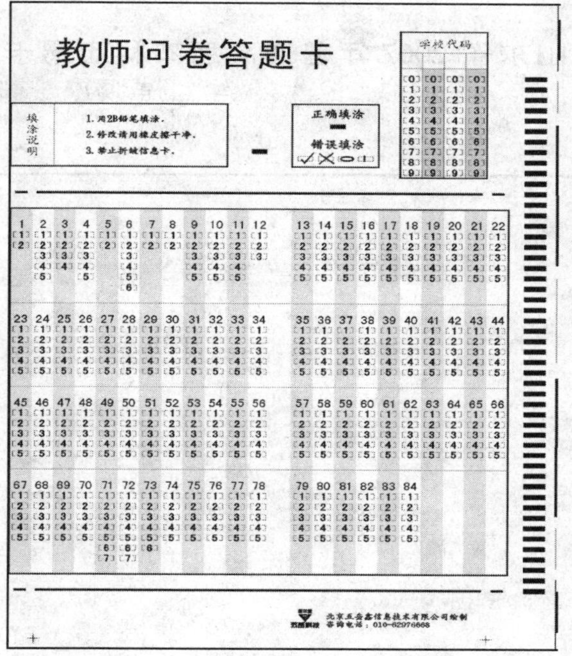

教师问卷答题卡

学校代码

填涂说明
1. 用2B铅笔填涂。
2. 修改请用橡皮擦干净。
3. 禁止折破信息卡。

正确填涂
错误填涂

北京五岳鑫信息技术有限公司绘制
咨询电话：010-62976668

图 1.3.3　问卷答题卡

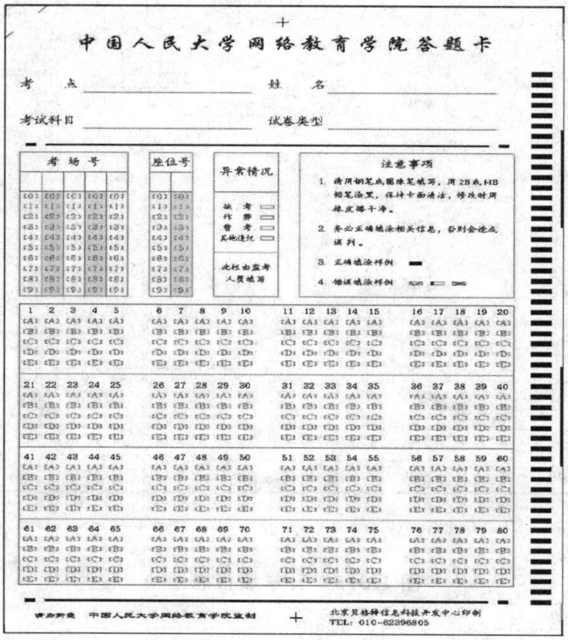

中国人民大学网络教育学院答题卡

考　　点＿＿＿＿＿＿＿＿　姓　　名＿＿＿＿＿＿＿＿

考试科目＿＿＿＿＿＿＿＿　试卷类型＿＿＿＿＿＿＿＿

考场号

座位号

异常情况
缺　考
作　弊
替　考
其他违纪
此栏由监考人员填写

注意事项
1. 请用钢笔或圆珠笔填写，用2B或HB铅笔涂黑，保持卡面清洁，修改时用橡皮擦干净。
2. 务必正确填涂相关信息，否则会造成误判。
3. 正确填涂样例
4. 错误填涂样例

请勿折叠　中国人民大学网络教育学院监制　　北京贝格特信息科技开发中心印制
TEL：010-62396805

图 1.3.4　答题卡

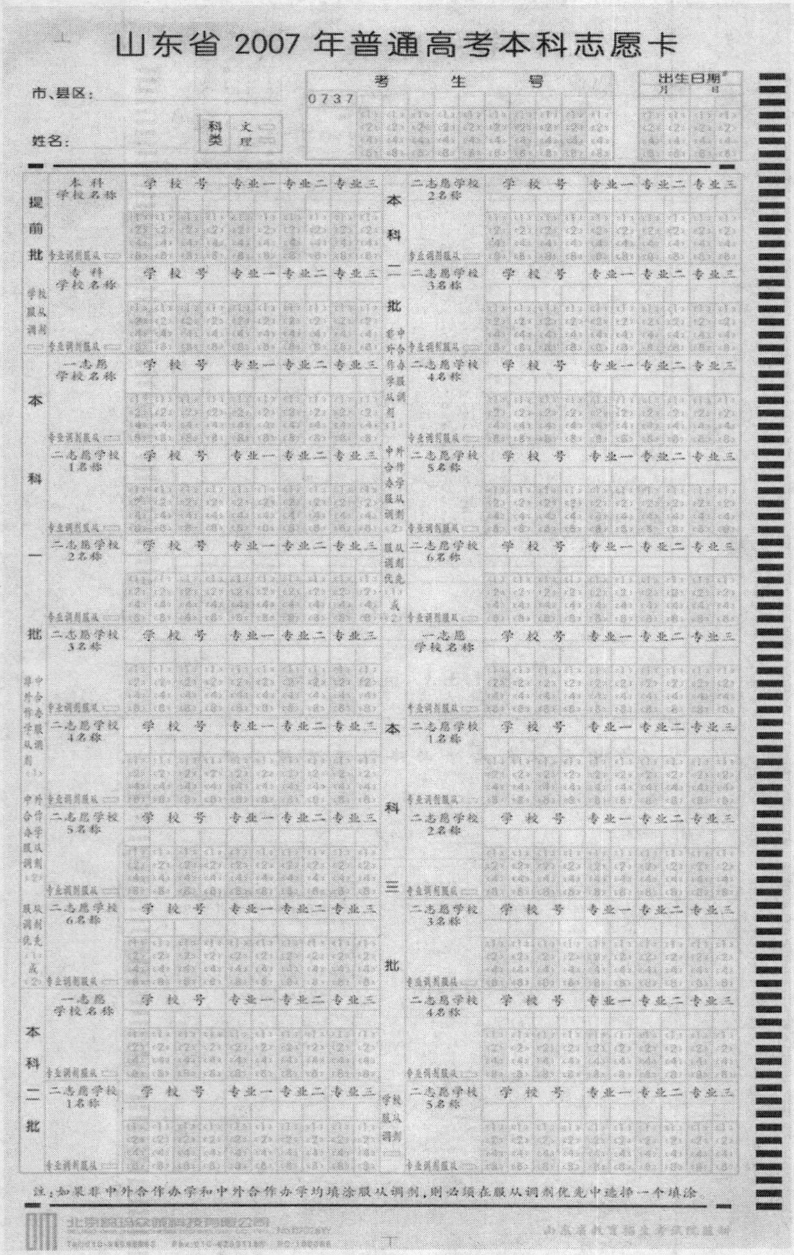

山东省 2007 年普通高考本科志愿卡

市、县区：

姓名：

科类：文 理

考生号：0737

出生日期：月 日

提前批	本科学校名称	学校号	专业一	专业二	专业三	本科一批	二志愿学校2名称	学校号	专业一	专业二	专业三
提前批	专科学校名称	学校号	专业一	专业二	专业三	本科一批	二志愿学校3名称	学校号	专业一	专业二	专业三
本科一批	一志愿学校名称	学校号	专业一	专业二	专业三	本科一批	二志愿学校4名称	学校号	专业一	专业二	专业三
本科一批	二志愿学校1名称	学校号	专业一	专业二	专业三	本科一批	二志愿学校5名称	学校号	专业一	专业二	专业三
本科一批	二志愿学校2名称	学校号	专业一	专业二	专业三	本科一批	二志愿学校6名称	学校号	专业一	专业二	专业三
本科一批	二志愿学校3名称	学校号	专业一	专业二	专业三	本科三批	一志愿学校名称	学校号	专业一	专业二	专业三
本科一批	二志愿学校4名称	学校号	专业一	专业二	专业三	本科三批	二志愿学校1名称	学校号	专业一	专业二	专业三
本科一批	二志愿学校5名称	学校号	专业一	专业二	专业三	本科三批	二志愿学校2名称	学校号	专业一	专业二	专业三
本科一批	二志愿学校6名称	学校号	专业一	专业二	专业三	本科三批	二志愿学校3名称	学校号	专业一	专业二	专业三
本科二批	一志愿学校名称	学校号	专业一	专业二	专业三	本科三批	二志愿学校4名称	学校号	专业一	专业二	专业三
本科二批	二志愿学校1名称	学校号	专业一	专业二	专业三	本科三批	二志愿学校5名称	学校号	专业一	专业二	专业三

专业调剂服从

学校服从调剂

非中外合作办学服从调剂〈1〉

中外合作办学服从调剂〈2〉

服从调剂优先〈1〉或〈2〉

注：如果非中外合作办学和中外合作办学均填涂服从调剂，则必须在服从调剂优先中选择一个填涂。

北京图海众就科技有限公司

山东省教育招生考试院监制

图 1.3.5 升学填报志愿卡

第2章 条形码技术

条形码(简称条码)技术是集条码理论、光电技术、计算机技术、通信技术、条码印制技术于一体的一种自动识别技术。条形码是由宽度不同、反射率不同的条(黑色)和空(白色),按照一定的编码规则编制而成的,用以表达一组数字或字母符号信息的图形标识符。条形码符号也可印成其他颜色,但两种颜色对光必须有不同的反射率,保证有足够的对比度。条码技术具有速度快、准确率高、可靠性强、寿命长、成本低廉等特点,因而广泛应用于商品流通、工业生产、图书管理、仓储标志管理、信息服务等领域。

2.1 条形码的发展历史

条码最早出现在20世纪40年代,但是得到实际应用和发展还是在70年代左右。现在世界上各个国家和地区都已普遍使用条形码技术,其应用范围越来越广泛,并逐步渗透到许多技术领域。20世纪40年代,美国乔·伍德兰德(Joe Woodland)和伯尼·西尔沃(Berny Silver)两位工程师就开始研究用代码表示食品项目及相应的自动识别设备,于1949年获得了美国专利。由于设计的图案很像微型射箭靶,所以被叫做“公牛眼”代码。靶式的同心圆是由圆条和空组成的圆环形。在原理上,“公牛眼”代码与后来的条形码很相近,遗憾的是当时的工艺和商品经济还没有能力印制出这种码。但是,10年后乔·伍德兰德作为IBM公司的工程师成为了北美统一代码UPC码的奠基人。以吉拉德·费伊塞尔(Girard Fessel)为代表的几名发明家,于1959年申请了一项专利,该专利描述了数字0～9中每个数字可由七段平行条组成,但是这种码机器难以识读,人们读起来也不方便。不过这一构想的确促进了后来条形码的产生与发展。不久,E·F·布宁克(E·F·Brinker)申请了另一项专利,该专利是将条码标识在有轨电车上。20世纪60年代西尔沃尼亚(Sylvania)发明了一个系统,被北美铁路系统采纳。这两项可以说是条形码技术最早期的应用。

1970年美国超级市场AdHoc委员会制定出通用商品代码——UPC码,许多团体也提出了各种条码符号方案。UPC码首先在杂货零售业中试用,这为以后条形码的统一和广泛采用奠定了基础。次年,布莱西公司研制出布莱西码及相应的自动识别系统,用于库存验算。这是条形码技术第一次在仓库管理系统中的实际应用。1972年,蒙那奇·马金(Monarch Marking)等人研制出库德巴(Codebar)码,至此美国的条形码技术进入新的发展阶段。

1973年,美国统一编码协会(简称UCC)建立了UPC条码系统,实现了该码制标准化。同年,食品杂货业把UPC码作为该行业的通用标准码制,为条码技术在商业流通销售领域里的广泛应用起到了积极的推动作用。1974年,Intermec公司的戴维·阿利尔(Davide·Allair)博士研制出39码,很快被美国国防部采纳,作为军用条码码制。39码是第一个字母、数字式相结合的条码,后来广泛应用于其他领域。

1976年在美国和加拿大超级市场上,UPC码的成功应用给人们以很大的鼓舞,尤其是欧洲人对此产生了极大兴趣 。次年,欧洲共同体在UPC-A码基础上制定出欧洲物品编码EAN-13和EAN-8,签署了“欧洲物品编码”协议备忘录,并正式成立了欧洲物品编码协会(简称EAN)。到了1981年,由于EAN已经发展成为一个国际性组织,故改名为“国际物品编码协会”,简称IAN。但是,由于历史原因和习惯,至今仍称为EAN(后改为EAN-international)。日本从1974年开始着手建立POS系统,研究标准化以及信息输入方式、印制技术等,并在EAN基础上,于1978年制定出日本物品编码JAN;同年加入了国际物品编码协会,开始进行厂家登记注册,并全面转入条码技术及其系列产品的开发工作,10年后成为EAN最大的用户。

从20世纪80年代初,人们围绕提高条码符号的信息密度,开展了多项研究。128码和93码就是其中的研究成果。128码于1981年被推荐使用,而93码于1982年使用。这两种码的优点是条码符号密度比39码高出近30%。随着条码技术的发展,条形码码制种类不断增加,因而标准化问题显得很突出。为此先后制定了军用标准1189、交插25码、39码和库德巴码ANSI(American National Standards Institute,美国国家标准学会)标准MH10.8M等。同时一些行业也开始建立行业标准,以适应发展需要。此后,戴维·阿利尔又研制出49码,这是一种非传统的条码符号,它比以往的条形码符号具有更高的密度(即二维条码的雏形)。接着特德·威廉斯(Ted Williams)推出16K码,这是一种适用于激光扫描的码制。到1990年底为止,共有40多种条形码码制,相应的自动识别设备和印刷技术也得到了长足的发展。

从20世纪80年代中期开始,我国一些高等院校、科研部门及一些出口企业,把条形码技术的研究和推广应用逐步提到议事日程。一些行业如图书、邮电、物资管理部门和外贸部门已开始使用条形码技术。1988年12月28日,经国务院批准,国家技术监督局成立了“中国物品编码中心”。该中心的任务是研究、推广条码技术,同时组织、开发、协调、管理我国的条码工作。

在经济全球化、信息网络化、生活国际化的高速信息社会到来之时,起源于20世纪40年代、研究于60年代、应用于70年代、普及于80年代的条码与条码技术及各种应用系统,引起世界流通领域里的大变革。条码作为一种可印制的计算机语言,未来学家称之为“计算机文化”。90年代的国际流通领域将条码誉为商品进入国际计算机市场的“身份证”,使全世界对它刮目相看。印刷在商品外包装上的条码,像一条条经济信息纽带,将世界各地的生产制造商、出口商、批发商、零售商和顾客有机地联系在一起。这一条条纽带,一经与EDI(Electronic

Data Interchange，电子数据交换，无纸贸易）系统相连，便形成多项、多元的信息网，各种商品的相关信息犹如投入了一个无形的永不停息的自动导向传送机构，流向世界各地，活跃在世界商品流通领域。

在众多的电子标签技术中，条码是迄今为止最经济、实用、广泛的一种自动识别技术。条码作为一种图形识别技术与其他识别技术相比有如下优点：

① 设备简单和成本低。条码标签易于制作，对设备和材料没有特殊要求，识别设备操作容易，不需要特殊培训，且设备也相对便宜。

② 信息采集速度快。普通计算机的键盘录入速度是 200 字符/分，而利用条码扫描录入信息的速度是键盘录入的 20 倍，并且能实现即时数据输入。

③ 采集信息量大。利用传统的一维条码一次可采集几十位字符的信息，而且可以通过选择不同码制的条码增加字符密度。二维条码更可以携带数千个字符的信息，并有一定的自动纠错能力。

④ 可靠性高，不易损坏。键盘录入数据，出错率为三百分之一，利用光学字符识别技术，出错率约为万分之一，而采用条码扫描录入方式，误码率仅有百万分之一，首读率可达 98%以上。

⑤ 灵活实用。条码标识既可以作为一种识别手段单独使用，也可以和有关识别设备组成一个系统实现自动化识别，还可以和其他控制设备连接起来实现自动化管理。

当然，条码的缺点也是显而易见的，那就是：保密功能差；只有读的功能；与现代的 IC 卡相比，其信息密度低，存储量小。

2.2 条形码基本结构

条形码是由一组按一定编码规则排列的条（黑）、空（白条）符号，用于表示一定的字符、数字及符号组成的信息。前者用于机器识读，后者供人直接识读或通过键盘向计算机输入数据使用。我们一般看到的条码是由一排黑、白相间，宽窄不一的线条以及对应的字符组成的标记，"黑条"是指对光线反射率较低的部分；"白条"是指对光线反射率较高的部分。这些黑条和白条组成的编码表达一定的信息，并能够用特定的设备识读，转换成与计算机兼容的二进制和十进制信息。通常对于每一种物品，它的编码是唯一的。对于普通的一维条码来说，还要通过数据库建立条形码与商品信息的对应关系，当条形码的数据传到计算机上时，由计算机上的应用程序对数据进行操作和处理。因此，普通的一维条码在使用过程中仅作为识别信息（ID），然后通过在计算机系统的数据库中提取相应的信息而体现它的意义。

1. 条码技术中的几个基本术语

- 条码（bar code）：由一组规则排列的条、空及对应字符组成的标记，用于表示一定的信息。

- 条码系统(bar code systerm):由条码符号设计、制作及扫描阅读组成的自动识别系统。
- 条(bar):条码中反射率较低的部分。
- 空(space):条码中反射率较高的部分。
- 静空区(clear area):条码上下左右外侧与空的反射率相同的限定区域。
- 起始符(start character):位于条码起始位置的若干条与空。
- 终止符(stop character):位于条码终止位置的若干条与空。
- 条码字符(bar code character):表示一个字符的若干条与空。
- 条码校验符(bar code check character):表示校验码的条码字符。
- 条码长度(bar code length):从条码起始符前缘到终止符后缘的长度。
- 条码密度(bar code density):单位长度的条码所表示的字符个数。
- 模块(module):组成条码的基本单位。

2. 条码结构

一个完整的条码的组成次序依次为:静空区(前)、起始符、数据符、校验符(可无)、终止符、静空区(后),如图 2.2.1 所示。

图 2.2.1　一维条码结构

静空区(qui zone),指条码左右两端外侧与空的反射率相同的限定区域,它能使阅读器进入准备阅读的状态,当两个条码相距较近时,静空区则有助于对它们加以区分,静空区的宽度通常不小于 6 mm(或 10 倍模块宽度)。

起始/终止符(start/stop char),位于条码开始和结束的若干条与空,标志条码的开始和结束,同时提供了码制识别信息和阅读方向的信息。

数据符(data char),位于条码中间的条、空结构,它包含条码所表达的特定信息。

构成条码的基本单位是模块,模块是指条码中最窄的条或空,模块的宽度通常以 mm 或 mil(千分之一英寸)为单位。构成条码的一个条或空称为一个单元,一个单元包含的模块数是由编码方式决定的。有些码制中,如 EAN 码,所有单元由一个或多个模块组成;而另一些码制,如 39 码中,所有单元只有两种宽度,即宽单元和窄单元,其中的窄单元即为一个模块。

3. 条码的几个参数

密度(density):条码的密度指单位长度的条码所表示的字符个数。对于一种码制而言,密度主要由模块的尺寸决定,模块尺寸越小,密度越大,所以密度值通常以模块尺寸的值来表示(如 5 mil)。通常 7.5 mil 以下的条码称为高密度条码,15 mil 以上的条码称为低密度条码。条码密度越高,要求条码识读设备的性能(如分辨率)也越高。高密度的条码通常用于标识小的物体,如精密电子元件;低密度条码一般应用于远距离阅读的场合,如仓库管理。

宽窄比：对于只有两种宽度单元的码制，宽单元与窄单元的比值称为宽窄比，一般为 2～3 左右(常用的有 2∶1,3∶1)。宽窄比较大时，阅读设备更容易分辨宽单元和窄单元，因此能比较准确地阅读。

对比度(PCS)：条码符号的光学指标，PSC 值越大则条码的光学特性越好。

$$PCS=[(RL-RD)/RL]\times 100\%$$

式中，RL 为条的反射率；RD 为空的反射率。

4. 条码类型

条码类型很多，常见的大概有 20 多种码制，其中包括：Code39 码(标准 39 码)、Codebar 码(库德巴码)、Code25 码(标准 25 码)、ITF25 码(交叉 25 码)、Matrix25 码(矩阵 25 码)、UPC -A 码、UPC - E 码、EAN - 13 码(EAN - 13 国际商品条码)、EAN - 8 码(EAN - 8 国际商品条码)、中国邮政编码(矩阵 25 码的一种变体)、Code - B 码、MSI 码、Code11 码、Code93 码、ISBN 码、ISSN 码、Code128 码(包括 EAN128 码)、Code39 EMS(EMS 专用的 39 码)等一维条码和 PDF417 等多种二维条码。

2.3 常用的一维条码

目前，国际上广泛使用的条码种类有 EAN、UPC 码、Code39 码、ITF25 码(在物流管理中应用较多)、Codebar 码(多用于医疗、图书领域和照相馆的业务)、Code93 码、Code128 码等。其中，EAN 码是当今世界上广为使用的商品条码(在超市中最常见的就是这种条码)，已成为电子数据交换(EDI)的基础；UPC 码主要为美国和加拿大使用；在各类条码应用系统中，Code39 码因其可采用数字与字母共同组成的方式而在各行业内部管理上被广泛使用。下面重点介绍 Code39 码和 EAN 码。

2.3.1 Code39 码

Code39 码(也称 Code3 of 9)是 Intermec 公司于 1974 年发明的条码码制，是目前世界上最为广泛使用的条码码制之一，尤其是非零售行业。Code39 码可表示数字、英文字母以及"－"、"."、"/"、"＋"、"％"、"＄"、空格和"＊"共 44 个符号。

Code39 码有编码规则简单、误码率低、所能表示字符个数多等特点，因此在各个领域有着极为广泛的应用。我国也制定了相应的国家标准(GB 12908—91)。

Code39 码仅有两种单元宽度，分别为宽单元和窄单元。宽单元的宽度为窄单元的 1～3 倍，一般多选用 2 倍、2.5 倍或 3 倍。Code39 码的每一个条码字符由 9 个单元组成，其中有 3 个宽单元，其余是窄单元，因此称为 Code39 码。

1. Code39 码的特点

- 每一字符由 5 个条和 4 个空共 9 个元素组成，字符间有位空。

- 能表示数字、字母和其他一些符号，共 44 个字符，包含：0～9 的数字，大写 A～Z 的英文字母，“＋”、“－”、“＊”、“/”、“%”、“$”、“.”以及空格符(Space)等。
- 通常用“＊”号作为起始符和终止符（“＊”仅作此用）。
- 具有自检功能，可以无校验码。
- 编码规则简单，误码率低，所能表示的字符多。
- 可表达全 ASCII 字符集，中密度条码。
- 检查码可有可无；使用者可自行斟酌使用。
- 所占用的空间较一般条形码宽大。
- Code39 码的最简单构成为：起始码＋资料码＋终止码，见图 2.3.1。

图 2.3.1　一个典型的最简单结构的 Code39 码

Code39 码和 Code93 码：Code39 码和 Code93 码具有相同的字符集，但 Code93 码的密度要比 Code39 码高，在面积不足的情况下，可以用 Code93 码代替 Code39 码。Code39 码的长度，没有强迫性的限制，随着使用者的需求，可自由调整。在规划时，应该考虑到条形码阅读机(barcode reader)所能容许的范围为限，才不至于会有无法读取完整的问题发生。Code39 码在读取方面，允许读码机进行双向的扫描读取；也就是说，如果使用者把 Code39 码倒着读取也能得到相同的结果。图 2.3.2 两个条形码所读取的数据是一样的。

图 2.3.2　一个 Code39 条码序的顺与倒

2. Code39 码的编码

Code39 码各字符编码情形如表 2.3.1 所列。

表 2.3.1　Code39 码各字符编码

字　符	黑/白条	条形码图案	字　符	黑/白条	条形码图案
数字部分					
0	00110 0100		5	10100 0100	
1	10001 0100		6	01100 0100	
2	11000 0100		7	00011 0100	
3	00101 0100		8	10010 0000	
4	10100 0100		9	01010 0100	
英文字母部分					
A	10001 0010		N	00101 0001	
B	01001 0010		O	10100 0001	
C	11000 0010		P	01100 0001	
D	00101 0010		Q	00011 0001	
E	10100 0010		R	10010 0001	
F	01100 0010		S	01010 0001	
G	000111 0010		T	00110 0001	
H	10010 0010		U	10001 1000	
I	01010 0010		V	01001 1000	

续表 2.3.1

字　符	黑/白条	条形码图案	字　符	黑/白条	条形码图案
J	00110 0010		W	11000 1000	
K	10001 0001		X	00101 1000	
L	01001 0001		Y	10100 1000	
M	11000 0001		Z	01100 1000	
特殊字符部分					
+	00000 1011		%	00000 0111	
−	00011 1000		$	00000 1110	
Start/ stop	00110 1000		*	10010 1000	
/	00000 1101		(Space)	01010 1000	

注：1 表示宽的黑条/白条；0 表示窄的黑条/白条。

2.3.2　EAN 码

EAN 码是欧洲物品条码(European Article Number Bar Code)的英文缩写，EAN 码是国际物品编码协会制定的一种商品用条码，通用于全世界。EAN 码符号有标准版(EAN－13)和缩短版(EAN－8)两种，我国的通用商品条码与其等效。标准版表示 13 位数字，又称为 EAN13 码，缩短版表示 8 位数字，又称 EAN8。我们日常购买的商品包装上所印的条形码一般就是 EAN 码。两种条形码的最后一位为校验位，由前面的 12 位或 7 位数字计算得出。两种版本的编码方式可参考国标 GB 12094—1998。

EAN 码由前缀码、厂商识别码、商品项目代码和校验码组成。前缀码是国际 EAN 组织标识各会员组织的代码，我国为 690、691 和 692；厂商代码是 EAN 编码组织在 EAN 分配的前缀码的基础上分配给厂商的代码；商品项目代码由厂商自行编码；校验码表示校验代码的正确性。在编制商品项目代码时，厂商必须遵守商品编码的基本原则：对同一商品项目的商品必须编制相同的商品项目代码；对不同的商品项目必须编制不同的商品项目代码。保证商品项目与其标识代码一一对应，即一个商品项目只有一个代码，一个代码只标识一个商品项目。例如，罐装健力宝饮料的条码为 6901010101098，其中 690 代表我国 EAN 组织，1010 代表上海健力宝公司，10109 是罐装饮料的商品代码。这样的编码方式就保证了无论在何时何地，6901010101098 就唯一对应该种商品。

1. EAN 码结构

EAN 通用商品条码是模块组合型条码，模块是组成条码的最基本宽度单位，每个模块的宽度为 0.33 mm。在条形码符号中，表示数字的每个条码字符均由两个条和两个空组成，它是多值符号码的一种，即在一个字符中有多种宽度的条和空参与编码。条和空分别由 1～4 个同一宽度的深、浅颜色的模块组成，一个模块的条表示二进制的"1"，一个模块的空表示二进制的"0"，每个条码字符共有 7 个模块。即一个条码字符条空宽度之和为单位元素的 7 倍，每个字符含条或空个数各为 2，相邻元素如果相同，则从外观上合并为一个条或空，并规定每个字符在外观上包含的条和空的个数必须各为 2 个，所以 EAN 码是一种(7,2)码。

EAN 条码字符包括 0～9 共 10 个数字字符，但对应的每个数字字符有三种编码形式，左侧数据符奇排列、左侧数据符偶排列以及右侧数据符偶排列。这样 10 个数字将有 30 种编码，数据字符的编码图案有 30 种，至于从这 30 个数据字符中选哪 10 个字符要视具体情况而定。在这里所谓的奇或偶是指所含二进制数"1"的个数为偶数或奇数。

2. EAN－13 码的格式

EAN 条形码有两个版本，一个是 13 位标准条码(EAN－13 条码)，另一个是 8 位缩短条码(EAN－8 条码)。EAN－13 条码由代表 13 位数字码的条码符号组成，如图 2.3.3 所示。前 2 位(F1～F2，欧共体 12 国采用)或前 3 位(F1～F3，其他国家采用)数字为国家或地区代码，称为前缀码或前缀号。例如：我国为 69＊，日本为 49＊，澳大利亚为 93＊等(其中的"＊"表示 0～9 的任意数字)。前缀后面的 5 位(M1～M5)或 4 位(M1～M4)数字为商品制造商的代码，是由该国编码管理局审查批准并登记注册的。厂商代码后面的 5 位(I1～I5)数字为商品代码或商品项目代码，用于表示具体的商品项目，即具有相同包装和价格的同一种商品。最后一位数字为校验码，用于提高数据的可靠性和校验数据输入的正确性，校验码的数值按国际物品编码协会规定的方法计算。

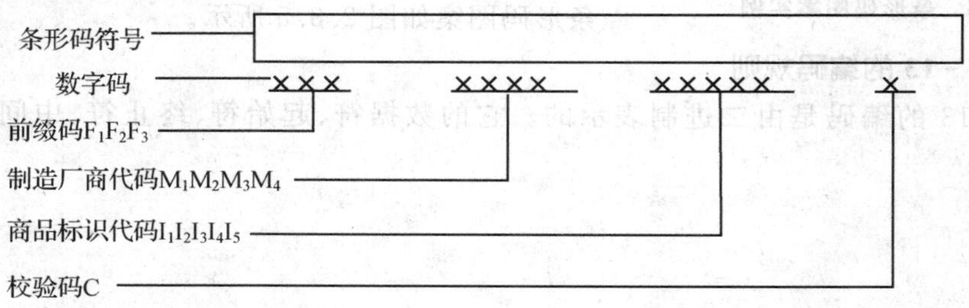

图 2.3.3 EAN－13 码的格式

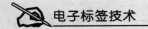

3. EAN－13 条形码的构成

EAN－13 条形码的构成如图 2.3.4 所示。

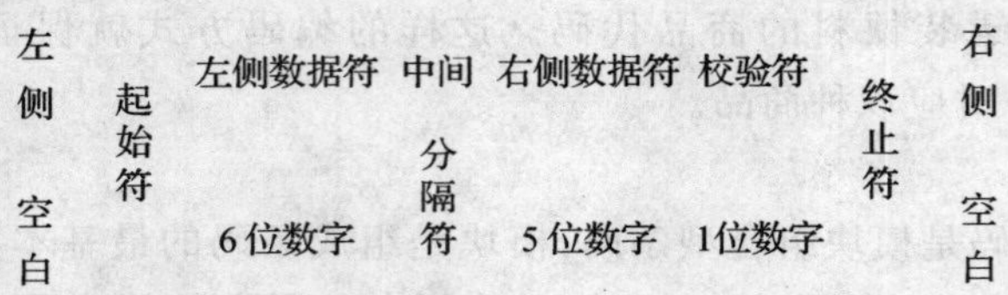

图 2.3.4　典型 EAN－13 条形码的构成

① 左、右侧空白：没有任何印刷符号，通常是空白，位于条码符号的两侧，用于提示阅读，准备扫描条码符号，共有 18 个模块组成(其中左侧空白不得少于 9 个模块宽度)，一般左侧空白有 11 个模块，右侧空白有 7 个模块。

② 起始符：条形码符号的第一位字符是起始符，它特殊的条空结构用于识别条形码符号的开始，由 3 个模块组成。从左至右分别是 8 条白线、1 条黑线、1 条白线和 1 条黑线，共 11 条线组成。

③ 左侧数据符：位于中间分隔符左侧，表示一定信息的条码字符($d_1 \sim d_6$)，由 42 个模块组成，是按照一定的算法形成的。

④ 中间分隔符：位于条码中间位置的若干条与空，用于区分左、右侧数据符，由 5 个模块组成。从左到右依次是白线、黑线、白线、黑线、白线。

⑤ 右侧数据符：位于中间分隔符右侧，表示一定信息的条码字符($d_7 \sim d_{11}$)，由 35 个模块组成，也是按照一定的算法形成的。

⑥ 条码校验符：表示校验码的条码字符，用于校验条码符号的正确与否，由 7 个模块组成。

⑦ 终止符：条形码符号的最后一位字符是终止符，它特殊的条空结构用于识别条形码符号的结束。终止符由 3 个模块、11 条线组成，从左至右分别是 1 条黑线、1 条白线和 1 条黑线、8 条白线。

条形码图案如图 2.3.5 所示。

图 2.3.5　条形码图案实例

4. EAN－13 的编码规则

EAN－13 的编码是由二进制表示的。它的数据符、起始符、终止符、中间分隔符编码见表 2.3.2。

表 2.3.2 EAN-13 编码各类符号的二进制

字　符	左侧数据符		右侧数据符
	奇性字符(A 组)	偶性字符(B 组)	偶性字符(C 组)
0	000101	0100111	1110010
1	0011001	0110011	1100110
2	0010011	0011011	1101100
3	0111101	0100001	1000010
4	0100011	0011101	1011100
5	0110001	0111001	1001110
6	0101111	0000101	1010000
7	0111011	0001001	1000100
8	0110111	0001001	1001000
9	0001011	0010111	1110100
起始符	101		
中间分隔符	01010		
终止符	101		

左侧数据符有奇偶性,它的奇偶排列取决于前置符,所谓前置符是国别识别码的第一位 F1,该位以消影的形式隐含在左侧 6 位字符的奇偶性排列中,这是国际物品编码标准版的突出特点。前置符与左侧 6 位字符的奇偶排列组合方式的对应关系见表 2.3.3,这种编码规定由该表可看出,F1 与这种组合方式是一一对应固定不变的。例如,中国的国别识别码为 690,因此它的前置符是 6;左侧数据符的奇偶排列为 OEEEOO,E 表示偶字符,O 表示奇字符。

表 2.3.3 左侧数据符奇偶排列结合方式

前置符	左侧数据符奇偶排列	前置符	左侧数据符奇偶排列
0	OOOOOO	5	OEEOOE
1	OOEOEE	6	OEEEOO
2	OOEEOE	7	OEOEOE
3	OOEEEO	8	OEOEEO
4	OEOOEE	9	OEEOEO

5. EAN-13 条形码的校验方法

校验码的主要作用是防止条形码标志因印刷质量低劣或包装运输中引起标志破损而造成扫描设备误读信息。作为确保商品条形码识别正确性的必要手段,条形码用户在标志设计完成后，代码的正确与否直接关系到用户的自身利益。对代码的验证，校验码的计算是标志商品质量检验的重要内容之一，应该谨慎严格，需确定代码无误后才可用于产品包装上。

下面是 EAN－13 条形码的校验码验算方法，步骤如下：

① 以未知校验位为第 1 位，由右至左将各位数据顺序排队（包括校验码）；

② 由第 2 位开始，求出偶数位数据之和，然后将和乘以 3，得积 N_1；

③ 由第 3 位开始，求出奇数位数据之和，得 N_2；

④ 将 N_1 和 N_2 相加得和 N_3；

⑤ 用 N_3 除以 10，求得余数，并以 10 为模，取余数的补码，即得校验位数据值 C；

⑥ 比较第 1 位的数据值与 C 的大小，若相等，则译码正确，否则进行纠错处理。

例如，设 EAN－13 码中数字码为 6901038100578（其中校验码值为 8），该条形码字符校验过程为：$N_1=3\times(7+0+1+3+1+9)=63$，$N_2=5+0+8+0+0+6=19$，$N_3=N_1+N_2=82$，$N_3$ 除以 10 的余数为 2，故 $C=10-2=8$，译码正确。

6．EAN－13 条形码的生成

条形码的生成步骤如下：

① 由 d_0 根据表 2.3.4 产生和 $d_1 \sim d_6$ 匹配的字母码，该字母码由 6 个字母组成，字母限于 A 和 B。实际上表 2.3.4 和表 2.3.3 相同，这里 A 代表奇，B 代表偶。

表 2.3.4　EAN－13 码的 d_0 对应的 $d_1 \sim d_6$ 字符的奇偶排列

字　符	字母码	字　符	字母码
0	AAAAAA	5	ABBAAB
1	AABABB	6	ABBBAA
2	AABBAB	7	ABABAB
3	AABBBA	8	ABABBA
4	ABAABB	9	ABBABA

② 将 $d_1 \sim d_6$ 和 d_0 产生的字母码按位进行搭配，以此产生一个数字－字母匹配对。查表 2.3.5，生成条形码的第一数据部分，即左侧的 6 位数字，它们匹配的是 A 系列或 B 系列。

表 2.3.5　EAN－13 码的数字－字母映射表

数字－字母匹配对	二进制信息	数字－字母匹配对	二进制信息	数字－字母匹配对	二进制信息
0A	0001101	0B	0100111	0C	1110010
1A	0011001	1B	0110011	1C	1100110
2A	0010011	2B	0011011	2C	1101100

续表 2.3.5

数字-字母匹配对	二进制信息	数字-字母匹配对	二进制信息	数字-字母匹配对	二进制信息
3A	0111101	3B	0100001	3C	1000010
4A	0100011	4B	0011101	4C	1011100
5A	0110001	5B	0111001	5C	1001110
6A	0101111	6B	0000101	6C	1010000
7A	0111011	7B	0010001	7C	1000100
8A	0110111	8B	0001001	8C	1001000
9A	0001011	9B	0010111	9C	1110100

③ 将 $d_7 \sim d_{12}$ 和 C 进行搭配，并通过查表 2.3.5 生成条形码的第二数据部分，即右侧的 6 位。

④ 按照两部分数据绘制条形码：1 对应黑线，0 对应白线。

例如，假设一个条形码的数据码为 6901038100578。$d_0=6$，对应的字母码为 ABBBAA，$d_1 \sim d_6$ 和 d_0 产生的字母码按位进行搭配，其结果为 9A、0B、1B、0B、3A、8A，查表 2.3.5 得第一部分数据的编码分别为 0001011、0100111、0110011、0100111、0111101、0110111；$d_7 \sim d_{12}$ 和 C 进行搭配，其结果为 1C、0C、0C、5C、7C、8C，查表 2.3.5 得第二部分数据的编码分别为 1100110、1110010、1110010、1001110、1000100、1001000。

7. 条形码识别的基本原理

EAN－13 是一种(7,2)码，即每个字符的总宽度为 7 个模块宽，交替由两个条和两个空组成，而每个条空的宽度不超过 4 个模块，如图 2.3.6 所示。

图 2.3.6 中 C_1, C_2, C_3, C_4 表示当前字符中 4 个相邻条、空的宽度，T 是一个字符的宽度，满足：

$$1 \leqslant C_i \leqslant 4 \quad (C_i \text{ 为整数}, i=1,2,3,4)$$

且

$$T=\sum C_i=7$$

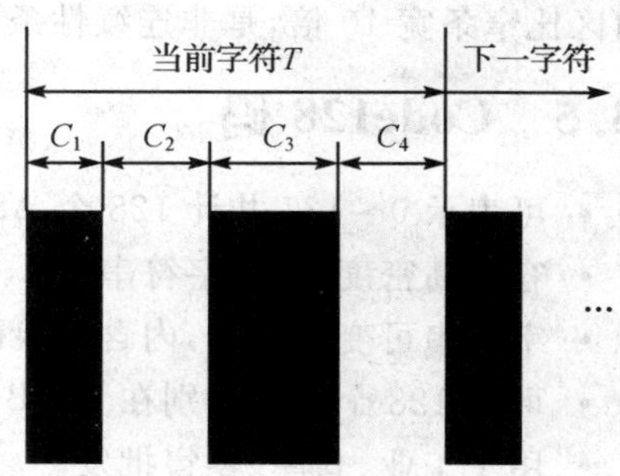

图 2.3.6　EAN－13 条码宽度的定义

用 n 表示当前字符单位模块的宽度，则 $n=T/7$；令 $m_i=C_i/n, i=1,2,3,4$；由 m_1, m_2, m_3, m_4 的值可以得到编码。例如，若 $m_1=1, m_2=3, m_3=1, m_4=2$，且条码的排列为条—空—条—空，则可知当前字符的编码为 1000100，是右侧偶字符 7；若 $m_1=3, m_2=1, m_3=1, m_4=2$，且条码的排列为空—条—空—条，则可知当前字符的编码为 0001011，是左侧奇字符 9。

8. 条形码扫描方向的判别

为了能够正确地解译条形码，在解译条形码符号所表示的数据之前，需要先进行条形码扫描方向的判别。由于 EAN－13 的起始字符和终止字符的编码结构都是“101”，所以只能通过它进行码制的判别(对于多种条码识别，其他码制的条码起始字符和终止字符都不是“101”)，但是不能通过起始字符和终止字符来判别它的扫描方向。由 EAN－13 码的编码结构可知，它的右侧字符为全偶，而左侧字符的奇偶顺序由前置符决定，没有全偶的，从而可以利用此原理来确定 EAN－13 码的扫描方向。如果扫描到的前 6 个字符为全偶，则为反向扫描；否则为正向扫描。

2.3.3 UPC 码

UPC 码(统一产品代码)是美国统一代码委员会制定的一种商品用条码，主要用于美国和加拿大地区，从美国进口的商品上可以看到。UPC 码只能表示数字，有 A、B、C、D、E 五个版本。版本 A 有 12 位数字；版本 E 有 7 位数字。最后一位为校验位，尺寸宽 1.5 in，高 1 in，而且背景清晰。UPC 码主要使用于美国和加拿大地区的工业、医药、仓库等部门。

当 UPC 码作为 12 位进行解码时，定义如下：第 1 位为数字标识(已经由统一代码委员会 UCC 建立)；第 2～6 位为生产厂家的标识号(包括第一位)；第 7～11 位为唯一的厂家产品代码；第 12 位为校验位。

2.3.4 库德巴码

库德巴(Codebar)码也可表示数字和字母信息，主要用于医疗卫生、图书情报、物资等领域的自动识别。库德巴码可表示数字 0～9，字符 $ 、＋、－，还有只能用做起始/终止符的 a、b、c、d 四个字符；可变长度，没有校验位；应用于物料管理、图书馆、血站和当前的机场包裹发送中；空白区比窄条宽 10 倍，是非连续性条码，每个字符表示为 4 条 3 空。

2.3.5 Code128 码

- 可表示 0～127 共计 128 个 ASCII 字符。
- 容纳高密度数据、字符串。
- 字符串可变长符号，内含校验码，有三种不同版本：A、B 和 C 。
- 可用 128 个字符分别在 A、B 或 C 三个字符串中集合。
- 用于工业、仓库、零售批发。

各类一维条码的对比见表 2.3.6。

表 2.3.6 条码的码制区分对比表

类型	长度	排列	校验	字符符号、码元结构	标准字符集	其他
EAN-13 EAN-8	13 位 8 位	连续	校验码	7 个模块,2 条,2 空	0～9	EAN-13 为标准版 EAN-8 为缩短版
UPC-A UPC-E	12 位 8 位	连续	校验码	7 个模块,2 条,2 空	0～9	UPC-A 为标准版 UPC-E 为消零压缩版
Code39	可变长	非连续	自检验 校验码	12 个模块,5 条,4 空;其中 3 个宽单元,6 个窄单元	0～9,A～Z,-,$,/,+,%,*,.,空格	“*”符号用做起始符和终止符,密度可变,有串联性,亦可增设校验码
Code93 码	可变长	连续	校验码	9 个模块,3 条,3 空	0～9,A～Z,-,$,/,+,%,*,.,空格	有串联性,可设双校验码,加前置码后可表示 128 个全 ASCII 码
基本 25 码	可变长	非连续	自校验	14 个模块,5 条;其中,2 个宽单元,3 个窄单元	0～9	空不表示信息,密度低
交叉 25 码	定长或可变长	连续	自校验 校验码	18 个模块表示 2 个字符;5 条表示奇数位,5 空表示偶数位	0～9	表示偶数位个信息编码,密度高,EAN、UPC 的物流码采用该码制
矩阵 25 码	定长或可变长	非连续	自校验 校验码	9 个模块,3 条,2 空;其中,2 个宽单元,3 个窄单元	0～9	密度较高,在我国被广泛地用于邮政管理
库德巴码	可变长	非连续	自校验	7 个单元,4 条,3 空	0～9,A～D,$,+,-,/	有 18 种密度
128 码	可变长	连续	校验码	11 个模块,3 条,3 空	三个字符集覆盖了 128 个全 ASCII 码	有功能码、对数字码的密度最高
49 码	可变长 多行	连续	校验码	每行 70 个模块,18 条,17 空	128 个全 ASCII 码	多行任意起始扫描,行号由每行的奇偶性决定
11 码	可变长	非连续	自校验	3 条,2 空	0～9,-	有双自校验功能

2.4 二维条码

二维条码（2-dimensional bar code）是用某种特定的几何图形按一定规律在平面（二维方向上）分布的黑白相间的图形上记录数据符号信息。在代码编制上巧妙利用构成计算机内部逻辑基础的“0”、“1”比特流的概念，使用若干个与二进制数相对应的几何形体来表示文字数值信息，通过图像输入设备或光电扫描设备自动识读以实现信息自动处理。二维条码具有条码技术的一些共性，每种码制有其特定的字符集；每个字符占有一定的宽度；具有一定的校验功能等；同时，还具有对不同行的信息自动识别功能及处理图形旋转变化等特点。二维条码能够在横向和纵向两个方位同时表达信息，因此能在很小的面积内容纳大量的信息。几种形式的二维条码如图 2.4.1 所示。

QR Code

Data Matrix

PDF417

Maxicode

图 2.4.1 几种形式的二维条码

2.4.1 二维条码的特点

一维条码所携带的信息量有限，如商品上的条码仅能容纳 13 位（EAN－13 码）阿拉伯数字，更多的信息只能依赖商品数据库的支持，离开了预先建立的数据库，这种条码就没有意义了，因此在一定程度上也限制了条码的应用范围。基于这个原因，在 20 世纪 90 年代发明了二维条码。二维条码除了具有一维条码的优点外，还具有信息量大、可靠性高、保密、防伪性强等优点。二维条码的特性具体描述如下。

1. 高密度

目前，应用比较成熟的一维条码如 EAN 和 UPC 码，因密度较低，故仅作为一种标识数据，不能对产品进行描述。如果要知道产品的有关信息，必须通过识读条码进入数据库。这就要求事先必须建立以条码表示的代码作为索引字段的数据库。二维条码利用垂直方向的尺寸来提高条码的信息密度。通常情况下，二维条码的密度是一维条码的几十到几百倍，这样才可以把产品信息全部存储在一个二维条码中，如果查看产品信息，只要用识读设备扫描二维条码即可，因此不需要事先建立数据库，是真正实现了用条码对“物品”进行描述。

2. 具有纠错功能

当一维条码受到损坏(如污染、脱墨等)时,会拒读(即读不出,这要比误读好)。为此,一维条码通常与其表示的信息要一同印刷出来,此时可以通过键盘录入代替扫描条码。鉴于以上原则,一维条码没有考虑到条码本身的纠错功能,尽管引入了校验字符的概念,但仅限于防止读错。二维条码可以表示数以千计字节的数据,通常情况下,所表示的信息不可能与条码符号一同印刷出来。如果没有纠错功能,当二维条码的某部分损坏时,该条码就变得毫无意义,因此二维条码引入了错误纠正机制。这种纠错机制使得当二维条码因穿孔、污损等引起局部损坏时,照样可以正确识读。二维条码的纠错算法与卫星和 VCD 等所用的纠错算法相同。这种纠错机制使得二维条码成为一种安全可靠的信息存储和识别的方法,这是一维条码无法相比的。

3. 可以表示多种语言文字

多数一维条码所能表示的字符集不过是 10 个数字、26 个英文字母及一些特殊字符。条码字符集最大的 Code128 条码,所能表示的字符个数也不过是 128 个 ASCII 符。因此要用一维条码表示其他语言文字(如汉字、日文等)是不可能的。多数二维条码都具有字节表示模式,即提供了一种表示字节流的机制。我们知道,不论何种语言文字,它们在计算机中存储时都以机内码的形式表现,而内码都是字节码。这样就可以设法将各种语言文字信息转换成字节流,然后再将字节流用二维条码表示,从而为多种语言文字的条码表示提供了一条前所未有的途径。

4. 可以表示图像数据

既然二维条码可以表示字节数据,而图像多以字节形式存储,那么图像(如照片、指纹等)式条码成为可能。

5. 可引入加密机制

加密机制的引入是二维条码的又一优点。比如,用二维条码表示照片时,可以先用一定的加密算法将图像信息加密,然后再用二维条码表示。在识别二维条码时,再加上一定的解密算法,就可以恢复所表示的照片。这样便可以防止各种证件、卡片等的伪造。

目前,二维条码主要有 PDF417 码、Code49 码、Code16K 码、Data Matrix 码和 Maxicode 码等;主要分为堆积或层排式和棋盘或矩阵式两大类。二维条码作为一种新的信息存储和传递技术,从诞生之时就受到了国际社会的广泛关注。经过几年的努力,现已应用在国防、公共安全、交通运输、医疗保健、工业、商业、金融、海关及政府管理等多个领域。

二维条码依靠其上述特点(信息携带量大,有错误修正技术及防伪功能,信息形式多样等),被广泛应用于护照、身份证、行车证、军人证、健康证和保险卡等。图 2.4.2 是我国 2010 年新版火车票及其二维条码。

图 2.4.2　我国 2010 年新版火车票及其二维条码

2.4.2　二维条码技术

一维条码只是在一个方向(一般是水平方向)表达信息,而在垂直方向则不表达任何信息,其一定的高度通常是为了便于阅读器的对准。在水平和垂直方向的二维空间存储信息的条码,称为二维条码。

与一维条码一样,二维条码也有许多不同的编码方法,或称码制。就这些码制的编码原理而言,通常可分为以下三种类型:

① 堆叠式二维码:是在一维条码编码原理的基础上,将多个一维码在纵向堆叠而产生的。

② 矩阵式二维码:以矩阵的形式组成。在一个矩形空间里,通过黑、白像素在矩阵相应元素位置上用"点"表示二进制数"1",用"空"表示二进制数"0",由"点"和"空"的不同排列进行编码。

③ 邮政编码:通过不同长度的条进行编码,主要用于邮件编码,如 Postnet、BPO 4-State。

下面主要介绍前两类。

1. 堆叠式二维条码

堆叠式二维条码(又称行排式二维条码或层排式二维条码),其编码原理是建立在一维条码基础之上,按需要堆叠成两行或多行。它在编码设计、校验原理、识读方式等方面继承了一维条码的一些特点,识读设备和条码印刷与一维条码技术兼容。但由于行数的增加,需要对行进行判定,其译码算法与软件也不完全相同于一维条码。有代表性的行排式二维条码有 Code49、Code 16K、PDF417 等。其中 Code49 是 1987 年由 David Allair 博士研制,Intermec 公司推出的第一个二维条码。

Code49 码:是一种多层、连续型、可变长度的条码符号,它可以表示全部的 128 个 ASCII 字符。每个 Code49 条码符号有 2~8 层,每层有 18 条和 17 空。层与层之间由一个层分隔条分开。每层包含一个层标识符,最后一层包含表示符号层数的信息。

Code 16K 码:1988 年 Laserlight 系统公司的 Ted Williams 推出第二种二维条码 Code 16K 码。Code 16K 码是一种多层、连续型可变长度的条码符号,可以表示全 ASCII 字符集的

128 个字符及扩展 ASCII 字符。它采用 UPC 及 Code128 字符。一个 16 层的 Code 16K 符号，可以表示 77 个 ASCII 字符或 154 个数字字符。Code 16K 通过唯一的起始符/终止符标识层号，通过字符自校验及两个模 107 的校验字符进行错误校验。

2. 矩阵式二维条码

矩阵式二维条码(又称棋盘式二维条码)是在一个矩形空间里通过黑、白像素在矩阵中的不同分布进行编码。在矩阵相应元素位置上，用实点(方点、圆点或其他形状)的出现表示二进制数"1"，点的不出现(空)表示二进制数"0"，点和空的排列组合确定了矩阵式二维条码所代表的意义。矩阵式二维条码是建立在计算机图像处理技术、组合编码原理等基础上的一种新型图形符号自动识读处理码制。矩阵式符号没有起点与终点，但是它们有特殊的"定位符"，定位符指明了符号的大小和方位。具有代表性的矩阵式二维条码有 Code one、Maxicode、QR 码和 Datamatrix 等。

在目前几十种二维条码中，常用的码制有 PDF417、Datamatrix、Maxicode、QR 码、Code 49、Code 16K 和 Code one 等，除了这些常见的二维条码之外，还有 Vericode 码、CP 码、Codeblock F 码、田字码、Ultracode 码和 Aztec 码。

2.4.3 几种常见的二维条码

2.4.3.1 PDF417 码

1. PDF417 简介

PDF417 码是一种堆叠式二维条码，目前应用最为广泛。PDF417 码是由美国 SYMBOL 公司发明的，PDF(Portable Data File)的意思是"便携数据文件"。如果将组成条码的最窄的"条"或"空"称为一个模块，那么组成条码的每一个条码字符由 4 条和 4 空共 17 个模块构成，因此也称为 PDF417 条码(或 417 码)。PDF417 二维条码具有信息容量大、信息密度高、修正错误能力强、译码可靠性高、保密性强和容易印制等特点。

PDF417 条码可表示数字、字母或二进制数据，也可表示汉字。为了使编码更加紧凑，提高信息密度，PDF417 在编码时有以下三种格式：

① 一个 PDF417 条码最多可容纳扩展的字母、数字压缩格式为 1 850 个字符；

② 二进制/ASCII 格式可容纳 1 108 字节；

③ 如果只表示数字，则数字压缩格式可容纳 2 710 个数字。

PDF417 条码的纠错能力分为 9 级(0～8)，级别越高，纠错能力越强。由于这种纠错功能，即使是污损的 417 码也可以正确读出。我国目前已制定了 PDF417 码的国家标准。

PDF417 码需要有 417 解码功能的条码阅读器才能识别。PDF417 码最大的优势在于其庞大的数据容量和极强的纠错能力。

一个 PDF417 条码的基本样式如图 2.4.3 所示。

图 2.4.3　一个 PDF417 条码

2. PDF417 条形码的结构

PDF417 码符号是一个多行结构。符号的上部和下部为空白区，上下空白区之间为多行结构；每行数据符号字符数相同，行与行左右对齐直接衔接；其最小行数为 3，最大行数为 90；每行构成从左向右依次为：左空白区、起始符、左行指示符号字符、1～30 个数据符号字符、右行指示符号字符、终止符和右空白区，如图 2.4.4 所示。

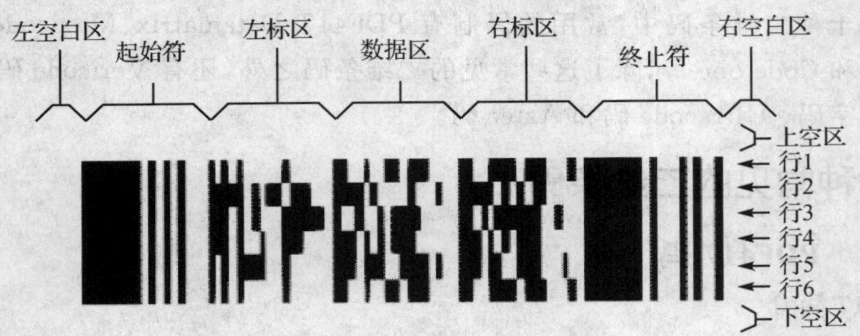

图 2.4.4　PDF417 条形码的模式结构

PDF417 条形码中一个字码的结构如图 2.4.5 所示，每一符号由 4 条和 4 空构成，自左向右从条开始，每一个条或空包含 1～6 个模块。在一个符号字符中，4 条和 4 空的总模块数为 17。每一个 PDF417 码是由 3～90 行堆叠而成的，为了扫描方便，其四周皆有静空区，静空区分为水平静空区与垂直静空区，至少应为 0.02 in。

3. PDF417 条形码的尺寸

因为符号的组合较有弹性，每一个 PDF417 条形码可因不同的实体设备印成不同的长宽比例与密度，以适应印刷条件及扫描条件的要求。其中，每个模块宽 X 是 PDF417 条形码中最重要的尺寸之一，X 值的最小值限制为 0.191 mm。在同一个条码符号中，X 的值是固定不变的。PDF417 条形码的高度最小值与长度可由下式算出：

$$W = (17C + 69)X + Q$$

$$H = R \times Y + Q$$

式中：W 为条码宽度，mm；H 为高度，mm；X 为条码模块宽，mm；Y 为层高，mm；C 为数据区的列数；R 为层数；Q 为左右静空区尺寸之和，mm。

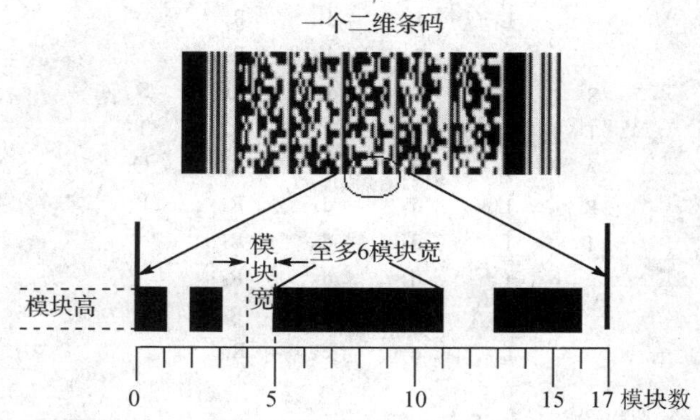

图 2.4.5　PDF417 条形码中一个字码的结构

4. PDF417 条形码的编码词顺序

一个 PDF417 条形码最多可包含 929(0～928)个条形码字符或编码词(codeword)。"条形码字符"是一个专用术语,指被打印的条模式。"编码词"也是一个专用术语,它也可表示"条形码字符"的意义,但用来指条形码字符的数字值更为恰当。条形码词排列遵循以下顺序:

① 第一个编码词是码长描述符,它表示了条形码中的数据编码词(data codeword)的数量,这些编码词也包括码长描述符本身。

② 紧接着的数据编码词表示的是相对最重要的编码字符。功能编码词(function codeword)可插入其中用于数据压缩。

③ 放在最后的是尾编码词(pad codeword),可使编码词构成矩阵形式。

另外,还有一个可选的宏 PDF417 控制块(Macro PDF417 control block)。

④ 纠错编码词(error correction codeword)用于错误检测和纠正。

越重要的编码词越接近于第一个编码词(码长描述符),并且编码词的安放格式是从左到右,从上到下。图 2.4.6 是一个含 16 个编词码的 PDF417 条码的编码格式,其中它的纠错等级为 1 级。

5. 二维条码 PDF417 的编码

PDF417 条码码字集包含 929(0～928)个码字。所谓码字集是指一种条形码制中所给定的数据字符的范围。这些码字按其用途分为以下两种类型:

① 码字 0～899:用于表示数据(根据当前的压缩模式和 GLI 解释),每个码字表示一个或多个数字、字母或符号。

② 码字 900～928:900、901、902、913、924 用于各压缩模式标记;925、926、927 用于 GLI(全球标识标记符,不同的 GLI 具有相应的码字解释);922、923、928 用于宏 PDF417 码(当文件内容太长,无法用一个 PDF417 条码符号表示时,可用包含多个宏 PDF417 码的分块表示);921 用于条码识读器初始化;903～912,914～920 保留待用。

	L_1	d_{15}	d_{14}	R_1	
	L_2	d_{13}	d_{12}	R_2	
S	L_3	d_{11}	d_{10}	R_3	S
T	L_4	d_9	d_8	R_4	T
A	L_5	d_7	d_6	R_5	O
R	L_6	d_5	d_4	R_6	P
T	L_7	d_3	d_2	R_7	
	L_8	d_1	d_0	R_8	
	L_9	e_3	e_2	R_9	
	L_{10}	e_1	e_0	R_{10}	

L—行左标识符；R—行右标识符；d—数据编码词；e—纠错编码词。

d_{15}—码长描述符，它的值为 16。d_{14}～d_1—用于表示信息的数据编码词。d_0—尾编码词。

图 2.4.6 一个含 16 个编词码纠错等级为 1 的 PDF417 条码的编码格式

PDF417 条形码的编码分为数据码字编码、错误纠正码字编码、前后行指示符编码 3 个部分。PDF417 条码在编码时，首先对未编码数据进行压缩。其编码有 3 种数据压缩模式：文本压缩模式（TC）、字节压缩模式（BC）和数字压缩模式（NC）。每种模式结构对应不同的算法，通过应用模式锁定/转移（latch/shift）码字，可在一个 PDF417 条码符号中应用一种或者多种模式表示数据。图 2.4.7 为 PDF417 条码的模式切换图，其中，900、901/924、902 分别对应文本压缩模式 TC、字节压缩模式 BC 和数字压缩模式 NC；913 为模式转移码字，用于将文本压缩模式 TC 暂时切换为字节压缩模式 BC。这种切换只对切换后的第一个码字有效，随后又返回到文本压缩模式的当前子模式。

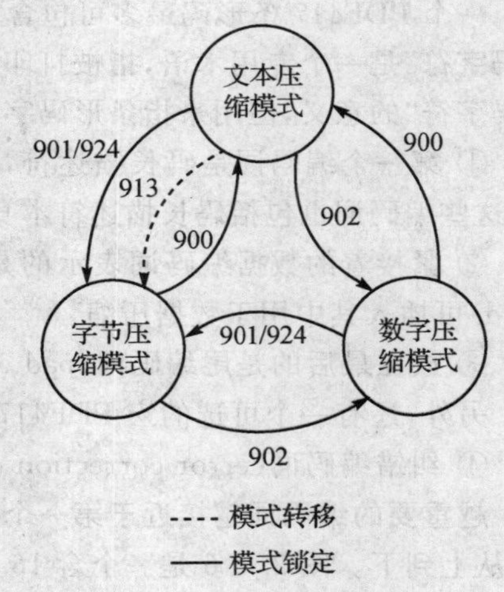

图 2.4.7 PDF417 条码压缩模式的切换

下面分别介绍这三种压缩模式。

(1) 字节压缩模式(BC)

字节压缩模式通过基 256 至基 900 的转换，将字节序列转换为码字序列。对于字节压缩模式，有两个模式锁定（901 和 924）。

① 当所要表示的字节总数为 6 的倍数时，用模式 924 锁定。在用模式锁定 924 的情况下，6 个字节可通过基 256 至基 900 的转换用 5 个码字表示，从左到右进行转换。

例如，将一个 2 位十六进制的数据（基 256）序列 01H，02H，03H，04H，05H，06H（H 代表十六进制）转换为码字序列（基 900）。

$1\times256^5+2\times256^4+3\times256^3+4\times256^2+5\times256+6=1\times900^4+620\times900^3+89\times900^2+74\times900+846$

码字序列：924,1,620,89,74,846。

② 当所要表示的字节数不是 6 的倍数时，必须用码字 901 锁定。前每 6 个字节的转换方法与上述方法相同，对被 6 整除所剩余的字节应每个字节对应一个码字，逐字节用码字表示。

例如，有数据序列：01H,02H,03H,04H,05H,06H,07H,08H,04H

转换为一个码字序列：901,1,620,89,74,846,7,8,4。

译码时，将收到的每 5 个 mod900 的码字转换为十进制数，继而转换为 6 个 mod256 数，分别按十六进制数输出。若码字个数非 6 的倍数，则将码字个数被 6 整除后余下的 mod900 的码字直接按十六进制数输出。

(2) 数字压缩模式(NC)

数字压缩模式是指从基 10 至基 900 的数据压缩的一种方法。数字压缩模式能把约 3 个数字位用一个码字表示。尽管在任意数字长度下都可以应用数字压缩模式，但一般推荐当连续的数字位数大于 13 时用数字压缩模式，否则用文本压缩模式。

在数字模式下，将根据下述算法对数字位进行编码：将数字序列从左向右每 44 位分为一组，最后一组包含的数字位可以少于 44 个；对于每一组数字，首先在数字序列前加一位有效数字 1(即前导位)，然后执行基 10 至基 900 的转换。

(3) 文本压缩模式(TC)

下面以常用的文本压缩模式为例来说明其编码算法。

1) 数据码字编码

子模式：文本压缩模式是每一符号起始的默认有效压缩模式。为了更有效地表示数据，文本压缩模式又分为 4 个子模式：大写字母型子模式、小写字母型子模式、混合型子模式和标点型子模式。在子模式中，每一个字符对应一个值(0～29)。

子模式之间的切换：在文本压缩模式中，每一个码字用两个基为 30 的值表示(范围为 0～29)。如果在一个字符串的尾部有奇数个基为 30 的值，则需要用值为 29 的虚拟字符 ps 填充最后一个码字。这样就可以用一个单独的码字表示一个字符对，表示字符对的码字由下式计算：

$$码字=30H+L$$

式中：H,L 分别表示字符对中的高位和低位字符值。

2) 错误纠正码

PDF417 的纠错码是以 GF(929)为域的 Reed-Solomon 错误控制算法(简称 R-S 码)。R-S 码是一类可以纠正多个随机错误的多进制循环码。由 R-S 纠错码编码原理可知，要想得到纠错码字，首先需要确定 GF(929)的一个本原元 a，这样可以得到纠错码，然后生成多项式。

数学的本原元定义：以素数 q 为模的整数剩余类构成 q 阶有限域 GF(q)。在 GF(q)中，

某一元素 a 满足 $a^{q-1}=1$，则称 a 为 GF(q)的本原域元素，简称本原元。在任何 GF(q)中都能找到一个本原元 a，能用它的幂次表示所有 $q-1$ 个非零元素，从而组成一个循环群 G(a)：1，a，a^2，…，a^{q-1}；其中，$a^{q-1}=1$。再根据 Euler 定理可得，当 q 为素数时，同余方程 $x^{q-1}\equiv 1$ (mod$q$)以 1，2，…，$q-1$ 为解；因此，根据本原元定义，1，2，3，…，928 都是 GF(929)的本原元。

国家标准规定，PDF417 以 3 为本原元，也就是说，GF(929)中任何一个元素都可以表示为 3^n($0\leqslant n\leqslant 929$)。417 条码采用 R-S 码对数据码字进行纠错编码和译码。对于一组给定的数据码字，根据不同的码字个数采用相应的纠错等级，错误纠正码字根据 R-S 码算法计算而得。

PDF417 有 9 个纠错等级(0～8)，所对应的错误纠正码字数目为

$$k = 2^{s+1} \tag{2.4.1}$$

式中：s 为纠错等级。

对于一个给定的错误纠正等级，其错误纠正容量由下式确定：

$$e + 2t \leqslant k - 2 = 2^{s+1} - 2 \tag{2.4.2}$$

式中：e 为拒读错误数目；t 为替代错误数目；k 为错误纠正码字数目。

错误纠正码字的总数为 2^{s+1}，其中，两个用于错误检测，其余的用于错误纠正。用一个错误纠正码字恢复一个拒读错误，用两个错误纠正码字纠正一个替代错误。

当被纠正的替代错误数目小于 4 时($s=0$ 除外)，错误纠正容量由下式确定：

$$e + 2t \leqslant k - 3 \tag{2.4.3}$$

对于一组给定的数据码字，错误纠正码字根据 R-S 错误控制码算法，计算步骤如下：

① 建立符号数据多项式如下：

$$d(x) = d_{n-1}x^{n-1} + d_{n-2}x^{n-2} + \cdots + d_1 x + d_0 \tag{2.4.4}$$

式(2.4.4)中，多项式的系数由数据区码字组成，包括长度码、数据码字、填充码和宏 417 条码控制块。其中 d 为数据码字(d_0，…，d_{n-1})；n 为数据码字数(包括数据长度码字)。每一数据码字 d_i($i=0$，…，$n-2$，$n-1$)在 417 条码符号中的排列位置见图 2.4.8。

起始符	L_0	d_{n-1}	d_{n-2}	…			R_0	终止符
	L_1	…					R_1	
	⋮	…					⋮	
	L_{m-2}	…		d_0	e_{k-1}	e_{k-2}	R_{m-2}	
	L_{m-1}	…			e_1	e_0	R_{m-1}	

图 2.4.8　PDF417 条码的数据、行标识符及错误纠正码的排列位置表

② 建立纠正码字的生成多项式，含 k 个错误纠正码字的生成多项式如下：

$$g(x) = (x-3)(x-3^2)\cdots(x-3^k) = x^k + g_{k-1}x^{k-1} + \cdots + g_1 x + g_0 \tag{2.4.5}$$

③ 产生错误纠正码字。对一组给定的数据码字和一选定的错误纠正等级，错误纠正码字为符号数据多项式 $d(x)$ 乘以 x^k，然后除以生成多项式 $g(x)$，所得余式的各系数的补数。错误纠正码字 $e_i > -929$，在有限域 GF(929)中的负值等于该值的补数；如果 $e_i \leqslant -929$，那么在有限域 GF(929)中的负值等于(e_i/929)余数的补数。

3）前后行指示符

行指示符号字符包括左行指示符号字符(L_i)和右行指示符号字符(R_i)，分别与起始符和终止符相邻，见图 2.4.8。行指示符号字符的值(码字)指示 417 条码的行号(i)、行数(3～90)、数据区中的数据符号的列数(1～30)和错误纠正等级(0～8)。

左行指示符号字符(L_i)的值由下式确定：

$$L_i = \begin{cases} 30x_i + y & \text{当 } c_i = 0 \\ 30x_i + z & \text{当 } c_i = 3 \\ 30x_i + v & \text{当 } c_i = 6 \end{cases} \tag{2.4.6}$$

右行指示符号字符(R_i)的值由下式确定：

$$R_i = \begin{cases} 30x_i + v & \text{当 } c_i = 0 \\ 30x_i + y & \text{当 } c_i = 3 \\ 30x_i + z & \text{当 } c_i = 6 \end{cases} \tag{2.4.7}$$

式中：x_i=[(行号－1)/3]，i=1,2,…,90；

y=[(行数－1)/3]；

z=错误纠正等级×3＋(行数－1)mod3；

v=数据区的列数－1；

c_i=第 i 行簇号。

例如，如果一个 417 条码符号为三行三列，错误纠正等级为 1，那么，(L_1,L_2,L_3)为(0,5,2)，(R_1,R_2,R_3)为(2,0,5)。

PDF417 码还有几种变形的码制形式：

- PDF417 截短码：在相对“干净”的环境中，条码损坏的可能性很小，可将右边的行指示符省略并减少终止符。
- PDF417 微码：进一步缩减的 PDF 码。
- 宏 PDF417 码：当文件内容太长，无法用一个 PDF417 码表示时，可用包含多个(1～99 999个)条码分块的宏 PDF417 码来表示。

6. PDF417 的纠错功能

PDF417 二维的一个重要特性是其自动纠错能力较强。二维条码的纠错功能是通过信息冗余来实现的。比如在 PDF417 码中，某一行除了包含本行的信息外，还有一些反映其他位置上的字符(错误纠正码)的信息。这样，即使当条码的某部分遭到损坏，也可以通过存在于其他位置的错误纠正码将其信息还原出来。PDF417 码将纠错分为 9 个等级，其值为 0～8，级数越高，错误纠正能力越强，可存放数据量就越少，一般建议编入至少 10% 的检查字码。数据存放量与错误纠正等级的关系如表 2.4.1 所列。表 2.4.2 是建议不同的字数所适用的错误纠正等级。

表 2.4.1　可存放数据量与错误纠正等级对照表

错误纠正等级	纠正码数	可存数据量/位元	错误纠正等级	纠正码数	可存数据量/位元
自动设定	64	1 024	4	32	1 072
0	2	1 108	5	64	1 024
1	4	1 106	6	128	957
2	8	1 101	7	256	804
3	16	1 092	8	512	496

7. PDF417 条码的译码

表 2.4.2　PDF417 的建议错误纠正等级

数据字码数	错误纠正等级
1～40	2
40～160	3
161～320	4
321～863	5

(1) 纠错译码

PDF417 条码在识读过程中，由于图案的损坏，或扫描及扫描后的数据传输出错，就会出现突发错误。如前所述，在编码时已经加入了 R－S 纠错码，所以也必须先采用 R－S 码进行纠错译码。这个过程较复杂，其纠错步骤主要分为三步：

① 计算接收数据 $R(x)$的 n 重伴随式 $S(x)$；其中 $n=2t$，t 是能纠正的错误数目。

② 根据伴随式 $S(x)$求错误位置多项式；找出错误图样，即差错多项式 $E(x)$。

③ 有了错误位置和差错幅值，由 $R(x)-E(x)=C(x)$得出最可能发送的码字 $C(x)$。

纠错译码的详细内容请参阅有关 R－S 码的资料和 PDF417 译码技术的参考文献。

(2) PDF417 码的译码

这个过程是把接收到的码字从 417 码字集还原到信息正常的表现形式。它是编码的逆过程。例如，编码时的压缩，此时就是解压。下面有些是重复上述编码时的知识点。

PDF417 条码码字集包含 929(0～928)个码字，其中：

① 码字 0～899 用于表示数据(根据当前的压缩模式和 GLI 解释)，每个码字表示一个或多个数字、字母或符号。

② 码字 900～928：900、901、902、913、924 用于各压缩模式标记；925、926、927 用于 GLI(全球标识标记符，不同的 GLI 具有相应的码字解释)；922、923、928 用于宏 PDF417 码(当文件内容太长，无法用一个 PDF417 条符号表示时，可用包含多个宏 PDF417 条码的分块表示)；921 用于条码识读器初始化；903～912，914～920 保留待用。

由于 PDF417 采用三种数据压缩模式设置来组成字符集，因此译码时必须对应的是：

1) 文本压缩模式(TC)

码字为 900 时锁定该模式，它分管大写字母型子模式、小写字母型子模式、混合型子模式和标点型子模式。通过标准字符集所对应的特定数值可以完成各子模式间的切换，可进行转移切换(即只对切换后的第一个码字有效，随后返回)，亦可进行锁定切换(该模式切换到下一个切换前一直有效)。

每种子模式选择文件中出现频率较高的一种字符组成字符集。在子模式中，GLI 标准规定了在文本压缩模式下每个字符所对应的值(0～29)。一个字符对应一个单独的码字：

$$码字=30\times H+L$$

式中，H、L 分别表示字符中的高位和低位字符值。

任何模式到文本压缩模式(TC)的锁定都是到大写字母型子模式的(Alpha)锁定。在文本压缩模式中，每一个码字用两个基为 30 的值表示(范围为 0～29)。如果在一个字符串的尾部有奇数个基为 30 的值，则需要用值为 29 的虚拟字符 ps 填充最后一个码字。译码时算法如下：

① 由收到的码字除以 30，商为高位字符值，余数为低位字符值；

② 由字符值确定是哪种子模式；

③ 查找该子模式下，字符值对应的文本值，恢复原始信息。

2) 字节压缩模式(BC)

由于在编码时当所要表示的字节总数不是 6 的倍数时，用码字 901 锁定；否则用 924 锁定，码字 913 转移为该模式，通过基 256 至基 900 的转移，将 2 位十六进制的数据序列转换为码字序列。所以，译码时按逆过程，将收到的每 5 个 mod900 的码字转换为十进制数，继而转换为 6 个 mod256 数，分别按十六进制的数输出。若码字个数非 6 的倍数，则将码字个数被 6 整除后余下的 mod900 的码字直接按十六进制数输出。

3) 数字压缩模式(NC)

码字为 902 时锁定该项。编码时通过基 10 至基 900 的换算实现数据位数的压缩，能把约 3 个数据位用一个码字表示；当数字位数大于 13 时，用数字压缩模式；当数字位数小于 13 时，用文本压缩模式。译码时算法如下：

① 每 15 个码字从左到右分为一组(每 15 个码字可转换为 44 个数字位)，其最后一组码字可少于 15 个。

② 对于每一组码字先执行基 900 至基 10 的转换然后去掉前导位 1。

译码中的错误图样包括随机错误(既不知道错误位置，也不知道错误大小)和删除错误(知道错误所在位置，但不知错误大小)。在求删除错误时，多进制码必须对伴随式进行修正。该伴随式包含两个错误位置多项式：一是删除位置多项式，二是错误位置多项式。总的错误位置多项式等于二者的乘积。

2.4.3.2 QR 码

QR 码(Quick Response Code)是由日本 Denso 公司于 1994 年 9 月研制的一种矩阵二维

码符号。QR码除具有一维条码及其他二维条码所具有的信息容量大、可靠性高、可表示汉字及图像多种文字信息、保密防伪性强等优点外，QR码还具有如下主要特点：

① 普通的一维条码只能在横向位置表示大约20位的字母或数字信息，无纠错功能，使用的时候需要后台数据库支持，而QR二维码是横向纵向都存有信息，可以放入字母、数字、汉字、照片、指纹等大量信息，相当于一个可移动的数据库。如果表示同样的信息，QR码占用的空间只是一维条码的1/11。图2.4.9是QR二维码与一维码的比较。

图 2.4.9　QR二维码与一维码的比较

② QR码容量密度大，可以放入1 817个汉字、7 089个数字、4 200个英文字母。QR码用数据压缩方式表示汉字，仅用13位即可表示一个汉字，比其他二维码表示汉字的效率提高了20%。图2.4.10为300个字符或数字被编进这样大小的QR码里面。同样的数据占用面积只有一维条码的十分之一大小，如图2.4.11所示。

图 2.4.10　QR码的高密度

图 2.4.11　一维条码与QR二维码密度比较

③ QR具有4个等级的纠错功能，即使破损也能够正确识读(见图2.4.12)。QR码的抗弯曲性强，QR码中每隔一定的间隔配置有校正图形，从码的外形来求得推测校正图形中心点与实际校正图形中心点的误差，以修正各个模块的中心距离，即使将QR码贴在弯曲的物品上也能够快速识读。QR码可以分割成16个QR码，可以一次性识读数个分割码，适应于印刷面积有限及细长空间印刷的需要。

④ 高速识读。从QR码的英文名称Quick Response Code可以看出，超高速识读是QR码区别于417条码、Data Matrix等二维码的主要特性。由于在用CCD识读QR码时，整个QR码符号中信息的读取是通过QR码符号的位置探测图形，用硬件来实现的，因此，信息识读过程很快。用CCD二维条码识读设备，每秒可识读30个含有100个字符的QR码符号；对于含有相同数据信息的417条码符号，每秒仅能识读3个符号；对于Data Martix矩阵码，每秒仅能识读2～3个符号。QR码的超高速识读特性使它能够广泛应用于工业自动化生产线管理等领域。

图 2.4.12　QR码破损后也能正确阅读

⑤ 全方位识读。QR码的三个角上有三个寻像图形，使用CCD识读设备来探测码的位置、大小、倾斜角度，并加以解码。因此，QR码具有全方位(360°)识读特点，这是QR码优于行排式二维条码(如417条码)的另一主要特点。由于417条码是将一维条码符号在行排高度上的截短来实现的，因此，它很难实现全方位识读，其识读方位角仅为±10°。

⑥ 能够有效表示汉字和日文。由于QR码用特定的数据压缩模式表示汉字和日文，仅用13位就可表示一个文字，而417条码、Data Martix等二维码没有特定的文字表示模式，因此仅用字节模式来表示文字。在用字节模式表示文字时，需用16位(2字节)表示一个文字，所以QR码比其他的二维条码表示文字的效率高了20%，如图2.4.13所示。

QRコードは漢字・
かなを効率よく表現
することができます。

图 2.4.13　QR码有效表示日文

⑦ QR码编码字符集如下：

- 数字型数据(数字0～9)；
- 字母数字型数据(数字0～9；大写字母A～Z；9个其他字符：space，$，%，*，+，—，.，/，:)；
- 8位字节型数据；
- 日文字符；
- 中国汉字字符(GB 2312对应的汉字和非汉字字符)。

⑧ QR码符号的基本特性：符号规格21×21模块(版本1)～177×177模块(版本40)。每一规格通常每边增加4个模块。

⑨ 数据类型与容量(指最大规格符号版本 40－L 级):

- 数字数据:7 089 个字符;
- 字母数据:4 296 个字符;
- 8 位字节数据:2 953 个字符;
- 中国汉字、日文字数据:1 817 个字符。

⑩ 数据表示方法:深色模块表示二进制数“1”,浅色模块表示二进制数“0”。

⑪ 纠错能力:

- L 级,约可纠错 7%的数据码字;
- M 级,约可纠错 15%的数据码字;
- Q 级,约可纠错 25%的数据码字;
- H 级,约可纠错 30%的数据码字。

⑫ 结构链接(可选)。可用 1～16 个 QR 码符号表示一组信息掩膜;可以使符号中深色与浅色模块的比例接近 1∶1,使因相邻模块的排列造成译码困难的可能性降为最小。

⑬ 扩充解释(可选)。这种方式使符号可以表示缺省字符集以外的数据(如阿拉伯字符、古斯拉夫字符、希腊字母等),以及其他解释(如用一定的压缩方式表示的数据)或者对行业特点的需要进行编码。

2.4.3.3 Maxicode 二维条码

1. Maxicode 二维条码的源起和发展

20 世纪 80 年代晚期,美国知名的 UPS(United Parcel Service)快递公司认识到利用机器辨读信息可有效改善作业效率,提高服务品质,故从 1987 年开始着手于机器可读表单(machine readable form)的研究,发觉到条码是相对成本最低的可行方案。为了能达到高速扫描的目的,UPS 舍弃了堆叠式二维条码的做法,重新研发一种新的条码,在 1992 年,推出 UPS 码,并研发出相关设备,此即 Maxicode 二维条码的前身。1996 年美国自动辨识协会(AIMUSA)制定统一的符号规格,称为 Maxicode 二维条码,也有人称 USS-Maxicode 二维条码(Uniform Symbology Specification-Maxicode)。这里所指的 Maxicode 二维条码,都是遵循 AIMUSA 制定的标准。

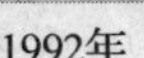

1996年

图 2.4.14 Maxicode 二维条码的外观

Maxicode 二维条码是一种中等容量、尺寸固定的矩阵式二维条码,由紧密相连的六边形模组和位于符号中央位置的定位图形组成。Maxicode 二维条码是特别为高速扫描而设计,主要应用于包裹搜寻和追踪上。UPS 除了将 Maxicode 二维条码应用到包裹的分类、追踪作业上,并打算推广到其他应用上。1992 年与 1996 年推出的 Maxicode 二维条码符号规格略有不同，如图 2.4.14 所示。1996 年的 Maxicode 二维条码由于其外观形象，又名“牛眼码”。

2. Maxicode 二维条码的基本特征

① 外形近乎正方形，由位于符号中央的同心圆（或称公牛眼）定位图形（Finder Pattern），及其周围六边形蜂巢式结构的资料位元组成，这种排列方式使得 Maxicode 二维条码可从任意方向快速扫描。其外观与中心放大图如图 2.4.15 所示。

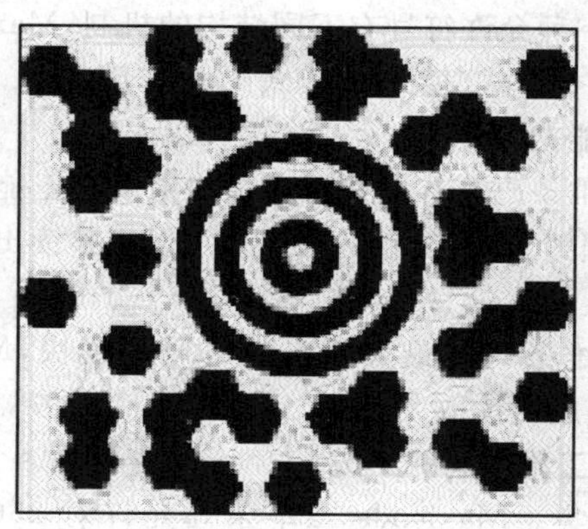

图 2.4.15　Maxicode 二维条码外观与中心放大图

② 符号大小固定。为了方便定位，使解码更容易，以加快扫描速度，Maxicode 二维条码的图形大小与资料容量大小都是固定的，图形固定约 1 平方英寸，资料容量最多 93 个字元。

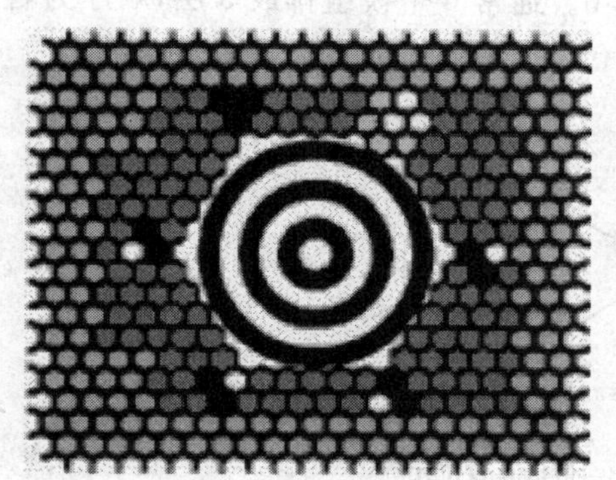

图 2.4.16　Maxicode 二维条码的符号排列方式

③ 定位图形：Maxicode 二维条码具有一个大小固定且唯一的中央定位图形，为三个黑色的同心圆，用于扫描定位。此定位图形位于资料模组所围成的虚拟六边形的正中央，在此虚拟六边形的 6 个顶点上各有 3 个黑白色不同组合式所构成的模组，称为“方位丛”（orientation cluster），其提供扫描器重要的方位信息，见图 2.4.16。

每个 Maxicode 二维条码均将资料栏位划分成两大部分，围在定位图形周围的深灰色蜂巢称为主要信息（primary messages），其包含的资料较少，主要用来储存高安全性的资料，通常是用来分类或追踪的关键信息，其中包括 60 个资料位元（bits）和 60 个错误纠正位元。

主要信息有两个特殊作用，其中最重要的是包含 4 个模式位元（mode bits），围在定位图形右上方全白的方位丛左边，以淡灰色标识的 4 个位元即是，它直接指示出其余的资料编码模式。另一个用途是，剩余的 56 个资料位元则依包裹分类追踪需要的所有信息，编码成结构化收件人信息（structured carrier messages），因此大部分在高速扫描的状况下，只需要将主要信息解码就够了。

主要信息外围的淡灰色部分（未表示完全）用来储存次要信息（secondary messages），用于提供额外的信息，如来源地、目的地等人工分类时所需的重要信息。

④ 模式：是一种允许符号有不同结构的机制，Maxicode 二维条码共有 7 种模式（模式0～模式 6），其中有 2 个模式（模式 0、模式 1）已作废。

3. 错误纠正能力

Maxicode 二维条码具有复杂而可靠的错误纠正能力，以确保符号中的信息是正确的，就算条码受到部分损毁，内部储存的信息仍可以完整读出。

4. 解码速度

Maxicode 二维条码的最大优点是解码速度快，Maxicode 二维条码可在速度为每分钟 550 in的输送带上成功读取。

5. Maxicode 二维条码的组成

① 编码字元集。Maxicode 二维条码允许对 256 个国际字符编码，包括值 0～127 的 ASCII 字元和 128～255 的扩展 ASCII 字元。在数字组合模式下，可用 6 个字码表示 9 位数字。用于代码切换，并且其他控制字元也包括在其字元集中。

② Maxicode 二维条码符号字元的表示。每个字元由 6 个六边形的模组组成。每个模组表示一个二进制位，深色模组表示 1，浅色模组表示 0。通常 6 个模组排成 3 层，顺序为右上至左下，如图 2.4.17 所示。

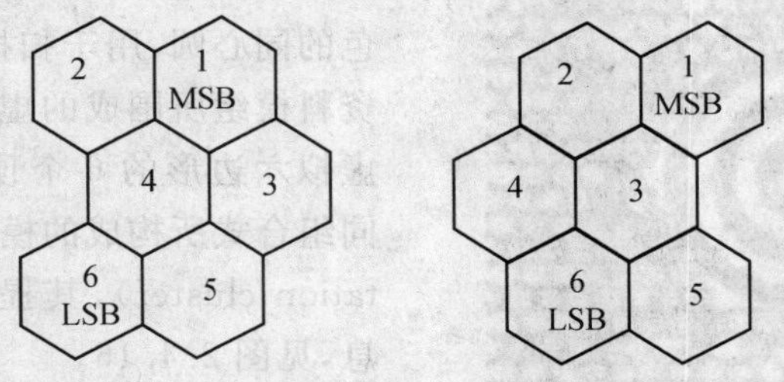

MSB—最高有效位元；LSB—最低有效位元。

图 2.4.17 Maxicode 二维条码的位元组成排列方式

③ 由于 Maxicode 二维条码符号的特殊结构，所以符号字元具有特殊的排列形式。

④ 字码集：字码是介于数字字元和符号字元间的值，也是错误纠正计算的基础。Maxicode 二维条码的字码集共有 64 个，范围为 0～63，用二进制数表示为 000000～111111。在每个符号字元中，最高有效位是编号最低的模组。

⑤ 符号尺寸：每个 Maxicode 二维条码符号共有 884 个六边形模组，分 33 层围绕着中央定位图形，每一层分别由 30 个或 29 个模组组成。符号四周应有空白区。每个 Maxicode 二维条码都包括空白区，尺寸固定为 28.14 mm×26.91 mm，约 1 平方英寸。中央定位图形相当于 90 个模组的大小。

⑥ 资料容量：884 个六边形模组中，有 18 个模组用于定位，剩余 866 个为资料模组，扣掉 2 个未使用的模组，用于表示资料编码和错误纠正的模组共有 864 个，包含 144 个 6 位元的符号字元，其中至少必须有 50 个以上的错误纠正字元，以及 1 个模式字元。因此资料容量最大为 93 个字元，若纯为数字字元，则可存放 138 个。

⑦ 错误纠正：Maxicode 二维条码提供标准错误纠正 SEC(Standard Error Correction)与增强错误纠正 EEC(Extended Error Correction)两种错误纠正等级。这两种等级需要不同数量的字，提供不同水准的错误恢复能力，SEC 的错误复原能力达 16%，EEC 则可达 25%。这两种错误纠正等级的基本特性如表 2.4.3 所列。采用哪一种错误纠正等级是由模式字元决定的。

表 2.4.3　Maxicode 的错误纠正等级

特　性	错误纠正等级	
	标　准	增　强
字码总数	144	144
可能的资料字元数	93	77
模式字元数	1	1
错误字元数	50	66
可纠正的错误字元数	22	30

6. Maxicode 的模式

如前所述，每个 Maxicode 有 1 个模式字元，用来定义符号的资料与错误结构，模式的编码是主要信息的一部分。于 1992 年推出的 UPS code 的规格只有两种模式，即模式 0 和模式 1。

模式 0：主要信息为一个结构化收件人信息，次要信息至多可以编入 84 个大写英文字母，或数字、标点符号。

模式 1：主要信息加上次要信息至多可以编入 93 个大写英文字母，或数字、标点符号。

不过上述两种模式已废除，由新规定的模式 2 和模式 3 取代模式 0，由模式 4 取代模式 1。

AIMUSA 规定的新模式及其内容如下：

模式 2：主要信息为一个结构化收件人信息加上一个数字型态的邮递编号，次要信息至多可编入 84 个字元(character)。

模式 3：主要信息为一个结构化收件人信息加上一个文数字型态的邮递编号，次要信息至多可编入 84 个字元。模式 2 及模式 3 适用于运输业者，此时符号表示收件人定义的目的地地址和服务类型。符号的前 120 位用增强错误纠正 EEC 表示收件人结构化信息，而符号的其余部分用标准错误纠正 SEC 表示其他信息。收件人信息的结构如表 2.4.4 所列。

表 2.4.4 结构化收件人信息

位元编号	编码资料	结 构
3～6	模式	二进制 0～15
1～2,7～30,33～36	邮递编号	数字型邮递编号(最多 9 位)
31～32,39～42	邮递编号长度	只对数字型邮递编号编码
1～2,7～36,39～42	邮递编号	文数字型邮递编号
37～38,43～48,53～54	国家代码	3 位数字(ISO 3166)
49～52,55～60	服务类型	3 位数字
61～120	EEC 码字	

模式 4：主要信息加上次要信息至多可编入 93 个字元。模式 4 是标准符号，其指示在主要信息部分采用 EEC，而在次要信息部分采用 SEC，这种模式下共有 93 个资料字码。

模式 5：主要信息加上次要信息至多可编入 77 个字元。模式 5 是全 EEC 模式，其指示在主要信息及次要信息部分全部采用 EEC，符号有 77 个资料字码。

模式 6：主要信息加上次要信息至多可编入 93 个字元。模式 6 为扫描器编程模式，其指示符号表示的信息是用于扫描器编程，主要信息采用 EEC，次要信息采用 SEC。

上述一个"字元"是指 6 位元的符号字元。目前模式字元其实只用了编号 3～6 这 4 个位元，放在符号的第一个符号字符中。Maxicode 的模式总结见表 2.4.5。

表 2.4.5 Maxicode 的模式

模 式	说 明	模组号	模 式	说 明	模组号
0	废除	0000	4	标准符号，次要信息 SEC	0100
1	废除	0001	5	全 EEC 符号	0101
2	结构化收件人信息 数字型邮递编码	0010	6	扫描器编程，次要信息 SEC	0110
3	结构化收件人信息文数字型邮递编码	0011			

7. Maxicode 的解码步骤

① 抓取一个包含 Maxicode 标签的影像。

② 定位到公牛眼(同心圆定位图形)。

③ 调整抓取到的 Maxicode 影像大小。

④ 盖掉公牛眼(公牛眼部分转成空白)。

⑤ 加强每一个六边形的边缘。

⑥ 执行一个向前扫描的动作。

⑦ 定位至扫描到的三个亮点(虚拟六边形的左上角)。

⑧ 执行一个反向的扫描动作。

⑨ 计算出标签的方向后,决定使用该方向的方位丛。

⑩ 使用反向的扫描影像,定位到每一个六边形的中央,再与原先的影像进行比对。

⑪ 重建二进位顺序。

⑫ 执行错误侦测与纠正,获得原始信息。

2.4.3.4 Data Matrix 码

1. Data Matrix 二维条码的发展

Data Matrix 二维条码(见图 2.4.18)原名 Datacode,由美国国际资料公司(International Data Matrix,简称 ID Matrix)于 1989 年发明。Data Matrix 二维条码是一种矩阵式二维条码,其目标是在较小的条码标签上存入更多的资料量。Data Matrix 二维条码的最小尺寸是目前所有条码中最小的,尤其特别适用于小零件的标识或者直接印刷在实体上。

图 2.4.18 Data Matrix 二维条码的外观

Data Matrix 二维条码又可分为 ECC000 - 140 与 ECC200 两种类型。ECC000 - 140 具有多种不同等级的错误纠正功能,而 ECC200 则透过 Reed - Solomon 演算法产生多项式计算出错误纠正码。其尺寸可以依需求印成不同大小,但采用的错误纠正码应与尺寸配合。由于其演算法较为容易,且尺寸较有弹性,故一般以 ECC200 较为普遍。以下所说的 Data Matrix 二维条码都是指 ECC200 而言。

如图 2.4.18 所示,Data Matrix 二维条码的外观是一个由许多小方格组成的正方形或长方形符号,其信息的储存是以浅色与深色方格的排列组合,以二位元码(binary-code)方式来编码,故计算机可直接读取其资料内容,而不需要如传统一维条码的符号对映表(character look-up table)。深色代表“1”,浅色代表“0”,再利用成串(string)的浅色与深色方格来描述特殊的字元信息,这些字串再列成一个完整的矩阵式码,形成 Data Matrix 二维条码,再以不同的印表机印在不同材质表面上。由于 Data Matrix 二维条码只需要读取资料的 20% 即可精确辨读,因此很适合在条码容易受损的场所应用,例如暴露的高热、化学清洁剂、机械剥蚀等特殊环境的零件上。

Data Matrix 二维条码的尺寸可任意调整,面积最大可到 14 平方英寸,最小可到 0.000 2 平方英寸,这个尺寸也是目前一维与二维条码中最小的,因此特别适合印在电路板的零组件上。另一方面,大多数的条码的大小与编入的资料量有绝对的关系,但是 Data Matrix 二维条码的尺寸与其编入的资料量却是相互独立的，因此它的尺寸比较有弹性。此外，Data Matrix 二维条码最大储存量为 2 000 字节。自动纠正错误的能力较低，只适用特别的 CCD 扫描器来解读。

2. Data Matrix 二维条码的结构

(1) Data Matrix 二维条码的特性

- 可编码字元集包括全部的 ASCII 字元及扩充 ASCII 字元，共 256 个字元。
- 条码大小(不包括空白区)为 10 mm×10 mm～144 mm×144 mm。
- 资料容量：235 个文数字资料，1 556 个 8 位元资料，3 116 个数字资料。
- 错误纠正：透过 Reed-Solomon 演算法产生多项式计算获得错误纠正码。不同尺寸宜采用不同数量的错误纠正码。

(2) 基本结构

每个 Data Matrix 二维条码符号由规则排列的方形模组构成的资料区组成，资料区的四周由定位图形(finder pattern)包围，定位图形的四周由空白区包围，资料区再以排位图形(alignment patterns)加以分隔(见图 2.4.19)。

定位图形　是资料区域的一个周界，为一个模组宽度。其中两条邻边为暗实线，主要用于限定物理尺寸、定位和符号失真。另外两条邻边由交替的深色和浅色模组组成，主要用于限定符号的单元结构，但也能帮助确定物理尺寸及失真。

符号尺寸　ECC000－140 符号有奇数行与奇数列。符号外观为一方形矩阵，尺寸从 9 mm×9 mm～49 mm×49 mm，不包括空白区。这些符号可透过右上角深色方格识别出来。

ECC200 符号有偶数行与偶数列。有些符号是正方形，尺寸从 10 mm×10 mm～144 mm×144 mm，不包括空白区；有些符号是长方形，尺寸从 8 mm×18 mm～16 mm×48 mm，不包括空白区。所有的 ECC200 符号都可以透过右上角浅色方格识别出来。

资料表示方法　Data Matrix 二维条码按以下步骤来表示资料：

① 资料编码。先分析要表示的资料，选取合适的编码方案，按所选定的方案将资料流转为字码流，并加入必要的填字，如果使用者未规定矩阵大小，则应选取能满足要存放资料的最小尺寸。

Data Matrix 二维条码共有 6 种编码模式，即 6 种字码集，见表 2.4.6。

表 2.4.6　Data Matrix 二维条码的编码模式与相对应之字元集

编码方案	字元集	编码方案	字元集
ASCII	十进位数字 ASCII 值 0～127 扩展 ASCII 值 128～255	Text	基本小写文数字型
		EDIFACT	ASCII 32～94
		Base256	0～255 范围的任何数据
C40	基本大写文数字型	X12	ANSI X12 EDI 数据集

② 错误检测和纠正字码 ECC 的产生。对少于 255 个字码的 Data Matrix 二维条码，错误纠正字码可由资料字码计算得出。对于多于 255 个字码的符号，应将资料字码分成多个模组，然后再产生每一个模组的错误纠正字码。错误纠正字码能够纠正两种类型的错误字码，分别是 E 错误(已知位置上的错误字码)和 T 错误(未知位置上的错误字码)。换句话说，E 错误是不能被扫描，也不能被解码的符号字元，而 T 错误则是被错误解码的符号字元。

3. Data Matrix 国际标准

Data Matrix 最初是通过 AIM/USA 面向公共领域发布，目前 Data Matrix 被一份名为 ISO/IEC 16022(International Symbology Specification)的 ISO 标准所包含，并公开发布。这意味着可以免费使用而不需要专门的授权和版税。

ISO/IEC 15418:1999——Symbol Data Format Semantics(标准号可在 http://www.iso.org/查找)

ISO/IEC 15434:1999——Symbol Data Format Syntax

ISO/IEC 15415——2-D Print Quality Standard

美国国家标准协会(ANSI)已经接受 Data Matrix 作为产品部件表面直接标记符号的标准。

2.4.3.5 田字码

田字码系统(calra code system)是由日本 calra 公司发明的一种新的用于自动识别的代码，它属于矩阵式二维码。

1. 田字码的基本原理

田字码的基本原理是将 1,2,4 及 8 分别分配给四个小方块中的一个，这四个小方块呈“田”字形状分布。这四个小方块或者用黑色填充或者不填充，即可表示 16 种数据形式，见图 2.4.19。通过两个或者更多个田字方块来表示数据的数量的递增。田字码的编码和译码则是在二进制数据和图像数据之间相互转换。

2^0			2^2	0	1	2	3	4	5	6	7
	1	*4*									
	2	*8*		8	9	A	B	C	D	E	F
2^1			2^3								

图 2.4.19 田字码的编码原理

图 2.4.20 中一个黑色的小方块表示 1，一个白色的小方块表示 0；用小方块或位表示 1 或

0 的方法称为二进制系统。通过组合四个呈“田”字分布的小方块即可表示数据 0～15；按照信息处理术语，此称为 BCD 系统。BCD 编码的应用相当普遍。ASCII 代码和汉字代码则是应用 BCD 系统的代表性实例。

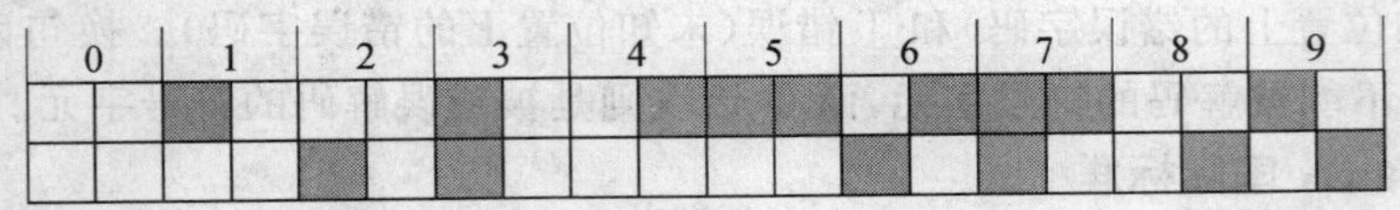

图 2.4.20 用田字码表示数码 0～9 示意图

2. 田字码的特点

田字码是通过四个呈“田”字形的黑方块或白方块表示信息。这种码的特点是只要遵循黑白方块的组合原理，表示数据的长度是不受限制的。通过自动识别技术，它也可以用做计算机数据输入的代码。

- 编码原理简单。以前应用的代码可直接转换成田字码，因为它在表示数据方面没有限制。
- 印刷精度要求低。田字码的识别是通过黑白方块的对比度实现的，故仅需区分出哪一块是黑的，哪一块是白的即可，不需要高印刷精度。另外，字符的表示方法简单，因此，可以用手工方法制作。
- 可以较小的面积表示大量的信息。数据密度高，占有空间小，1 个田字可表示 16 种代码；2 个田字可表示 256 种代码；3 个田字可表示 $2^{3\times4}$（即 4 096）种代码；10 个田字则表示 2^{40}（即 1 099 511 627 776）种代码，等等。
- 管理简单。因为田字码可以肉眼识别，代码管理容易。例如，机器因事故突然停止，可用人的视觉来处理。
- 田字码是 4 位代码。田字码与其他码的基本区别是：田字码具有 4 位形状（4-bit shape），它与计算的十六进制表示法兼容。田字码的一个田字由 4 部分或 4 位组成，两个田字由 8 位组成，四个田字则可包含两个字节，这与计算机字符表示是一致的。
- 安全性高。采用模糊方式，排列难以仿造、假冒。
- 成本低。所有印刷材料便宜，用热敏纸作为承印材料，成本要比 PTE（Polyethylene Terephtalate）或 PVC（Polyvinyl Chloride）材料低。
- 不污染环境。热敏纸对环境无污染，并且处理后可以再利用。
- 应用广泛。田字码可用做预付款卡、ID 卡、程序卡和自动贩卖机的记录卡等。

2.5 国家标准与应用实例

目前我国正式颁布的与条码相关的国家标准如下：

- GB/T 12904—1998 通用商品条码
- GB/T 12905—1991 条码系统通用术语条码符号术语
- GB/T 12906—1991 中国标准书号(ISBN 部分)条码
- GB/T 12907—1991 库德巴条码
- GB/T 12908—1991 39 条码
- GB/T 14257—1993 通用商品条码符号位置
- GB/T 14258—1993 条码符号印刷质量的检验
- GB/T 15425—1994 贸易单元 128 条码
- GB/T 16827—1997 中国标准刊号(ISSN 部分)条码
- GB/T 16829—1997 交叉二五条码
- GB/T 16830—1997 储运单元条码
- GB/T 16986—1997 条码应用标识
- GB/T 17172—1997 417 条码
- GB/T 18284—2000 快速响应矩阵码(QR Code)

2.5.1 应用实例一——中国标准书号的条码码制 ISBN

一个中国标准书号由一个国际标准书号 ISBN(Internaoional Standard Book Number)和一个图书分类-种次号两部分组成,其中,国际标准书号(ISBN)是中国标准书号的主体,可以独立使用(指 10 位的 ISBN)。

新的中国标准书号采用国际标准书号(ISBN)的 13 位数字结构,由以下五部分组成:

① EAN·UCC 前缀号:中国标准书号的第一部分(原先的书号没有这部分)。它是由国际 EAN·UCC 物品编码系统提供的 3 位数字,由国际 ISBN 中心向国际 EAN 组织申请获得。这组编码是国际 ISBN 系统的组成部分。国际 EAN 已经提供的 EAN·UCC 前缀为 978 和 979,目前使用 978。使用 979 的时间由国际 ISBN 中心决定。

② 组区号:中国标准书号的第二部分,由国际 ISBN 中心管理和分配。这部分表明这本书是哪个国家或地区出版的。例如,0 或 1 表示英语国家,2 表示法语国家,3 表示德语国家,4 表示日本,5 表示俄语国家,6 表示伊朗,7 表示中国大陆,89 表示韩国,957 和 986 表示中国台湾,962 和 988 表示中国香港,99936 表示不丹,等等。

③ 出版者号:这个区是出版商代码,长度为 2~7 位,用于识别出版社,由各国出版主管机构分配。长度与出版者的计划出版量有关。

④ 出版序号:这个区是出版物序号,由各出版商分配。

⑤ 校验码:这个区是一个个位数的校验码,是 ISBN 的最后一位,用来核对前面的数字。13 位 ISBN 和 10 位 ISBN 计算方法不同。

例如,一个 13 位 ISBN 书号 ISBN 978-7-5076-0334-7(位于条形码上方)。供人可识

读的格式显示时，必须采用连字符分隔各部分，其中连字符的使用仅用于提高可读性。

校验码是中国标准书号的最后一位，13 位 ISBN 采用模数 10 加权算法计算得出。

以 ISBN 978－7－5064－2595－7 为例，它的组成：

EAN·UCC 前缀 组区号 出版者号 出版序号 校验码

其计算方法如下：

① 取 ISBN 前 12 位，如数字 9 7 8 7 5 0 6 4 2 5 9 5。

② 取各位数字所对应的加权值，如：

1 3 1 3 1 3 1 3 1 3 1 3 ——

③ 将各位数字与其相对应的加权值依次相乘得：

9 21 8 21 5 0 6 12 2 15 9 15 ——

④ 将乘积相加，得出和数 123。

⑤ 用和数除以模数 10，即 123÷10＝12……3，得出余数。

⑥ 模数 10 减余数，所得差即为校验码（10－3＝7）。

⑦ 将所得校验码放在构成中国标准书号的基本数字的末端（978－7－5064－2595－7）。

如果步骤⑤所得余数为 0，则校验码为 0。

数学算式为：

校验码＝mod 10{10－[mod 10（中国标准书号前 12 位数字的加权乘积之和）]}

＝mod 10 {10－[mod 10（123）]}

＝7

验证中国标准书号的方法：加权乘积之和加校验码，被 10 整除。

国际标准书号的使用范围包括印刷品、缩微制品、教育电视或电影、混合媒体出版物、微机软件、地图集和地图、盲文出版物及电子出版物。

2.5.2 应用实例二——商品条码的编码结构

商品条码都是国际通用的，目前国际上通用的商品条码有 ENA－8 码和 ENA－13 码，我国常用的是 ENA－13 码。

商品条码的 13 位数字所代表的意义是：前 3 位显示该商品的出产地区（国家）；接着的 4 位数字表示所属厂家的商号，这是由所在国家（或地区）的编码机构统一编配给所申请的商号的；再接下来的 5 位数是个别货品号码，由厂家先行将产品分门别类，再逐一编码，厂家一共可对 10 万项货品进行编码；最后一个数字是校验码，以方便扫描器核对整个编码，避免误读。

以下是部分国家和地区（EAM）成员的条形码前缀码：美国、加拿大 00-09；法国 30-37；德国 40-44；日本 45-49；英国、爱尔兰 50；中国大陆 690-692；中国香港 489；中国台湾 471，等等。

ENA－13 校验码的计算方法

首先定义代码位置序号。代码位置序号是指包括校验码在内的,由右至左的顺序号(校验码的代码位置序号为1)。

校验码的计算步骤如下:

① 从代码位置序号 2 开始,所有偶数位的数字代码求和。

② 将步骤①的和乘以 3。

③ 从代码位置序号 3 开始,所有奇数位的数字代码求和。

④ 将步骤②与步骤③的结果相加。

⑤ 用大于或等于步骤④所得结果且为 10 最小整数倍的数减去步骤④所得结果,其差即为所求校验码的值。

示例:代码 690123456789X 校验码的计算见表 2.5.1。

表 2.5.1　校验码的计算方法举例

步　骤	举例说明													
1. 自右向左顺序编号	位置序号	13	12	11	10	9	8	7	6	5	4	3	2	1
	代码	6	9	0	1	2	3	4	5	6	7	8	9	X
2. 从序号 2 开始求出偶数位上数字之和	9+7+5+3+1+9=34						①							
3. ①×3=②	34×3=102						②							
4. 从序号 3 开始求出奇数位上数字之和	8+6+4+2+0+6=26						③							
5. ②+③=④	102+26=128						④							
6. 用大于或等于结果④且为 10 最小整数倍的数减去④,其差即为所求校验码的值	130－128=2 校验码 $X1=2$													

2.6　条码阅读与制作设备

2.6.1　条码阅读器基本原理

条形码是由宽度不同、反射率不同的黑条(简称条)和白条(简称空),按照一定的编码规则(码制)编制而成的,用于表达一组数字或字母符号信息的图形标识符;即条形码是一组粗细不同,按照一定的规则安排间距的平行线条图形。常见的条形码是由反射率相差很大的黑条和白条组成的。

条码阅读器是用于读取条码所包含的信息的设备,条码阅读器的结构通常包括光源、接收装置、光电转换部件、译码电路和计算机接口。它们的基本工作原理为:由光源发出的光线经过光学系统照射到条码符号上面，被反射回来的光经过光学系统成像在光电转换器上，使之产生电信号，信号经过电路放大后产生一模拟电压，它与照射到条码符号上被反射回来的光成正比，再经过滤波、整形，形成与模拟信号对应的方波信号，经译码器解释为计算机可以直接接收的数字信号(见图 2.6.1)。

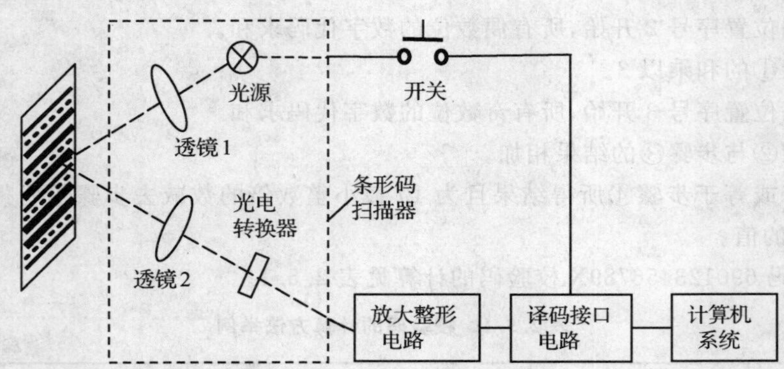

图 2.6.1　条码阅读器的基本组成

由于不同颜色的物体，其反射的可见光的波长不同，白色物体能反射各种波长的可见光，黑色物体则吸收各种波长的可见光，所以当条形码扫描器光源发出的光经光阑及凸透镜 1 后，照射到黑白相间的条形码上时，反射光经凸透镜 2 聚焦后，照射到光电转换器上，于是光电转换器接收到与白条和黑条相应的强弱不同的反射光信号，并转换成相应的电信号输出到放大整形电路。白条、黑条的宽度不同，相应的电信号持续时间的长短也不同。但是，由光电转换器输出的与条形码的条和空相应的电信号一般仅 10 mV 左右，不能直接使用，因而先要将光电转换器输出的电信号送放大器放大。放大后的电信号仍然是一个模拟电信号，为了避免由条形码中的疵点和污点导致错误信号，在放大电路后需加一整形电路，把模拟信号转换成数字电信号，以便计算机系统能准确判读。

整形电路的脉冲数字信号经译码器译成数字、字符信息，它通过识别起始、终止字符来判别出条形码符号的码制及扫描方向；通过测量脉冲数字电信号 0、1 的数目来判别出条和空的数目；通过测量 0、1 信号持续的时间来判别条和空的宽度。这样便得到了被辨读的条形码符号的条和空的数目及相应的宽度和所用码制，根据码制所对应的编码规则，便可将条形符号换成相应的数字、字符信息，通过接口电路送给计算机系统进行数据处理与管理，便完成了条形码辨读的全过程。

1. 普通的条码阅读器

普通的条码阅读器通常采用光笔、CCD、激光三种技术，它们都有各自的优缺点，下面简要介绍每一种阅读器的工作原理。

(1) 光笔的工作原理

光笔是最先出现的一种手持接触式条码阅读器，它也是最为经济的一种条码阅读器。使用时，操作者需将光笔接触到条码表面，通过光笔的镜头发出一个很小的光点，当这个光点从左到右划过条码时，在“空”部分，光线被反射，在“条”的部分，光线将被吸收，因此在光笔内部产生一个变化的电压，这个电压通过放大、整形后用于译码。

优点：与条码接触阅读，能够明确哪一个是被阅读的条码；阅读条码的长度可以不受限制；与其他的阅读器相比，其成本较低；内部没有移动部件，比较坚固；体积小，质量轻。

缺点：使用光笔会受到各种限制，比如在有一些场合不适合接触阅读条码；另外只有在比较平坦的表面上阅读指定密度的、打印质量较好的条码时，光笔才能发挥它的作用；而且操作人员需要经过一定的训练才能使用，如阅读速度、阅读角度，以及使用的压力不当都会影响它的阅读性能。最后，因为它必须接触阅读，当条码在因保存不当而产生损坏，或者上面有一层保护膜时，光笔都不能使用；光笔的首读成功率低及误码率较高。

(2) CCD 阅读器的工作原理

CCD 为电子耦合器件(Charge Couple Device)，比较适合近距离和接触阅读，它的价格没有激光阅读器贵，而且内部没有移动部件。

CCD 阅读器使用一个或多个 LED，发出的光线能够覆盖整个条码，条码的图像被传到一排光探测器上，被每个单独的光电二极管采样，由邻近的探测器探测，结果为“黑”或“白”，区分每一个条或空，从而确定条码的字符。换言之，CCD 阅读器不是注意的阅读每一个“条”或“空”，而是条码的整个部分，并转换成可以译码的电信号。

优点：与其他阅读器相比，CCD 阅读器的价格较便宜，阅读条码的密度范围广，容易使用。它的质量比激光阅读器轻，而且不像光笔一样只能接触阅读。

缺点：CCD 阅读器的局限在于它的阅读景深和阅读宽度，在需要阅读印在弧形表面的条码(如饮料罐)时候会有困难；在一些需要远距离阅读的场合，如仓库领域，也不是很适合；CCD 的防摔性能较差，因此产生的故障率较高；当所要阅读的条码比较宽时，CCD 也不是很好的选择，信息很长或密度很低的条码很容易超出扫描头的阅读范围，导致条码不可读；而且某些采取多个 LED 的条码阅读器中，任意一个的 LED 故障都会导致不能阅读；大部分 CCD 阅读器的首读成功率较低且误码率高。

(3) 激光阅读器的工作原理

激光扫描仪是各种扫描仪器中价格相对较高的，但它所能提供的各项功能指标最高，因此在各个行业中都被广泛采用。

激光扫描仪的基本工作原理为：手持式激光扫描仪通过一个激光二极管发出一束光线，照射到一个旋转的棱镜或来回摆动的镜子上，反射后的光线穿过阅读窗照射到条码表面，光线经过条或空的反射后返回阅读器，由一个镜子进行采集、聚焦，通过光电转换器转换成电信号，该信号将通过扫描器和终端上的译码软件进行译码。

激光扫描仪分为手持与固定两种形式。手持激光枪连接方便、简单,使用灵活,固定式激光扫描仪适用于阅读量较大、条码较小的场合,有效解放双手工作。

优点:激光扫描仪便于非接触扫描,通常情况下,在阅读距离超过 30 cm 时激光阅读器是唯一的选择;激光阅读条码密度范围广,并可以阅读不规则的条码表面或透过玻璃或透明胶纸阅读,因为是非接触阅读,所以不会损坏条码标签;具有较先进的阅读及解码系统,首读识别成功率高,识别速度相对光笔及 CCD 更快,而且对印刷质量不好或模糊的条码识别效果好;误码率极低(仅约为三百万分之一);激光阅读器的防振性能好。

缺点:价格相对较高,但如果从购买费用与使用费用的总和计算,与 CCD 阅读器并没有太大的区别。

2. 二维条码阅读器

二维条码的阅读设备按阅读原理的不同可分为:

- 线性 CCD 和线性图像式阅读器(linear imager),可阅读一维条码和线性堆叠式二维码(如 PDF417),在阅读二维码时需要沿条码的垂直方向扫过整个条码,称为“扫动式阅读”。这类产品比较便宜,有很好的性价比。
- 带光栅的激光阅读器,可阅读一维条码和线性堆叠式二维码。阅读二维码时将光线对准条码,由光栅元件完成垂直扫描,不需要手工扫动。
- 图像式阅读器(image reader),采用摄像方式将条码图像摄取后进行分析和解码,可阅读一维条码和所有类型的二维条码,是一种高端设备。

美国韦林(Welch Allyn)公司是世界上主要的条码阅读设备制造商之一,其 CCD 技术、图像式阅读器技术以及译码技术处于世界领先地位,最近它又提出了线性图像(linear imaging)技术的新概念。其主要产品包括 IT3800 和 IT4400 两大系列。

2.6.2 条码的设计制作

用户级的条形码的设计制作相对来说比较简单。一般所需设备是计算机和打印机(有专用的),相应的软件很多,有只为单一类型条码设计的,也有适合多类码型的,界面也非常友好。在此不作介绍。

第3章 磁记录与磁卡

自从1898年丹麦的Valdemar Poulsen发明了人类历史上第一台磁性录音机以来，在100多年的历史中，磁记录技术一直在不断发展完善，在人类社会生活中扮演了非同寻常的角色。从早期的钢丝录音机到20世纪70年代、80年代和90年代风靡全球的磁带录音机、录像机，从早期计算机中的磁鼓到后来的磁盘，在众多记录技术竞相面世的当今，磁记录仍以多种形式出现在社会生活的诸多方面。硬(磁)盘仍不可动摇地占据着计算机海量存储的外设的首位，而且继续向高密度、高容量、高速和高可靠方向发展。小小的磁卡已成为越来越多人们日常生活中的伴侣。磁卡的使用已经有很长的历史了。由于磁卡成本低廉，易于使用，便于管理，且具有一定的安全特性，因此它的发展得到了很多世界知名公司，特别是各国政府部门几十年的大力支持，使得磁卡的应用非常普及，遍布国民生活的方方面面。打电话可以用磁卡，坐飞机检票可以用磁卡，股票市场可以用磁卡，等等，值得一提的是，银行系统几十年的普遍推广使用使得磁卡的普及率得到了很大提高。

信用卡是磁卡中较为典型的应用。发达国家从20世纪60年代就开始普遍采用了金融交易卡支付方式。其中，美国是信用卡的发源地，日本首创了用磁卡取现金的自动取款机及使用磁卡月票的自动检票机。1972年，日本制定了磁卡的统一规范，1979年又制定了磁条存取信用卡的日本标准JIS-B-9560/9561等。国际标准化组织也制定了相应的标准。在整个80年代，磁卡业务已深入发达国家的金融、电信、交通、旅游等各个领域。其中，相当部分的信用卡由磁卡制成，产生了十分显著经济效益和社会效益。磁卡价格合理、使用方便，在我国也得到迅速的发展。由于磁卡长期广泛应用于银行、证券等重要系统，使得它的应用系统非常完善。据估计，如果将已有的这些磁卡应用系统，包括Visa卡/Master卡应用系统在内，全部换成正在日益成熟的IC卡系统，那么每年的投入至少上千亿美元，并且将会严重影响人们的生活以及应用系统的正常运转等。这也是IC卡系统为什么不能迅速取代磁卡的原因所在。未来很长一段时间，在银行磁卡应用系统高度发达的国家，磁卡应用系统将同IC卡应用系统以互补方式共同存在。IC卡的总体安全保密性比磁卡要好，但是非常完善的磁卡应用系统(例如银行系统)弥补了磁卡本身在其安全保密特性上存在的不足，因此对使用者而言不会明显感到两种卡的安全特性有差异而影响使用等。

3.1 磁记录原理与磁记录方式

3.1.1 基本原理

谈到磁记录原理就自然要提到铁磁材料的磁滞回线，如图 3.1.1 所示。它是描述铁磁物质的磁感应强度 B 与磁场强度 H 之间的关系曲线。铁磁体不仅具有高磁导率的特点，而且当外界磁场强度 H 减小到零时，它的磁感应强度 B 并不等于零，而是仍保留一定的数值 B_r，这就叫剩磁。磁记录原理正是基于此。图 3.1.1 中的原点 O 表示磁化之前铁磁物质处于磁中性状态，即 $B=H=0$。当磁场 H 从零开始增加时，磁感应强度 B 随之缓慢上升，如线段 Oa 所示；继之 B 随 H 迅速增长，如 ab 所示；其后 B 的增长又趋缓慢，并当 H 增至 H_S 时，B 达到饱和值 B_S，$OabS$ 称为起始磁化曲线。图 3.1.1 表明，当磁场从 H_s 逐渐减小至零，磁感应强度 B 并不沿起始磁化曲线恢复到 O 点，而是沿另一条新的曲线 SR 下降。比较线段 OS 和 SR 可知，H 减小则 B 相应也减小，但 B 的变化滞后于 H 的变化，这种现象称为磁滞。磁滞的明显特征是当 $H=0$ 时，B 不为零，而保留剩磁 B_r。

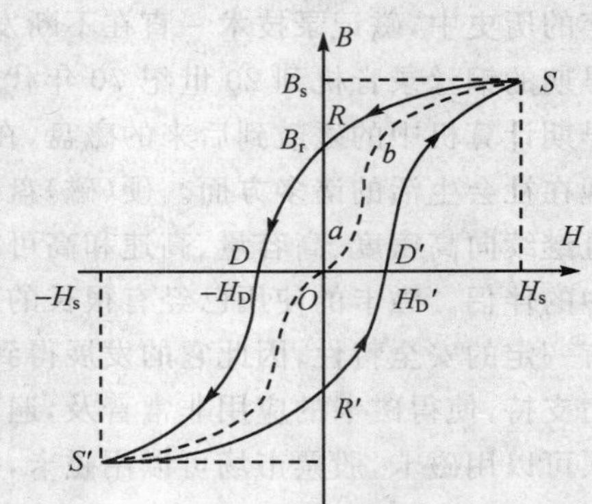

图 3.1.1 铁磁体的磁滞回曲线

当磁场反向从零逐渐变至 $-H_D$ 时，磁感应强度 B 消失。这说明要消除剩磁，必须施加反向磁场，H_D 称为矫顽力，它的大小反映铁磁材料保持剩磁状态的能力，线段 RD 称为退磁曲线。

当磁场强度 H 反向从 $-H_D$ 继续增大时，磁感应强度 B 也反向沿 DS' 线段增强，当 H 变至 $-H_S$ 时，B 达到反向饱和值。其后，若当磁场 H 朝正向增大，则磁感应强度 B 沿线段 $S'R'$ 滞后于 H 的变化，H 达到零值时，B 保留反向剩磁。此后，H 从 O 继续正向增大，直到 H_S，B 沿着 $R'D'S$ 线段，先经过 O 点，最后又达到饱和值 B_S，形成一闭合的磁滞回线。

如果当 $B=H=0$ 时，H 反向从零增大到 $-H_D$，B 将沿 OS'（与 $OabS$ 线段反对称于 O 点）达到反向磁饱和。如图 3.1.1 所示，顺着各段箭头的方向，B 随 H 的变化也形成同样的磁滞回曲线。

1. 磁记录过程

磁头由内有空隙的环形铁心和绕在铁心上的线圈构成。微粒磁性材料均匀地涂布在某类载体上组成磁记录体。在记录时，磁性面以一定的速度相对磁头移动，磁记录是通过磁头对磁记录材料表面进行局部磁化来实现的。当有随时间变化的电流送入记录磁头的线圈时，在磁头缝隙处由于磁阻较大，因而产生与电流变化相适应的泄漏磁场，并通过磁层与磁头形成闭合磁路。穿过缝隙的磁力线使磁记录材料微小区域上的磁介质随着电流的变化而不同程度地向某一方向磁化，于是磁化区域的剩磁状态便记录下了送入的信号，如图3.1.2所示。

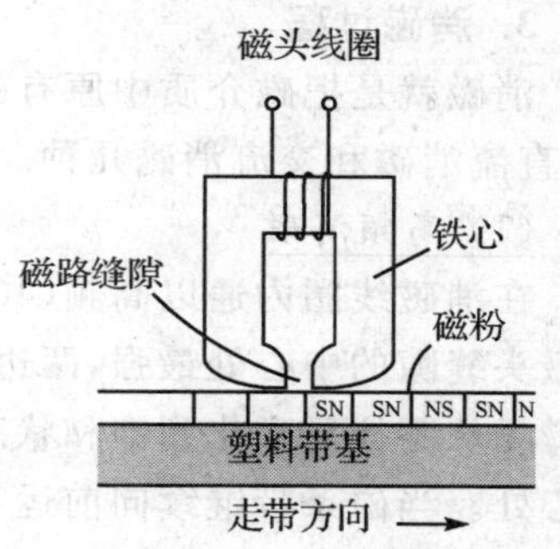

图 3.1.2　磁头与磁记录材料

由于磁头缝隙处的磁场是随记录电流的方向和振幅的大小变化的，所以磁记录介质剩余磁化强度的变化记录下了信号随时间的变化。记录信号的电流在一个变化周期内，使记录磁头的磁场方向改变一次，并在介质上产生方向相反的两个剩余磁化区。这两个区域之间还会出现磁化过渡区；两个磁化方向相反的区域和磁化过渡区一起被称为是一个记录周期或记录波长。磁介质上记录的磁性的变化波长 λ 与记录信号的频率 f 和磁头/介质的相对速度 v 之间的关系为 $\lambda=v/f$。不同频率所磁化的磁场在磁带上的剩磁，可以看成长短不同的一串磁体的集合，如图 3.1.3(a)所示。

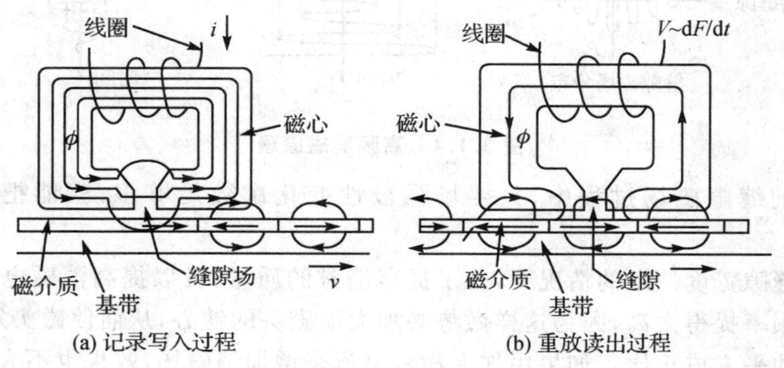

图 3.1.3　磁记录的写入与读出

记录波长是一周期信号所占磁迹的长度。由式 $\lambda=v/f$ 可以看出，记录波长与磁头/介质的相对速度成正比，与信号频率成反比。由于磁性颗粒超顺磁尺寸和磁介质制造技术的限制，记录波长的缩短是有一定限度的。因此为了记录视频信号，出现了横向扫描记录和螺旋扫描记录。它的磁化方向与介质移动方向是呈一定角度的。录像机、数字录音机和新型计算机磁带均采用这种记录方式。

2. 磁记录重放过程

当录有信号的磁带以记录速度通过重放磁头时，磁层表面的漏磁场便会在重放磁头线圈中产生相应感应电动势，在经放大电路处理即可使原记录重现。

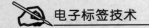

3. 消磁过程

消磁就是把磁介质中原有的信号消除，也就是把原有的剩磁清除。消磁的方式有高频消磁、直流消磁和交流消磁几种。

(1) 高频消磁

在消磁线圈内通以高频(40～200 kHz)的消磁电流，形成一个很强的交变磁场，这个磁场在磁头缝隙的中心处最强，两边逐渐减弱至零。当磁层进入消磁头的磁场，就被强度逐渐增加的磁场从零往复磁化到饱和状态 P，形成一个一圈一圈增大的磁滞回线，此时磁条带处于缝隙中心处。当磁条带继续向前运行时，交变磁场强度由大向小变化，磁滞回线也逐渐减小，直至为零，结果磁条带上原有的信号磁迹被消掉了。高频消磁原理如图 3.1.4 所示。

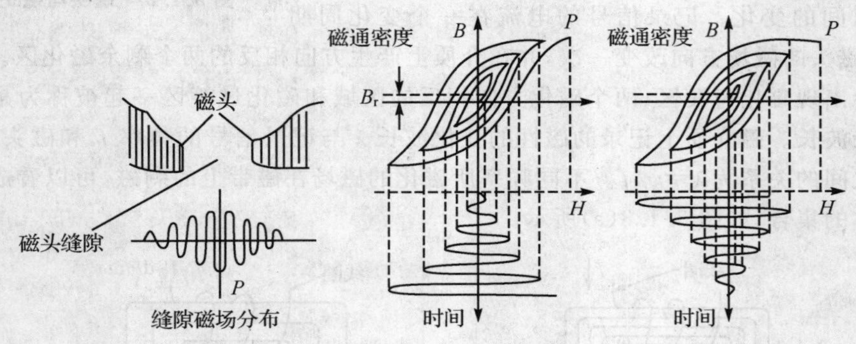

图 3.1.4 高频消磁原理

磁元通过前缝隙磁场过程中，只要场强极性变化次数足够多，就能把原有剩磁彻底抹去。

在消磁头缝隙宽度一定的情况下，为了提高消磁的质量，可以提高消磁电流的频率，但不能把消磁电流频率提得太高，因为这样做势必加大消磁头的铁心，从而使磁头发热。铁心的损耗与信号频率的平方成正比。如果用加大消磁电流来增加消磁场，效果也不大，此时电流可能增加很多，而实际磁场却增加很少，原因是铁心损耗随消磁电流的增加而加大。

(2) 直流消磁

这种方法是对磁条带施加强大的直流磁场，将记录时产生的剩磁全部磁化到饱和点而达到消磁的目的。这种方法一般使用磁头(抹磁头)或永久磁铁来消磁。

消磁头和记录磁头相同，都是在有空隙的铁心上绕上线圈而制成。当线圈中通过强大的直流电流时，磁带在消磁头空隙处的部分将受到强大的直流磁场作用，并被磁化到饱和。因此，作为记录信号的剩磁全部到达饱和点 a，记录时的磁化即被完全抹掉。磁带经过抹磁头的空隙之后，磁带上的剩磁便成为最大值(B_m)，即达到一定的剩磁状态。

(3) 交流消磁

其原理同高频消磁。将强大的交流电(50 Hz)加于消磁头的线圈上，并使磁体移动；当磁条经过空隙时，受到强大的交流磁场，立即被磁化到饱和状态，于是原记录的信号被完全抹去。随着磁体离消磁头的空隙，磁体受到的交流磁场由于在正负两个方向上反复变换极性而逐渐减小，最终达到磁滞回线中点，即剩磁转化为零状态，达到磁体的完全消磁（见图 3.1.5）。这一方式也用于 CRT 显像管的消磁，不同的是消磁线圈上串接一个热敏电阻，使磁场逐渐减小，而线圈和 CRT 都不动。

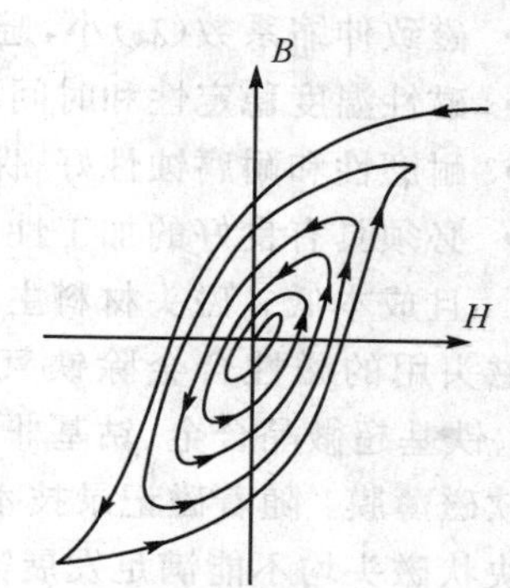

图 3.1.5　交流消磁磁滞回线的变化

4. 磁记录材料

磁记录中应用的磁性材料主要有两类：一类是磁记录介质，以其磁化状态作为记录和存储信息的材料，属于永（硬）磁材料；另一类是磁头材料，是以磁头的磁-电转换功能对磁记录介质输入和输出信息的材料，属于软磁材料。

磁记录介质材料是一种涂敷在磁带、磁卡、磁盘和磁鼓上面用于记录和存储信息的永磁材料，它具有相当高的矫顽力 H_D，以提高存储信息的密度和抗干扰性；较高的饱和磁化强度 B_s，以提高输出信息强度；较高的剩磁比 B_r/B_s（B_r为剩余磁化强度），以提高信息记录效率和减小自退磁效应；陡直的磁滞回线，以提高记存信息分辨率；较低的磁性温度系数和老化效应，以提高稳定性。对于垂直磁记录材料，还需要高的垂直膜面的单轴磁各向异性 k，它具有矫顽力（H_D）和饱和磁感应强度（B_s）大、热稳定性好等特点。

磁记录材料按形态分为颗粒状和连续薄膜材料两类，按性质又分为金属材料和氧化物（非金属）材料。广泛使用的磁记录介质是 γ-Fe_2O_3 系材料，此外还有 CrO_2 系、Fe-Co 系和 Co-Cr 系材料等。常用的介质可以分为三类：铁氧体和其他强磁氧化物微粉、强磁金属微粉和强磁金属薄膜。目前大量应用的是 γ-Fe_2O_3 或以其为基的磁粉；金属磁记录介质材料有铁、钴、镍的合金粉末；用电镀化学和蒸发方法制成的钴—镍、钴—铬等磁性合金薄膜。合金粉末具有高灵敏度和高分辨率等特点，但存在氧化问题。合金薄膜可以做得很薄，分辨率高，但膜面强度、耐磨性及化学稳定性存在一些问题。虽然金属薄膜介质材料近年来已取得很大成果，但仍不能完全代替磁粉介质材料。

5. 磁头材料

用做磁头材料的合金应具有以下特点：

- 饱和磁感应强度（B_s）高，以提高磁头气隙磁场，增强磁记录介质的磁化强度，避免磁头极尖的饱和现象。
- 在使用频率内，磁导率（μ_1）高可以提高重放灵敏度和信噪比（S/N），减小记录磁头的输入功率，增加磁头气隙磁场。
- 矫顽力（H_D）小，剩磁（B_r）小，以便减少磁化噪声和磁滞损耗。
- 电阻率（ρ）高，减少记录和重放时的涡流损失，改善高频特性。

- 磁致伸缩系数(λ_s)小,避免树脂封接后的性能恶化,减少噪声。
- 磁性温度稳定性和时间稳定性好。
- 耐磨性和耐腐蚀性好,保证磁头使用寿命。
- 必须具有良好的加工性,不仅能满足高精度成形的要求,还能适合大批量机械化生产,且成本低。磁头材料主要有磁性合金和软磁薄膜两种。

磁头用的磁性合金除铁氧体外,还有铁-镍系坡莫合金(Fe-Ni 系)、森达斯特合金(Fe-SiAl)、铁基超微晶合金、钴基非晶合金和铁铝系合金(Fe-A1 系)等。

软磁薄膜:随着磁记录技术不断向高频化、高密度化方向发展,上述单一整体块状磁头或复合块状磁头均不能满足发展需要,故又开发了合金薄膜材料,如用电镀法、蒸发法、溅射法等制作的数微米厚的薄膜磁头材料和人工晶格多层膜磁头材料等。用薄膜可使磁头磁迹、磁头缝隙更窄。

磁记录密度将向大容量、小型化和高速化方向发展。为适应这一要求,需要开发一系列磁带用精细颗粒、薄膜磁记录介质和高饱和磁感应强度、高磁导率及高密度的磁头材料,为了得到更好的磁记录效果,这两种材料均不断向薄膜化方向发展。

3.1.2 磁记录方式

3.1.2.1 按磁化方向划分

磁记录时介质的磁化方式主要有以下四种:

① 纵向记录,其磁化方向与介质的运动方向是平行的(见图 3.1.2),主要适用于信号频率较低的领域。迄今录音、仪器记录和数字记录都用的是纵向记录方式,它是目前应用最广的记录方式。

② 横向记录,其磁化方向与介质的运动方向是垂直的。

上述两方式属于线性扫描记录方式,它们的磁记录轨迹如图 3.1.6 所示。

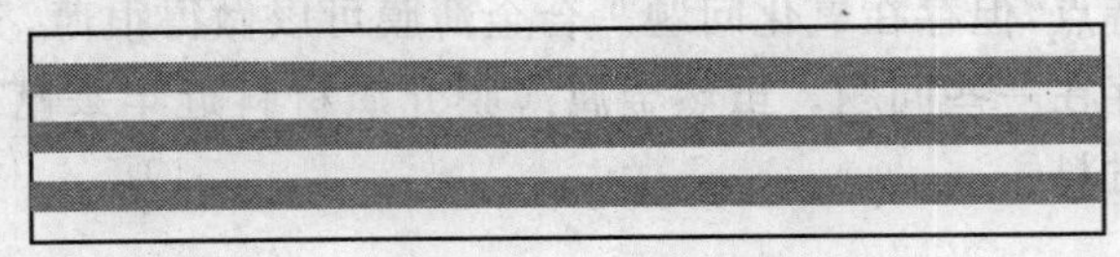

图 3.1.6 线性扫描记录方式的磁记录轨迹

③ 螺旋扫描记录。螺旋扫描记录技术最初是为解决磁带录像机 VTR(Videotape Recorder)应用问题而开发的,这是因为线性记录已很难满足 VTR 技术的要求。该技术解决了磁带快速运动造成的抖动限制了高密度记录与保真这样的技术难题。随后,该技术也被广泛应用于专业音频和计算机存储。它将磁带部分缠绕到有倾角的旋转磁鼓上,使磁化方向与介质移动方向成一定斜角,其伺服跟踪系统使用嵌入式伺服脉冲通过精确追踪进行高密度记录。

螺旋扫描记录方式的磁记录轨迹如图 3.1.7 所示。

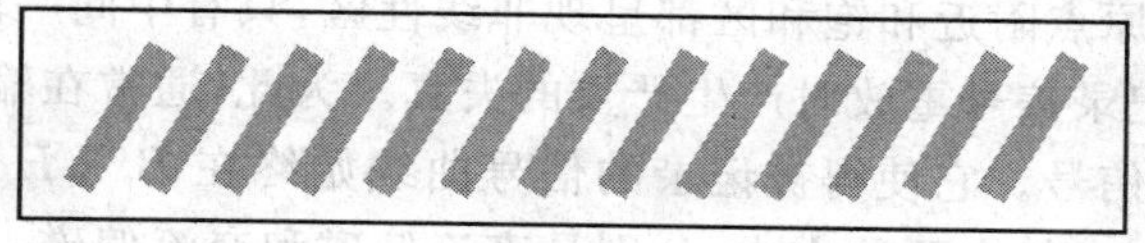

图 3.1.7　螺旋扫描记录方式的磁记录轨迹

④ 垂直记录。纵向记录、横向记录和螺旋扫描记录都是属于环形磁头的水平记录模式。磁性材料的磁性随温度的变化而变化，当温度低于居里点时，材料的磁性很难被改变；当温度高于居里点时，材料将变成"顺磁体"(paramagnetic)，其磁性很容易随周围的磁场改变而改变。如果温度进一步提高，或者磁性颗粒的粒度很小，即使在常温下，磁体的极性也呈现出随意性，难以保持稳定的磁性能。这种现象就是所谓的超顺磁效应(superpara magnetic effect)。由于存储位变得越来越小，会出现超顺磁性效应，热扰动会降低信号强度，甚至导致存储失效。垂直磁记录是对高密度水平磁记录时产生的这种效应进行分析后提出的，如图 3.1.8 所示。它记录信号的磁化方向在磁介质的厚度方向上(垂直于磁介质)。这样就解决了水平磁记录时，记录密度越高，超顺磁效应越严重的问题。日本东北工业大学岩崎俊一教授首先于 1976 年证明了垂直磁记录的明显密度优势，系统阐述了垂直磁记录理论，并首先采用溅射法制得了 Co－Cr 垂直磁化膜。经过 30 多年的发展，由于传统磁记录技术的成熟和传统优势，垂直磁记录直到前几年才进入实用化阶段。东芝在 2004 年 12 月推出的 1.8 in 的 MK4007GAL(40 GB)与 MK8007GAH(80 GB)的硬盘，开创了垂直记录技术商业化的纪元。此后，垂直磁记录成为高密度硬盘的新技术。

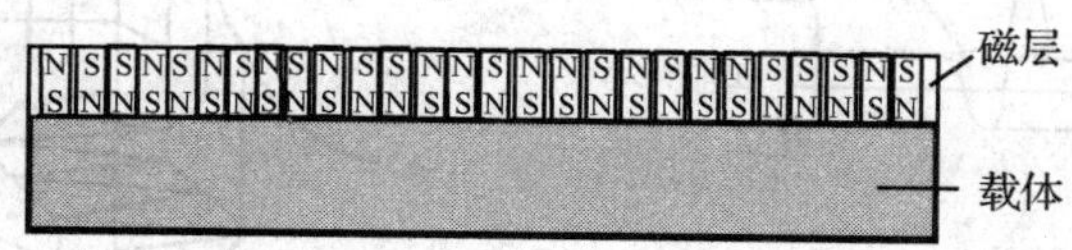

图 3.1.8　垂直磁记录磁化方向

垂直磁记录与水平磁记录的差异主要是媒体磁颗粒磁化方向的不同，从微观上看，磁记录单元的排列方式有了变化，从原来的"首尾相接"的水平排列变为了"肩并肩"的垂直排列。然而，无论是介质材料还是工艺难度要求，垂直记录远比水平记录高得多。

磁记录技术是一门综合技术，它不仅仅包括磁记录材料和磁头材料，还包括记录/重放系统和记录编码方式，所有这些技术的共同发展才有了今天磁记录技术的累累硕果。

3.1.2.2　按记录的电信号模式划分

1. 模拟记录

模拟信号记录主要是用在模拟录音机和 VCR 录像机的机制中。这里主要考虑的问题是如何减少信号失真。直接记录是把输入信号放大后，不进行波形变换，原样记录在磁带上的一种形式。从铁磁体的磁滞回曲线可以知道，由于磁化磁场强度 H 和磁带磁性材料的剩磁 B_r

之间并不呈线性关系，原点附近和饱和区都呈现非线性区，只有中间一段是线性区，因此，磁滞回曲线的非线性将在记录信号重放时产生严重的失真。为此，通常在输入信号上，叠加一个振幅稳定信号，称为偏磁信号。它使得被记录的信号曲线始终在 B_r-H 特性曲线的线性区，而不会到达弯曲的部分。一般有两种方式，分别是直流偏磁和交流偏磁。

(1) 直流偏磁

如图 3.1.9 所示，直流偏磁能改善记录的线性，但不能利用磁记录材料的全部磁性，信噪比较低；直流成分的存在使磁头和磁带变直流磁化，还会增大系统的直流噪声。

(2) 交流偏磁

如图 3.1.10 所示，交流偏磁能使记录信号提升到磁化曲线的直线部分，将频率和振幅适当的交变电流与被记录的信号叠加，一同送入记录磁头，产生的复合磁场可使磁层达到较高的磁化程度。偏磁量的选择要考虑偏磁本身的消磁作用，又要考虑失真的大小。偏磁电流的频率一般是信号频率的 3～10 倍，其大小是基准录音电平信号电流的 10～20 倍。能保持记录信号失真小、输出大、高频特性也好的偏磁电流称为最佳偏磁。

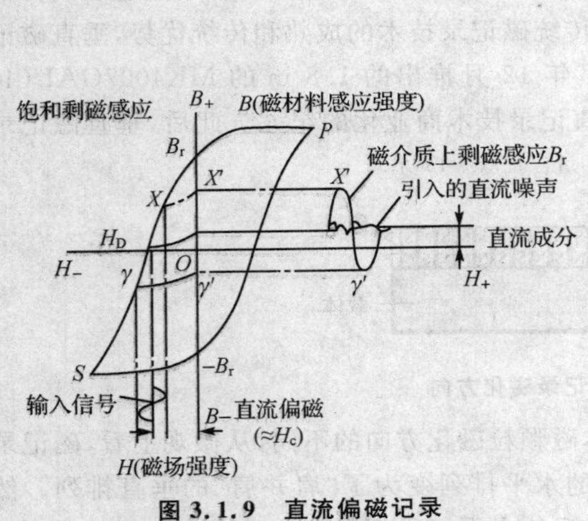

图 3.1.9　直流偏磁记录

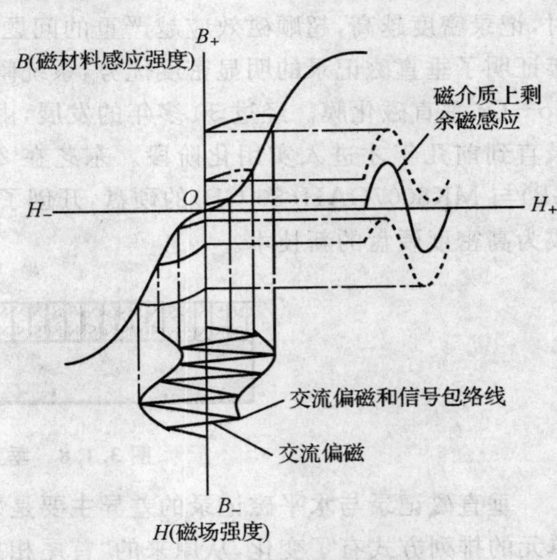

图 3.1.10　交流偏磁记录

模拟信号记录除了上述的直接记录外，常用的方式还有调频调制记录、脉宽调制记录等。它们都是为了提高磁带记录模拟信号的质量而设计的。同时，模拟记录和重放的电路设计也都比较复杂。

2. 数字记录

数字记录所记录的信号是矩形波。记录时是在磁头内通过足够大的二进制信号电流，磁头上产生的信号磁场是非连续性脉冲，使磁记录材料在两个方向上进行饱和记录。不同的编码方式，其具体记录方式各不相同。数字记录方式能连续记录出一道磁迹或同时记录在几道磁迹上；重新记录时能把原来的数据抹去，无需进行消磁。该记录方式主要适用于计算机磁带、数字录音磁带、数字录像带、磁盘和磁卡的记录。

由于数字记录法精度高，而且不受重放电压变化和磁带抖动的影响，所以，在数据采集和数字计算机中被广泛应用。在数字记录法中，记录在磁体上的信号是一系列的二进位脉码。由于二进位脉码只有"1"和"0"两种状态，所以数字记录法中记录和重放电子线路可以设计得比较简单，在磁体上的变化也可以比较大。数字记录法是简单和可靠的方法，在记录数据时，可以用并码记录法和串码记录法。在单磁迹的磁带上只能用串码记录法，在多磁迹和磁带上能进行并码记录。较先进的数据采集系统和数字计算机中大多采用并码记录法。

数字磁记录方式是一种编码方式，即按照某种规律将一连串的二进制数字信息变换成记录介质上相应磁化翻转形式。数字磁记录的编码的方式见图 3.1.11。

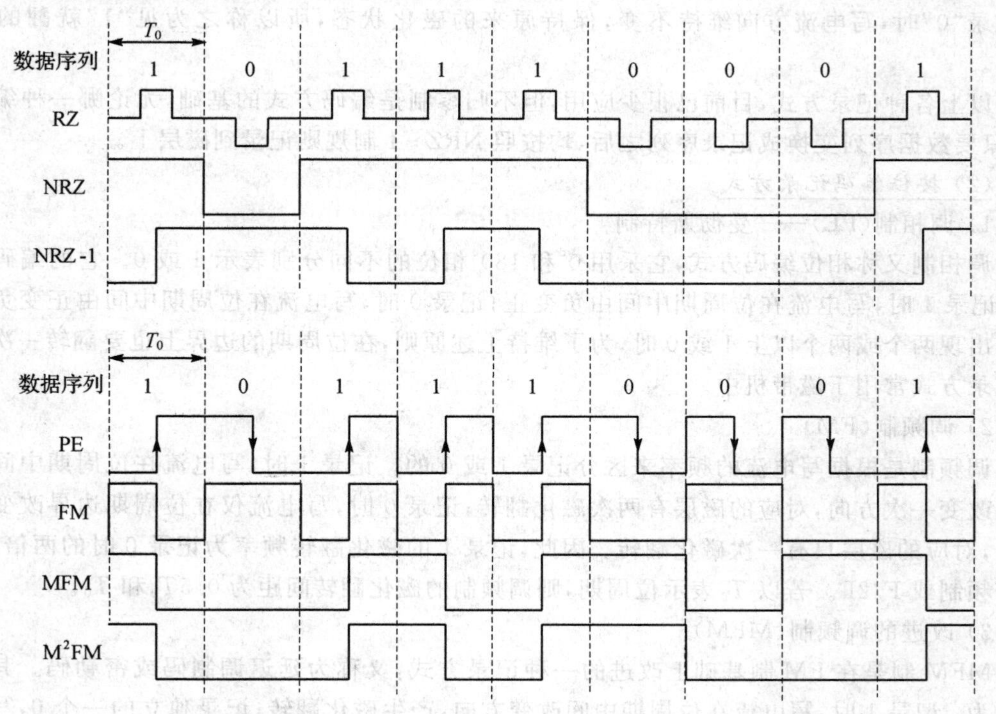

图 3.1.11 数字磁记录的编码方式

(1) 直接记录方式

当记录密度较低时，可以不编码，直接按记录信息的 0、1 排序记录。这类方式有归零制(RZ)、不归零制(NRZ)和不归零-1 制(NRZ-1)。

1) 归零制(RZ)

记录 1 时，磁头线圈中通以正向脉冲电流；记录 0 时，通以反向脉冲电流；但是相邻两信息位之间，电流要回到零，故称为归零制。归零制的两个脉冲之间有一段间隔没有电流，相应的这段磁层未被磁化，因此写入信息前必须先消磁。由于相邻位之间有未被磁化的空白区，记录密度低，抗干扰能力性差，所以目前已不被使用。

2）不归零制（NRZ）

记录1时，磁头线圈中通正向电流；记录0时，通以反向电流。磁头中电流不回到零。如果记录的相邻两位信息相同（即连续记录1或0）时，写电流方向不变；只有当记录的相邻两位信息不相同（即0和1交替）时，写电流才改变方向，所以又称为异码变化或“见变就翻”的不归零制。可见，它的记录密度高于RZ，但是同步时钟信号不如RZ。

3）不归零-1制（NRZ-1）

这是一种改进的不归零制，记录1时，磁头线圈中写电流改变方向，使磁层磁化翻转；而记录“0”时，写电流方向维持不变，保持原来的磁化状态，所以称之为见“1”就翻的不归零制。

以上各种记录方式，目前已很少应用，但不归零制是编码方式的基础，无论哪一种编码方式，只要数据序列变换成记录序列之后，均按照NRZ-1制规则记录到磁层上。

(2) 按位编码记录方式

1）调相制（PE）——曼彻斯特制

调相制又称相位编码方式，它采用0°和180°相位的不同分别表示1或0。它的编码规则是：记录1时，写电流在位周期中间由负变正；记录0时，写电流在位周期中间由正变负。当连续出现两个或两个以上1或0时，为了维持上述原则，在位周期的边界上也要翻转一次。这种记录方式常用于磁带机中。

2）调频制（FM）

调频制是根据写电流的频率来区分记录1或0的。记录1时，写电流在位周期中间和边界各改变一次方向，对应的磁层有两次磁化翻转；记录0时，写电流仅在位周期边界改变一次方向，对应的磁层只有一次磁化翻转。因此，记录1的磁化翻转频率为记录0时的两倍，故又称倍频制或F/2F。若以T_0表示位周期，则调频制的磁化翻转间距为$0.5T_0$和T_0。

3）改进的调频制（MFM）

MFM制是在FM制基础上改进的一种记录方式，又称为延迟调制码或密勒码。其编码规则为：记录1时，写电流在位周期中间改变方向，产生磁化翻转；记录独立的一个0，写电流不改变方向，不产生磁化翻转；记录连续的两个0，写电流在位周期边界改变方向，产生磁化翻转。

改进的调频制的磁化翻转间距有三种：T_0、$1.5T_0$和$2T_0$，对应于三种不同的频率，所以又称为三频制。

4）改进的改进型调频制（M^2FM）

M^2FM制的编码规则为：记录1时，写电流在位周期中间改变方向，产生磁化翻转；记录独立的一个 0,写电流不改变方向,不产生磁化翻转;记录连续的两个 0,写电流在位周期边界处改变方向,产生磁化翻转;记录连续两个以上的 0,写电流在前两个 0 的位周期边界处改变方向,产生磁化翻转,以后每隔两个 0 的位周期边界处,写电流再改变一次方向,产生翻转。

改进的改进型调频制的磁化翻转间距有四种:T_0、$1.5T_0$、$2T_0$ 和 $2.5T_0$,对应于四种不同的频率,所以又称为四频制。

上述四种按位编码记录方式的记录密度和同步信号都能兼顾好(见图 3.1.11)。

不同的磁记录方式特点不同,性能各异。评价一种记录方式优劣的主要标准是编码效率和自同步能力。自同步能力是指从脉冲信号序列中提取同步时钟信号的能力。数字记录为了从读出信号中分离出数据信息,必须要有时间基准信号,称为同步信号。同步信号可以从专门设置用来记录同步信号的磁道中取得,称为外同步。如果直接从读出信号中提取,则称为内同步。

3.2 磁 卡

作为电子标签类的磁记录体一般以附着在卡片上的磁性条形式出现。它由高强度、耐高温的塑料或纸质涂敷塑料制成,能防潮、耐磨且有一定的柔韧性,携带方便,使用较为稳定可靠。通常,磁卡的一面印刷有说明提示性信息,如插卡方向;另一面则有磁层或磁条,具有 2～3 个磁道,用于记录有关信息数据。它们的记录方式基本上都是纵向磁化,密度较低;因此制作材料和工艺要求都不高,成本低,容易推广。

磁条是一层薄薄的由排列定向的铁性氧化粒子组成的材料。用树脂黏合剂严密地黏合在一起并通过黏合(或热合)与塑料(或纸)牢固地整合在一起,形成磁卡。从本质意义上讲,磁条与计算机用的磁带或磁盘是一样的,它可以用来记载字母、字符及数字信息。

磁卡按制作方式和磁材料的抗磁力可分为磁条型和直接涂印型。磁条型包括一般抗磁力卡(300 oe)和高抗磁力卡(3500 oe)。直接涂印型包括低抗磁力卡(300 oe)和高抗磁力卡(2700 oe)。

3.2.1 磁卡的 ISO 标准

磁卡,特别是应用于银行系统的磁卡,其 ISO 标准分别为 ISO 7810、ISO 7811－1 至 ISO 7811－6、ISO 7812、ISO 7813 以及 ISO 15457,等等。其中:

- ISO 15457:制定了磁卡物理标准、测试方式、磁道标准及 F/2F 技术标准。
- ISO 7810:1987,定义了识别卡的物理特性。
- ISO 7811:1985,描述识别卡的凸印技术。
- ISO 7811/2:1985,描述识别卡的磁条特性。
- ISO 7811/3:1985,描述 ID－1 卡上凸印字符的位置。
- ISO 1822/4:1985,描述磁卡上第 1 磁道和第 2 磁道的位置。

- ISO 7811/5：1985，描述磁卡上第 3 磁道的位置。
- ISO 7812：1987，描述发卡者表示符编号体系与注册程序，包括 PAN 的格式等内容。
- ISO 7813：1987，描述作为金融交易卡的磁卡的第 1 磁道和第 2 磁道的格式和内容。
- ISO 4909：1987，描述磁条第 3 磁道的格式和内容。
- ISO 7580：1987 和 ISO 8583：1987，描述了银行卡交换信息规范，即定义了金融交易的内容。

3.2.2 磁卡的物理结构与数据结构

一般标准磁卡上的磁条带有三个磁道(track)，分别为磁道 1、磁道 2 和磁道 3。每个磁道都记录着不同的信息，这些信息有着不同的应用。此外，也有一些应用系统的磁卡只使用了两个磁道，甚至只有一个磁道。在设计的应用系统中，根据具体情况可以使用三个、两个或者一个磁道(见图 3.2.1)。

卡的尺寸为：长度 85.72～85.47 mm；宽度 54.03～53.92 mm；厚度 0.76±0.08 mm；卡片四角圆角半径 3.18 mm。

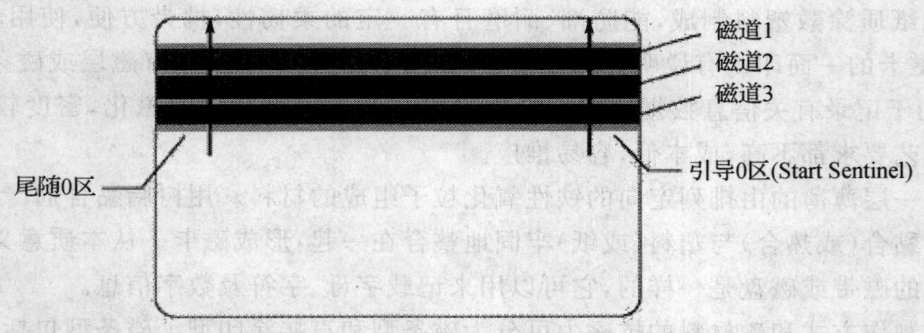

图 3.2.1 ISO 标准的磁卡

磁条的各磁道空间分布如图 3.2.2 所示。

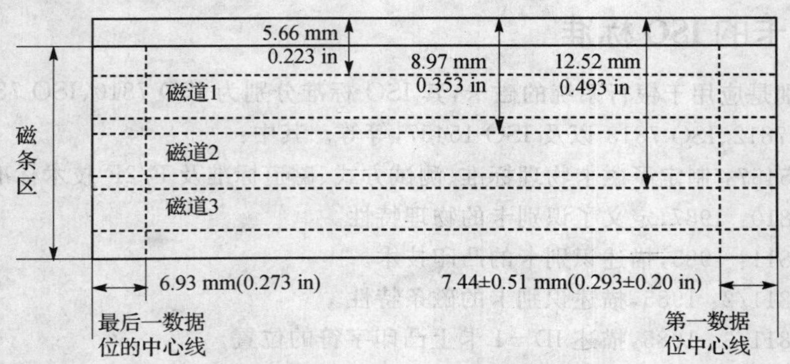

图 3.2.2 磁条中三个磁道的位置

3.2.3 磁道的标准

如图 3.2.1 所示，ANSI 及 ISO/IEC 标准的磁卡的物理尺寸定义。这些尺寸的定义涉及磁卡读写机具的标准化。如果对磁卡上磁道 1(或磁道 2 或磁道 3)进行数据编码时，其数据在磁条带上的物理位置偏高或偏低了哪怕几个毫米，则这些已编码的数据信息就偏移到另外的磁道上了。如图 3.2.2 所示，磁道 1,2,3 的每个磁道宽度相同，大约 2.80 mm(0.11 in)，用于存放用户的数据信息；相邻两个磁道约有 0.05 mm(0.02 in)的间隙(gap)，用于区分相邻的两个磁道；整个磁条带宽度在 10.29 mm(0.405 in)左右(如果是应用三个磁道的磁卡)，或是在 6.35 mm(0.25 in)左右(如果是应用两个磁道的磁卡)。实际上银行磁卡上的磁条宽度会加宽 1～2 mm，磁条带总宽度为 12～13 mm。

在磁条带上，记录三个有效磁道数据的起始数据位置和终止数据位置不是在磁条带的边缘，而是在磁条带边缘向内缩减约 7.44 mm(0.293 mm)为起始数据位置(引导 0 区)；在磁条带边缘向内缩减约 6.93 mm(0.273 mm)为终止数据位置(尾随 0 区)。这些标准是为了有效保护磁卡上的数据不易被丢失。因为磁卡边缘上的磁记录数据很容易因物理磨损而被破坏。

磁道上的标准定义：磁道的应用分配一般是根据特殊的使用要求而定制的，比如银行系统、证券系统、门禁控制系统、身份识别系统、驾驶员驾驶执照管理系统，等等，都会对磁卡上的三个磁道提出不同的应用格式要求。在此，主要是指符合国际流通的银行/财政应用系统的银行磁卡上的三个磁道的标准定义，这些定义也已经广泛适用于 Visa 信用卡、MasterCard 信用卡等常用的一些银行卡。

磁道 1：它的数据标准制定最初是由国际航空运输协会 IATA(International Air Transportation Association)完成的。磁道 1 上的数据和字母记录了航空运输中的自动化信息，例如货物标签信息、交易信息、机票订票/订座情况，等等。这些信息由专门的磁卡读写机具进行数据读写处理，并且在航空公司中有一套应用系统为此服务。应用系统包含了一个数据库，所有这些磁卡的数据信息都可以在此找到记录。

磁道 2：它的数据标准制定最初是由美国银行家协会 ABA(American Bankers Association)完成的。该磁道上的信息已经被当今很多的银行系统所采用。它包含了一些最基本的相关信息，例如卡的唯一识别号码、卡的有效期等。

磁道 3：它的数据标准制定最初是由财政行业(THRIFT)完成的。其主要应用于一般的储蓄、货款和信用单位等那些需要经常对磁卡数据进行更改、重写的场合。典型的应用包括现金售货机、预付费卡(系统)、借贷卡(系统)等。这一类的应用很多都是处于“脱机”(off line)模式，即银行(验证)系统很难实时对磁卡上的数据进行跟踪，表现为用户卡上磁道 3 的数据与银行(验证)系统所记录的当前数据不同。

磁道(磁道 1、磁道 2 和磁道 3)上允许使用的数字和字符：磁卡上的 3 个磁道 一般都是使用“位”(bit)方式来编码的。根据数据所在的磁道不同，5 个 bit 或 7 个 bit 组成一个字节。

磁道 1(IATA)：记录密度为 210BPI；可以记录 0～9 数字及 A～Z 字母等；总共可以记录多达 79 个数字或字符(包含起始结束符和校验符)；每个字符(即一个字节)由 7 个 bit 组成(6 位 ALPHA 编码＋1 位奇校验位)。由于磁道 1 上的信息不仅可以用数字 0～9 来表示，还能用字母 A～Z 来表示信息，因此磁道 1 上信息一般记录了磁卡的使用类型、范围等一些标记性、说明型的信息。磁道 1 为只读磁道，例如，银行用卡中，磁道 1 记录了用户的姓名、卡的有效使用期限以及其他的一些标记信息。

磁道 2(ABA)：记录密度为 75BPI；可以记录 0～9 数字，不能记录 A～Z 字符；总共可以记录多达 40 个数字(包含起始结束符和校验符)；每个数据(即一个字节)由 5 个 bit 组成(4 位 BCD 编码＋1 位奇校验位)。磁道 2 为只读磁道，记录数字型数据。

磁道 3(THRIFT)：记录密度为 210BPI；可以记录 0～9 数字，不能记录 A～Z 字母；总共可以记录多达 107 个数字或字符(包含起始结束符和校验符)；每个字符(即一个字节)由 5 个 bit 组成(4 位 BCD 编码＋1 位奇校验位)。磁道 3 为可读写磁道，记录数字型数据。

由于磁道 2 和磁道 3 上的信息只能用数字 0～9 等来表示，不能用字母 A～Z，因此在银行用卡中，磁道 2，磁道 3 一般用于记录用户的账户信息、款项信息等，当然还有一些银行所要求的特殊信息等。

在实际的应用开发中，如果希望在磁道 2 或磁道 3 中表示数字以外的信息，例如“ABC”等，一般应采用按照国际标准的 ASCII 表来映射。例如，要记录字母“A”在磁道 2 或磁道 3 上时，则可以用“A”的 ASCII 值 0x41 来表示。0x41 可以在磁道 2 或是磁道 3 中用两个数据来表示“4”和“1”，即“0101”和“0001”。

3.2.4 磁卡信息编码

1. 磁条信息编码——ANSI /ISO BCD 数据格式(ANSI /ISO BCD Data Format)

第 1 磁道使用的编码如表 3.2.1 所列。

表 3.2.1 第 1 磁道使用的编码字符

b6	P	P	P	P	b5,b4	b5,b4	b5,b4	b5,b4	b3	b2	b1	b0
b5,4	00	01	10	11	0 0	0 1	1 0	1 1				
0	1	0	0	1	space	0 数字	@	P 字母	0	0	0	0
1	0	1	1	0	!	1	A 字母	Q	0	0	0	1
2	0	1	1	0	″	2	B	R	0	0	1	0
3	1	0	0	1	#	3	C	S	0	0	1	1
4	0	1	1	0	$	4	D	T	0	1	0	0
5	1	0	0	1	%	5	E	U	0	1	0	1
6	1	0	0	1	&	6	F	V	0	1	1	0
7	0	1	1	0	′	7	G	W	0	1	1	1

续表 3.2.1

b6	P	P	P	P	b5,b4	b5,b4	b5,b4	b5,b4	b3	b2	b1	b0
8	0	1	1	0	(	8	H	X	1	0	0	0
9	1	0	0	1	)	9 数字	I	Y	1	0	0	1
10	1	0	0	1	*	:	J	Z字母	1	0	1	0
11	0	1	1	0	+	;	K	[	1	0	1	1
12	1	0	0	1	,	<	L	\	1	1	0	0
13	0	1	1	0	—	=	M	]	1	1	0	1
14	0	1	1	0	.	>	N	^	1	1	1	0
15	1	0	0	1	/	?	O字母	_	1	1	1	1

说明：表中共 64 个编码，除 10 个数字和 26 个字母外，还有 3 个格式和域的符号。“%”为起始符，“?”为结束符，“^”为域的分隔符；其余的是特定的和控制的字符。P 为奇偶校验位。

2. 磁条信息编码——ANSI /ISO ALPHA 数据格式(ANSI /ISO ALPHA Data Format)

第 2、3 磁道使用的编码字符集如表 3.2.2 所列。

表 3.2.2　第 2、3 磁道使用的编码字符集

序　号	功　能	字　符	奇偶位	b3	b2	b1	b0
0	数据	0	1	0	0	0	0
1	数据	1	0	0	0	0	1
2	数据	2	0	0	0	1	0
3	数据	3	1	0	0	1	1
4	数据	4	0	0	1	0	0
5	数据	5	1	0	1	0	1
6	数据	6	1	0	1	1	0
7	数据	7	0	0	1	1	1
8	数据	8	0	1	0	0	0
9	数据	9	1	1	0	0	1
10	控制	:	1	1	0	1	0
11	起始符	;	0	1	0	1	1
12	控制	<	1	1	1	0	0
13	域分隔	=	0	1	1	0	1
14	控制	>	0	1	1	1	0
15	结束符	?	1	1	1	1	1

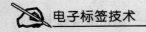

3. 磁道信息差错校验技术

磁条的三个磁道都采用了奇偶校验和纵向冗余校验 LRC(Longitudinal Redundancy Check)两种差错校验技术。即,每个字符用奇校验,所有字符的纵向用偶校验。

4. 磁道格式和内容

① 主账号(PAN)格式(≤19 字节)见图 3.2.3。

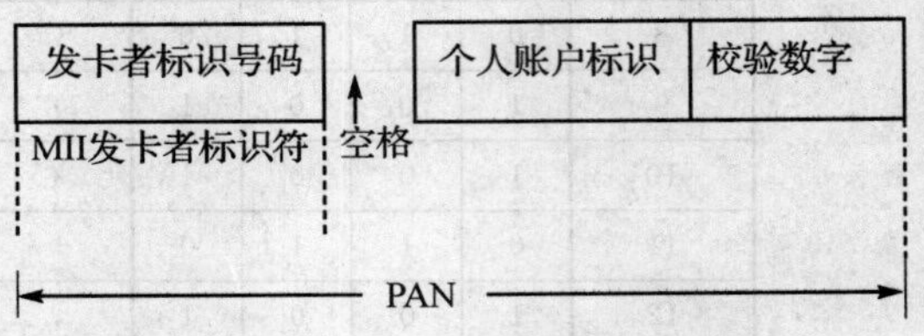

图 3.2.3　主账号(PAN)格式

MII=1,为航空业;MII=3,是旅游或娱乐业;MII=5,为银行/金融业。

② 磁道 1 格式和内容,见图 3.2.4。

1	1	≤19	1	3	2~26	1	4	1	2		1	
STX	FC	PAN	FS	CC	NM	FS	ED	ID	SC	DD	ETX	LRC

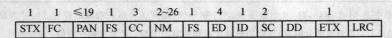

图 3.2.4　磁道 1 格式和内容

STX:起始字符,1 个字符;

FC:格式代码(B);

PAN:主账号;

FS:分隔符;

CC:国家代码;

NM:持卡人的姓名,2~26 个字符;

ED:失效日期,4 个字符;

ID:交换指示符,3 个字符;

SC:服务代码,2 个字符;

DD:自由数据/随意数据(但要确保使磁道 1 编码字符总数在 79 个字符之内);

ETX:结束标记,1 个字符;

LRC:纵向冗余校验字符,1 个字符。

③ 磁道 2 格式和内容,见图 3.2.5。

1	≤19	1	3	4	1	2		1	1
STX	PAN	FS	CC	ED	ID	SC	DD	ETX	LRC

图 3.2.5　磁道 2 格式和内容

STX:起始字符;

PAN:主账号;

FS:分隔符;

CC：国家代码；

ED：失效日期；

ID：交换指示符；

SC：服务代码；

DD：自由数据/随意数据；

ETX：结束标记；

LRC：纵向冗余校验字符。

④ 磁道 3 格式和内容：因为磁道 3 在某种程度上是“非标准的”，所以在这里记录的内容一般都是数字信息。磁道 3 有它的独特性，原来的意图是可以进行数据的读或写，卡片的持有者对磁道上的账目信息有更新的权利。遗憾的是，磁道 3 的标准现在很多都被遗弃。它原本的设计是用来控制脱线的 ATM 处理，但是现在，ATM 全部时间都是在线的，因此这一设计就没有用途。当然，需要使用磁道 3 的各行业或特殊用户都会制定相关的协议。

3.3 磁卡读写器

磁卡读写器用于磁卡和存折本等的读写，可分单道读写、双道读单道写和双道读写磁卡机。这里只讨论单道读写器，双道原理相同。磁卡读写机的拉卡速度为 10～100 cm/s（磁卡相对于磁头的速度，有些设备是自动走卡，速度稳定，如 ATM 机和磁卡电话机；一般是手工“刷卡”，速度相差大）。

各行各业的用户都有各自的规范标准，读写器的区别主要表现在编码和数据格式，以及随之而来的解码过程的不同。下面要介绍的并不是针对某类，而是重点说明磁卡读写器的原理。例如，采用上述标准中的磁道 2 和磁道 3 的编码格式，即每个字符 5 位（4 位 BCD 编码＋1 位奇校验位）；二进制数字位的编码方式采用调频制，记录“0”的电流只在位周期的边界变化，而记录“1”的电流在位周期中间和边界各改变一次方向；也就是说，记录“1”的磁化翻转频率为记录“0”时的两倍，故又称倍频制（F/2F）。这些编码标准如图 3.3.1 所示。

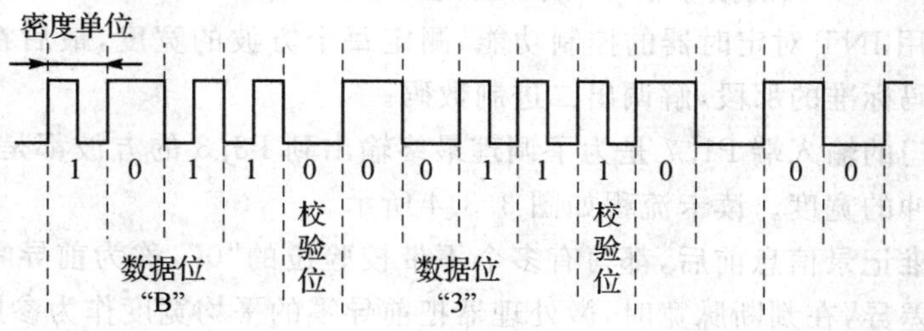

图 3.3.1 磁卡记录的磁道编码格式

3.3.1 磁卡读写器的原理

图 3.3.2 所示为磁卡机某一道读写结构框图，双道读写磁卡机则有此双倍电路。读卡时，磁条上的记录信息经过读磁头感应出微弱电信号，经放大、整形成脉冲串，送至 CPU，经判别 CPU 将脉冲串解码成数据送至终端。写卡时，终端将数据发送至 CPU，CPU 提示用户拉卡。拉卡时磁卡同时通过编码器和写磁头，编码器在磁卡带动下旋转，产生与轨道密度相对应的脉冲信号，经放大、整形送至 CPU。CPU 把脉冲波作为同步信号，将数据逐位发送到写电路，通过写磁头，将数据记录在磁条上。

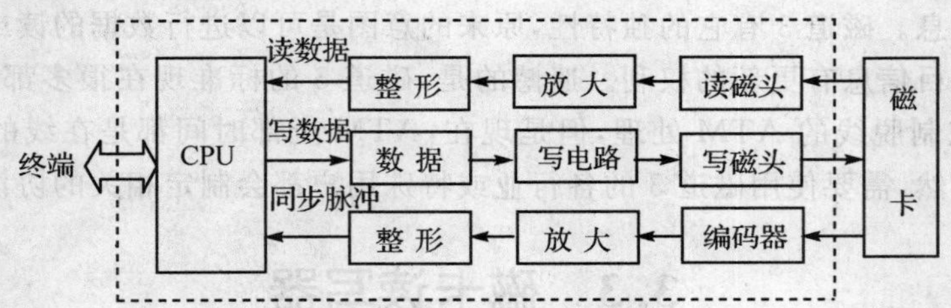

图 3.3.2 磁卡读写器电路结构图

3.3.2 磁卡机的读卡电路与程序设计

当读卡磁头相对磁条运动时，磁介质的剩余磁化强度的部分磁通量就通过磁头缝隙进入铁心，磁通量的变化使磁头线圈产生感应电动势 $V \sim \mathrm{d}\Phi/\mathrm{d}t$；这样就把随记录电流变化而保留在磁介质中的磁化信号还原为电信号。但是，这样的信号很微弱，需要经过放大和整形，然后供给微控制器译码，还原出原先的二进制数字信号(图 3.3.2“读数据”部分)。

1. 分立元件组建的读卡器

图 3.3.3 所示是用分立元件设计的一种读卡电路。

如图 3.3.3 所示，读卡电路由 LM324 中两个运放分别对来自磁头的信号先后进行限幅放大和整形，还原出 F/2F 式的数字信号，接着经过两个异或门调整，输出到 8051 单片机的 P3.3 口，即 INT1。利用 INT 对定时器的控制功能，测定每个方波的宽度，最后在这些数据系列中找出符合既定编码标准的那段，解调出二进制数码。

第一个异或门的输入端 P1.7 是为了调理最终输出到 P3.3 的方波都是正脉冲，以便它控制定时器测量脉冲的宽度。读卡流程如图 3.3.4 所示。

在磁道的标准记录信息前后，都写有多个不带校验位的“0”，称为前导零和后导零。由于手工刷卡的速度差异，在判断脉宽时，微处理器把前导零的平均宽度作为参照。进一步可以考虑刷卡过程中速度变化大的情况下，通过相邻脉宽的对照作出译码判断的程序设计。同时也可以设计出兼容反方向刷卡的译码程序，这点根据标准记录格式的特定字符等不难做到。

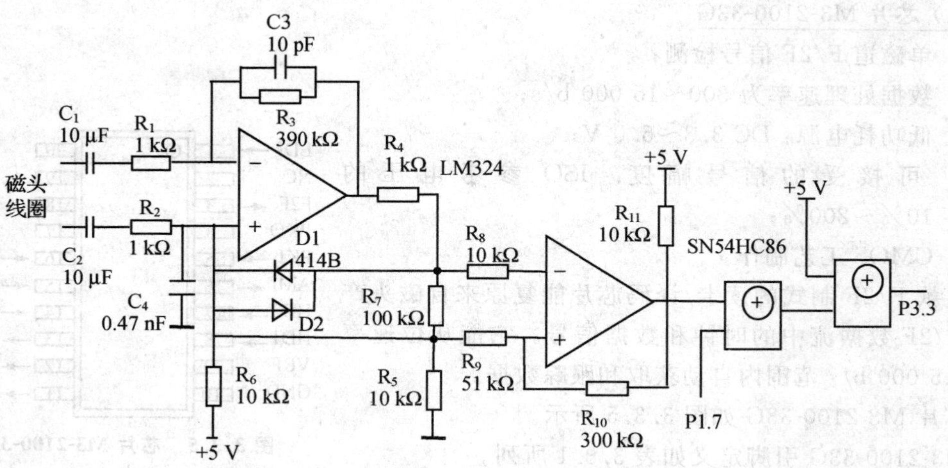

图 3.3.3　某磁读卡器的电路

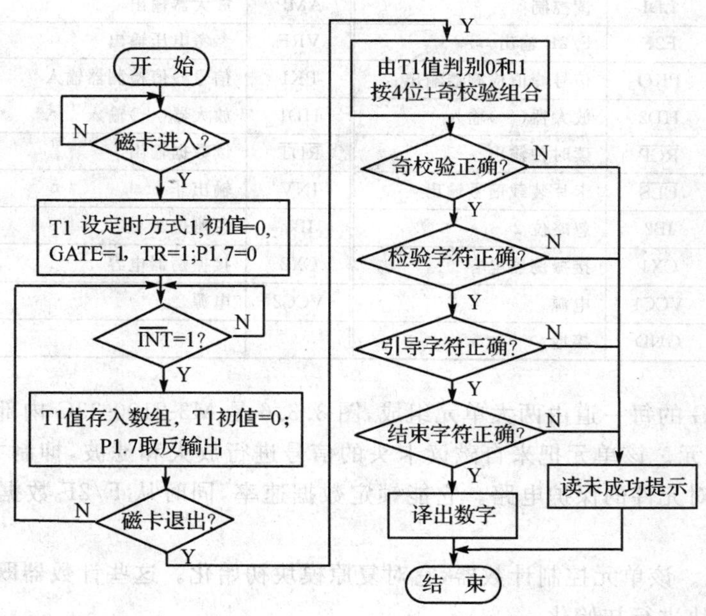

图 3.3.4　读卡流程图

2. 专用芯片组建的磁读卡器

(1) 芯片 M3-2100-33G

- 单磁道 F/2F 信号检测；
- 数据处理速率为 300～15 000 b/s；
- 低功耗电源：DC 3.3～5.0 V；
- 可接受的信号幅度：ISO 参考电压的 10%～200%；
- CMOS 工艺制作。

这款 F/2F 制式的读卡/译码芯片能复原来自磁头产生的 F/2F 数据流中的时钟和数据信号。它能从位速率 200～15 000 b/s 范围内自动获取和跟踪数据。

芯片 M3-2100-33G 如图 3.3.5 所示。

M3-2100-33G 引脚定义如表 3.3.1 所列。

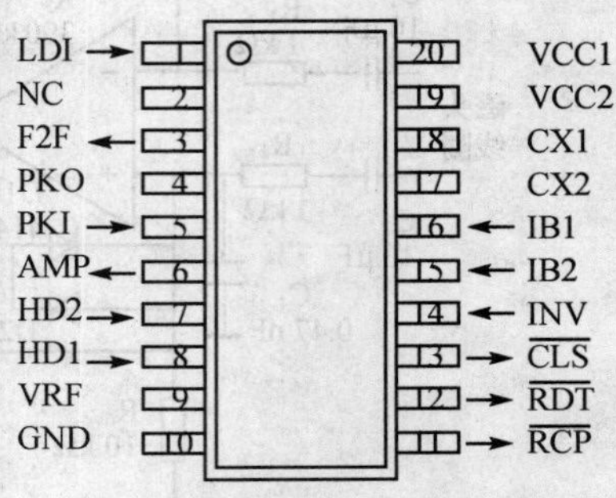

图 3.3.5 芯片 M3-2100-33G

表 3.3.1 M3-2100-33G 引脚定义

名 称	功 能	名 称	功 能
LDI	读控制	AMP	放大器输出
F2F	F/2F 输出	VRF	参考电压输出
PKO	信号峰值检测器输出	PKI	信号峰值检测器输入
HD2	放大器(－)输入	HD1	放大器(＋)输入
$\overline{RCP}$	读时钟输出	$\overline{RDT}$	读数据输出
$\overline{CLS}$	卡片装载信号输出	INV	输出非
IB2	忽略位 2	IB1	忽略位 1
CX1	接振荡器电容	CX2	接振荡器电容
VCC1	电源	VCC2	电源
GND	接地		

M3-2100-33G 的每一道由两大单元组成，图 3.3.6 是 M3-2100-33G 内部结构示意图。

① 放大器单元。该单元把来自磁读卡头的信号进行放大和滤波，抑制共模干扰，检测出信号点。它也有对元件的保护电路。它能锁定数据速率，同时从 F/2F 数据流中译出一个个二进制位。

② 控制单元。该单元控制计数器，它对复原模块初始化。这些计数器既对位复原又对信号调理和检测模块进行初始化。

用 M3-2100-33G 设计的单道读卡器电路如图 3.3.7 所示，由于专用芯片集成了读卡过程所需的各功能模块，电路设计大大简化。磁头信号从 CN1 接头 2 和 3 输入；数据的读取从

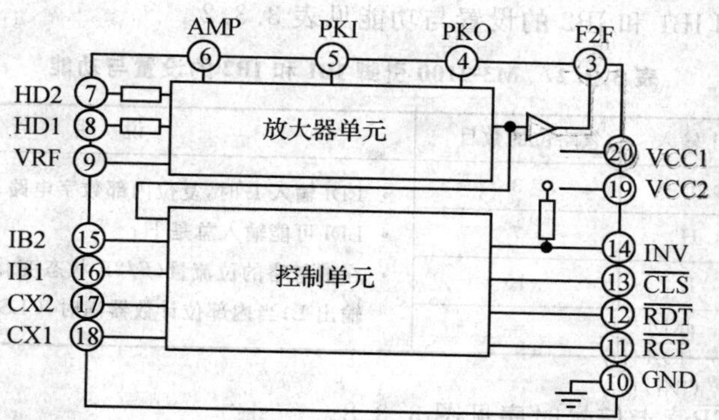

图 3.3.6 M3-2100-33G 内部结构

CN2 的$\overline{\text{CLD}}$、$\overline{\text{RCP}}$和$\overline{\text{RDT}}$获取。其中$\overline{\text{CLD}}$是卡片进入信号，$\overline{\text{RCP}}$是读卡的时钟信号输出，而$\overline{\text{RDT}}$是读卡的数据信号输出。这三线与微处理器的三个 I/O 口连接。在卡片进入期内，每个时钟周期直接读取数据线上的信号电平得到结果。图 3.3.7 中 CP4 和 CP5 的值适用于磁道 2。如果用于磁道 1 或磁道 3，它们分别是 47 pF 和 2 000 pF。

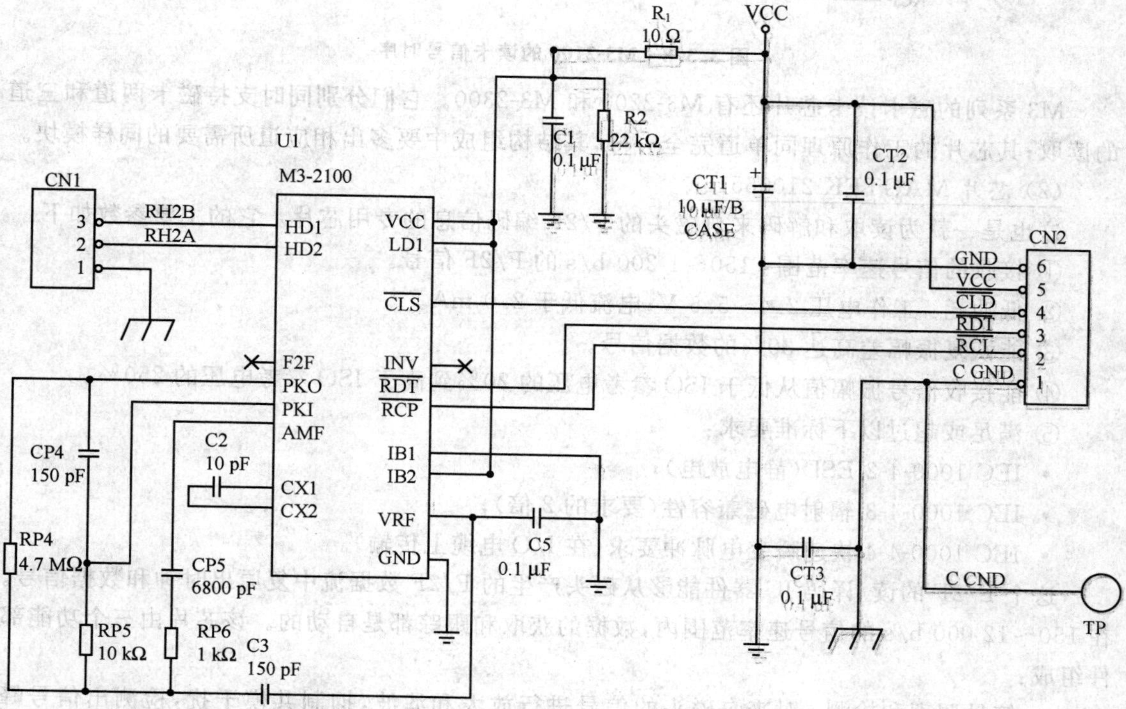

图 3.3.7 M3-2100-33G 设计的单道读卡器电路

M3-2100 的引脚 IB1 和 IB2 的设置与功能见表 3.3.2。

表 3.3.2 M3-2100 引脚 IB1 和 IB2 的设置与功能

IB2 输入	IB1 输入	忽略位的数目	说　明
L	L	3	• LDI 输入 L 时，复位内部数字电路； • LDI 可能输入总是 H； • 在被忽略的位流量(F/2F 状态变化)计数之后，CLS 输出 L；当内部位计数器满时，CLS 返回 H
L	H	7	
H	L	15	
H	H	—	

$\overline{\text{CLS}}$、$\overline{\text{RDT}}$和$\overline{\text{RCP}}$读卡信号时序见图 3.3.8。

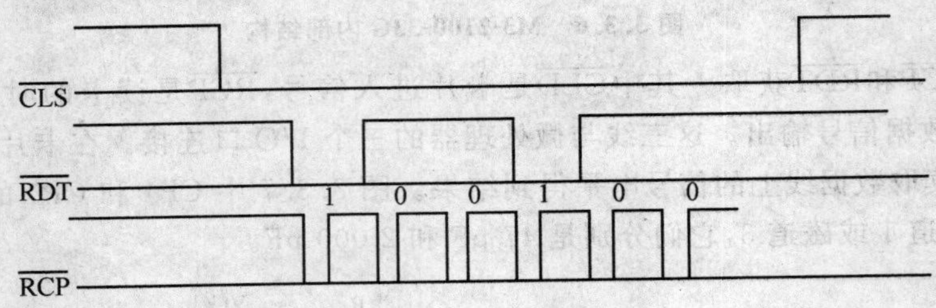

图 3.3.8 M3-2100 的读卡信号时序

M3 系列的磁卡读卡芯片还有 M3-2200 和 M3-2300。它们分别同时支持磁卡两道和三道的读取；其芯片的工作原理同单道完全一样，其结构组成中要多出相应道所需要的同样模块。

(2) 芯片 MAGTEK 21006516

这也是一款为读取和解码来自磁头的 F/2F 编码信息的专用芯片。它的主要参数如下：

① 接收的信号速率范围：150～1 200 b/s 的 F/2F 信号。

② 低功耗：工作电压 2.4～5.5 V；电流低于 2.0 mA。

③ 能恢复振幅差高达 30%的数据信号。

④ 能接收信号振幅值从低于 ISO 参考电压的 20%到高于 ISO 参考电压的 250%。

⑤ 满足或超过以下标准要求：

- IEC 1000-4-2 ESD(静电放电)；
- IEC 1000-4-3 辐射电磁兼容性(要求的 2 倍)；
- IEC 1000-4-4 快速瞬变电脉冲要求(在 I/O 电缆上传输)。

这个 F/2F 的读/译码 IC 器件能够从磁头产生的 F/2F 数据流中复原出时钟和数据信号。在 150～12 000 b/s 的信号速率范围内，数据的获取和跟踪都是自动的。该芯片由三个功能部件组成：

- 信号调理和检测：对来自磁头的信号进行放大和滤波，抑制共模干扰，检测出信号峰值。其他功能还有避免可能出现的信号波形失真。

• 位的复原：锁定数据速率并且从 F/2F 数据流中恢复出每一位。

• 允许/禁止计数器工作：给复原部件设置初值，这些计数器是位复原、信号调理以及检测部件的起始条件。

芯片 MAGTEK 21006516(SMD)引脚见图 3.3.9。它的内部结构见图 3.3.10。

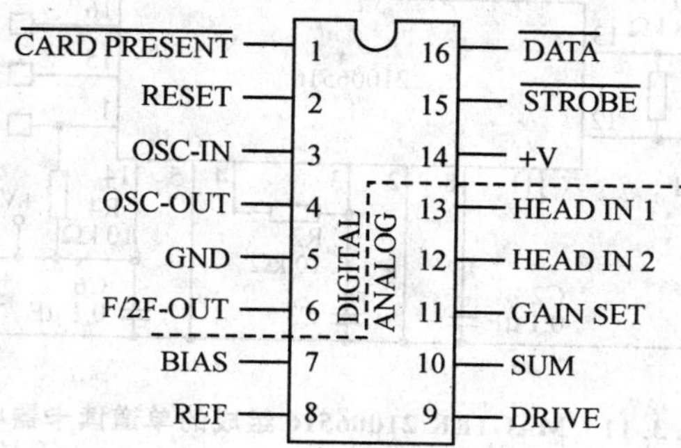

图 3.3.9　芯片 MAGTEK 21006516(SMD)引脚

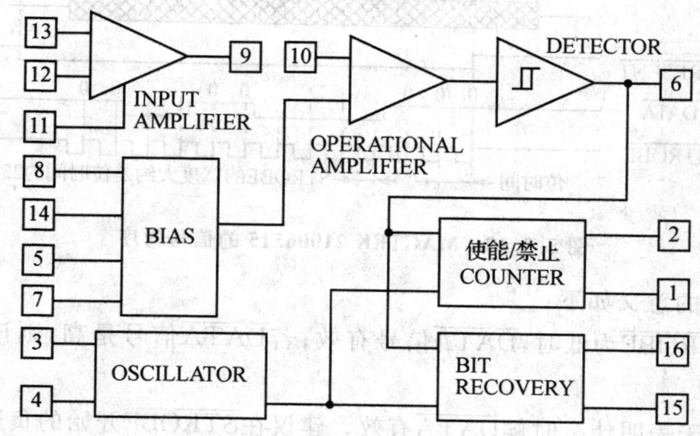

图 3.3.10　芯片 MAGTEK 21006516 内部功能方框图

芯片 MAGTEK 21006516 组成的单道读卡器电路如图 3.3.11 所示。

图 3.3.12 是 MAGTEK 21006515 读卡的信号时序，说明如下：

① $\overline{\text{CARD PRESENT}}$（卡片存在）、$\overline{\text{DATA}}$（数据）和 $\overline{\text{STROBE}}$（选通）三信号都是非真逻辑。

② 在开头的 14～15 个反转变化位流之后，$\overline{\text{CARD PRESENT}}$变为低电平。

③ 在最后一个位流反转后约 150 ms，$\overline{\text{CARD PRESENT}}$返回高电平。

④ 在$\overline{\text{STROBE}}$的开始负边缘前 1.0 μs（最小），$\overline{\text{DATA}}$开始有效，并维持到下一个$\overline{\text{STROBE}}$前大约 1.0 μs。

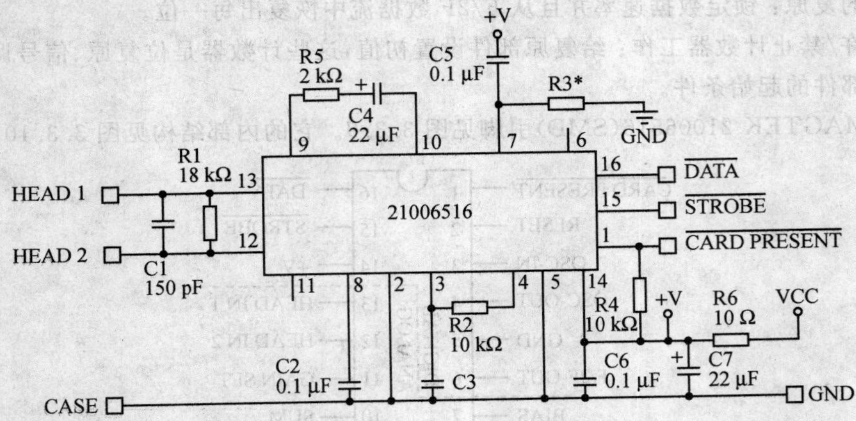

图 3.3.11　MAGTEK 21006516 组成的单道读卡器电路

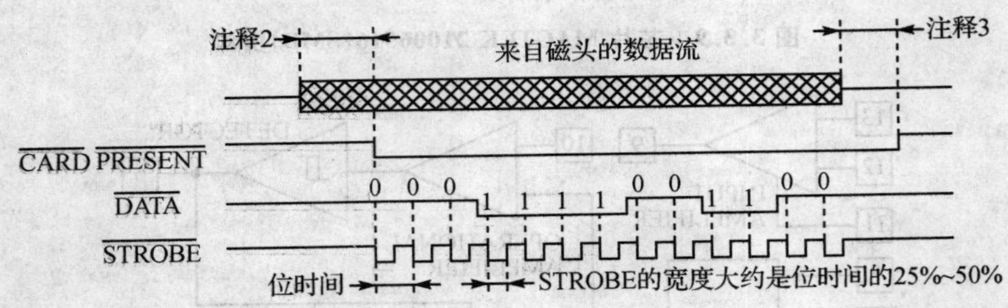

图 3.3.12　MAGTEK 21006515 的信号时序

几个引脚信号的意义如下：

$\overline{\text{DATA}}$：当$\overline{\text{STROBE}}$为低时，$\overline{\text{DATA}}$信号有效；若$\overline{\text{DATA}}$信号是高，则该位是 0；若$\overline{\text{DATA}}$是低，则该位就是 1。

$\overline{\text{STROBE}}$：用于表明什么时候$\overline{\text{DATA}}$有效。建议在$\overline{\text{STROBE}}$开始的负边缘读取$\overline{\text{DATA}}$。

$\overline{\text{CARD PRESENT}}$：在来自磁头的 14～15 个位流反转后，该信号变低；在最后一个位流反转后的大约 150 ms，该信号恢复高电平。$\overline{\text{CARD PRESENT}}$信号还可以和其他同样芯片的该信号连接在一起，只要用一个上拉电阻 R4。如果这是三个磁道的读卡器，所有 3 个$\overline{\text{CARD PRESENT}}$用一个 10 kΩ 电阻连接在一起。

当没有卡片通过读卡器时，$\overline{\text{DATA}}$、$\overline{\text{STROBE}}$和$\overline{\text{CARD PRESENT}}$信号都是高电平。图 3.3.12 信号时序表示的是数据与读卡过程中产生的其他信号之间的关系。

正常运行中，在来自磁头最后的位流反转后大约 150 ms，该集成电路自身复位。也可以给 RESET 引脚施加 1～100 ms 的脉冲，脉冲的正边缘迫使该电路复位。

电阻器 R3 的值对于版本 Rev B 和 Rev G 分别选用 470 kΩ 和 1.5 MΩ。

对印刷电路板(PCB)布线的要求：该 IC 由数字和模拟两个系统组成。模拟信号引脚是很低的电平。良好的布线要求把磁头和其他模拟信号同数字输出分离开。这些数字信号是$\overline{\text{DATA}}$、$\overline{\text{STROBE}}$、$\overline{\text{CARD PRESENT}}$、F/2F-OUT、OSC-OUT 和 OSC-IN。模拟信号的灵敏度由高到低依次是 HEAD 1 和 HEAD 2、SUM、DRIVE、GSR 和 BIAS。数字信号必须避免从前四个模拟信号旁通过。特别是要让$\overline{\text{DATA}}$，$\overline{\text{STROBE}}$和$\overline{\text{CARD PRESENT}}$信号远离 HEAD 1 和 HEAD 2 信号。图 3.3.13 PCB 布线说明了这些。

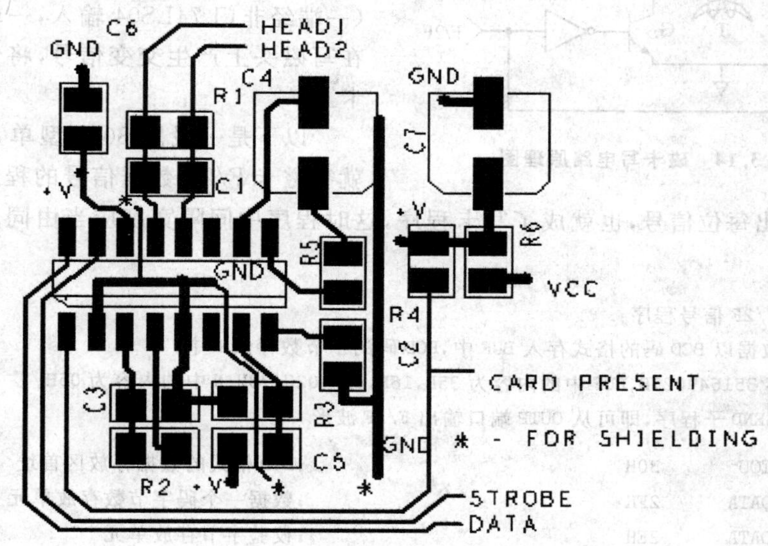

图 3.3.13 MAGTEK 21006515 读卡器 PCB 的合理布线

由上述可见，MAGTEK 21006515 的$\overline{\text{CARD PRESENT}}$、$\overline{\text{DATA}}$和$\overline{\text{STROBE}}$信号等同于 M3-2100 的 CLD、RDT 和 RCP，它们的工作时序也几乎是相同的。由此不难设计出它们和微处理器的接口。

市面上提供给用户使用的读卡器，是在上述基础上把读取的结果转换成 RS-232，以便和 PC 机接口，也有转换成维庚 26 等形式的信号(有 DATA0 和 DATA1，参阅 5.8.8 小节)，这些都不困难。

3.3.3 磁卡机的写卡电路与程序设计

磁卡机写卡电路其原理框图见图 3.3.2，包括同步脉冲和写电路。同步脉冲发生器由同轴二个圆片、旋转轴、二对光敏发光管和接收管组成。一个圆片上有两个光栅环，外环上光栅宽度和间隔为 1/210 in，内环上光栅宽度和间隔为 1/75 in，分别对应 210BPI 和 75BPI 同步脉冲，它作为动片；一个圆片上有对应于内外光栅环的孔，它作为静片。拉卡时动片旋转，光敏管就会发出一连串的脉冲信号，经放大整形，供微处理器作同步信号。这对于手工拉卡的写操作是必不可少的，它保证了记录密度符合标准，位时间均等。

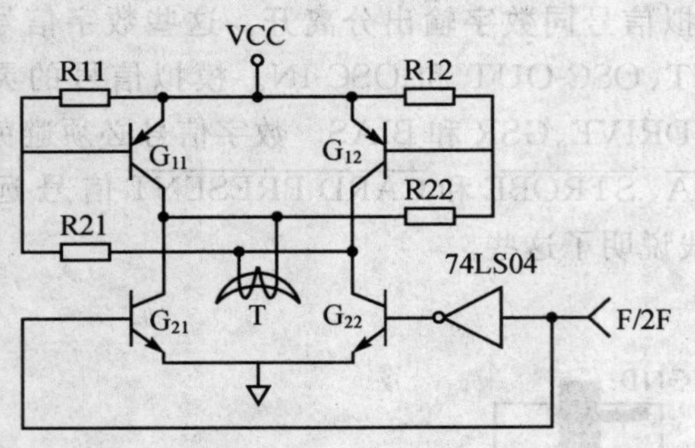

图 3.3.14　磁卡写电路原理图

写卡电路结构较简单，使用分立元件，电路采用双端输入双端输出，如图 3.3.14 所示。MCU 根据同步脉冲信号，按磁卡信息记录格式通过一个 I/O 口输出 F/2F 信号，数据位的“1”或“0”控制写电路正反向交替导通（一端经非门 74LS04 输入，一端直接输入），在写磁头上产生交变信号，将信息记录到磁卡上。

以下是一段用 8051 型单片机产生某类就餐磁卡 F/2F 数据信号的程序。如果参照一同步时钟输出每位信号，也就成了写卡程序，这时程序中间隔宽度应当由同步脉冲的宽度决定。

```
;产生磁卡 F/2F 信号程序：
;待写入的数据以 BCD 码的格式存入 BUF 中，BCD 码的字节数存入 N 中，
;例如：数字 3516490278，BUF 中的内容为 35H，16H，49H，02H，78H；N 中的内容为 05H。
;然后调用 SEND 子程序，即可从 OUTP 端口输出 F/2F 波形
BUF      EQU      30H                ;BCD 格式的数据存放区首址
N        DATA     2FH                ;数据一个码字节数存放单元
CHG      DATA     2EH                ;校验字节存放单元
COUNT    DATA     2DH                ;存放数据字节数
OUTP     BIT      P1.7               ;F/2F 波形输出端口，初始化时为高电平
SEND:
         MOV      R2，#16            ;发送 16 个前导宽间隔，即“0”
SEND1:
         CPL      OUTP               ;改变仿真输出信号极性
         MOV      R3，#0             ;宽间隔
SEND2:
         DJNZ     R3，SEND2
         DJNZ     R2，SEND1
         MOV      CHG，#0            ;初始化校验字节
         MOV      A，#0DH            ;发送“起始”字节
         LCALL    OUT                ;调输出子程序
         MOV      R0，#BUF           ;指向 ID 码存放首址
         MOV      COUNT，N           ;准备发送(N)字节数据
SEND3:
```

```
        MOV     A,@R0
        SWAP    A
        LCALL   OUT                             ;发送 BCD 码的高 4 位
        MOV     A,@R0
        LCALL   OUT                             ;发送 BCD 码的低 4 位
        INC     R0                              ;指向下一个码字
        DJNZ    COUNT,SEND3                     ;数据所有字节是否发送结束
        MOV     A,#0FH                          ;发送"结束"字节
        LCALL   OUT
        MOV     A,CHG                           ;发送"校验"字节
        LCALL   OUT
        CPL     OUTP                            ;结束最后一个有效间隔
        MOV     R2,#0                           ;延时,让定时器溢出,结束整个输出
        MOV     R3,#0
TT:     DJNZ    R3,TT
        DJNZ    R2,TT
        SETB    OUTP                            ;常态下为高电平
        RET

OUT:                                            ;发送子程序
        XRL     CHG,A                           ;校验运算
        ANL     A,#0FH                          ;取信息位(低 4 位)
        JB      P,OUT1                          ;采用奇校验方式
        ORL     A,#10H                          ;ACC.4 为奇校验位
OUT1:
        MOV     R4,A                            ;保存发送码(低 5 位有效)
        MOV     R2,#5                           ;只发送低 5 位
OUT2:
        MOV     A,R4
        RRC     A                               ;从最低位开始发送
        MOV     R4,A
        JC      OUT4
        CPL     OUTP                            ;用一个宽间隔表示"0"
        MOV     R3,#0
OUT3:
        DJNZ    R3,OUT3
        DJNZ    R2,OUT2
        RET
OUT4:
```

```
        CPL     OUTP                    ;用两个窄间隔表示“1”
        MOV     R3,#80H
OUT5:
        DJNZ    R3,OUT5
        CPL     OUTP
        MOV     R3,#80H
OUT6:   DJNZ    R3,OUT6
        DJNZ    R2,OUT2                 ;发送 5 位结束
        RET
        END
```

第4章 接触式IC卡

4.1 概　述

随着微电子技术的发展，IC(Integrated Circuit)卡的出现标志着电子标签进入了一个崭新时代。它的特点是：同以前各类型标签相比，信息密度骤然增加千万倍，存储量增大到以KB或MB计算；信息的安全和保密程度空前提高；读写操作更加快捷方便；更为突出的是基于IC数字电路的设计，它们可以达到逻辑编程甚至具有微处理器的功能，也就是所谓的智能化。

IC卡是1970年由法国人Roland Moreno发明的，他第一次将可编程设置的IC芯片放于卡片中，使卡片具有更多功能。法国布尔(BULL)公司于1976年首先创造出IC卡产品，并将这项技术应用到金融、交通、医疗、身份证明等多个行业，它将微电子技术和计算机技术结合在一起，提高了人们生活和工作的现代化程度。

IC卡一出现，就以其超小的体积、先进的集成电路芯片技术、特殊的保密措施和难以被破译及仿造的特点受到普遍欢迎。

按照IC卡的基本结构原理和读写方式，IC卡可以分成接触式和非接触式两类，后者也称为射频卡。

本章介绍接触式IC(标签)卡，我们常见到的这类卡，是镶嵌集成电路芯片的塑料卡片，其外形和尺寸都遵循国际标准(ISO)，如图4.1.1所示。当前使用广泛的接触式IC卡，其表面可以看到一个方形镀金接口(其后面是连接着的芯片引脚)，共有8个或6个镀金触点(见图4.1.2，这是提供给制卡厂家的元件与包装，其中每一个都是IC和触点卡一体化的成品)，用于与读写器接触，通过电流信号完成读写。读写操作时须将IC卡插入读写器，读写完毕，卡片自动弹出，或人为抽出。接触式IC卡刷卡相对较慢，但可靠性高，多用于存储信息量大，读写操作复杂的场合。芯片一般采用不易挥发性的存储器(ROM、EEPROM)、保护逻辑电路，甚至带微处理器CPU。带有CPU的IC卡才是真正的智能卡。以下就接触式IC卡的类型、组成原理和结构、读写器的原理等分别予以叙述。

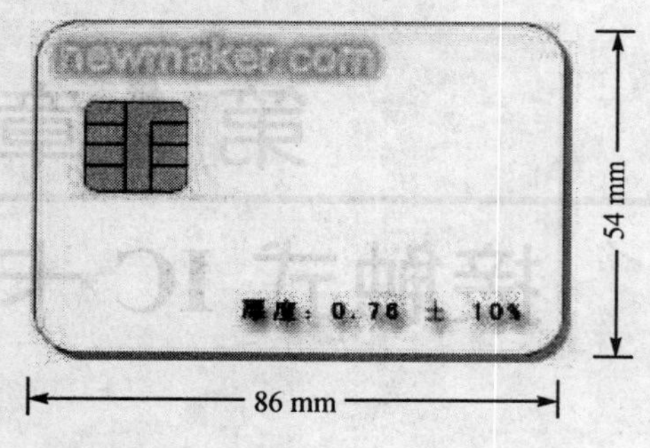

图 4.1.1 接触式 IC 卡外形

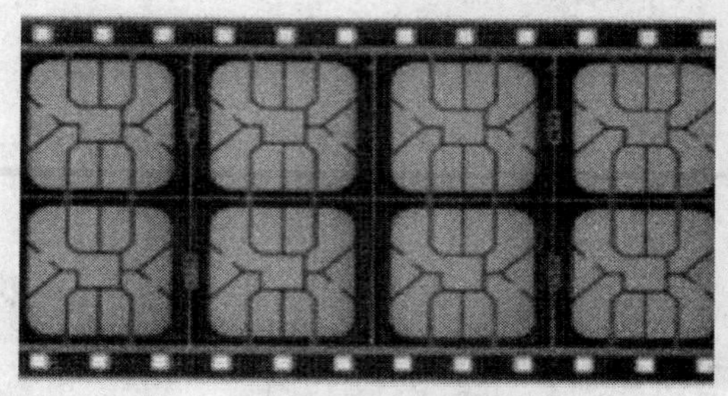

图 4.1.2 镶嵌到卡片上的镀金接口触点

4.2 接触式 IC 卡的分类

所谓接触式，是指 IC 芯片的引脚要通过外部的导体触点与读写器中的微处理器的 I/O 口（或总线）以及电源相连接，才能进行操作。不管什么类型的卡芯片，它们的引脚都包括电源、信号和控制三类，其中信号线都是串行类，更具体地说，一般都是 IIC 总线或 SPI 总线。

根据卡的 IC 芯片结构和功能的差别，接触式 IC 卡可以分为三种类型，它们是非加密存储器卡、逻辑加密存储器卡和 CPU 卡。

非加密存储器卡：卡内的集成电路芯片主要是 EEPROM，具有数据存储功能，不具有数据处理功能和硬件加密功能。

逻辑加密存储器卡：在非加密存储器卡的基础上增加了加密逻辑电路，加密逻辑电路通过验证密码和数据加密的方式来保护卡内的数据，这样的安全度比前几类标签高得多。

CPU 卡：也称智能卡，卡内的集成电路中带有微处理器 CPU、存储单元（包括随机存储器 RAM、程序存储器 ROM（FLASH）和用户数据存储器 EEPROM）以及芯片操作系统 COS（Card Operation System）。装有 COS 的 CPU 卡相当于一台微型计算机，不仅具有数据存储功能，同时还具有命令处理和数据安全保护等功能。

4.2.1 非加密存储卡

这类卡的芯片其实就是带串行总线接口的 EEPROM 型的存储器，只不过封装形式不一样。它们只有读写两种操作，没有密码的设置和数据的加密。例如，最典型的有 AT24C(01/02/04/08/16/32/64)系列卡，它们的芯片从结构到读写操作都一一对应着 AT24Cxx 系列的 IIC 存储器。甚至有人就直接用市面上供应的贴片式的这类存储芯片封装成不同规格的卡片。所以，在此不详细介绍它们，有关的操作也可从以下类型的内容中得到。

4.2.2 逻辑加密存储卡

逻辑加密存储卡(smart card with security logic)主要是由 EEPROM 存储单元阵列和密码控制逻辑单元构成的。这类卡的数据由于有逻辑加密电路隔离,采用密码控制逻辑来控制对 EEPROM 存储器的访问和改写,因此,它不像存储卡一样可以被任意复制或改写,具备较强的安全保障;除此之外,还具有大容量、使用灵活和价格低廉等多种优点,因而这种卡在目前的 IC 卡应用中最广泛,特别是在非金融领域里的应用中占主导地位。保障这种卡安全的措施主要有以下几方面:

① 有一系列的熔丝组成的 PROM,可由用户设置操作权限或功能;一旦通过写设定某位为逻辑 0(熔断),就不能改写(固化)了。

② EEPROM 中的数据通过逻辑电路加密算法而加密。

③ 可以设置多重密码(如总的密码,各分区密码)。

④ 设有密码错误计数器,验证密码时错误次数连续超过规定的次数,对应区域就被锁死而无法进行任何操作。

这类卡存储区可以比较自由地进行各种分区设置和管理,因此能比较容易地实现一卡多用。生产这类卡的厂家很多,市面上供应的型号尽管类型多,但是从原理到结构,再到操作过程都大同小异,它们都符合 ISO 7816。这里只以 ATMEL 公司的 AT88SC1608 为例作较详细的介绍。

4.2.3 CPU 卡(智能卡)

智能卡是将 EEPROM 和微处理器(CPU)同时封装在卡片上的。外部读写设备只能通过 CPU 与 IC 卡内的 EEPROM 进行数据交换。这样 EEPROM 的数据接口在任何情况下都不会与 IC 卡的对外数据线相连接。外部读写设备在与智能卡进行数据交换时,首先必须发指令给 CPU,由 CPU 根据其内部 ROM 中存储的卡片操作系统(COS)对指令进行解释,并进行分析判断;在确认读写设备的合法性后,允许外部读写设备与智能卡建立连接;之后的数据操作仍然要由外部读写设备发出相应的指令,并用 CPU 对指令进行正确解释后,允许外部读写设备和智能卡中的数据存储区(RAM)进行数据交换;数据交换成功后,在 CPU 的控制下,利用智能卡中的内部数据总线,再将内部 RAM 中的数据与 EEPROM 中的数据进行交换。因为 CPU 具备运算能力,还可以对数据进行加密和解密处理,因此具备高级别的抗攻击能力,可以实现对智能卡 EEPROM 中数据的安全保护。

对于非 CPU 卡,还必须熟悉卡的存储结构。比如,哪里是制造商区,哪里是密码区,哪里是数据控制区,哪里是数据区(应用区),还有那些基本操作模块等(见 4.3 节实例)。对于 CPU 卡,可以不必关心数据的地址,却要关注 COS 管理下的文件系统结构和它提供的透明的操作命令(函数)。应当说,用户对 CPU 卡的操作要简单得多。就像所有的设备,智能化程度越高,用户界面越友好,操作就越容易,当然价格也高。

4.3 实例——AT88SC1608 卡

ATMEL 公司的逻辑加密卡包括 AT88SC102、AT88SC1604、AT88SC1608、AT88SC153 这几个型号的 IC 卡，采用 CMOS 低功耗技术，具有传输代码、生产代码、密码及错误计数器、熔丝保护等安全保护功能。存储空间分为设置区和应用区两大功能区。应用区又可分为不同的分区，每个分区具有各自独立的保密功能。从型号上看，AT88SC 为系列号，最后一位数字表示应用区的分区数，分别为 2、4、8 三个分区；中间的数字 10、160、15 表示 Kb 容量，分别为 1 Kb、16 Kb、16 Kb、1.5 Kb。其中不同应用分区另有自己的分区密码。AT88SC1604 又可分为等分区卡和不等分区卡两种。下面以 AT88SC1608 为例。

4.3.1 AT88SC1608 主要技术指标与结构

AT88SC1608 主要技术指标：

- 一个 128×8(1 K 位)容量的设置区；
- 8 个 256×8(16 K 位)容量的用户区；
- 可低电压操作，2.7～5.5 V；
- 二线制串行接口(IIC 总线)；
- 具有 16 字节的页写模式；
- 可以自定时写周期(最大 10 ms)；
- 具有应答复位的寄存器；
- 包含反窃取的高安全存储器，它们是：64 位认证协议、认证尝试的计数器、两个 24 位的密码 8 套、读写操作的特殊密码、16 个密码尝试计数器和可选择的区访问权限；
- 符合 ISO 标准的封装；
- 具有高可靠性：持久操作 100 000 次，数据保持 100 年，静电放电(ESD)保护，4000 V(最低)；
- 低功耗的 CMOS 工艺。

ATMEL 公司推出的 AT88SC1608 接触式 IC 卡提供了 8 个 256 字节的用户存储区和 128 字节的结构定义区，它们都是 EEPROM 存储器。IIC 总线接口，按 16 字节一页的写方式；写周期最长 10 ms。在安全措施方面，接触式 IC 卡具有反抗外线分接的功能，提供 64 位的认证协议；8 个用户区各有 2 个 24 位的密码，可对读或写操作设置口令；可设置各区的访问权限；16 个口令都有计数器限制口令验证次数。该卡片属逻辑型智能卡，低功耗 CMOS 工艺，工作电压为 2.7～5.5 V。

1. 芯片的引脚和卡片触点安排

如图 4.3.1 所示，左边是卡片上对外的镀金触点片；右边是触点片后面的 IC 芯片和引脚。

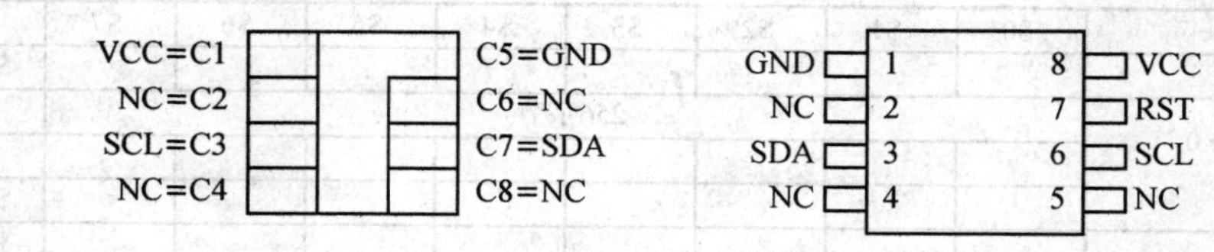

图 4.3.1　AT88SC1608 卡的触点和芯片引脚

2. 芯片结构

AT88SC1608 卡的芯片结构如图 4.3.2 所示。

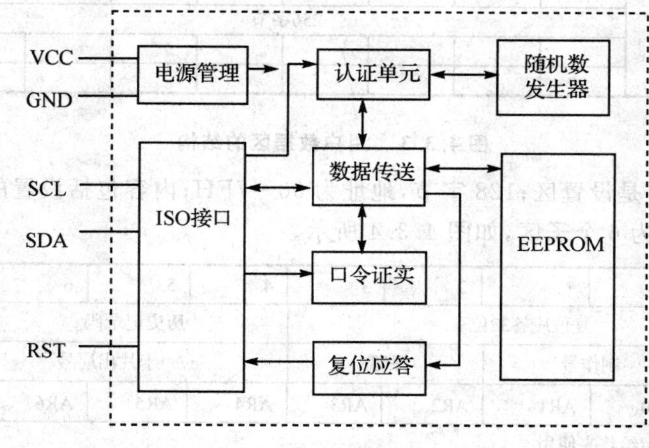

图 4.3.2　AT88SC1608 卡 IC 方框图

VCC：电源输入正极，电压范围 2.7～5.5 V；由主设供电。

SCL：IIC 总线的时钟信号输入；通常是上升沿使数据写入芯片或从芯片读出。

SDA：IIC 总线的双向串行数据线；这个引脚是漏极开路驱动，也可以和任意数目的其他漏极开路或集电极开路的器件进行“线或”。因此，有一上拉电阻连接在 SDA 和 VCC 之间，负载 SDA 总线的这个电阻值和系统的电容值将决定 SDA 上升的时间，这个上升时间又将决定在读操作时的最高频率。上拉电阻值小就可以有较高的操作频率，但是也就汲取了较多的供电电流。

RST：复位，当它输入一个高脉冲时，芯片将输出编程在 32 位复位应答寄存器中的数据；所有密码和认证都将被复位。复位之后，对于重新的用户操作访问，芯片的认证和密码证实过程序列又必须再现。

3. 存储区结构

存储区域分为用户数据区和特定的系统数据设置区。

① 这里开始的 16 Kb(2 KB)是用户数据区，地址为 000～7FFH；它分为 8 个子区，每个区 256 字节，如图 4.3.3 所示。

Zone	$0	$1	$2	$3	$4	$5	$6	$7	
User 0									$000
	256字节								—
									—
									$0F8
User 1									$000
									—
⋮									—
									—
User 6									$0F8
User 7									$000
	256字节								—
									—
									$0F8

图 4.3.3　用户数据区的结构

② 最后的 1 Kb 是设置区；128 字节，地址为 00～7FH；内容包括设置的系统数据、访问权限和读写命令，它分为 6 个子区，如图 4.3.4 所示。

结构项目	0	1	2	3	4	5	6	7	地　址
制作	复位应答32位				历史记录码				00H
	制作号		保留		卡片出厂号				08H
用户区访问	AR0	AR1	AR2	AR3	AR4	AR5	AR6	AR7	10H
权寄存器	保留给将来使用								18H
认证	AAC	56 位身份号							20H
加密	64 位初始密码（Ci）								28H
	64 位加密种子（Gc）								30H
测试	存储器的8 个测试字节								38H
	PAC	0 用户区，写操作口令			PAC	0 用户区，读操作口令			40H
	PAC	1 用户区，写操作口令			PAC	1 用户区，读操作口令			48H
	PAC	2 用户区，写操作口令			PAC	2 用户区，读操作口令			50H
口令	PAC	3 用户区，写操作口令			PAC	3 用户区，读操作口令			58H
	PAC	4 用户区，写操作口令			PAC	4 用户区，读操作口令			60H
	PAC	5 用户区，写操作口令			PAC	5 用户区，读操作口令			68H
	PAC	6 用户区，写操作口令			PAC	6 用户区，读操作口令			70H
	PAC	安全码/7用户区，写操作口令			PAC	7 用户区，读操作口令			78H

注：AAC（Authentication Attempts Counter）为认证尝试计数器；PAC（Password Attempts Counters）为口令尝试计数器；AR0～AR 7 为 8 个对应用户子区 0～7 的访问权限寄存器。“复位应答”和“历史记录码”由 ATMEL 定义。

图 4.3.4　设置区的结构

4. 熔丝区

熔丝区是一个字节的 PROM，它也属于设置区，地址是 80H，是紧跟设置区 128 字节后的。熔丝区结构如图 4.3.5 所示。

Bit 7	Bit 6	Bit 5	Bit 4	Bit 3	Bit 2	Bit 1	Bit 0	地址
0	0	0	0	0	PER	CMA	FAB	$80

图 4.3.5 熔丝区结构

图 4.3.5 中 FAB、CMA 和 PER 位是熔丝，一旦熔断就不可恢复。FAB 是 ATMEL 在把芯片发货给卡片制造商之前熔断。CMA 是卡片制造商把卡片发货给发行商之前熔断。PER 是由发行商卖给最终用户之前熔断。当这些熔丝全是 1 时，允许读写整个存储器。在 FAB 熔断之前，除了"制作"子区和"安全码"之外，ATMEL 把所有存储单元都写成 1。

4.3.2 AT88SC1608 设置区详解

设置区有如下单元和内容(见图 4.3.4)。

1. 前 16 字节

- 复位应答：由 ATMEL 定义的 32 位寄存器；
- 历史码：由 ATMEL 定义的 32 位寄存器；
- 制作编码：由 ATMEL 定义的 32 位寄存器；
- 卡片制造商编码：由卡片制造商定义的 32 位寄存器。

2. 访问权限寄存器

8 位访问权限寄存器由发行商定义(使能位是"0")。访问权限寄存器给每个用户区都可指定访问该区的权限和要求。访问权限寄存器各位定义如表 4.3.1 所列。

表 4.3.1 访问权限寄存器各位定义

Bit 7	Bit 6	Bit 5	Bit 4	Bit 3	Bit 2	Bit 1	Bit 0
WPE	RPE	ATE	PW2	PW1	PW0	MDF	PGO

(1) 写口令使能(WPE)

如果 WPE＝0 (使能)，则要求验证用户的写口令才能允许对用户区写操作；如果 WPE＝1，则允许在该用户区进行所有的写操作。当写口令被认证，也允许改变读操作或写操作的口令。在个人化期间(熔丝 PER＝1)，即使位 WPE 被置 1，WPE 也是有效的，这就使得发行者必须要验证写口令后才能往该用户区写数据。这样就可以在运输期间用安全码(也是第 7 区用户的写口令)锁住写功能。

(2) 读口令使能(RPE)

如果 RPE＝0(使能)，则要求用户验证读口令或写口令后才能在该用户区进行读操作。

没有验证口令就启动读操作,将会返回熔丝位的值。验证写口令总是允许对该区进行读操作。虽然允许设置 RPE=0 和 WPE=1,但是不推荐这样做。

(3) 认证使能(ATE)

如果 ATE=0(使能),必须要完成一次有效的认证(authentication),才允许访问该用户区。如果 ATE=1(禁止),对用户区的访问就不要求认证。

(4) 口令的选择(PW2,PW1,PW0)

这三个位决定访问该用户区要用 8 套口令中的哪一套。每一个访问权限寄存器都可以指定唯一的一套口令,或者多个区的访问权限寄存器指定同样一套口令;在这种情况下,验证了一个口令就将打开几个区,把几个区组合成一个大区。

(5) 禁止修改(MDF)

如果 MDF=0(使能),那么在任何时间都不可能对该区进行写操作。

(6) 唯一的编程(PGO)

如果 PGO=0(使能),那么该区的数据可以从 1 修改为 0,但不能从 0 变到 1。

3. 身份号(Identification Number,Nc)

一个身份号最多 56 位,是由发行商确定的,每一张卡应当有唯一的号。

4. 密码(Cryptogram,Ci)

这 64 位密码由内部随机发生器产生,按主设要求,在每一次芯片成功验证该密码之后,密码就被修改。由发行商确定的初始值起到了身份号的功能。

5. 加密种子(Secret Seed,Gc)

这 64 位加密种子由发行商确定,它也成了身份号的一项功能。

6. 存储器测试区(Memory Test Zone)

64 位的存储器测试区可以自由访问,测试存储器。

7. 口令集

口令集有 8 套 24 位口令,是针对读和写的操作,由发行商确定。写口令允许用户修改同一套中的读和写的口令。默认的是,第八套口令(写口令 7/读口令 7)可以激活所有的用户区。这其中还有安全码和口令验证计数器。

安全码　一个由 ATMEL 确定的 24 位口令,对每一个卡片制造商都不同。写口令 7 被用做安全码,直到个人化结束(PER=0)。

口令验证计数器　有 16 个 8 位的口令验证计数器(PACs),每个口令对应一个,另外一个 8 位的验证计数器对应认证协议(AAC)。这些计数器限定了错误口令连续出现的次数(通常是 8 次)。

4.3.3 AT88SC1608 用户数据区与安全技术

如图 4.3.3 所示,这些子区用于用户存储数据。每个区的访问权是通过访问权限寄存器分别编程确定的。如果几个子区用同样的口令，那么口令只输入一次就可以(在上电之后)，所以几个子区可以组合成一个大区。每次到达一个新区，用户区的地址就应当被改变。

1. 安全认证协议

嵌入式的认证协议使得存储器(芯片)和主设(即读写设备中的微控制器)之间能相互认证。当该卡片与微处理器(例如，8051 型单片机)接口时，可以提供“反窃取”设置。卡片和主设之间交换来自随机发生器的口令，同时通过一个存在于每一部分的密码函数来验证它们的值。当双方取得同一结果时，才允许对存储器访问。

AT88SC1608 卡安全认证措施的过程如图 4.3.6 所示。这里要涉及专门的算法系列。

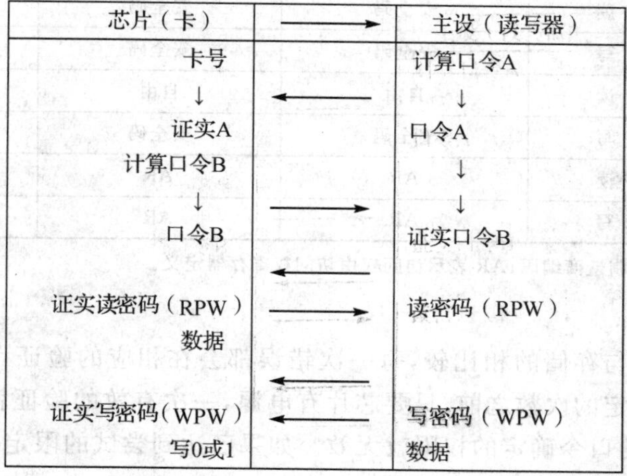

图 4.3.6　AT88SC1608 卡安全认证过程

2. 各存储子区的访问权限

在熔丝 FAB、CMA、PER 各自为 0(熔断)的情况下，存储区的各子区的读写访问权限如表 4.3.2 所列。

表 4.3.2　存储区的各子区访问权限

子　区	访　问	FAB=0	CMA=0	PER=0
制作(CMC 除外)	读	自由	自由	自由
	写	禁止	禁止	禁止
制作(只有 CMC)	读	自由	自由	自由
	写	安全码	禁止	禁止
访问权限寄存器	读	自由	自由	自由
	写	安全码	安全码	禁止

续表 4.3.2

子　区	访　问	FAB=0	CMA=0	PER=0
认证	读	自由	自由	自由
	写	安全码	安全码	禁止
加密种子	读	安全码	安全码	禁止
	写	安全码	安全码	禁止
测试	读	自由	自由	自由
	写	自由	自由	自由
口令	读	安全码	安全码	写口令
	写	安全码	安全码	写口令
口令计数器	读	自由	自由	自由
	写	安全码	安全码	写口令
用户区	读	AR	AR	AR
	写	AR	AR	AR

注：CMC 表示卡的制造商编码；AR 表示访问权由访问权寄存器定义。

3. 口令的验证

出现的操作口令与存储的相比较，每一次错误都会在相应的验证计数器中写一新的位。在擦写验证计数器限定的次数之前，只要芯片有电源，一次有效的验证就允许操作进行下去。新的口令存在，原先的口令确定的权限就无效。如果已达到尝试的限定次数（即验证计数器 8 位都被写），口令验证过程将不再被计数。

4. 认证协议

对用户区访问的安全保护，除依靠验证口令之外，还可以有认证协议。只要芯片不断电，认证的成功就会被记住并起作用，除非启动一次新的认证或发生复位。如果新的认证请求无效，则卡片先前的认证也失去，这样它就应当再进行认证。只有最近的一次认证请求被记录。认证的确认协议要求主设执行一个初始化认证的命令，随后就是检验认证的命令。

口令和认证可以在任何时间以任何顺序执行。如果试图验证的限定次数已达到，即试图验证的计数器 8 位都被写，那么口令验证和认证过程将不再被计数。

4.3.4 AT88SC1608 的操作命令和协议

1. 操作命令

AT88SC1608 的操作命令共 8 条，如表 4.3.3 所列。

表 4.3.3　AT88SC1608 的操作命令

功　能	命　令								
	片　选				指　令				十六进制代码
	b7	b6	b5	b4	b3	b2	b1	b0	
写用户区	1	0	1	1	0	0	0	0	B0H
读用户区	1	0	1	1	0	0	0	1	B1H
写设置区	1	0	1	1	0	1	0	0	B4H
读设置区	1	0	1	1	0	1	0	1	B5H
设置用户区地址	1	0	1	1	0	0	1	0	B2H
证实口令	1	0	1	1	0	0	1	1	B3H
初始化认证	1	0	1	1	0	1	1	0	B6H
检验认证	1	0	1	1	0	1	1	1	B7H

2. 通信协议

这里通信协议是指主设(微控制器)与芯片之间的数字传输。它是基于很普及的二线制串行接口,即 IIC 总线;传输从数字最高位开始。有关 IIC 总线的内容可参考的书籍资料很多,这里只以图解的方式列举 AT88SC1608 的每一种操作内容和对应的串行数字序列,相关命令见表 4.3.3。

(1) 设置用户区地址

图 4.3.7 为设置用户地址操作

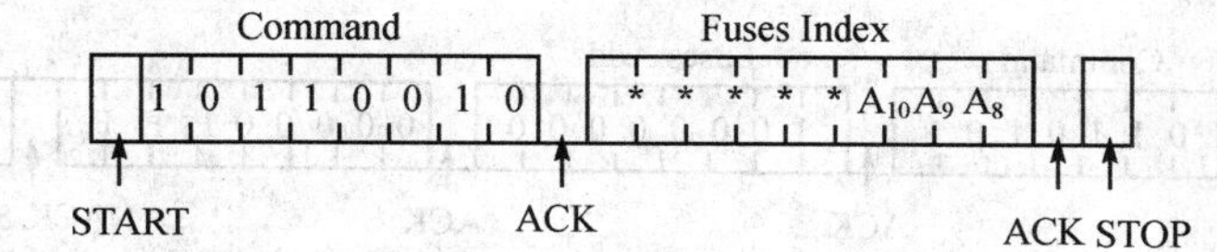

图 4.3.7　设置用户区地址操作

图 4.3.7 中,位＊表示无意义(0 或 1 都可以);A10 A9 A8 代表 8 个用户子区的序号(0～7),也就是整个用户区地址 000H～7FFH 中某字节地址的高 3 位编码。

(2) 读某区

图 4.3.8 为读某区操作。命令中,z=0,表示读用户区;z=1,表示读设置区。

在一个字节的地址(Byte Add(n))之后,可以连续读取数据字节 Data(n)－Data(n＋x)。地址指针自动加 1,溢出循环(FF～00),即页读取一次最多 256 字节。如果是不允许主设读的

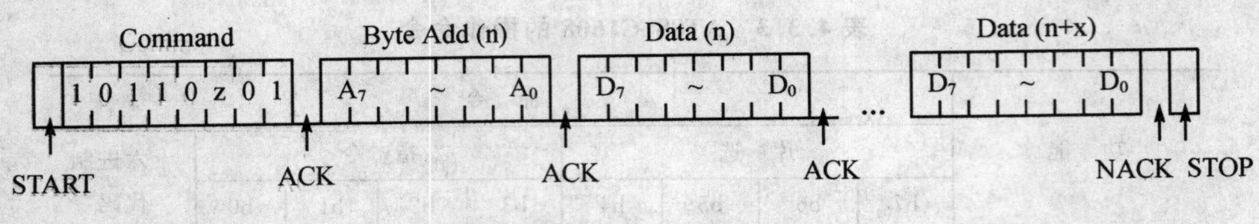

图 4.3.8 读某区操作

地址,芯片发送的是 0。

(3) 写某区

图 4.3.9 为写某区操作。

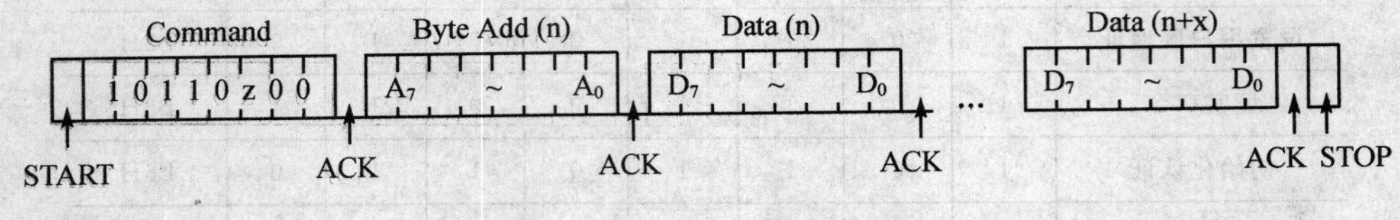

图 4.3.9 写某区操作

图 4.3.9 中,命令中的 z=0 表示写用户区;z=1 表示写设置区。

连续写操作基本如同读操作,但是只有地址字节的低 4 位自动加 1。也就是说,页写操作时,一页是 16 字节。一页内的每一个数据字节必须只装载一次。当停止(stop)信号发出后,表示写操作命令终止,芯片启动一个内部定时的非易失的写周期。立即启动应答(ACK)的查询序列。如果是禁止主设写的地址位置,一个无效的写周期也会被启动。然而,只有在那些允许写的地址,数据才能被修改。

(4) 读熔丝

图 4.3.10 为读熔丝操作。

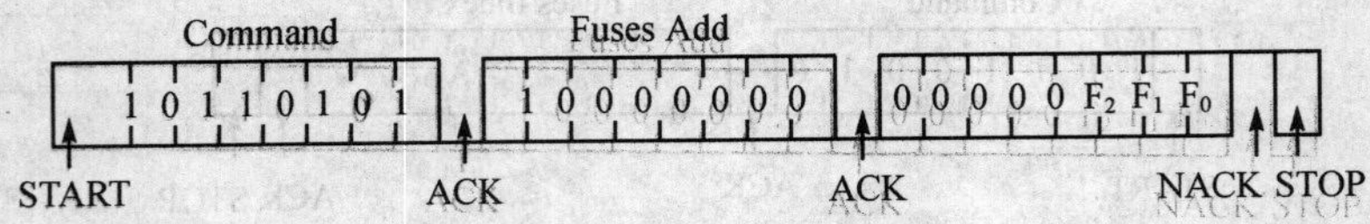

图 4.3.10 读熔丝操作

图 4.3.10 中,F_x=1 表示熔丝没有熔断;F_x=0 表示熔丝已熔断。

在任何时候都允许读熔丝。芯片只发送一个数据字节,然后等待新的命令。

(5) 写熔丝

图 4.3.11 为写熔丝操作。

只有在安全码的控制下才能做写熔丝操作,主设没有数据字节发送。熔丝被熔断的顺序是:如果 FAB=0,则 CMA 被熔断;如果 CMA=0,则 PER 被熔断;如果所有三位熔丝都是 0,则该操作被取消,芯片等待新的命令。

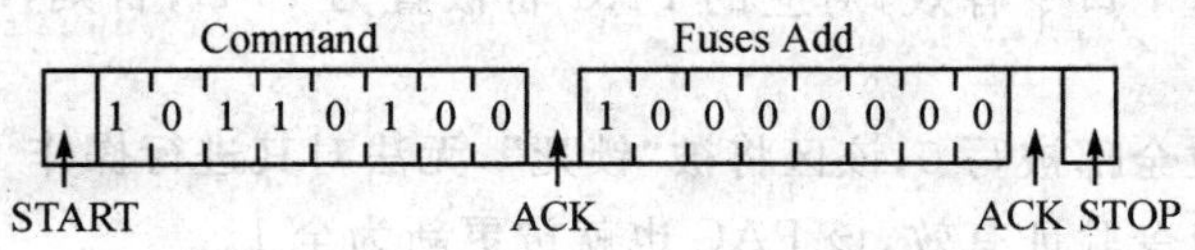

图 4.3.11　写熔丝操作

一旦停止信号发出，表示主设的写操作结束，芯片启动一个内部的非易失写周期，并且立即启动一个查询 ACK 序列。一旦熔断，熔丝就不可恢复。

(6) 复位应答

图 4.3.12 为复位应答操作。

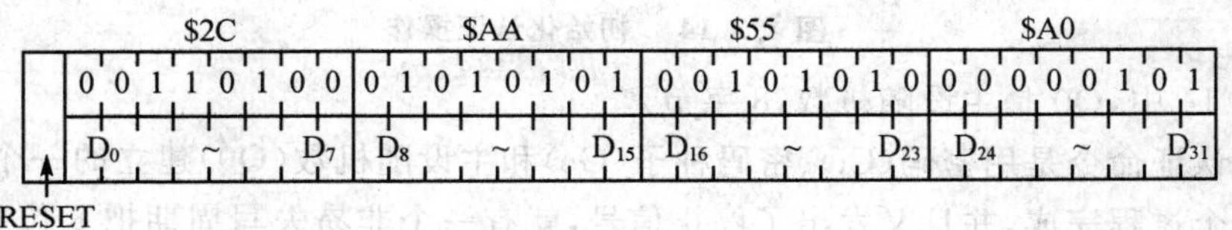

图 4.3.12　复位应答操作

在 SCL 时钟脉冲期间，如果 RST 是高电平，根据 ISO 7816—10 同步复位应答规范，则出现复位操作。复位应答寄存器的 4 个字节在 SCL 上的 32 个时钟脉冲作用下被发送出来，低位在前。复位后，所有与访问权有关的口令和认证也都复位。由 ATMEL 公司编写的这 4 字节内容如图 4.3.12 所示。

(7) 验证口令

图 4.3.13 为验证口令操作。

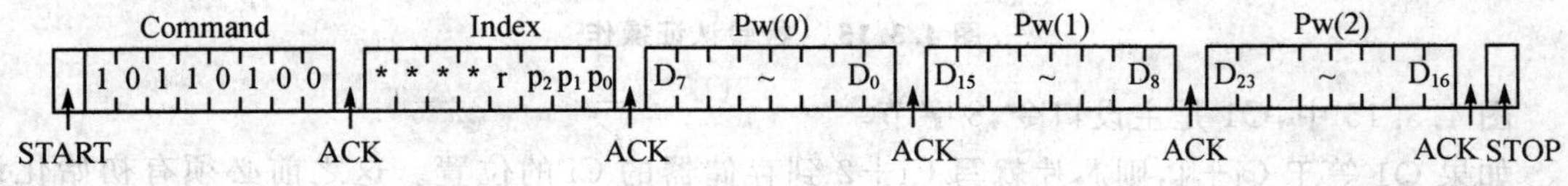

图 4.3.13　验证口令操作

图 4.3.13 中，Pw 表示口令，3 字节。4 位“rppp”表示哪种口令进行比较：r＝0 表示写口令；r＝1 表示读口令；ppp 表示口令集的编号。例如，rppp＝0111 表示安全码，也就是第 7 子区的写口令。

一旦这个序列完成，并且停止信号发出，就会启动一个非易失的写周期去更新相应的验证企图计数器。为了知道输入的口令是否正确，芯片要求主设用 B5H 这个特定的设备地址执行一个查询 ACK 的操作。当写周期完成时，查询 ACK 的命令(B5H 为读设置区，见图 4.3.8)将返回一个有效的 ACK。紧接这个操作命令之后，应当有一个对应的 PAC(口令验证计数器)字节地址。如果这个口令有效,对应的 PAC 将被置为 FFH;否则,PAC 中的另一个位被写 0。

如果 PAC 的 8 位全部被写 0,该区将被"锁死",无法对其进行操作。在验证次数限定值 8 次之内,只要有一次口令验证有效,该 PAC 也就被更新为全 1。

(8) 初始化认证(写)

图 4.3.14 为初始化认证操作。

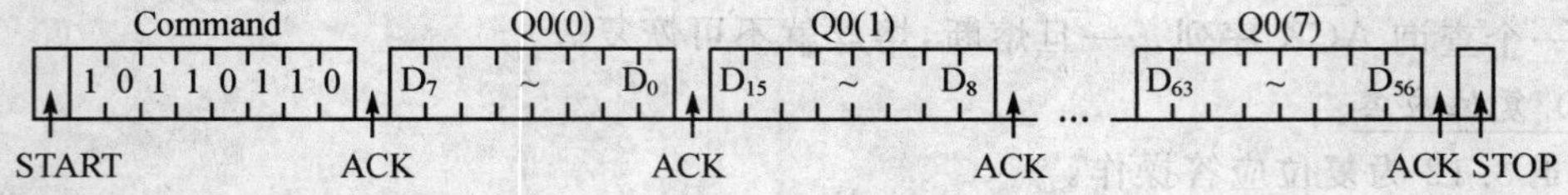

图 4.3.14 初始化认证操作

图 4.3.14 中,Q0 是主设随机数,8 字节。

初始化认证命令是用密码(Ci)、密码种子(Gc)和主设随机数(Q0)建立的一个随机数发生器。一旦这个过程完成,并且又发出了停止信号,就有一个非易失写周期把 8 位 AAC(8 位的认证计数器)的一个新位写为 0。为了完成认证协议,芯片要求主设用特定的设备地址 B7H 执行查询 ACK 的过程,对应的是检验认证命令。

(9) 检验认证(读)

图 4.3.15 为检验认证操作。

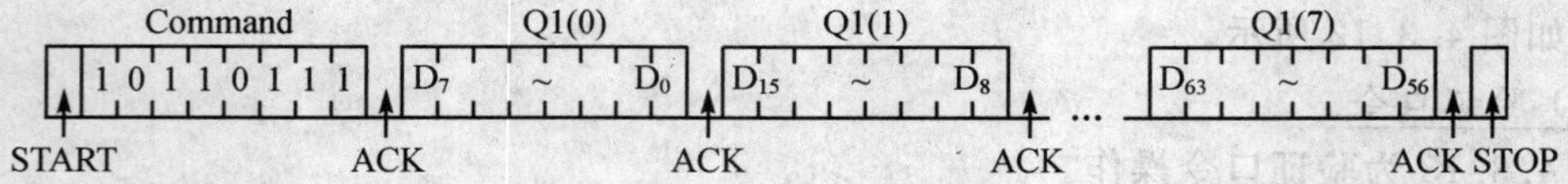

图 4.3.15 检验认证操作

图 4.3.15 中,Q1 是主设口令,8 字节。

如果 Q1 等于 Ci+1,则芯片就写 Ci+2 到存储器的 Ci 的位置。这之前必须有初始化认证命令执行。一旦这个序列完成,并且发出了停止信号,就会有一个非易失写周期来更新试图认证的计数器。

为了知道认证是否正确,芯片要求主设用特定设备地址 B5H 执行查询 ACK 的过程,目的是读取设置区的 AAC。一个有效的认证结果是 ACC 被清为 FFH。一个无效的认证企图将启动一次非易失写周期,但是对 AAC 没有执行清除操作。

4.4 读写器的设计

接触式 IC 卡读写器也包括硬件和软件两部分。硬件部分的卡插座(见图 4.4.1)是国际统一标准,其引脚除了与卡基上芯片 8 个触点对应的弹性片外,还有一对检测卡片是否存在的触点。读写卡的电路也都大同小异,主要是微控制器与芯片的串行总线接口(如 IIC),以及检测卡片是否在位的输入口,芯片电源开关电路和几个指示灯等。一般还有 RS-232 通信口方便与最终用户的计算机相连。软件基本模块是针对芯片操作的那些命令设计,其中有关认证功能(对应命令是"初始化认证"和"检验认证")的协议涉及一系列算法,还包括卡与读写器 CPU 的互相认证,对此在这里没有介绍,而是设置访问权限寄存器中的 ATE=1,禁止该功能。除此之外,一般要针对最终用户设计出满足各种功能的模块组合,以及与上位机的通信协议等。在本章节,无论是硬件还是软件,我们只介绍读写器的最基本的部分,掌握了这些,其余上层和外围的设计开发应用完全与其他卡相同。这里同样以 AT88SC1608 为例,原理相通,读写器可以做到适应多种卡。

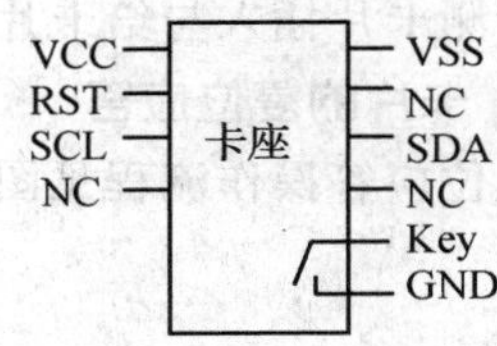

图 4.4.1 接触式 IC 卡的卡插座

4.4.1 读写器的硬件电路设计

如图 4.4.2 所示,用一款单片机(如 20 引脚的 AT2051 即可)与卡插座接口。其中,Vcc、SDA、SCL、RST 与芯片对应;Key 检测卡片是否插入到位。若卡片到位,则 Key 闭合,低电平输入 P1.4,这时置 P1.0 输出 0,三极管导通,主设(单片机)电源+5 V 给卡座上的芯片提供 Vcc。主设上电时,LED1 亮;芯片上电时,LED2 亮。在该电路基础上,可以增加RS-232口,以便和上位机通信;如有需要,可以扩展按键和数码显示装置等,使其功能满足其他要求。

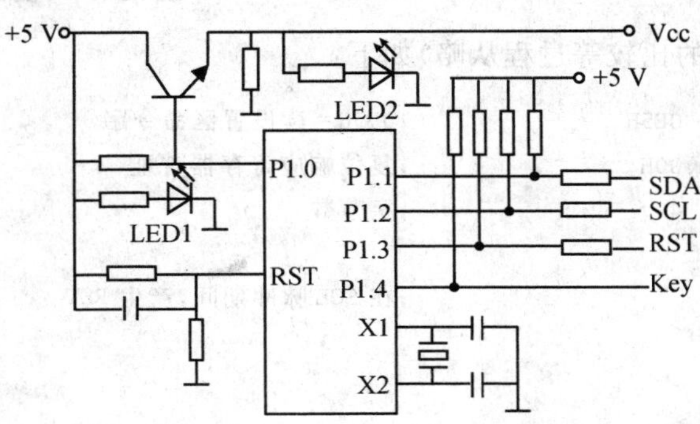

图 4.4.2 接触式 IC 卡读写器基本电路

4.4.2 读写器的软件设计

读写器的软件设计主要有 IIC 总线的基本功能模块和对卡片操作命令的实现。除了用流程图描述外，针对上述硬件电路，还列举部分代码供参考。

1. 检测卡片插入与给卡片供电

检测卡片插入与给卡片供电流程见图 4.4.3。

2. 卡片的复位应答

复位应答操作流程见图 4.4.4。

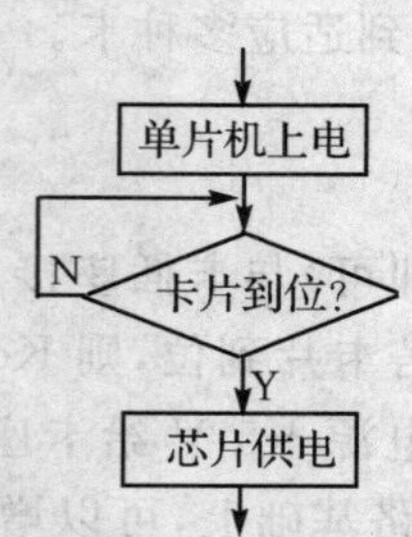

图 4.4.3 检测卡片插入与供电流程

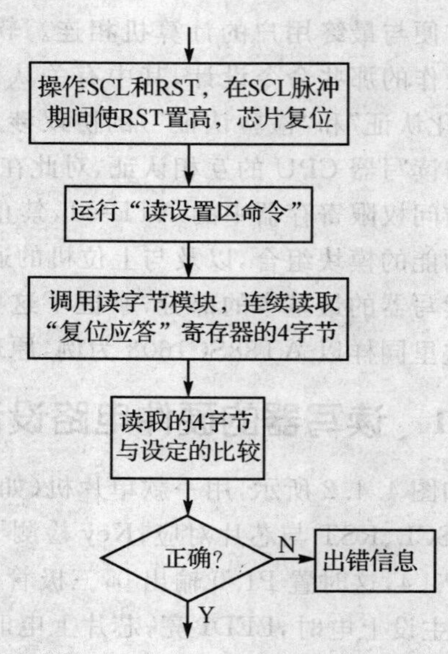

图 4.4.4 复位应答操作流程

参考代码(读取后的比较等过程从略)如下：

```
RDCF_CMD    EQU    0B5H               ;0B5H = 读设置区命令字
BYT_ADD     EQU    00H                ;复位响应寄存器首址
NUMB        EQU    4                  ;字节数
……
ATRST:  CLR     SCL                   ;在 SCL 脉冲期间，产生 RST
        DB      0,0
        CLR     RST
        SETB    RST
        SETB    SCL
        DB      0,0,0,0,0,0,0
```

```
        DB      0,0,0,0,0,0,0,0
        CLR     SCL
        DB      0,0,0,0
        CLR     RST
        NOP
        NOP
        NOP
;--------------------------------------------------------
        MOV     R3,＃ NUMB              ;读 ATR 中的 4 字节
        MOV     R0,＃38H                ;读字节的输入缓冲区
ATR:    LCALL   RDNB                    ;调读 N 个字节的模块
        NOP
        NOP
        RET
RDNB:   ACALL   STA                     ;发送起始信号
        MOV     A,＃RDCF_CMD            ;读设置区命令字 = 0B5H
        ACALL   WR8B                    ;IIC 写一个字节
        ACALL   CACK                    ;查询 ACK
        JB      F0,RDNB                 ;不成功,再从头
        MOV     A,＃BYT_ADD             ;ATR 首址
        ACALL   WR8B                    ;写首址
        ACALL   CACK                    ;查询 ACK
        JB      F0,RDNB                 ;不成功,再从头
RDDA:   ACALL   RD8B                    ;IIC 读一个字节
        MOV     @R0,A                   ;结果进缓冲区
        DB      0,0,0,0
        DJNZ    R3,RDN2                 ;是否读完 ATR
        ACALL   MNACK                   ;读完,发送一个 NACK
        ACALL   STOP                    ;结束,发送停止信号
        RET
RDN2:   ACALL   MACK                    ;每读取一字节,发送 ACK
        INC     R0                      ;指针加 1
        SJMP    RDDA
```

后续过程从略。该操作可以用来检查卡片是否正常。

3. 验证口令

验证口令的流程见图 4.4.5。

验证口令过程代码(这里假设验证用户 7 区写口令,输入的口令是 17ABDCH;发行商都会公布卡片的初始安全码,有了它就可以设置访问权限、修改口令等)如下:

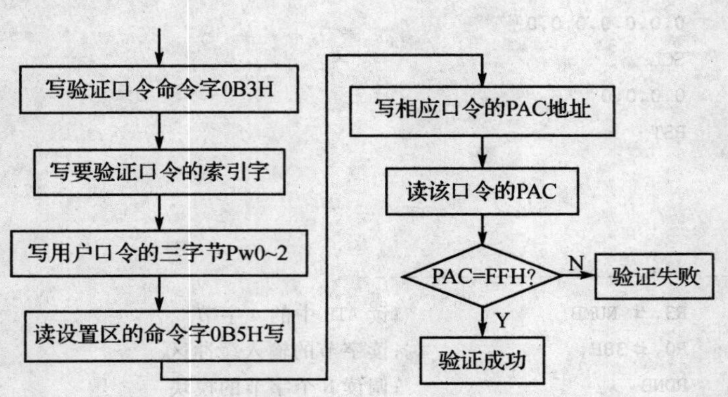

图 4.4.5　验证口令流程

```
VERIF_PW:
        ACALL    STA              ;起始信号
        MOV      A,#0B3H          ;#B3H=验证口令的命令字
        ACALL    WR8B             ;写该命令字
        ACALL    CACK
        JB       F0,VERIF_PW      ;不成功,再开始
        MOV      A,#07H           ;用户第 7 区(也是安全码)写口令的索引字
        ACALL    WR8B             ;写索引字
        ACALL    CACK
        JB       F0,VERIF_PW
        MOV      A,#17H           ;安全码字节 Pw(0)
        ACALL    WR8B             ;写 Pw(0),
        ACALL    CACK
        JB       F0,VERIF_PW
        MOV      A,#0abH          ;安全码字节 Pw(1)
        ACALL    WR8B             ;写 Pw(1)
        ACALL    CACK
        JB       F0,VERIF_PW
        MOV      A,#0dcH          ;安全码字节 Pw(2)
        ACALL    WR8B             ;写 Pw(2)
        ACALL    CACK
        JB       F0,VERIF_PW
        ACALL    STOP             ;以上 Pw(0)~2 是假定用户输入的口令码
        DB       0,0,0,0
ACKP:   ACALL    STA              ;开始查看验证结果
        MOV      A,#0B5H          ;读设置区的命令字
        ACALL    WR8B             ;写入命令字
```

```
ACALL   CACK
JB      F0,ACKP
MOV     A,#78H          ;用户第 7 区验证写口令的尝试计数器 PAC 地址
ACALL   WR8B            ;写这个地址
ACALL   CACK
JB      F0,ACKP
ACALL   RD8B            ;读取这个 PAC
MOV     30H,A           ;保存 PAC
ACALL   MNACK           ;发送 NACK
ACALL   STOP
RET
```

如果读取的 PAC＝FFH，表明口令正确；否则验证失败。

4. 读某区

如果该区访问权限寄存器规定需要验证口令，那么在读操作之前必须先验证口令。

如果是读用户区，则在读操作之前还必须执行“设置用户区地址”命令；如果是读设置区，就没有它。这里的流程和代码都包括“设置用户区地址”；后面的读操作适用于任何区。例如，初学者常常读/写位于设置区中的测试区，没有任何权限规定；可以用 RDBN 过程，其中命令字(RDRV_CMD)是 B5H，测试区的首址是 38H (BYT_ADD)。

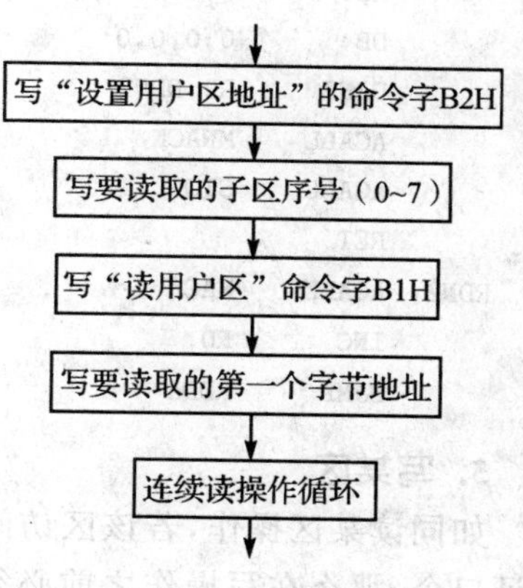

图 4.4.6 读用户区操作流程

读用户区操作流程如图 4.4.6 所示。

读用户区操作参考代码如下：

```
SET_USEZ:                       ;设置用户区地址
    ACALL   STA
    MOV     A,#0B2H             ;“设置用户区地址”命令字
    ACALL   WR8B                ;写命令字
    ACALL   CACK
    JB      F0,SET_USEZ
    MOV     A,#ZONE             ;用户区的子区序号(0～7 即地址高字节)
    ACALL   WR8B                ;写子区地址高字节
    ACALL   CACK
    JB      F0,SET_USEZ
    ACALL   STOP
    RET
```

```
;----------------------------------------------------------------------
RDNB:                               ;读某区,R0 = 输入缓冲区地址
        ACALL   STA
        MOV     A,#RDRV_CMD         ;RDRV_CMD 等于 B1H,表示读用户区命令字;等于 B5H 表示读设置区
        ACALL   WR8B                ;写命令字
        ACALL   CACK
        JB      F0,RDNB
        MOV     A,#BYT_ADD          ;要读的第 1 个字节地址
        ACALL   WR8B                ;写该地址
        ACALL   CACK
        JB      F0,RDNB
RDDA:   ACALL   RD8B                ;读一个字节
        MOV     @R0,A               ;R0 = 输入缓冲区地址
        DB      0,0,0,0
        DJNZ    R3,RDN2             ;R3 = 要连续读取的字节数
        ACALL   MNACK               ;连续读结束,发出一个 NACK
        ACALL   STOP
        RET
RDN2:   ACALL   MACK                ;读取一个字节后,发出一个 ACK
        INC     R0
        SJMP    RDDA
```

5. 写某区

如同读某区操作,若该区访问权限寄存器规定需要验证口令,那么在写操作之前必须先验证口令。如果是写用户区,则在读操作之前还必须执行"设置用户区地址"命令;如果是写设置区,就没有它。这里的流程和代码都包括"设置用户区地址";后面的写操作适用于任何区。如同上面所说,写测试区没有任何限制,命令字 WDRV_CMD 是 B4H,测试区的首址 BYT_ADD 是 38H。

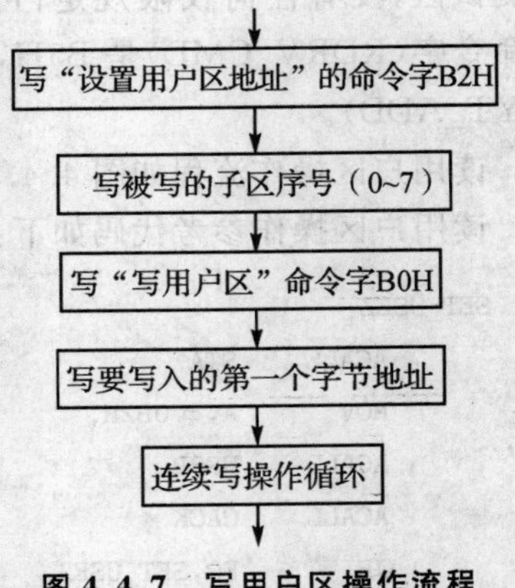

图 4.4.7 写用户区操作流程

写用户区操作流程如图 4.4.7 所示。

写用户区操作参考代码如下:

```
SET_USEZ:                           ;设置用户区地址
        ACALL   STA
        MOV     A,#0B2H             ;"设置用户区地址"命令字
        ACALL   WR8B                ;写命令字
        ACALL   CACK
```

```
        JB      F0,SET_USEZ
        MOV     A,#ZONE                     ;用户区的子区序号(0~7 即地址高字节)
        ACALL   WR8B                        ;写子区地址高字节
        ACALL   CACK
        JB      F0,SET_USEZ
        ACALL   STOP
        RET
;--------------------------------------------------------------

WRNBYT:                                     ;写某区,R0 = 输出缓冲区指针
        ACALL   STA
        MOV     A,#WDRV_CMD                 ;R3 = 要写入的字节数
        ACALL   WR8B                        ;WDRV_CMD = #0B0H,写用户区命令字
        ACALL   CACK
        JB      F0,WRNBYT
        MOV     A,#BYT_ADD                  ;要写的第一个字节地址
        ACALL   WR8B
        ACALL   CACK
        JB      F0,WRNBYT
WRDA:   MOV     A,@R0                       ;R0 = 输出缓冲区指针
        ACALL   WR8B
        ACALL   CACK                        ;写一个字节后,查询 ACK
        JB      F0,WRNBYT
        INC     R0
        DJNZ    R3,WRDA                     ;R3 = 要写入的字节数
        ACALL   STOP
        RET
```

其余操作(如读/写访问权限表、读/写熔丝、读取/修改口令等)都可根据不同条件下的访问权限(见表 4.3.1)参照上述模块实现。

6. IIC 总线操作的几个基本模块

上述模块中都要调用 IIC 总线操作的几个基本模块,它们分别是:发送起始信号、发送停止信号、发送应答信号、发送非应答信号、查询应答信号、读一个字节和写一个字节。

(1) 发送起始信号(STRAT)

```
STA:    SETB    SDA
        SETB    SCL
        DB      0,0,0,0
        CLR     SDA
        DB      0,0,0,0
```

```
        CLR     SCL
        RET
```

(2) 发送停止信号(STOP)

```
STOP:   CLR     SDA
        SETB    SCL
        DB      0,0,0,0
        SETB    SDA
        DB      0,0,0,0
        CLR     SCL
        RET
```

起始和停止信号时序如图 4.4.8 所示。

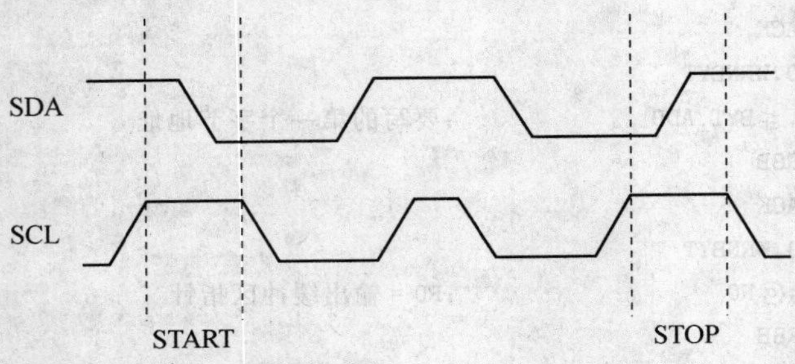

图 4.4.8　起始和停止信号时序

(3) 发送应答信号(ACK)

```
MACK:   CLR     SDA
        SETB    SCL
        DB      0,0,0,0
        CLR     SCL
        SETB    SDA
        RET
```

发送应答信号时序如图 4.4.9 所示。

(4) 发送非应答信号(NACK)

```
MNACK:  SETB    SDA
        SETB    SCL
        DB      0,0,0,0
        CLR     SCL
        CLR     SDA
        RET
```

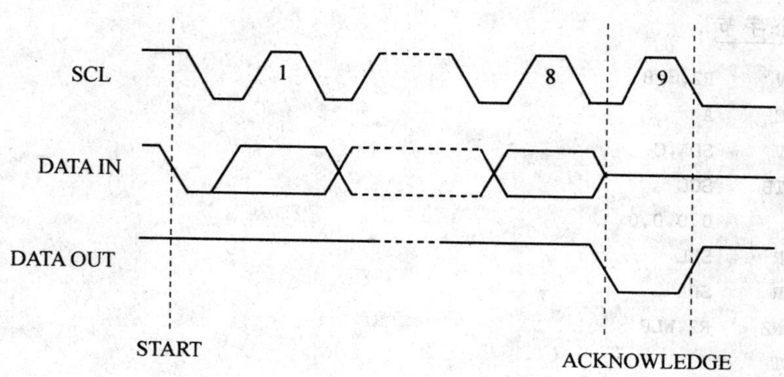

图 4.4.9 发送应答信号时序

由代码可以看出,非应答信号时序与应答信号时序的区别在第 9 个 SCL 时,SDA 输出为高电平。

(5) 查询应答信号(CACK)

```
CACK:   SETB    SDA
        SETB    SCL
        CLR     F0
        DB      0,0,0,0
        JNB     SDA,CEND
        SETB    F0
CEND:   CLR     SCL
        NOP
        NOP
        RET
        END
```

(6) 读一个字节

```
RD8B:   MOV     R2,#8
RLP:    SETB    SDA
        SETB    SCL
        MOV     C,SDA
        RLC     A
        CLR     SCL
        DJNZ    R2,RLP
        RET
```

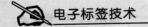

(7) 写一个字节

```
WR8B:   MOV     R2,#8
WLP:    RLC     A
        MOV     SDA,C
        SETB    SCL
        DB      0,0,0,0
        CLR     SCL
        CLR     SDA
        DJNZ    R2,WLP
        RET
```

数据(SDA)与时钟(SCL)有效配合时序如图 4.4.10 所示。

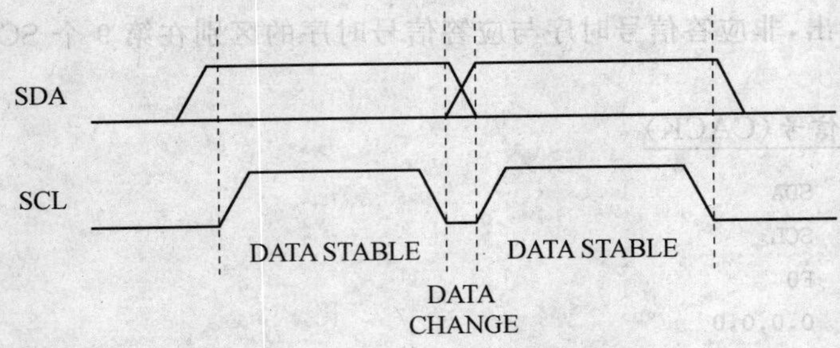

图 4.4.10 SDA 与 SCL 有效配合时序

4.5 实例——逻辑加密卡 SLE4442

西门子公司的 SLE4432 和 SLE4442 卡也是使用较普遍的一类有代表性的 IC 卡。这里重点介绍 SLE4442,而 SLE4432 只是比它少安全密码模块。

4.5.1 SLE4442 基本结构与特征

SLE4442 芯片结构如图 4.5.1 所示。从图中可以看到,它的接口与一般 IIC 是一致的;其中,CLK 为时钟,I/O 为数据;RST 为复位,VCC 和 GND 分别是电源和公共地。

SLE4442 特性如下:

① 多存储器结构:

- 256×8 位,EEPROM 型主存储器;
- 32×1 位,PROM 型保护存储器;
- 4×8 位,EEPROM 型加密存储器。

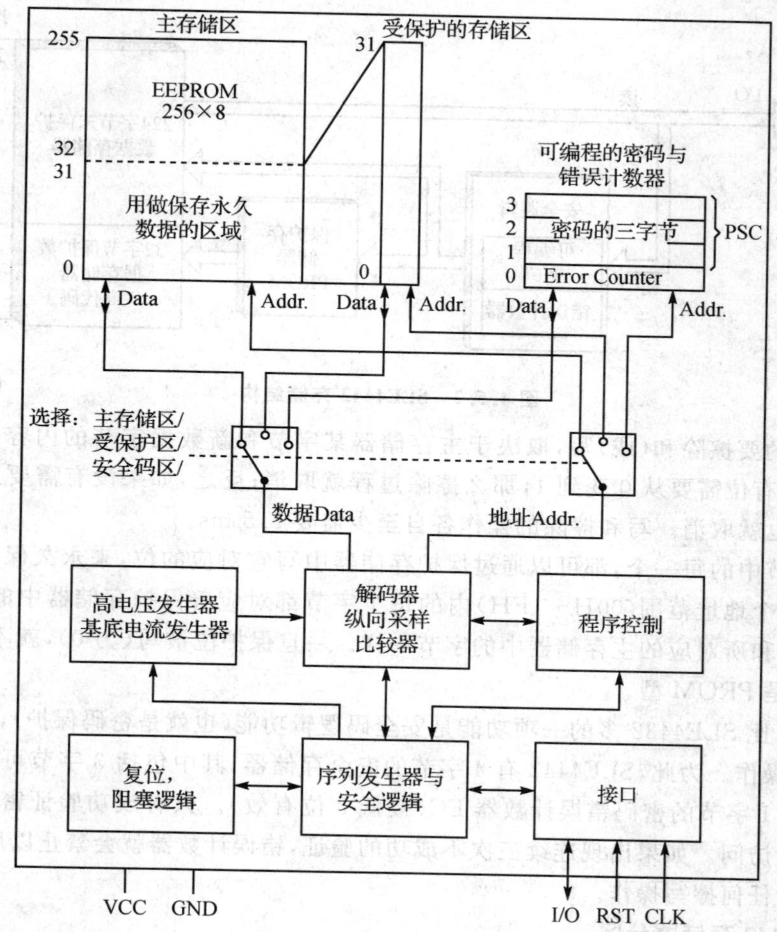

图 4.5.1　SLE4442 结构方框图

② 按字节操作，可反复应用。

③ 安全性：用户密码（3 字节）＋密码错误计数（3 次）＋PROM 保护。

④ 二线串行连接协议，满足 ISO 7816 同步传送协议。

4.5.2　SLE4442 存储器

1. SLE4442 存储结构

SLE4442 存储区结构如图 4.5.2 所示。

该类 IC 有 256 字节的 EEPROM 型主存储器和 32 位（bit）PROM 功能型的保护存储器。主存储器可以按字节擦除和写入。正常情况下，改变一个数据包括擦除和写入过程。EEP-

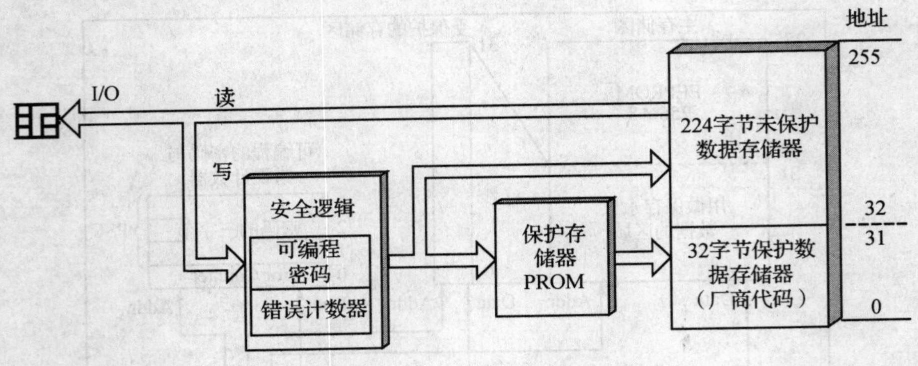

图 4.5.2 SLE4442 存储结构

ROM 是否真的要擦除和(或)写，取决于主存储器某字节和新数据字节的内容。如果在被寻址的字节中没有位需要从 0 变到 1，那么擦除过程就取消；反之，如果没有需要从 1 变到 0 的位，写的过程也就取消。写和擦除的操作各自至少需要 2.5 ms。

头 32 字节中的每一个，都可以通过保护存储器中写它对应的位，来永久保护它的数据不被改变。在这个地址范围(00H～1FH)内的每个字节都对应着保护存储器中的一个位，并且这些位的地址和所对应的主存储器中的字节一样。一旦保护位被写(为 0)，就不可擦除(变成 1)，因为它们是 PROM 型。

SLE4442 比 SLE4432 多的一项功能是安全码逻辑功能(也就是密码保护)，可以控制对存储器的写/擦操作。为此，SLE4442 有 4 字节的安全存储器，其中包括 3 字节可以编程改写的密码(PSC)和 1 字节的密码错误计数器 EC(最低 3 位有效)。只有成功验证密码后才能对存储器进行操作访问。如果出现连续三次不成功的验证，错误计数器就会禁止以后任何尝试，也就不可能进行任何擦写操作。

2. SLE4442 存储器分区

SLE4442 存储器分区如表 4.5.1 所列。

表 4.5.1 SLE4442 存储器分区

地 址	主存储器	保护存储器	安保存储器
255	数据字节 255(D7…D0)	—	—
⋮	⋮	⋮	⋮
32	数据字节 255(D7…D0)	—	—
31	数据字节 255(D7…D0)	保护位 31(D31)	—
⋮	⋮	⋮	⋮

续表 4.5.1

地　址	主存储器	保护存储器	安保存储器
3	数据字节 3(D7…D0)	保护位 3(D3)	密码参照字节 3(D7…D0)
2	数据字节 2(D7…D0)	保护位 2(D2)	密码参照字节 2(D7…D0)
1	数据字节 1(D7…D0)	保护位 1(D1)	密码参照字节 1(D7…D0)
0	数据字节 0(D7…D0)	保护位 0(D0)	错误计数器

以上的叙述可以简单归纳如下：

① 主存储器：EEPROM 型，256 字节。按字节操作，字节地址为 0～255(00H～FFH)，所有单元可任意读取。

② 主存储器可分为受保护的数据区和一般数据区两个数据区。

- 受保护的数据区：地址为 00H～1FH，受用户密码保护加熔丝(PROM)保护(擦除、写)。当验证用户密码正确且熔丝未熔断时允许进行擦除和写入操作，否则不允许。熔丝：保护存储器中的第 n 位(n=0～31)对应主存储器中第 n 个字节，1 表示未熔断，0 表示熔断。
- 一般数据区 ：地址 20H～FFH，受用户密码保护(擦除、写)。

③ 保护存储器：PROM 型，32 位，按位操作，位地址 0～31。

每位相当于主存储器中受保护数据区对应字节单元的控制熔丝(FUSE)，相应位为 1 时该字节可擦写，为 0 时不可。

④ 保护存储器可任意读出，但需验证密码正确才能写入，一经写入(从 1 变为 0)不可逆转；可理解为熔丝一旦熔断，不可再恢复。

⑤ 安保存储器：EEPROM 型，4 字节。

- 按字节操作，字节地址 0～3。
- 字节 0：错误计数器(Error Counter)，低 3 位有效，可任意读、写。用户密码验证成功方可擦除。
- 字节 1,2,3：3 字节 PSC(可编程密码)。

PSC 验证成功前不可读，只能进行比较操作；密码验证成功后才可以进行读出、写入和擦除。

4.5.3 SLE4442 传输协议

在接口设备 IFD(如单片机)和 IC 卡芯片之间是两线连接的串行传输协议。在 I/O(数据线)上所有数据的变化都是由 CLK(时钟线)的下降沿发起的。应当注意的是，这些 I/O 引脚是漏极开路，所以要用外部电阻上拉至高电平。

这个传输协议包括 4 个模式：复位与复位应答模式(Reset and Answer-to-Reset)、命令模式（Command）、输出数据模式（Outgoing Data）和处理模式（Processing）。

后三种都是属于操作模式。下面分别介绍。

1. 复位与复位应答模式

复位应答的发生是按照 ISO 标准 7816－3（ATR）。复位可以发生在操作期间任意时刻，如图 4.5.3 所示。一开始，当 RST 电平随着一个时钟脉冲从高到低时，地址计数器置 0，第一个数据位（LSB）输出到 I/O。在连续输入的另外 31 个时钟脉冲作用下，开头 4 字节的 EEPROM 内容被读出。第 33 个时钟脉冲把 I/O 变换到高阻态 Z，同时结束 ATR 过程。

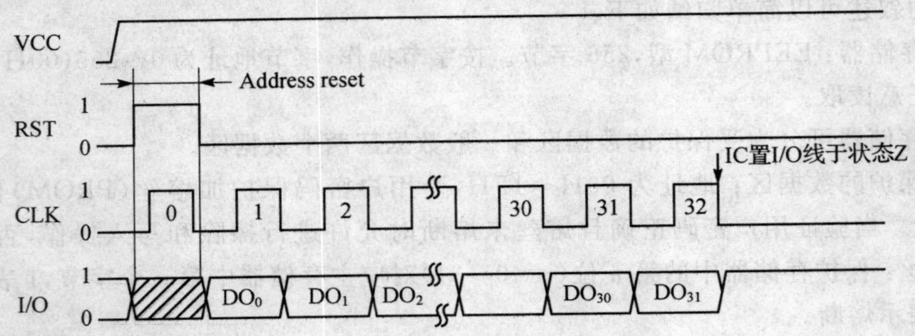

图 4.5.3　复位与复位应答过程

复位子程序参考代码如下：

```
RESET:
        CLR     RST
        CLR     CLK
        CLR     IO
        LCALL   DELAY                   ;延时子程序
        LCALL   DELAY
        SETB    RST
        LCALL   DELAY
        SETB    CLK
        LCALL   DELAY
        CLR     CLK
        LCALL   DELAY
        CLR     RST                     ;随着 CLK 脉冲，RST 从高到低
        LCALL   DELAY
        MOV     B，#04H                 ;读取 4 字节的 EEPROM
        MOV     R0，#BUF_R              ;R0 指向输入缓冲区
RESET0: MOV     R7，#8                  ;读取一个字节 8 位
RESET1: SETB    CLK
        LCALL   DELAY
```

```
MOV     A,@R0
MOV     C,IO
RRC     A                                 ;从 LSB 开始读取
MOV     @R0,A
CLR     CLK
LCALL   DELAY
DJNZ    R7,RESET1                         ;8 位循环
INC     R0
DJNZ    B,RESET0                          ;4 个字节循环
SETB    IO                                ;设置 I/O 到 Z 状态
RET
```

2. 操作模式

(1) 命令模式

在复位应答后，芯片等待命令。每个命令都是以 START 起始条件开始，输入 3 字节长的命令之后是一个附加的时钟脉冲，以 STOP 停止条件结束。即：

命令＝开始＋(控制字＋地址字＋数据字)＋附加脉冲＋停止

- 起始条件：CLK 高电平时，I/O 出现一个下降沿。
- 停止条件：CLK 高电平时，I/O 出现一个上升沿。

在接收到一个命令之后，有两种可能的模式出现：

- 为读操作的输出数据模式。
- 为写和擦除操作的处理模式。

SLE4442 输出数据与处理数据时序如图 4.5.4 所示。

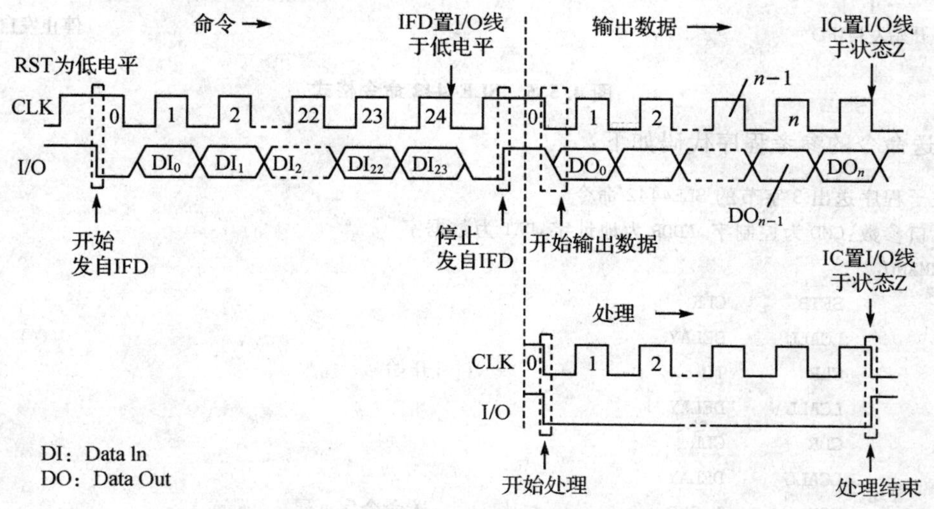

图 4.5.4 SLE4442 输出数据与处理数据时序

(2) 输出数据模式(读卡)

在输出数据模式中,芯片向接口设备(IFD)发送数据。在 CLK 的第一个下降沿后,I/O 上的第一个位有效。在最后一个数据位后,必须有一个附加的时钟脉冲,以使 I/O 置高阻态 Z;同时芯片准备输入新的命令。在这个模式中,没有起始和停止条件。

(3) 处理模式(擦/写卡,验证密码)

在处理模式中,芯片内部进行处理,但是 IC 芯片必须持续有时钟信号,直到 I/O 置为高阻态 Z(在 CLK 的第一个下降沿后,I/O 就变成低电平)。在处理模式中没有起始和停止条件出现。

应当注意的是,在上述模式运行期间,RST 线是低电平。如果当 CLK 为低电平时,RST 被置为高电平,那么任何操作都被中止,同时 I/O 被置为高阻态 Z。

4.5.4 SLE4442 操作

1. 命令格式

每一个命令组成都有 3 字节,它们先后顺序是:控制、地址、数据。命令的发送都是从控制字节的最低位(LSB)开始,如图 4.5.5 所示。

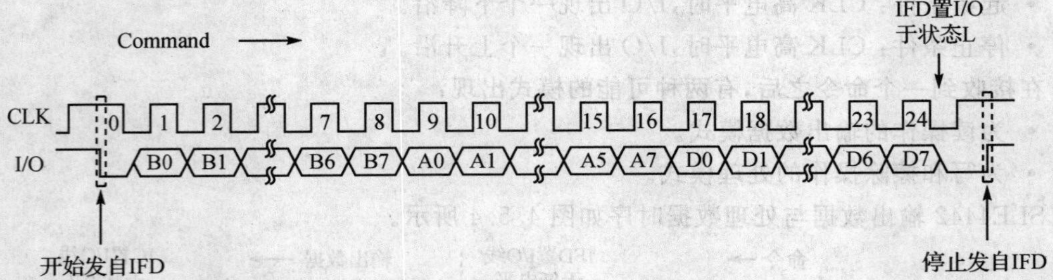

图 4.5.5 SLE4442 命令格式

发送命令的参考程序代码如下:

```
;该子程序送出 3 字节的 SLE4442 命令
;入口参数:CMD 为控制字,ADDR 为地址字,DAT 为数据字
COMMAND:
        SETB    CLK
        LCALL   DELAY
        CLR     IO              ;开始
        LCALL   DELAY
        CLR     CLK
        LCALL   DELAY
        MOV     A,CMD           ;送命令字
```

```
        LCALL   WR8B
        MOV     A,ADDR                  ;送地址字
        LCALL   WR8B
        MOV     A,DAT                   ;送数据
        LCALL   WR8B
        LCALL   DELAY
        CLR     IO
        LCALL   DELAY
        SETB    CLK                     ;附加脉冲
        LCALL   DELAY
        SETB    IO                      ;停止
        RET
;SLE4442 串行输入一个字节子程序,即 MCU(IFD)向卡写入一字节
WR8B:
        PUSH    B
        MOV     B,#08H
NEXT:   RRC     A                       ;输出从 LSB 开始
        MOV     IO,C
        NOP
        SETB    CLK
        LCALL   DELAY
        CLR     CLK
        LCALL   DELAY
        DJNZ    B,NEXT
        POP     B
        RET
```

2. SLE4442 命令内容与操作

SLE4442 操作命令汇总见表 4.5.2。

表 4.5.2 SLE4442 的操作命令汇总

字节 1 控制字	字节 2 地址字	字节 3 数据字	操 作	模 式
B7～B0	A7～A0	D7～D0	—	—
00110000	地址	无效	读主存储器	输出数据模式
00111000	地址	输入数据	修改主存储器	处理数据模式
00110100	无效	无效	读保护存储器	输出数据模式

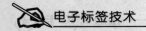

续表 4.5.2

字节1 控制字	字节2 地址字	字节3 数据字	操　作	模　式
00111100	地址	输入数据	写保护存储器	输出数据模式
00110001	无效	无效	读安保存储器	输出数据模式
00111001	地址	输入数据	修改安保存储器	处理数据模式
00110011	地址	输入数据	比较验证密码数据	处理数据模式

(1) 读主存储器

读取主存储器内容(最低位在前),从指定的字节地址开始($N=0\sim255$),直到存储器的末尾。在输入命令后,为了读出数据,IFD必须再提供足够的时钟脉冲,这些时钟脉冲的数量$m=(256-N)\times8+1$。对主存储器的读操作总是可以。读主存储器时序如图4.5.6所示。

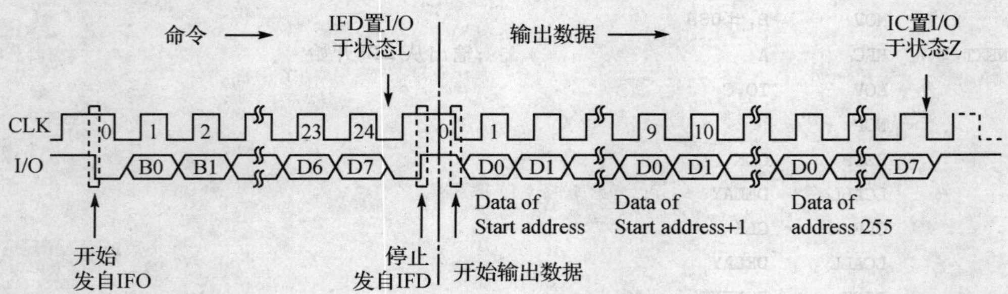

图 4.5.6　读主存储器时序

命令格式:30H+字节地址 N+任意字节。

模式:输出数据(OUTGOING)。

功能:读出从给定的字节地址(N)开始,直到整个存储器末尾的主存储器内容。

说明:在该命令输入以后,接口设备IFD必须提供足够的时钟脉冲;起始地址为 N 时所需要的时钟脉冲数为

$$m=(256-N)\times8+1 \qquad (N=0\sim255)$$

例如:地址为F8H(即 $N=248$),$m=65$。

如果读取从 N 开始的字节数(K)不到主存储器结尾,那么还要发送剩余的脉冲数 R。

$$R=m-K\times8$$

读主存储器的操作流程如图4.5.7所示。

读主存储器子程序参考代码如下:

```
M_READ:
```

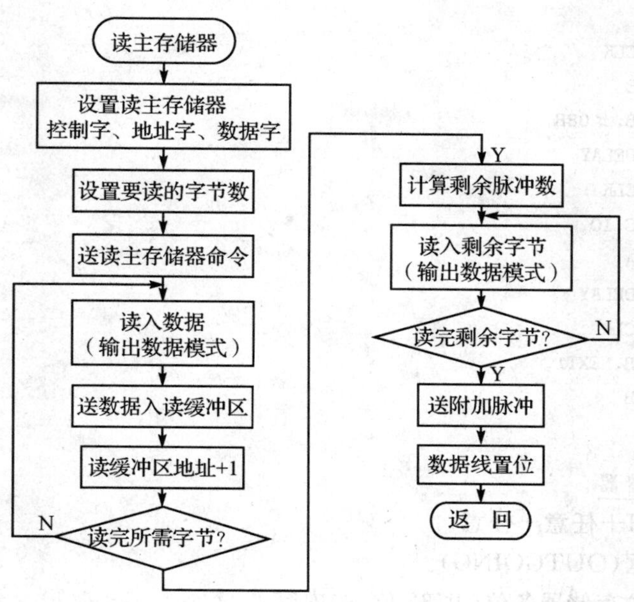

图 4.5.7 读主存储器流程

```
        MOV     CMD,＃30H               ;设置读主存储器控制字
        MOV     ADDR,＃R_ADDR           ;取读主存储器首地址
        MOV     DAT,＃0H                ;设置读主存储器数据字(任意)
        MOV     R4,＃NUM                ;数据个数
        LCALL   COMMAND                 ;送命令给卡
READ0:  LCALL   RD8B                    ;读数据(输出数据模式)
        MOV     @R0,A                   ;送数据入数据缓冲区
        INC     R0
        DJNZ    R4,READ0                ;未读完 NUM 个继续
        ……                              ;计算剩余脉冲数 R
        MOV     B,＃R                   ;CLK 发送剩余脉冲,内含一个附加脉冲
READ1:  SETB    CLK
        LCALL   DELAY
        CLR     CLK
        LCALL   DELAY
        DJNZ    B,READ1
        SETB    IO                      ;置位数据线
        LCALL   DELAY
        RET
```

;SLE4442 串行输出一个字节子程序,即 MCU 读入一个字节

```
RD8B:
        CLR     CLK
        PUSH    B
        MOV     B,#08H
NEXT1:  LCALL   DELAY
        SETB    CLK
        MOV     C,IO
        RRC     A
        LCALL   DELAY
        CLR     CLK
        DJNZ    B,NEXT1
        POP     B
        RET
```

(2) 读保护存储器

命令格式：34H＋任意＋任意。

模式：输出数据(OUTGOING)。

功能：读出保护存储器各位(共 32 位)的内容。

说明：在该命令输入以后，接口设备 IFD 必须提供 32 个时钟脉冲，最后通过一个附加时钟脉冲将 I/O 线置为高状态(H 状态)，即 $m=33$。

读保护存储器时序如图 4.5.8 所示。

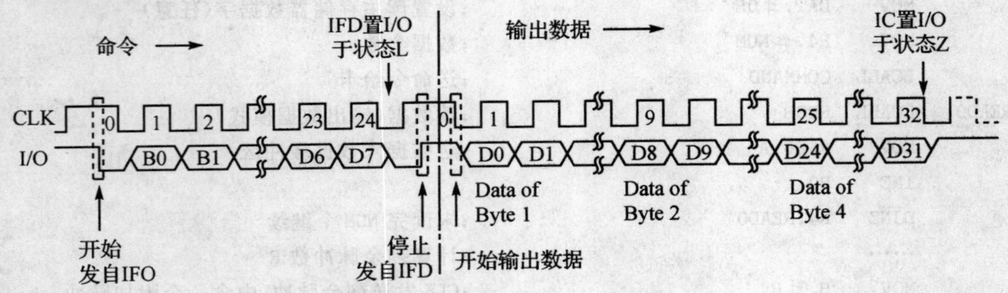

图 4.5.8 读保护存储器时序

该项读操作的流程与代码可参照读主存储器，不同的是：

① 命令码中控制字是 34H，地址字和数据字都是任意的。

② 跟随命令后的数据输出过程是固定的 4 个字节，只要 32 个脉冲和一附加脉冲。

(3) 读安保存储器

命令格式：3IH＋任意＋任意。

模式：输出数据。

功能：类似于读保护存储器，可以读出 4 个字节的安保存储器的内容。$m=33$。

说明：密码比较失败时只能读出错误计数器（字节 0）的内容，字节 1、2、3 的内容将为 000000（即不能读出密码）。

读安保存储器操作时序如图 4.5.9 所示。

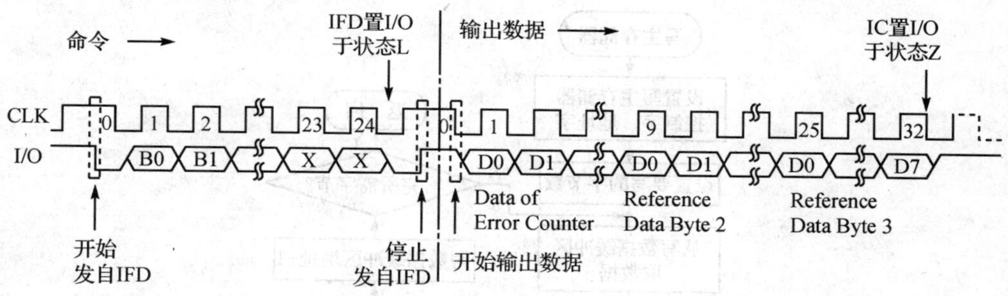

图 4.5.9　读安保存储器时序

(4) 修改主存储器

命令格式：38H＋字节地址＋数据。

模式：处理数据（PROCESSING）。

功能：用所给出的数据修改主存储器指定字节地址（N）的内容。

说明：通常，要改变一个数据需要先进行擦除，再进行写入操作。如果在被寻址的字节里 8 位中没有一个字位需要从 0 变到 1，则不进行擦除处理。反之亦然，在被寻址的字节中，如果没有一个字位需要从 1 变到 0，则不做写入处理，写入或擦除操作一次至少要耗费 2.5 ms 。因此，在处理模式期间，可能发生下列几种情况之一：

- 擦除和写入（5 ms）：相应于 m＝256 个时钟脉冲；
- 只写入不擦除（2.5 ms）：相应于 m＝124 个时钟脉冲；
- 只擦除不写入（2.5 ms）：相应于 m＝124 个时钟脉冲。

所有这些数值对应的时钟速率是 50 kHz。

修改主存储器操作时序如图 4.5.10 所示。

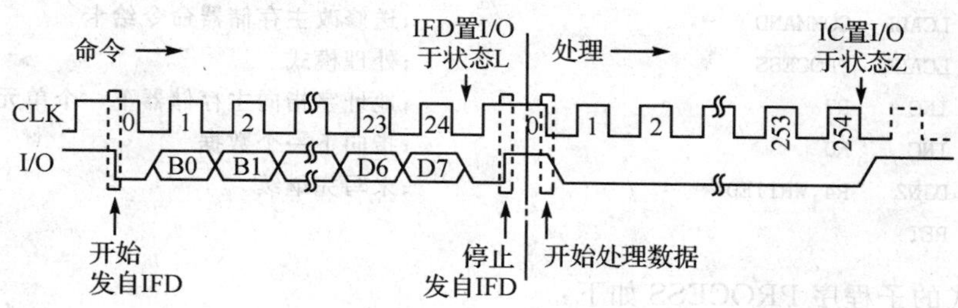

图 4.5.10　修改主存储器时序

如果被寻址的字节受保护而不允许修改(这是由对应的写保护位决定),那么在处理过程的第 2 个时钟脉冲后,I/O 被置为高阻态 Z。

修改主存储器的流程如图 4.5.11 所示。

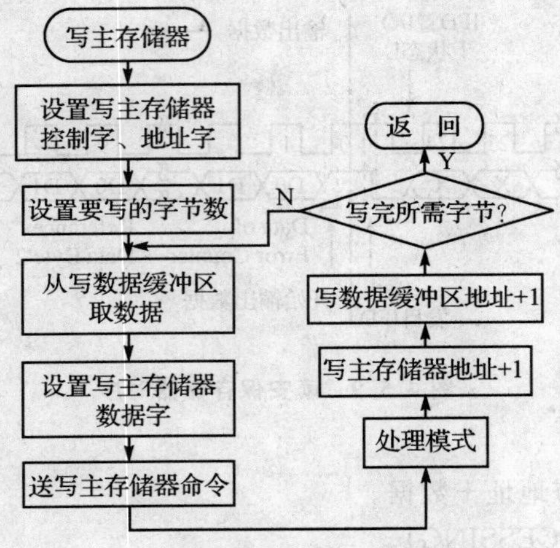

图 4.5.11 修改主存储器的流程

修改主存储器的子程序代码如下:

```
WRITE:
        MOV     R0,#W_BUF           ;R0 指向要写入的数据缓冲区
        MOV     R4,#NUM             ;取要写的字节数
        MOV     CMD,#38H            ;设置修改主存储器控制字
        MOV     R7,# W_ADDR         ;取修改主存储器首地址
WRITE0:
        MOV     ADDR,R7             ;取命令码中的地址字
        MOV     A,@R0               ;
        MOV     DAT,A               ;取修改主存储器数据字
        LCALL   COMMAND             ;送修改主存储器命令给卡
        LCALL   PROCESS             ;处理模式
        INC     R7                  ;地址字指向主存储器下一个单元
        INC     R0                  ;指向下一个数据
        DJNZ    R4,WRITE0           ;未写完继续
        RET
```

处理模式的子程序 PROCESS 如下:

```
PROCESS:
        MOV     R7,#254
```

```
        CLR    CLK
        CLR    IO
        LCALL  DELAY
PRO1:   SETB   CLK
        LCALL  DELAY
        CLR    CLK
        LCALL  DELAY
        DJNZ   R7,PRO1
        SETB   IO
        LCALL  DELAY
        SETB   CLK
        LCALL  DELAY
        CLR    CLK
        RET
```

芯片在第一个时钟脉冲的下降沿，将 I/O 线从高状态(H 状态)拉到低状态(L 状态)，并开始在连续 CLK 脉冲作用下进行处理(擦、写、验证密码等)，芯片内部连续计时计数，直到第 n 个时钟脉冲之后的附加一个时钟脉冲的下降沿 I/O 线被再次置高，完成芯片的处理过程。在整个处理过程中，I/O 线被锁定成低状态。

(5) 修改安保存储器

命令格式：39H＋字节地址(0～3)＋数据。

模式：处理数据(PROCESSING)。

功能：用所给出的数据修改安保存储器指定字节地址的内容(即修改错误计数器或修改密码)。

说明：该命令只能在 PSC 比较成功之后才能进行。该命令的执行时间和所需要的时钟脉冲与修改主存储器的情况相同。

(6) 写保护存储器

命令格式：3CH＋字节地址(00H～1FH)＋输入的数据。

模式：处理数据(PROCESSING)。

功能：这一命令的执行过程包含一个把被输入的数据与在 EEPROM 中对应数据进行比较的过程。在确认一致的情况下，保护位被写 0，从而使得主存储器中的信息不可更改。如果数据比较结果不一致，则保护位的写操作将被禁止执行。

说明：该命令所要求的时钟脉冲和执行时间与修改主存储器命令的情况相同。

(7) 比较验证(密码)数据

命令格式：33H＋字节地址(0～3)＋输入的数据。

模式：处理数据。

功能：该命令把输入的一个字节和对应的一个密码字节进行比较。

说明：这个命令的执行只有结合错误计数器的更新过程才能进行。在该处理数据模式期间，这个过程需要有时钟脉冲。

比较验证（密码）数据时序如图 4.5.12 所示。

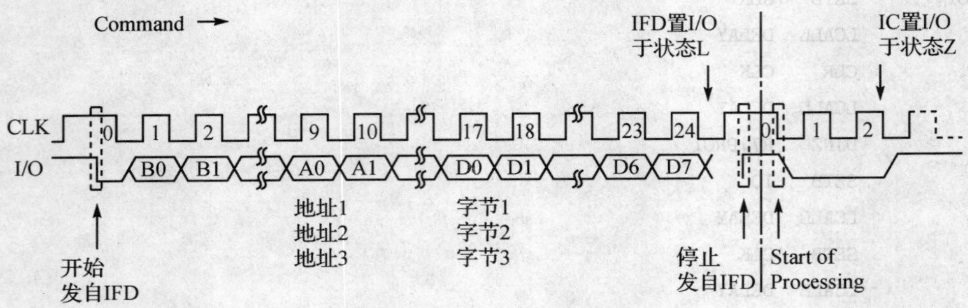

图 4.5.12　比较验证（密码）数据的时序

3. PSC 的验证

如果要改变 SLE4442 的数据，就要求通过安保存储器中 PSC（可编程密码）的验证。下面叙述的过程必须要准确无误地执行，任何变异都会导致失败，使得擦/写操作无法实现。一旦这个验证过程失败就会使错误计数器的位从 1 变成 0，而且不可擦除。

首先，必须通过一条修改（UPDATE）命令，把错误计数器的一位写成 0，见图 4.5.13。随后是三条"比较验证数据"的命令，从密码的第一个字节开始。整个验证过程的成功使得可以擦除错误计数器，但是擦除不会自动进行。现在只要供电正常，就可以对整个存储器进行擦/写。只要错误计数器的位是有效的，即使出错，整个过程还可以重复。密码也允许修改，就像 EEPROM 中的其他信息一样。

表 4.5.3 给出了进行 PSC 验证所需要执行的命令。那些有阴影的命令系列是必需的。

表 4.5.3　PSC 验证所需要执行的命令

命　令	控制字	地址字	数据字	说　明
	B7～B0	A7～A0	D7～D0	
读安保存储器	31H	无效	无效	检查错误计数器
修改安保存储器	39H	00H	输入数据	写错误计数器的有效位 输入数据：0000 0DDD
比较验证密码数据	33H	01H	输入数据	密码字节 1
比较验证密码数据	33H	02H	输入数据	密码字节 2
比较验证密码数据	33H	03H	输入数据	密码字节 3
修改安保存储器	39H	00H	FFH	擦除错误计数器
读安保存储器	31H	无效	无效	检查错误计数器

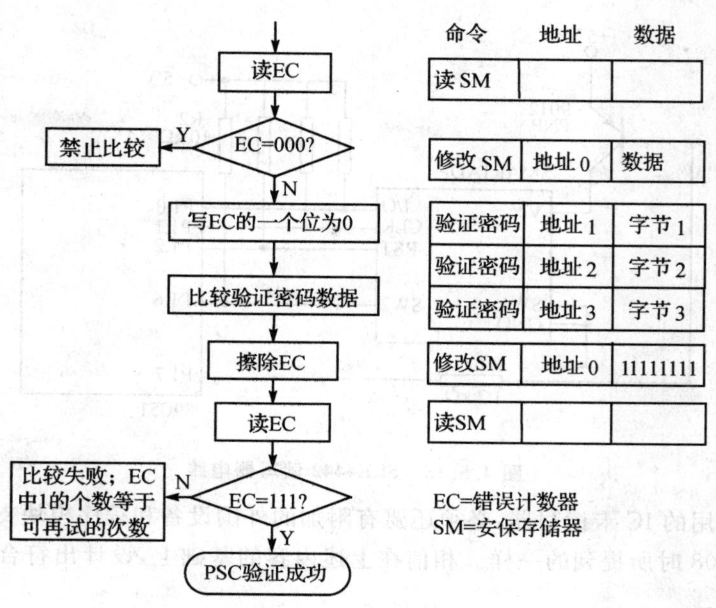

图 4.5.13　PSC 的验证流程

4.5.5　SLE4442 读写器设计与应用

1. SLE4442 芯片引脚

SLE4442 芯片引脚分布如图 4.5.14 所示。

C1：Vcc(电源)；

C2：RST(复位)；

C3：CLK(时钟)；

C4：NC；

C5：GND(地)；

C6：NC；

C7：I/O(双向串行数据,漏极开路)；

C8：NC。

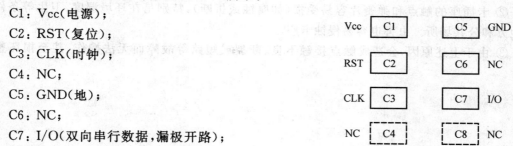

图 4.5.14　SLE4442 芯片引脚

2. SLE4442 读写器电路

SLE4442 读写器参考电路如图 4.5.15 所示，当然这里只是最关键的部位。卡插座都是通用的标准。

3. SLE4442 读写器软件

针对图 4.5.15 电路的软件设计就是上述各命令操作叙述中有关模块的组合。显然，要设

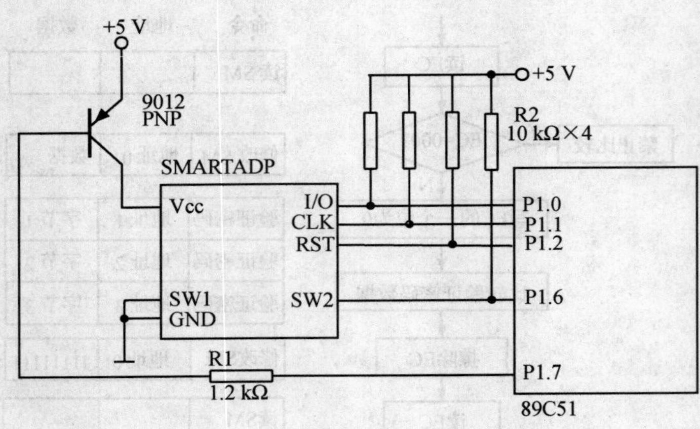

图 4.5.15 SLE4442 读写器电路

计出一般实际应用的 IC 卡读写器,必须还要有附加的外围设备和程序模块支持。这些正如在介绍 AT88SC1608 时所提到的一样。相信在上述内容的基础上,设计出符合某类功能要求的读写器并不困难。

4. 接触式 IC 卡的应用

由于接触式 IC 卡存储量大,保密功能强(特别是 CPU 卡),操作稳定,成本也越来越低,所以各种类型的应用技术也就非常广泛和普及,相关的报道和文献比比皆是。这里,只想把这类信息卡应用时要注意的问题强调一下。主要有:

① 芯片引脚的触点外露,容易受损或污染。

② 卡插座的触点和弹簧片容易受损(如腐蚀或折断),特别是在环境湿度、卫生等条件差的地方和公共场所。虫害也容易侵蚀卡座。

③ 由于上述原因,会造成触点接触不良、断裂或短路等故障而无法操作,甚至损坏整个芯片。

第5章

射频识别与非接触 IC 卡

射频识别 RFID(Radio Frequency Identification)是近二十年来迅速兴起而且得到越来越普遍应用的一项自动识别技术。RFID 属于无线电通信范畴,基本物理原理就是电磁场感应。一个 RFID 系统基本由两个部分组成:一部分是识别对象,在文献中对它有不同的名称,例如,应答器(answerer)、标签(tag)、射频卡(radio card)、感应卡(induction card)、智能卡(smart card)、收发器(transponder)或非接触式 IC 卡(contactless IC card)等;另一部分是识别器,同样有不同的称呼,如阅读器(reader)、接收器(receiver)、检测器(detector)、基站(basis station)和读/写器(read write device)等。RFID 技术涉及的知识范围也较大,需要解决的问题也较多,从感应的方式到信号的编码和调制模式,再到防冲突和数据的安全等,这一切都是和这个系统的原理以及它所具备的特殊功能联系在一起的。本章首先介绍系统的基本原理,然后围绕几个主要的技术问题分别予以介绍。为了叙述中术语保持一致,文中大多数时候把识别对象用收发器表示,识别器用阅读器表示。

5.1 射频识别的基本原理与分类

一个 RFID 系统的基本组成如图 5.1.1 所示。

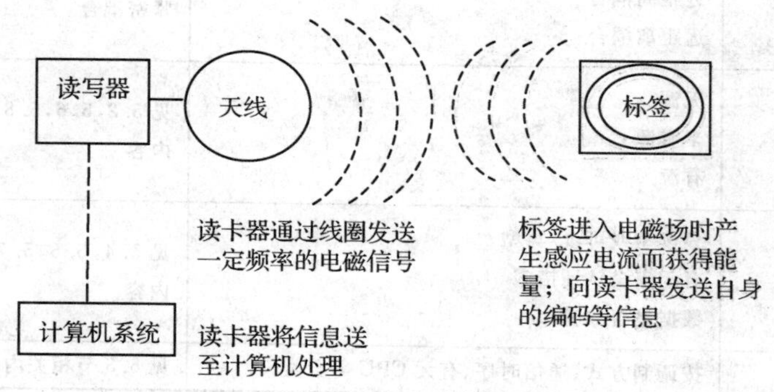

读写器
天线
标签
读卡器通过线圈发送
一定频率的电磁信号
标签进入电磁场时产
生感应电流而获得能
量；向读卡器发送自身
的编码等信息
计算机系统
读卡器将信息送
至计算机处理

图 5.1.1 RFID 系统基本组成示意图

普遍使用的 RFID 系统的电路原理方框图如图 5.1.2 所示。

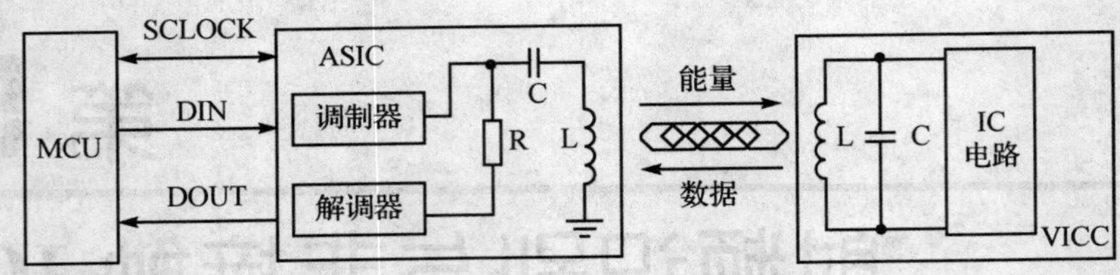

图 5.1.2　普遍使用的 RFID 系统电路原理方框图

RFID 系统的两大部分是通过天线线圈的电磁感应耦合联系在一起的。相对于一般无线电通信,RFID 系统中双方之间的距离要小得多(从几毫米到最多 10 几米)它的尺寸和能耗都应当很小。这些就决定了它在同一物理原理基础上的特殊性。RFID 系统的类型可以按照不同的技术和功能指标划分,见表 5.1.1。

表 5.1.1　RFID 系统的分类

指标类型	分类等级	说　明
工作频率	低频：100～134 kHz 高频：3～30 MHz 超高频：433.92 MHz,862(902)～928 MHz 微波：2.45 GHz,5.8 GHz	见 5.2,5.6～5.9 节相关内容
耦合方式	磁场(电感)耦合 电场(电容)耦合 电磁场(电磁波)耦合	见 5.2,5.6 节相关内容
耦合距离 (工作的范围)	紧密耦合 近距离耦合 远距离耦合	一般把范围在 1 cm 之内的称为紧密耦合
收发器电源	无源 半有源 有源	见 5.2,5.6,5.8 和 5.9 节相关内容
功能	只读型或可读/写型 有无安全认证措施 数据是否加密	见 5.4,5.5,5.7～5.9 节相关内容
其他	按调制方式、通信时序、有无 CPU 等分类	见 5.3 节相关内容

5.2 RFID 系统的耦合与工作频率

谈到 RFID 系统的耦合，首先的问题是阅读器和收发器天线之间是通过什么物理场联系，然后是它们之间的距离(或有效工作范围)。耦合的程度直接关系到两者之间能量和数据的传递。从表 5.1.1 可以大致知道一个分类。至于工作频率和耦合既有某种关系，但又不是必然，这一点对照一下无线电通信就能理解。

5.2.1 感应场的耦合

射频即电磁场，那里有电场和磁场，它们都是动态的，而且相辅相成，携手成为电磁波传向远方。电磁波的速度就是光速，每秒约 3×10^8 m。如果知道它的频率，那么波长 λ 也就知道。表 5.2.1 列举了在 RFID 中常用频率所对应的波长。以场源为中心，在一个波长范围内的域($\lambda/2\pi$)，通常称为近场，也可称为感应场。在近场区，场强度大，但与距离的三次方成反比($1/x^3$)迅速衰减，见式(5.2.1)。半径为一个波长之外的空间范围称为远场，也可称为辐射场。在远场中，所有的电磁能量基本上均以电磁波形式辐射传播。这种场辐射度的衰减与距离成反比($1/x$)，要比感应场慢得多。图 5.2.1 曲线表明在频率为 13.56 MHz 的电磁场中，磁场强 H 在近场是每 10 米衰减 60 dB，而在远场区是每 10 米衰减 20 dB。

表 5.2.1 RFID 系统电磁场常用频率与波长

频　段	频率 f/Hz	波长 λ/m	$\lambda/2\pi$/m
低频段	$<1.35\times10^5$	>2222	>354
高频段	13.56×10^6	22.1	3.5
超高频与微波段	8.68×10^8	0.34	
	9.63×10^8	0.33	
	2.45×10^9	0.12	
	5.8×10^9	0.052	

绝大多数的 RFID 系统产品都是属于(近场区)感应场的耦合。由于系统双方的天线都是线圈绕组，所以是电感耦合，也就是交变磁场的耦合。也有电容耦合(即电场耦合)出现在紧密型耦合系统中。本文介绍重点还是前者。

1. 线圈与磁场

如图 5.2.2 所示，在近场区，沿线圈轴向 x 的磁场强度 H 是：

$$H=\frac{I\cdot N\cdot R^2}{2\sqrt{(R^2+x^2)^3}} \tag{5.2.1}$$

式中，I 是通过线圈的电流强度；N 是线圈匝数；R 是线圈半径；x 是观测点到线圈中心的轴向距离。

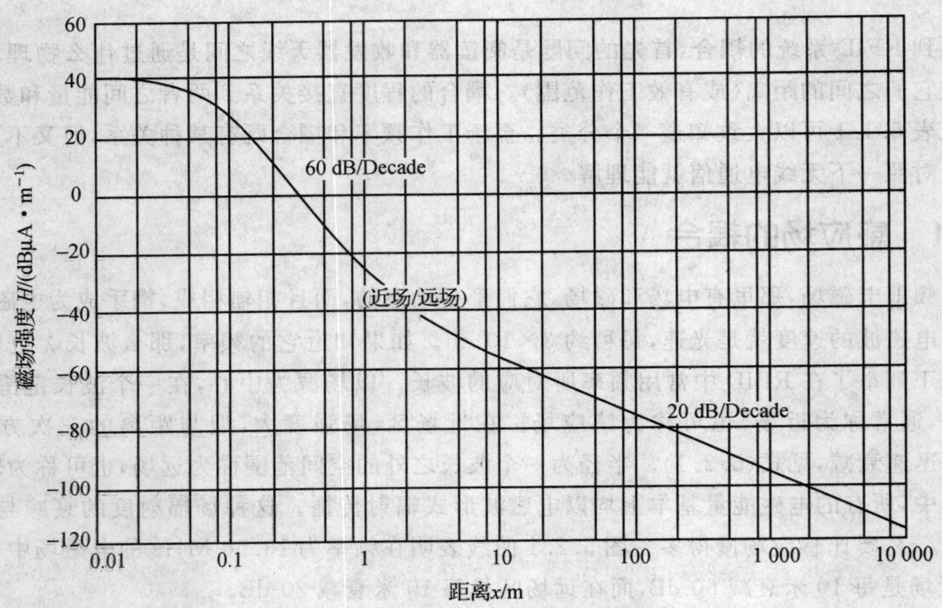

图 5.2.1　频率为 13.56 MHz 的磁场强度 H 从近场区向远场区的变化

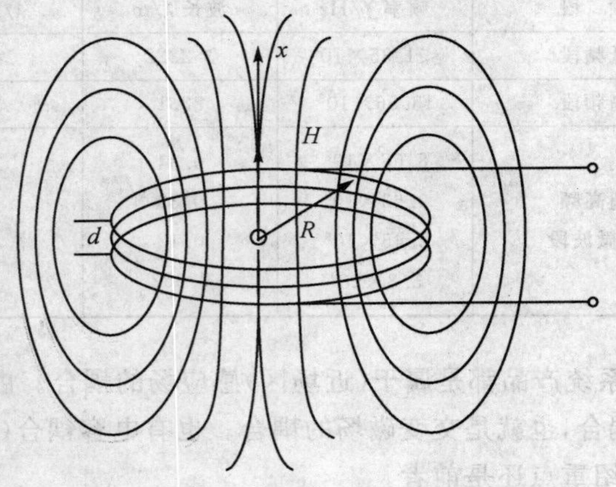

图 5.2.2　短圆柱状线圈产生的磁场

图 5.2.2 中 d 是线圈轴向厚度。应用式(5.2.1)的条件是 $d \ll R$ 和 $x < \lambda/2\pi$(近场区)。这非常类似于感应耦合的 RFID 系统中的发射天线的情况。

式(5.2.1)中求 H 对 R 的一阶导数可得：

$$H^1(R)=\frac{\mathrm{d}}{\mathrm{d}R}H(R)=\frac{2INR}{\sqrt{(R^2+x^2)^3}}-\frac{3INR^3}{(R^2+x^2)\cdot\sqrt{(R^2+x^2)^3}} \tag{5.2.2}$$

根据式(5.2.2)绘出曲线，如图 5.2.3 所示，可以得出磁场强度 H 与线圈半径 R 的关系以及不同半径线圈的场强分布，从中找到最大值的位置。

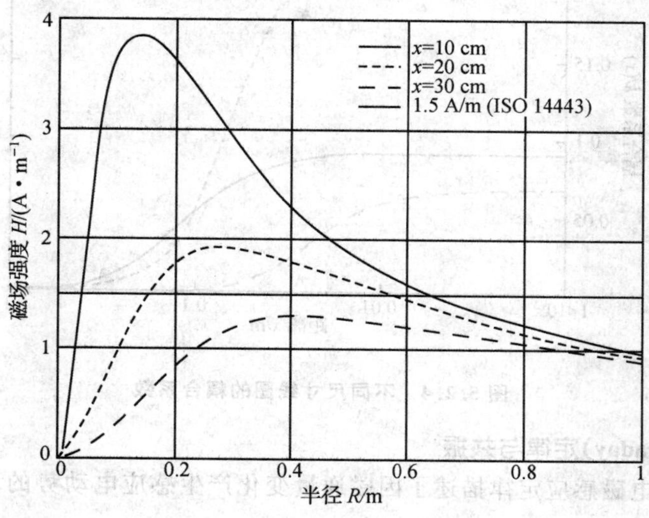

注：$I=1$ A，$N=1$。

图 5.2.3　线圈半径 R 变化时距离 x 处的发射天线场强 H

令式(5.2.2)为 0，解方程，求得 H 最大值时，线圈半径 R 与距离 X 的关系如下：

$$R=\pm x\sqrt{2} \tag{5.2.3}$$

2. 互感与耦合

RFID 系统中是两个线圈之间的相互感应而耦合。当两个线圈轴线一致，面积相当，间距为 x 时，它们的互感系数 $M=M_{12}=M_{21}$，有以下表达式：

$$M_{12}=\frac{\mu_0\cdot N_1\cdot R_1^2\cdot N_2\cdot R_2^2\cdot\pi}{2\sqrt{(R_1^2+x^2)^3}} \tag{5.2.4}$$

式中，N_1，N_2 是各自线圈的匝数；R_1，R_2 是各自线圈的半径；μ_0 是真空磁导率。在实际应用中的 RFID 系统阅读器和收发器的天线互感也非常符合式(5.2.4)的描述。

在同样的情况下，两线圈的耦合系数 k 有如下近似表达式：

$$k(x)\approx\frac{r_{\mathrm{Transp}}^2\cdot r_{\mathrm{Reader}}^2}{\sqrt{r_{\mathrm{Transp}}\cdot r_{\mathrm{Reader}}}\cdot\left(\sqrt{x^2+r_{\mathrm{Reader}}^2}\right)^3} \tag{5.2.5}$$

图 5.2.4 直观描述了耦合系数 $k(x)$ 与线圈半径 r 以及距离 x 的关系。图中阅读器线圈半径 r_{Reader} 分别是 $r_1=10$ cm，$r_2=7.5$ cm，$r_3=1$ cm；接收器线圈半径 $r_{\mathrm{Transp}}=2$ cm。从中可以看出，

当 $r_2=7.5$ cm 时，大约在 10 cm 的范围内 K 值远远大于其他条件，也就是当阅读器天线线圈半径大于收发器的线圈半径，并靠近它时，耦合系数能取得较大值。

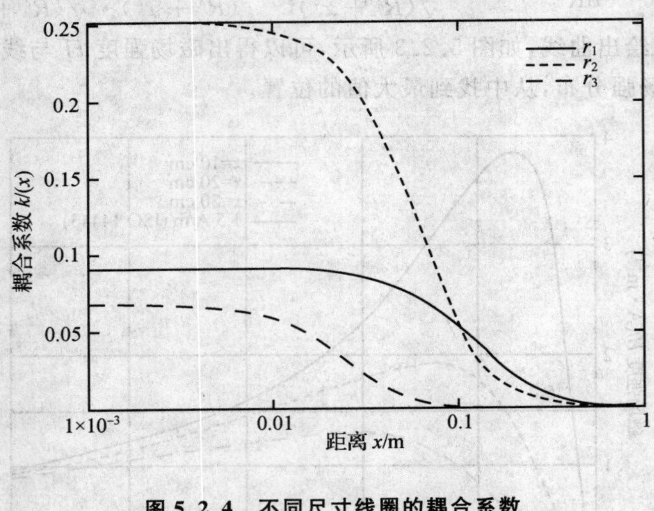

图 5.2.4　不同尺寸线圈的耦合系数

3. 法拉第(Faraday)定律与共振

著名的法拉第电磁感应定律描述了因磁通量变化产生感应电动势的现象，它的数学表达式是：

$$u_i=\oint E_i \cdot \mathrm{d}s=-\frac{\mathrm{d}\psi(t)}{\mathrm{d}t} \tag{5.2.6}$$

对于上述两个互感的闭合导体回路，如图 5.2.5 所示。

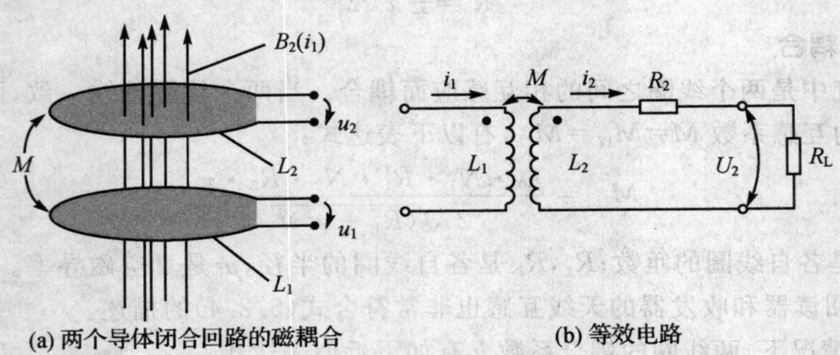

(a) 两个导体闭合回路的磁耦合　　(b) 等效电路

图 5.2.5　法拉第电磁感应定律示意图

在等效电路右侧的闭合回路中，R_2 是电感 L_2 的内阻，R_L 是外接负载电阻，i_2 是第二个闭合回路的感生电流。感应电动势 u_2 表达式如下：

$$u_2 = + \frac{\mathrm{d}\psi_2}{\mathrm{d}t} = M\frac{\mathrm{d}i_1}{\mathrm{d}t} - L_2\frac{\mathrm{d}i_2}{\mathrm{d}t} - i_2 R_2 \tag{5.2.7}$$

由于在实际应用中，i_1，i_2都是正弦交变电流，所以把式(5.2.7)改写成以下更合适的复数形式：

$$u_2 = \mathrm{j}\omega M \cdot i_1 - \mathrm{j}\omega L_2 \cdot i_2 - i_2 R_2 \tag{5.2.8}$$

式中，$\omega = 2\pi f$。

如果式(5.2.8)中 i_2用 u_2/R_L替换，解此方程，求得 u_2表达式如下：

$$u_2 = \frac{\mathrm{j}\omega M \cdot i_1}{1 + \dfrac{\mathrm{j}\omega L_2 + R_2}{R_L}} \tag{5.2.9}$$

在 RFID 系统中，u_2就是在收发器上产生的感应电动势，对于无源收发器，它就是提供给 IC 芯片工作的电源。为了提高图 5.2.5 等效电路的感应效率，把电容 C_2和线圈 L_2并联，形成一个并联谐振电路，并使它的共振频率和 RFID 系统的工作频率一致。这个并联振荡电路的共振频率 f 由汤姆森(Thomson)公式计算如下：

$$f = \frac{1}{2\pi\sqrt{L_2 \cdot C_2}} \tag{5.2.10}$$

图 5.2.6 是一个真实 RFID 收发器的等效电路，其中 C_2是寄生电容 C_P和并联调谐电容C_2'的并联，即 $C_2 = C_P + C_2'$；收发器线圈 L_2和并联电容 C_2组成一个并联共振电路来改善电压传递的效应。R_2是收发器线圈 L_2的内阻，数据载体(即芯片)的电流损耗用电阻 R_L代表。

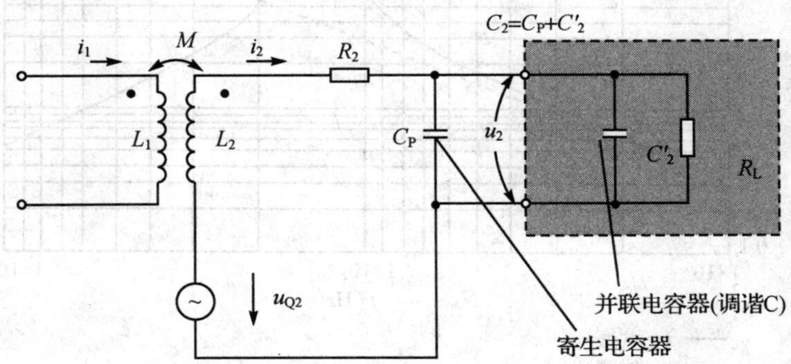

注：灰色部分代表收发器的数据载体。

图 5.2.6 RFID 收发器磁耦合的等效电路

如果线圈 L_2中的电压 $u_{Q2} = u_i$，那么随后的电压 u_2就可以在图 5.2.6 的数据载体负载电阻 R_L上测量到。公式如下：

$$u_2 = \frac{u_{Q2}}{1 + (\mathrm{j}\omega L_2 + R_2) \cdot \left(\dfrac{1}{R_L} + \mathrm{j}\omega C_2\right)} \tag{5.2.11}$$

现在用 $u_{Q2}=u_i=j\omega M\cdot i_1=\omega\cdot k\cdot\sqrt{L_1\cdot L_2}\cdot i_1$ 这个产生 u_{Q2} 的因式替代式(5.2.11)中的 u_{Q2}，这样就可以得到电压 u_2 和发射器线圈与收发器线圈磁耦合之间的关系：

$$u_2=\frac{j\omega\cdot k\cdot\sqrt{L_1L_2}\cdot i_1}{1+(j\omega L_2+R_2)\cdot\left(\frac{1}{R_L}+j\omega C_2\right)} \tag{5.2.12}$$

也可写成非复数形式：

$$u_2=\frac{\omega\cdot k\cdot\sqrt{L_1L_2}\cdot i_1}{\sqrt{\left(\frac{\omega L_2}{R_L}+\omega R_2C_2\right)^2+\left(1-\omega^2L_2C_2+\frac{R_2}{R_L}\right)^2}} \tag{5.2.13}$$

图 5.2.7 是模拟描述一个收发器电路有共振和没有共振条件下的 u_2 变化曲线。其中，设定在整个测试的频率范围 1～100 MHz，发射线圈的电流 i_1（或磁通量 $\Phi(i_1)$）、电感 L_2、电阻 R_2 和 R_L 都是常量。从图中可以看到，当带有并联电容的收发器线圈处在它的共振频率 $f_{RES}=$ 13.56 MHz 时，u_2 出现了非常清晰的电压上升峰值，随后迅速下降。而只有线圈 L_2 的电路 u_2 值（虚线）在整个频率范围是线性递增。在共振频率处，两者 u_2 相差数十倍。

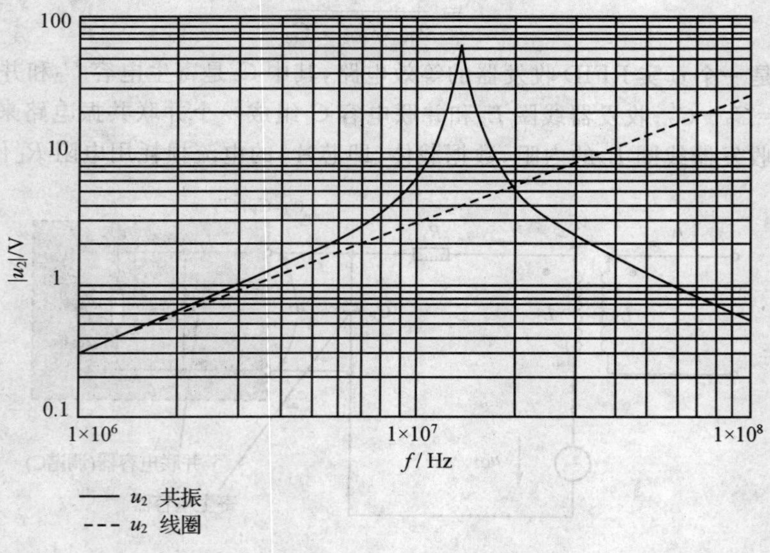

图 5.2.7 有无共振对收发器上感应电压 u_2 的影响

4. 紧密耦合

在 RFID 系统近场区的感应耦合中，把两线圈或电极板距离小于 1 cm 的称为紧密耦合。这里有磁场耦合和电场耦合之分。在操作中，必须把收发器（例如卡片）准确地插入阅读器所指定的位置或间隙中。

(1) 磁场耦合

如图 5.2.8 所示,实际上收发器和阅读器的线圈设计相当于一个变压器的相应部分。阅读器相当于变压器的主绕组,收发器相当于副绕组。高频交变电流在主绕组的铁心和预留的空隙中产生高频磁场,它也穿过收发器的线圈,这种条件下的耦合系数必定很高。因为在收发器线圈中的感应电压 u 正比于激励电流的频率 f,所以为了能量传输,选择的频率要尽可能高。实际上应用的频率范围在 1～10 MHz 之间。为了降低在变压器芯的损失,应当选择适合于这种频率的铁磁材料制作磁芯。

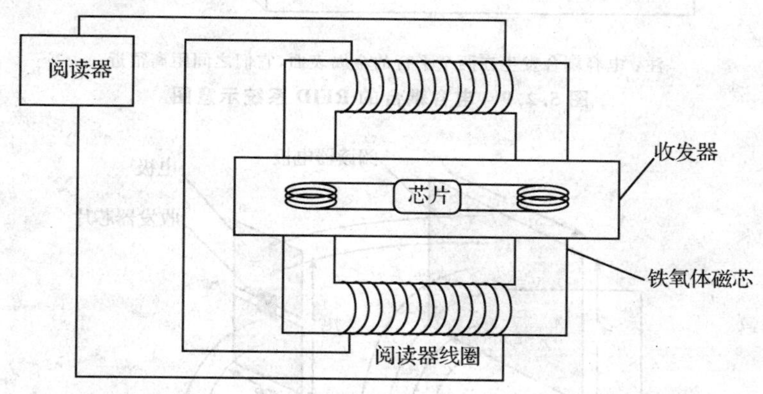

图 5.2.8　紧密耦合的变压器型的 RFID 系统示意图

因为和一般感应耦合或微波系统相比,紧密耦合系统从阅读器到收发器的能量传送是非常高效的,所以它特别适合需要高功耗的芯片工作。例如微处理器,一般需要 10 mW 左右的功耗。由于这个原因,在市场上的紧密耦合 IC 卡的系统都有微处理器。非接触式紧密耦合 IC 卡的机械和电的参数定义有它们自己的标准 ISO 10536。

(2) 电容(电场)耦合

由于阅读器和收发器之间的短距离,紧密耦合系统也可以用电容耦合来传送数据。用相互绝缘的耦合面板构建平板式电容器,面板分别安置在收发器和阅读器中,当收发器插入,它们就严格地相互平行。该类 RFID 系统的示意图如图 5.2.9 所示。

在电容耦合系统中,阅读器产生强大的高频电场。阅读器的天线由大面积的电导体(电极)组成,通常是金属箔或金属板。当一个高频电压加载在电极上时,在电极和地球的电位(地)之间就形成了高频电场。为此所要求的电压从数百伏到几千伏,它们是在阅读器里通过共振电路的电压提升而产生的,该电路由阅读器中的线圈 L_1 组成,加上一个并联的内部电容 C_1 和电极与地之间的电容($C_{R\text{-}GND}$)起作用。共振电路的共振频率和阅读器的发射频率相符。

收发器的天线由两个在平板的导电表面(电极)组成。当收发器放在阅读器的电场中,收发器两个电极之间的电压就上升,用来给收发器的芯片提供电源(见图 5.2.10)。

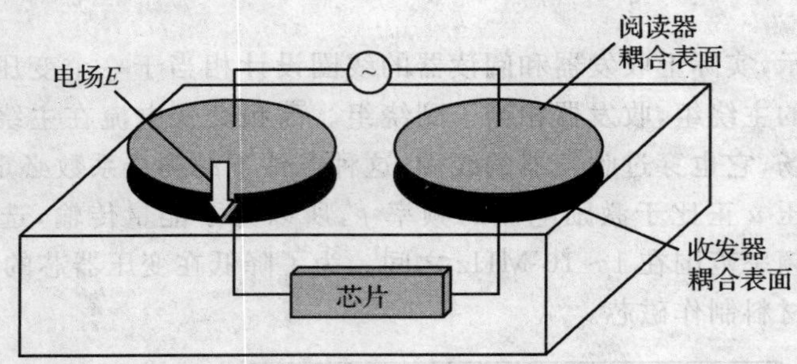

注：电容耦合发生在两个平行的金属表面，它们之间距离很近。

图 5.2.9　电容耦合的 RFID 系统示意图

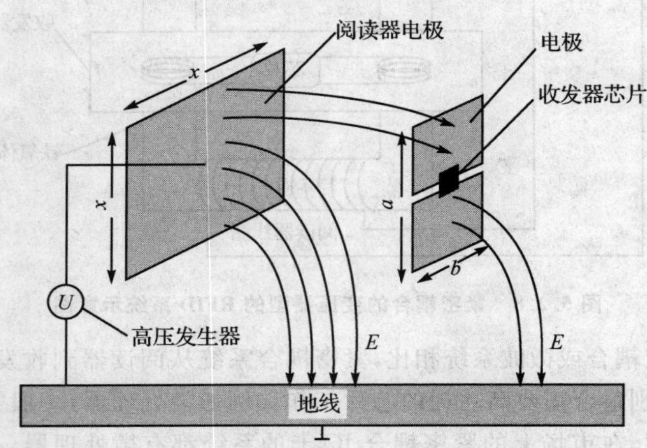

图 5.2.10　一个电耦合系统使用电(静电)场传送能量和数据

图 5.2.11 是电场耦合的 RFID 系统等效电路，因为在收发器和发射天线之间的电容($C_{R\text{-}T}$)以及收发器天线和地之间的电容($C_{T\text{-}GND}$)在起作用，电耦合的等效电路图可以用简化形式考虑，把它看做是一个由 $C_{R\text{-}T}$，R_L（收发器的输入电阻）和 $C_{T\text{-}GND}$组成的分压器。触及收发器电极中的一个，就会导致 $C_{T\text{-}GND}$电容的变化，如此一来，阅读的范围就会变得相当大。

图 5.2.12 是表示电场耦合的 RFID 系统中，一个电极尺寸为 $a \times b = 4.5\ \text{cm} \times 7\ \text{cm}$ 的收发器(符合智能卡的格式)在距离 1 m 处($f = 125$ kHz)所需要的电极电压与阅读器电极尺寸之间的关系曲线。

在收发器的电极表面流过的电流是非常小的，所以对电极材料的导电性没有什么特殊的要求。另外，在普通金属表面(金属箔)，电极可以由导电的颜色制作(例如，银导电糊状物)，或石墨涂层。

当一个电耦合收发器放在阅读器的检测区(见图 5.2.11)时，收发器的输入电阻 R_L通过

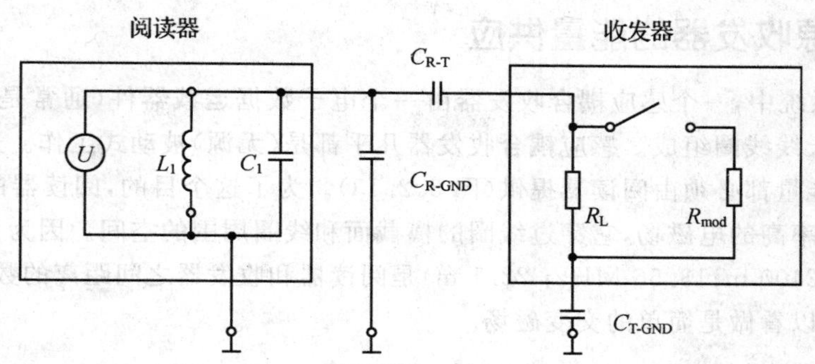

图 5.2.11　电场耦合 RFID 系统的等效电路图

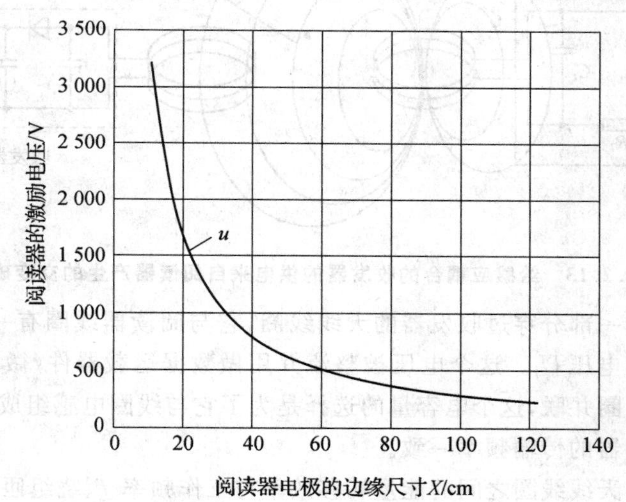

图 5.2.12　电场耦合系统中，阅读器电极尺寸与所需电极电压的关系

阅读器和收发器之间的耦合电容 C_{R-T} 在阅读器和收发器电极之间的作用，而对阅读器的共振电路产生影响，有轻微的阻尼作用。这种阻尼可以在两个值之间切换，通过对调制电阻 R_{mod} 的通断实现。当用二进制数据即时切换调制电阻 R_{mod} 的通断时，收发器对出现在 L_1 和 C_1 上的电压产生振幅调制，数据就能发送到阅读器。这个过程称为负载调制。有关这点后面有专门介绍。

紧密耦合用在某些要求数据安全高的场合，它不会有多重访问信号碰撞问题，收发器（卡片）上的数据也不容易被外界阅读器获取。

5.2.2 无源收发器的能量供应

在 RFID 系统中，一个感应耦合收发器由一个电子数据运载器件（通常是一个微芯片）和一个大面积的天线线圈组成。感应耦合收发器几乎都是（无源）被动式工作。这意味着为了芯片工作的所有能量都必须由阅读器提供（图 5.2.13）。为了这个目的，阅读器的天线线圈产生一个强度大、频率高的电磁场，它穿过线圈的横截面和线圈周围的空间。因为使用的频段的波长（(125 kHz: 2400 m;13.56 MHz: 22.1 m)是阅读器和收发器之间距离的数倍，相对于这个距离，电磁场可以看做是简单的交变磁场。

图 5.2.13 给感应耦合的收发器的供电来自阅读器产生的交变磁场

阅读器发射场的一部分穿过收发器的天线线圈，它与阅读器线圈有一段距离。感应在收发器天线线圈上产生电压 U_i。这个电压被整流并用做数据运载器件（微芯片）的电源。电容 C_r 与阅读器的天线线圈并联，这个电容量的选择是为了它与线圈电感组成一个并行共振电路，它的共振频率和阅读器的传输频率一致。

阅读器和收发器天线线圈之间的能量转移效率与工作频率 f、绕组匝数 N、收发器线圈的面积 A 成正比，与两个线圈相互的角度及它们之间的距离成反比等。当频率 f 增加时，要求的收发器线圈的电感减少，这样线圈匝数也就减少。

下面要考虑的是如何给收发器提供一个稳定电源。在收发器的线圈上感应电压 u_2 会迅速达到一个高值，这是由于在共振电路中，共振把电压升上去。考虑图 5.2.7 中的例子，当增加耦合系数 k（可以通过减小阅读器和收发器之间的间隙）或者负载电阻 R_L 的值，电压 u_2 将远远高于 100 V。然而，数据载体的工作要求一个恒定的工作电源 3～5 V（整流后）。为了使电压 u_2 独立于耦合系数 k 或其他参数，保持它在实际上的稳定，所以把一个影响电压的分流电阻并联于负载电阻 R_L。这个等效电路如图 5.2.14 所示。

当感应电压 $u_{Q2}=u_i$ 增加时，分流电阻 R_S 的值下降，这样把收发器共振电路的品质降低到能使电压 u_2 保持恒定的程度。为了计算这个分流电阻对于不同变量的值，参考式（5.2.11），同时引入电阻 R_L 和 R_S 的并联替代固定电阻 R_L。现在求解这个方程的 R_S。变量电压 u_2 由常

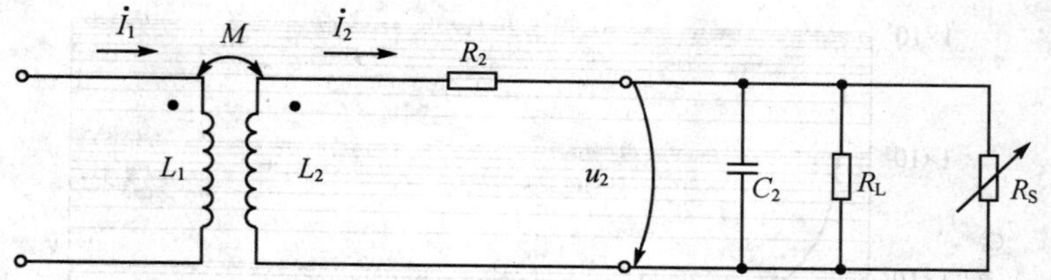

图 5.2.14　在收发器中用分流稳压器的电压稳压工作原理

数电压 u_{Transp} 代替数据载体希望的输入电压，由下式求得 R_S：

$$R_S=\left|\frac{1}{\dfrac{\left(\dfrac{j\omega\cdot k\cdot\sqrt{L_1L_2}\cdot i_1}{u_{\mathrm{Transp}}}\right)-1}{j\omega L_2+R_2}-j\omega C_2-\dfrac{1}{R_L}}\right|_{u_{2\cdot\mathrm{unreg}}>u_{\mathrm{Transp}}} \tag{5.2.14}$$

图 5.2.15 表示的是，当用了这样一个“理想”的分流调节器时，电压 u_2 的曲线。起初 u_2 与耦合系数 k 成正比增加，当 u_2 达到它的预定值时，调节电阻值开始与 k 成反比下降，这样维持电压 u_2 几乎为一恒定值。

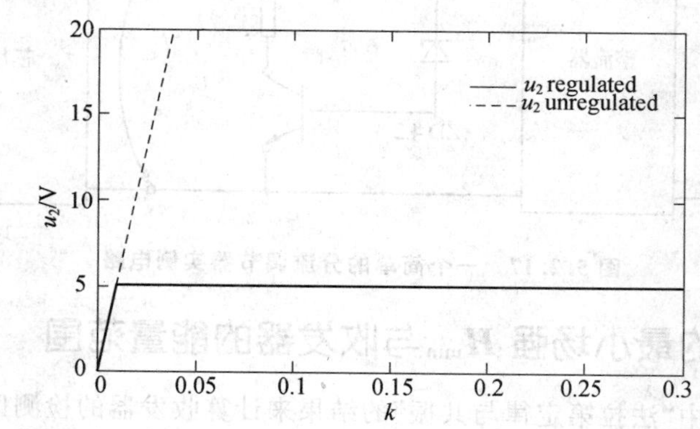

注：耦合系数 k 随收发器和阅读器天线之间距离的改变而变化。这个计算是基于参数：$i_1=0.5$ A，$L_1=1\ \mu$H，$L_2=3.5\ \mu$H，$R_L=2$ kΩ，$C_2=1/\omega_2L_2$。

图 5.2.15　收发器中有无分流调节对感应电压 u_2 的影响

图 5.2.16 表示调节电阻 R_S 的变化作为耦合系数的函数。在这个例子里，调节电阻值的范围覆盖了 10 的好几次方幂。这只有用半导体电路才能达到，所以，是所谓的分流或并联调节器应用在感应耦合收发器上。当电压超出极限值时，这个电子调节电路的内部电阻不成比例地急剧下降。图 5.2.17 是一个基于齐纳二极管的简单分流调节器。

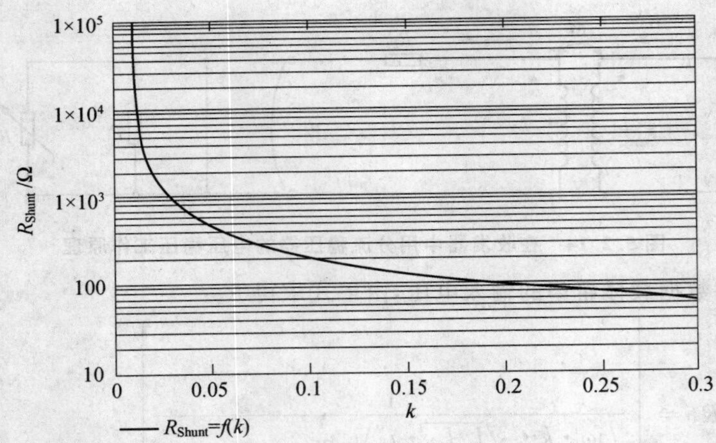

注：分流电阻值 R_S 的可调节范围必须很宽，以保持 u_2 恒定，使其与耦合系数 k 无关(此例中的各项参数同图 5.2.15)。

图 5.2.16 分流电阻 R_S 与耦合系数 k 的曲线关系

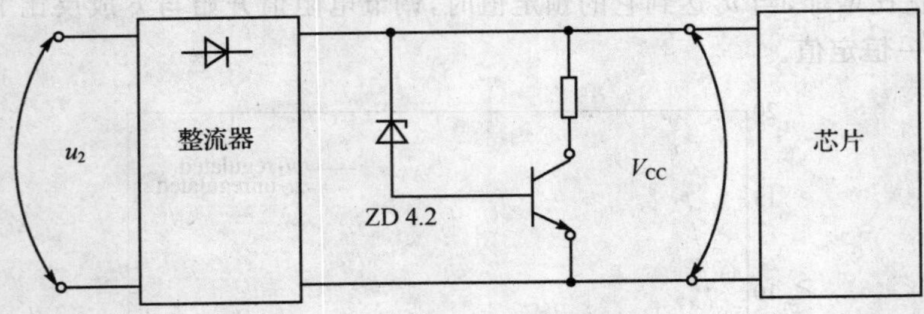

图 5.2.17 一个简单的分流调节器实例电路

5.2.3 检测区的最小场强 H_{min} 与收发器的能量范围

利用 5.2.1 小节中“法拉第定律与共振”的结果来计算收发器的检测区场强。这里所谓最小场强 H_{min} 是指在收发器和阅读器之间最大距离处 x 的磁场强度，在那里供电电压 u_2 正好满足数据载体的工作，见图 5.2.6。

然而，这里 u_2 不是数据载体(IC)的内部工作电压(3 V 或 5 V)；它是在数据载体的收发器线圈 L_2 的终端上 HF(高频)输入电压，也就是整流前的。电压调节器(分流调节器)不应当对该供电压起作用。上电复位后，R_L 与数据载体的输入电阻相符，C_2 是由数据载体的输入电容 C_p 和收发器的寄生电容 C_2' 组成：$C_2=(C_2'+C_p)$。在一般情况下，收发器线圈的感应电压(源电压 $u_{Q2}=u_i$)可以根据式(5.2.6)计算出来。假设空气中存在(磁导率常数 μ_0)均匀谐振磁场，那么就能推导出下列更合适的等式：

$$u_i = \mu_0 \cdot A \cdot N \cdot \omega \cdot H_{eff} \tag{5.2.15}$$

式中，H_{eff}是谐振磁场的有效场强；ω 是磁场的角频；N 是收发器线圈 L_2 的圈数；A 是收发器线圈的横截面积。

在式(5.2.11)中，$u_{Q2}=u_i=j\omega M\cdot i_1=j\omega k\sqrt{L_1\cdot L_2}\cdot i_1$，现在用式(5.2.15)代换，这样可以得到图 5.2.6 电路的下列等式：

$$u_2 = \frac{j\omega\mu_0 H_{eff} AN}{1+(j\omega L_2+R_2)\left(\dfrac{1}{R_L}+j\omega C_2\right)} \tag{5.2.16}$$

用乘法展开分母，可得：

$$u_2 = \frac{j\omega\mu_0 H_{eff} AN}{j\omega\left(\dfrac{L_2}{R_L}+R_2C_2\right)+\left(1-\omega^2L_2C_2+\dfrac{R_2}{R_L}\right)} \tag{5.2.17}$$

现在解这个方程求 H_{eff}，得到一个复数形式的值。在一般情况下，对于检测场 H_{min}，有下列关系式：

$$H_{min} = \frac{u_2\sqrt{\left(\dfrac{\omega L_2}{R_L}+\omega R_2C_2\right)^2+\left(1-\omega^2L_2C_2+\dfrac{R_2}{R_L}\right)^2}}{\omega\mu_0 AN} \tag{5.2.18}$$

为了使感应耦合的 RFID 系统的检测灵敏度达到最佳，收发器的共振频率应当和阅读器的发射频率精确匹配，但在实际上不是总能达到。首先，在收发器的制作期间会出现误差，它导致收发器共振频率的偏离。其次，也有技术原因，要使收发器的共振频率比阅读器的发射频率高几个百分点(例如应用反碰撞过程的系统，为了保持附近收发器的交感作用低)。有些半导体制造商为了消除因制作误差出现的收发器频率偏离，把附加的几个滤波电容和收发器芯片一体化。在制作时，通过对单个滤波电容的通断切换，把收发器调整到预定的频率。

在式(5.2.18)中，收发器的共振频率表示为 L_2C_2。为使检测灵敏度与频率的依存关系一目了然，对式(5.2.10)重新整理，得式：

$$L_2C_2 = \frac{1}{(2\pi f_0)^2} = \frac{1}{\omega_0^2} \tag{5.2.19}$$

将式(5.2.19)代入式(5.2.18)得到一个函数，这样检测场强与阅读器发射频率(ω)和收发器共振频率(ω_0)之间关系的依存度就清晰了。这里假设：收发器的共振频率的变化是由于电容 C_2的变化引起的(例如，由于这个电容的温度系数或制作误差)，然而线圈 L_2电感保持不变。为了表示这点，式(5.2.18)中电容 C_2用 $C_2=(\omega_0^2\cdot L_2)^{-1}$代替，得式：

$$H_{min} = \frac{u_2\sqrt{\omega^2\left(\dfrac{L_2}{R_L}+\dfrac{R_2}{\omega_0^2L_2}\right)^2+\left(\dfrac{\omega_0^2-\omega^2}{\omega_0^2}+\dfrac{R_2}{R_L}\right)^2}}{\omega\mu_0 AN} \tag{5.2.20}$$

所以，收发器共振频率偏离阅读器发射频率，将导致收发器较高的检测场强和阅读器较小的范围(见图 5.2.18)。

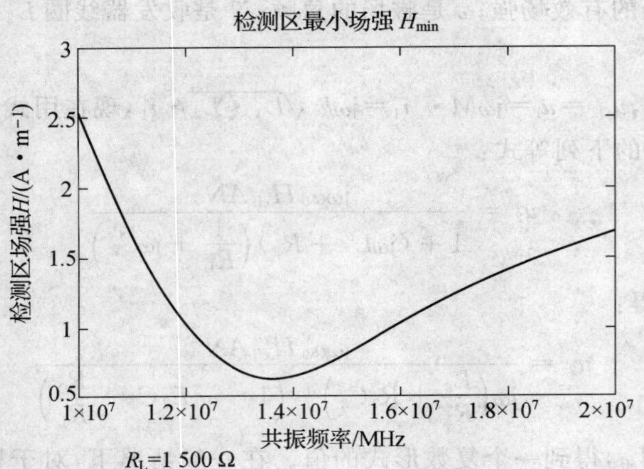

图 5.2.18　非接触 IC 卡的检测区灵敏度

在图 5.2.18 中,收发器共振频率在 10～20 MHz 范围内失调谐,其中各项参数如下:

$$N=4,A=(0.05\times 0.08)\ \mathrm{m}^2,u_2=5\ \mathrm{V},L_2=3.5\ \mu\mathrm{H},R_2=5\ \Omega,R_L=1.5\ \mathrm{k}\Omega$$

当收发器共振频率偏离阅读器频率(13.56 MHz)时,为了访问到收发器,就要求提高场强。在实际运行中,这就使读卡范围缩小。

如果收发器的检测场强度已知,那么就能评定与某个阅读器相关的能量范围。收发器的能量范围是指在与阅读器天线的某距离处收发器工作所需能量正好足够(由 $u_{2\min}$ 和 R_L 确定)。然而,这个能量范围是否和系统的功能最大范围一致,也取决于从收发器发送的数据是否能够被阅读器在这个距离处检测到。

假设已知天线电流 I,半径 R,收发器天线的圈数 N_1,在线圈轴 x 方向上的场强可以用等式(5.2.1)计算出来。如果解这个关于 x 的方程,那么可以得到以下对于某已知阅读器的能量范围和收发器检测场强 $H_{\min}$ 之间的关系式:

$$x=\sqrt{\sqrt[3]{\left(\frac{IN_1R^2}{2\cdot H_{\min}}\right)^2}-R^2} \tag{5.2.21}$$

以上计算都是基于收发器和阅读器的两线圈平行且轴向重合的条件。对于有错位和倾斜夹角的情况,耦合的效应自然会降低,上述计算的有效工作范围也就缩小。

5.2.4　收发器-阅读器系统整体

在此之前,考虑感应耦合系统的特征主要是从收发器的方面。为了更详细分析系统中收发器和阅读器之间的相互作用,所以要以稍微不同的视角,首先了解阅读器的电学特性,以至能够继续研究整个系统。

图 5.2.19 表示一个阅读器的等效电路。需要产生交变磁场的线圈用 L_1 表示。串行电阻 R_1 对应线圈 L_1 的导线损耗电阻。为了在 L_1 获得阅读器工作频率 f_{TX} 时的最大电流，一个共振频率 $f_{RES}=f_{TX}$ 的串行共振电路的形成是串联一个电容 C_1。这个串行共振电路的共振频率用式(5.2.10)可以很容易计算出来。阅读器的工作状态可以用下式描述：

$$f_{TX}=f_{RES}=\frac{1}{2\pi\sqrt{L_1\cdot C_1}} \tag{5.2.22}$$

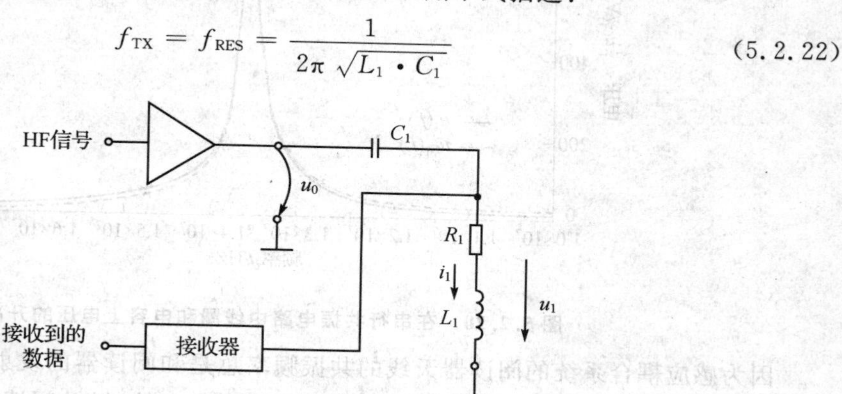

图 5.2.19　带天线 L_1 的阅读器等效电路

图 5.2.19 中，阅读器的发射器输出部件产生 HF 电压 u_0。阅读器的接收器直接和天线线圈 L_1 相连。

因为是串行结构，所以串行共振电路的总阻抗 Z_1 是各个阻抗之和，即：

$$Z_1=R_1+j\omega L_1+\frac{1}{j\omega C_1} \tag{5.2.23}$$

在共振频率 f_{RES} 时，L_1 和 C_1 的阻抗相互抵消。在这种情况下，总的阻抗 Z_1 只由 R_1 决定，并且达到最小值。

$$j\omega L_1+\frac{1}{j\omega C_1}=0\Big|_{\omega=2\pi\cdot f_{RES}}\Rightarrow Z_1(f_{RES})=R_1 \tag{5.2.24}$$

在共振频率，天线电流 i_1 达到最大值，可以根据发射器高电平状态时的源电压 u_0 和线圈电阻 R_1 计算出来(基于假设 $R_1=0$ 的理想电压源)。

$$i_1(f_{res})=\frac{u_0}{Z_1(f_{RES})}=\frac{u_0}{R_1} \tag{5.2.25}$$

线圈 L_1 上的电源 u_1 和电容 C_1 上的电压 u_{C1}，在共振频率时这两个电压相位相反，相互抵消，电流 i_1 是同样的；然而，每一个电压可能很高。除了低电压源 u_0，它一般只有几伏，在 L_1 和 C_1 上容易达到数百伏。设计大电流的线圈天线，必须要考虑所用元器件能经受的足够高的电压，特别是电容，否则它们就容易被电弧击穿。图 5.2.20 是在共振时拉高电压的实例。

在图 5.2.20 中，频率范围是 10～17 MHz($f_{RES}=13.56$ MHz，$u_0=10$ V，$R_1=2.5\ \Omega$，$L_1=2\ \mu$H，$C_1=68.8$ pF)。在共振频率时，线圈和串联电容上达到的最高电压超过 700 V。

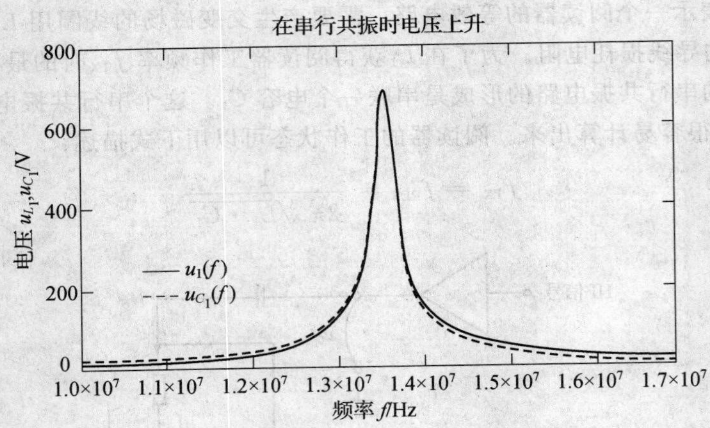

图 5.2.20 在串行共振电路中线圈和电容上电压的升高

因为感应耦合系统的阅读器天线的共振频率总是和阅读器的发射频率一致，元件应当能经受足够高的电压。除了电压可能达到非常高的事实之外，触及阅读器中承载电压的器件也非常安全。由于手的附加电容，串行共振电路迅速失调，这样影响了共振对电压的升高。

1. 被变换的收发器的阻抗 Z'_T

如果收发器进入线圈 L_1 的交变磁场，电流 i_1 的变化能检测出来。在收发器线圈的感应电流 i_2 是按照电流 i_1 的变化通过磁互感应系数 M 而产生的。

为了简化对于电流 i_1 互感系数的数学描述，现在引进一个虚阻抗 Z'_T，也就是复数变换的收发器阻抗 Z'_T。在互感中的阅读器串行共振电路的电学表现就好像这个虚拟阻抗 Z'_T 是作为一个分立元件存在：它呈现一个有限的值 $|Z'_T|>0$。如果互感不存在，例如把收发器从线圈的领域撤离，则 $|Z'_T|=0$。下面一步一步推导出这个变换阻抗的计算。

如图 5.2.21 所示，在串联共振电路上的阅读器的源电压 u_0 可以分解成 u_{C1}、u_{R1}、u_{L1} 和 u_{ZT} 等分电压。图 5.2.22 是共振时电路的各分压的矢量图。

因为在串行电路中电流 i_1 不变，源电压 u_0 可以表示为各个阻抗和电流 i_1 的乘积之和，其中变换的阻抗 Z'_T 表示为乘积 $j\omega M \cdot i_2$，公式如下：

$$u_0 = \frac{1}{j\omega C_1} \cdot i_1 + j\omega L_1 \cdot i_1 + R_1 \cdot i_1 - j\omega M \cdot i_2 \tag{5.2.26}$$

因为这个串行电路工作在共振频率，分阻抗 $(j\omega C_1)-1$ 和 $j\omega L_1$ 相互抵消。因此，电压 u_0 就只在电阻 R_1 和变换的收发器阻抗 Z'_T 之间分解，正如在矢量图 5.2.22 中所看到的。式(5.2.26)可简化为

$$u_0 = R_1 \cdot i_1 - j\omega M \cdot i_2 \tag{5.2.27}$$

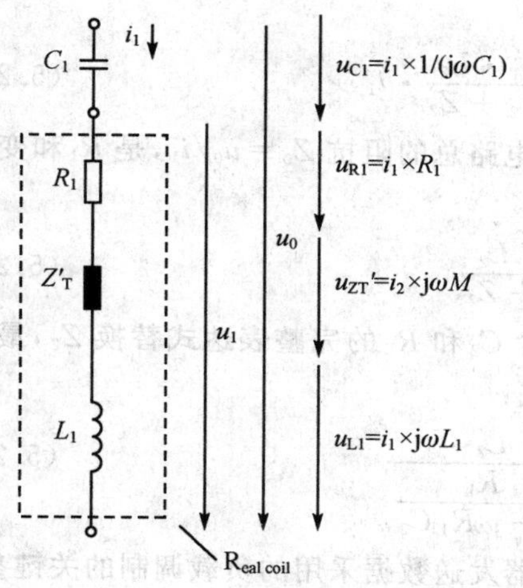

注：由于收发器磁耦合的影响，所以在发射器线圈上的电流 i_1 的变化由阻抗 Z'_T 表现出来。

图 5.2.21 阅读器串行共振电路的等效图解

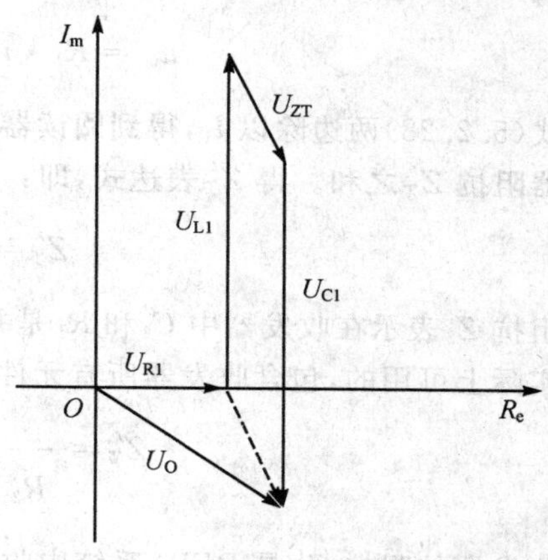

注：分压 u_{L1} 和 u_{C1} 的数值可以比总电压 u_0 高出许多。

图 5.2.22 阅读器天线串行谐振电路在共振频率上的各电压的矢量图

现在希望有收发器线圈中电流 i_2 的一个表达式，这样就能计算收发器变换的阻抗。图 5.2.23 以等效电路图的形式，给出了收发器中电流和电压的概观。

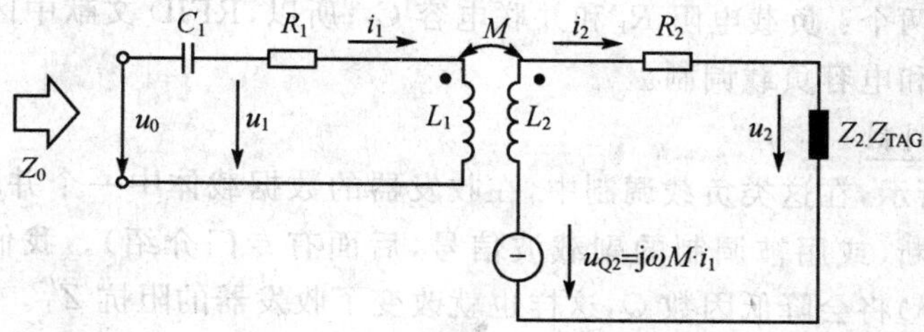

注：收发器的阻抗 Z_2 由负载电阻 R_L（数据载体）和电容 C_2 组成。

图 5.2.23 在阅读器邻近的收发器的简单等效电路图

源电压 u_{Q2} 是由互感系数 M 在收发器线圈 L_2 感应产生的。收发器的电流 i_2 等于电压 u_2 除以 $j\omega L_2+R_2+Z_2$（Z_2 代表数据载体和并联电容 C_2 的总输入阻抗）。下一步，用 u_{Q2} 的生成表达式 $j\omega M\cdot i_1$ 替换电压 u_{Q2}，得到 u_2 以下的表达式：

$$u_0=R_1\cdot i_1-j\omega M\cdot\frac{u_{Q2}}{R_2+j\omega L_2+Z_2}=R_1\cdot i_1-j\omega M\cdot\frac{j\omega M\cdot i_1}{R_2+j\omega L_2+Z_2}\qquad(5.2.28)$$

要知道互感系数 M 一般不切实际，所以，用 $M=k\sqrt{L_1\cdot L_2}$ 替代 M，因为收发器的 k、L_1

和 L_2 值一般都知道。

$$u_0 = R_1 \cdot i_1 + \frac{\omega^2 k^2 \cdot L_1 \cdot L_2}{R_2 + j\omega L_2 + Z_2} \cdot i_1 \tag{5.2.29}$$

式(5.2.28)两边除以 i_1，得到阅读器的串行共振电路总的阻抗 $Z_0 = u_0 / i_1$，是 R_1 和变换的收发器阻抗 Z'_T 之和。得 Z'_T 表达式，即：

$$Z'_T = \frac{\omega^2 k^2 \cdot L_1 \cdot L_2}{R_2 + j\omega L_2 + Z_2} \tag{5.2.30}$$

阻抗 Z_2 表示在收发器中 C_2 和 R_L 是并联。用包含 C_2 和 R_L 的完整表达式替换 Z_2，最终得到在实际上可用的，包含收发器所有元件的 Z'_T 表达式：

$$Z'_T = \frac{\omega^2 k^2 \cdot L_1 \cdot L_2}{R_2 + j\omega L_2 + \dfrac{R_L}{1 + j\omega R_L C_2}} \tag{5.2.31}$$

收发器的阻抗 Z'_T 是 RFID 系统中收发器向阅读器发送数据采用的负载调制的关键参数。

2. 收发器向阅读器的数据传输——负载调制

所谓负载调制是 RFID 系统从收发器到阅读器数据传输最通用的方式。当用数据流实时对收发器共振电路的电路参数(阻抗的大小和相位)进行改变时，在收发器线圈上的感应电压 u_2 也就受到阻抗变化的影响(调制)。由于互感耦合作用，u_2 的变化会反映(反射、反馈)到阅读器线圈上来。这样在阅读器上，对来自收发器的反射信号经过适当的处理就可以提取其中的信息，重构收发器传输的数据(解调)。然而，在收发器共振电路所有的电路参数中，能够被数据载体改变的只有两个：负载电阻 R_L 和并联电容 C_2；所以，RFID 文献中区分为欧姆(或真正的/实的)负载调制和电容负载调制。

(1) 欧姆负载调制

如图 5.2.24 所示，在这类负载调制中，在收发器的数据载体中一个并联电阻 R_{mod} 被数据流实时切换为通或断(或用被调制的副载波信号，后面有专门介绍)。我们知道，R_{mod} 的并联(导致总电阻的减小)将会降低因数 Q，这样也就改变了收发器的阻抗 Z'_T。欧姆负载调制的轨迹曲线也能显示：受收发器的负载调制，Z'_T 在值 $Z'_T(R_L)$ 和 $Z'_T(R_L \parallel R_{mod})$ 之间切换着(见图 5.2.25)，调制电阻 R_{mod} 的并联降低了 Z'_T 值，Z'_T 的相位在整个过程中几乎保持恒定(假设 $f_{TX} = f_{RES}$)。

为了能够重现传输的数据(解调)，在 Z'_T 上的电压降 u_{ZT} 必须发送到阅读器的接收器(RX)。遗憾的是，在阅读器上，Z'_T 不能作为离散成分被访问，因为电压 u_{ZT} 是在实际天线线圈 L_1 上感应产生的。然而，在天线线圈 L_1 也会出现电压 u_{L1} 和 u_{R1}，在天线线圈的终端，它们的测量只能作为总电压 u_{RX}。这个总的电压对阅读器中的接收器分支是有用的，见图 5.2.26。

图 5.2.26 的矢量图表示电压分量 $\boldsymbol{u}_{ZT}$、$\boldsymbol{u}_{L1}$ 和 $\boldsymbol{u}_{R1}$ 组合成总的电压 $\boldsymbol{u}_{RX}$。在收发器的负载调制作用下，$\boldsymbol{u}_{RX}$ 的量值和相位的变化受电压分量 $\boldsymbol{u}_{ZT}$ 的调制。这样，收发器上的负载调制就引起了阅读器天线电压 $\boldsymbol{u}_{RX}$ 的振幅和相位的调制。在 L_1 的基带上出现的发送数据是不便取得，而

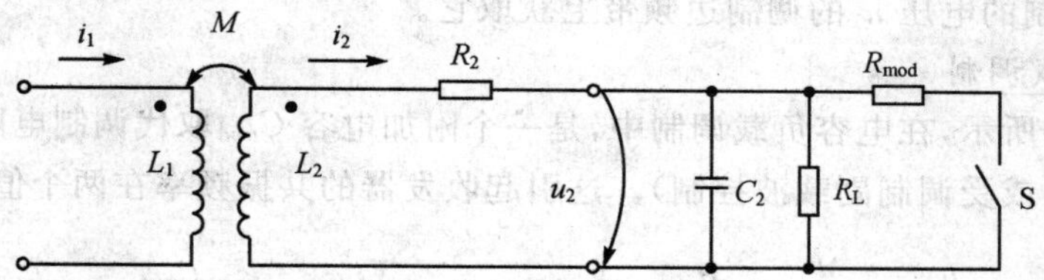

注：开关 S 实时被数据流（或被调制的副载波信号）控制，使电阻 R_{mod} 接通或断开

图 5.2.24　负载调制的收发器等效电路图

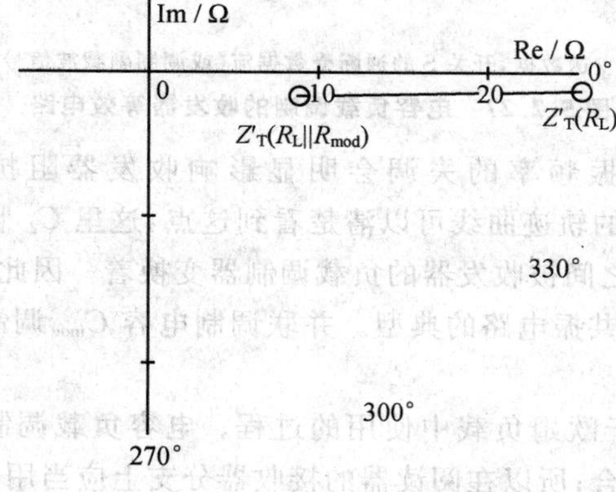

注：$R_L \parallel R_{mod} = 1.5 \sim 5\ k\Omega$。

图 5.2.25　感应耦合收发器的欧姆负载调制时被改变的收发器阻抗

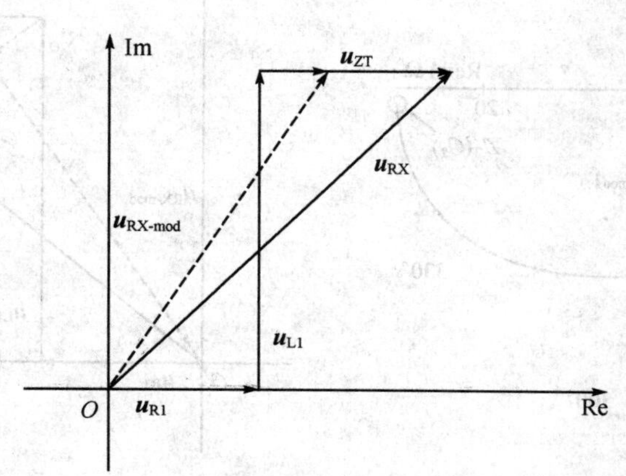

图 5.2.26　在阅读器天线上受收发器欧姆负载调制的电压 u_{RX} 的矢量图

是要从被负载调制的电压 u_1 的调制边频带上获取它。

(2) 电容负载调制

如图 5.2.27 所示，在电容负载调制中，是一个附加电容 C_{mod} 取代调制电阻，实时受到数据流切换为通或断(或受调制副载波控制)。这引起收发器的共振频率在两个值之间切换。

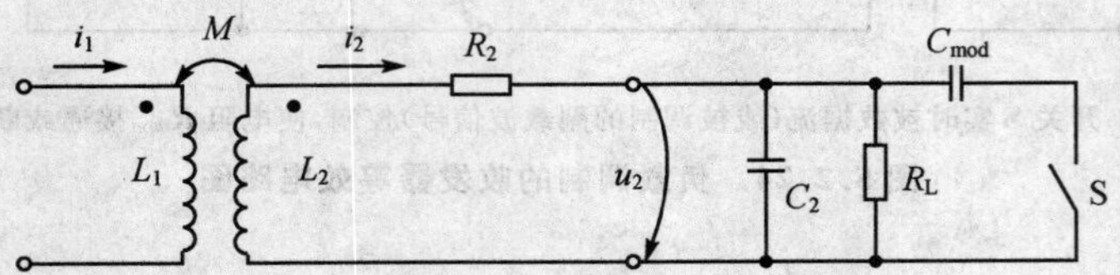

注：为了发送数据，开关 S 的通断受数据流(或调制副载波信号)控制。

图 5.2.27　电容负载调制的收发器等效电路

我们知道，收发器共振频率的失调会明显影响收发器阻抗 Z'_T 的量值和相位。从图 5.2.28 电容负载调制器的轨迹曲线可以清楚看到这点，这里 $C_2 \parallel C_{mod}=40\sim60$ pF。Z'_T 值在 $Z'_T(\omega_{RES1})$ 和 $Z'_T(\omega_{RES2})$ 之间被收发器的负载调制器变换着。因此，Z'_T 轨迹曲线在复数 Z 平面经过一段圆弧，这是并行共振电路的典型。并联调制电容 C_{mod} 调制了受改变的收发器阻抗 Z'_T 量值和相位。

数据信号的解调类似于欧姆负载中使用的过程。电容负载调制产生了阅读器天线电压 u_{RX} 的振幅和相位调制的组合；所以在阅读器的接收器分支上应当用适当的方式处理。相关的矢量图表示在图 5.2.29 上。在阅读器的天线线圈(L_1)上，这个电压的量值和相位是受电容负载调制器调制的。

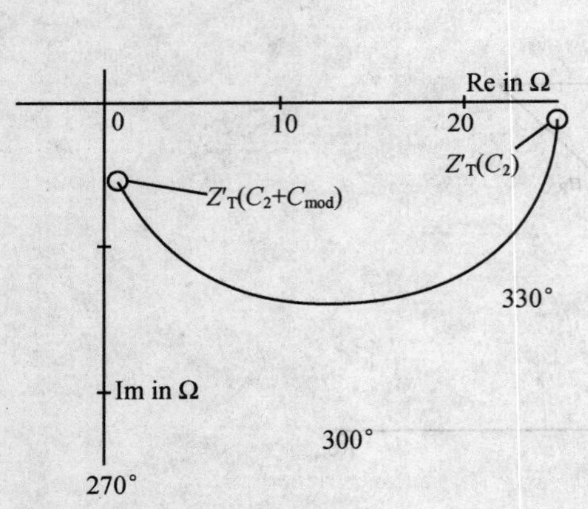

图 5.2.28　电容负载调制改变的收发器阻抗轨迹曲线

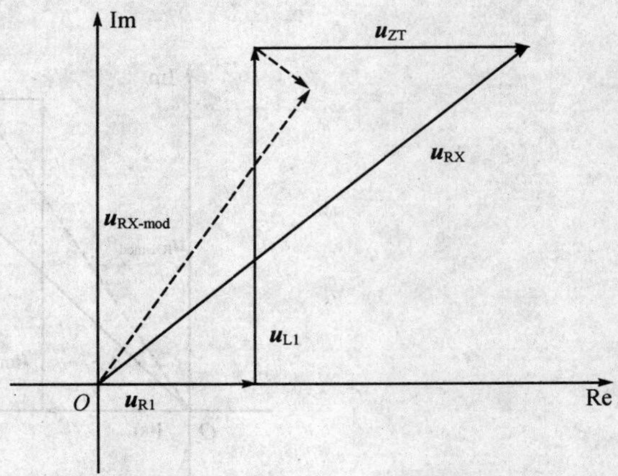

图 5.2.29　在阅读器的接收器上有效的总电压 u_{RX} 的矢量图

3. 阅读器上的解调

对于频率低于 135 kHz 的收发器，负载调制器通常是直接用基带的数据流编码控制，例如，曼彻斯特编码比特序列。来自收发器的调制信号可以通过对阅读器天线线圈上的振幅调制电压整流而恢复。

在较高频率的系统中，工作在 6.78 MHz 或 13.56 MHz，收发器的负载调制器是由被调制的副载波信号控制的。这个副载波频率 f_H一般是 847 kHz(ISO 4443—2)、423 kHz(ISO 15693)或 212 kHz。有副载波的负载调制在距离发射频率 $\pm f_H$的两侧产生两个边带。在两个边带都能获取被发送的信息，每个边带含有同样的信息。在阅读器中两个边带中的一个被滤波并最终被解调，还原出被调制的数据流的基带信号。

4. 因数 Q 的影响

正如从前面的章节所知，我们力图使因数 Q 最大化，目的是得到最大化能量范围和反馈受改变的收发器阻抗。从能量范围的观点出发，在收发器共振线圈的高 Q 值无疑是希望的。如果想从收发器或向收发器发射数据，那么从收发器的数据载体到阅读器中的接收器，就要求有某一最小带宽的传输路径。然而收发器共振电路的带宽 B 反比于因数 Q，公式如下：

$$B = \frac{f_{RES}}{Q} \tag{5.2.32}$$

在收发器的每个负载调制都会引起在收发器线圈上电流 i_2相应的振幅调制。生成的电流 i_2的调制边带由于收发器共振电路的带宽而有某种程度的衰减，实际上受到限制。带宽 B 决定了围绕共振频率 f_{RES}的频率范围，在它的限制中，在收发器中电流 i_2的调制边带相对于共振频率有 3 dB 的衰减(见图 5.2.30)。如果收发器的 Q 值太高，那么由于低带宽，电流 i_2的调制边带衰减使收发器信号的范围被缩小。

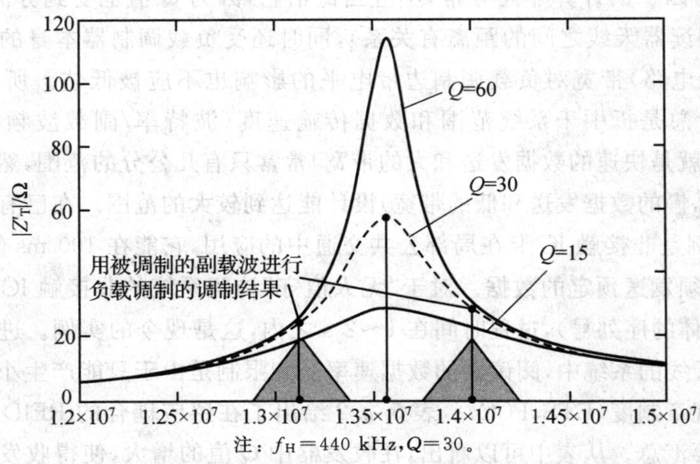

注：$f_H = 440$ kHz，$Q = 30$。

图 5.2.30 收发器共振电路带宽对电流 i_2 的调制边带的影响

在 13.56 MHz 系统支持反碰撞算法的收发器被调整到 15～18 MHz 的共振频率，是为了使几个收发器的相互影响最小化。由于相对阅读器发射频率，收发器共振频率的明显失调，有副载波的负载调制系统的两个调制边带在不同的水准上发射(见图 5.2.31)。

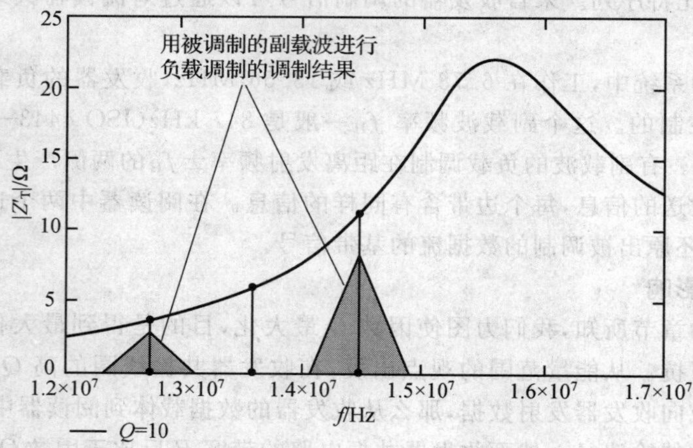

注：基于副载波频率 f_H＝847 kHz。

图 5.2.31　系统共振频率明显失调时对调制边带的影响

术语带宽在这里有些问题(因为阅读器的频率和调制边带可能处在收发器共振电路带宽的外面)。然而，对收发器共振电路正确选择因数 Q，还是很重要的，因为 Q 值能影响负载调制时的瞬时效应。

理想状态下，收发器“平均因子 Q”的选择是使系统的能量范围和收发器信号范围完全一样。然而，理想 Q 因子的计算非同寻常，不应当低估它，因为 Q 值也受到分流调节器的很大影响(与收发器和阅读器天线之间的距离有关系)，同时还受负载调制器本身的影响。此外，发射器天线(串行共振电路)带宽对负载调制边带电平的影响也不应被低估。所以，一个感应耦合 RFID 系统的设计总是折中于系统范围和数据传输速度(波特率/副载波频率)之间。要求处理时间短的系统(就是快速的数据发送和大的带宽)常常只有几公分的范围，然而，处理时间相对长的系统(也就是，慢的数据发送和低的带宽)设计能达到较大的范围。在已有的实践过程中，一个值得称道的实例是非接触 IC 卡在局部公共交通中的应用，它能在 100 ms 的时间内执行与阅读器的认证，还必须发送预定的数据。对于“无人值守”访问系统的非接触 IC 卡，发送的字节数少(通常是数据载体的序列号)，过程时间在 1～2 s 之内，这是现今的实例。进一步要考虑的是，在带有“大”发射天线的系统中，阅读器的数据速率受到限制是由于只能产生小的边带，因为需要遵守无线电执照规章制度(ETS，FCC)。表 5.2.2 给出了在感应耦合的 RFID 系统中，范围和边带之间的关系简要汇总。从表中可以看出，在收发器中 Q 值的增大，使得收发器系统范围扩大。然而，这是以损失带宽和数据传输率(收发器与阅读器之间的波特率)为代价的。

表 5.2.2 在 13.56 MHz 系统中范围和带宽之间的典型关系

系　统	波特率(kb·s^{-1})	副载波频率 $f_{subcarrier}$/kHz	发射频率 f_{Tx}/MHz	工作范围/cm
ISO 14443	106	847	13.56	0～10
ISO 15693 short	26.48	484	13.56	0～30
ISO 15693 long	6.62	484	13.56	0～70
远程系统	9.0	212	13.56	0～100
低频系统	0～10	没有副载波	<0.125	0～150

5. 用副载波的负载调制

如前面所描述，感应耦合系统基于阅读器的主线圈和收发器的次级线圈之间的变压器类型的耦合。这是当线圈之间的距离不超过 0.16λ($\lambda/2\pi$)时才成立的，所以收发器要位于发送天线的近场区域。如果收发器的共振线圈位于阅读器的交变磁场内，那么收发器就从这个磁场获取能量。收发器在阅读器天线上引起的反馈能够表现为在阅读器天线线圈上阻抗 Z_T 的变换。在收发器天线上，负载电阻接通和断开就会引起阻抗 Z_T 的变化，这样在阅读器上的电压也就变化。这就起到了用远程收发器对阅读器的天线线圈上电压 U_L 进行振幅调制的效果。如果负载电阻的通断时序是由数据控制，这些数据就可以从收发器传送到阅读器。这种类型的数据传输称为负载调制。为了在阅读器上再现数据，从阅读器天线上分得的电压经过调整(整流和检波等)，这就是振幅调制信号的解调。

然而，由于阅读器天线和接收器天线之间微弱的耦合，在阅读器天线上的代表有用信号的电压起伏要比阅读器的输出电压的振幅小很多。实际上，对于 13.56 MHz 系统，假设天线电压近似于 100 V(通过共振递升上的电压)，而大约只有 10 mV 的有用信号可以期待(＝80 dB 信噪比)。因为检测这样微弱的信号要求很复杂的电路，对此，提出由天线电压的振幅调制而建立的边频带(sideband)可以被利用。所谓边频带是指距离基本频率一段距离的频带，在这个频带上的载波称为副载波。

如图 5.2.32 所示，如果收发器里的附加电阻是以非常高的基本频率 f_S 通断的，那么两条谱线会出现在阅读器发射频率附近距离 $\pm f_S$ 的位置，同时它们很容易被检测到(当然，f_S 必须小于 f_{READER})。在无线电技术的术语中，这个新的基本频率称为副载波。数据传输是通过副载波在时间上用数据流进行 ASK、FSK 或 PSK 的调制。这里说的是副载波的振幅调制。f_S 的值不是随意定的，它是系统基本频率的 2^n($n=1,2,3\cdots$)分频结果。例如，基本频率为 13.56 MHz，$f_S=847$ kHz(13.56 MHz ÷ 16)、424 kHz(13.56 MHz ÷ 32)或 212 kHz(13.56 MHz ÷ 64)等。

图 5.2.32 中的阅读器是设计用来检测副载波。图中 BP 是带通滤波，DEMO 是解调器。用副载波的负载调制在工作频率 f_{READER} 附近，距离为副载波频率的地方，产生了阅读器天线

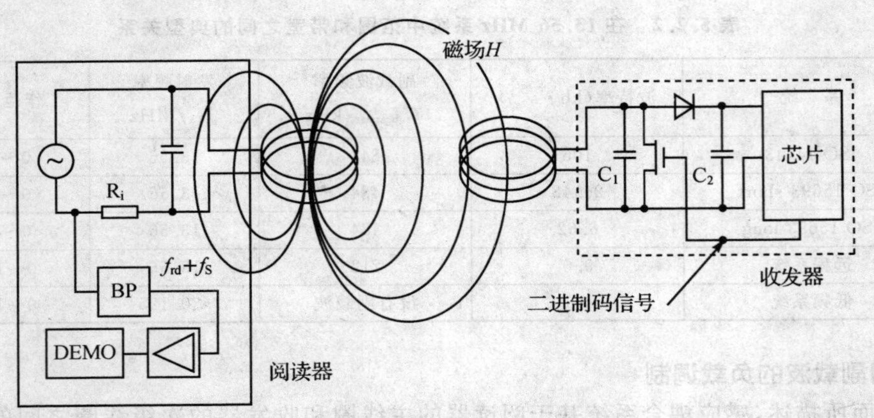

图 5.2.32 收发器用一个 FET 的漏-源电阻开关产生负载调制

上的两个调制边频带，见图 5.2.33。这种调制边频带可以在频率为 $f_{READER} \pm f_S$ 的一处或二处，通过带通滤波与阅读器上明显强大的信号分离。实际的信息装载在两个副载波边频带上，它们是副载波调制产生的。只要把它放大，副载波信号就可以简单解调。

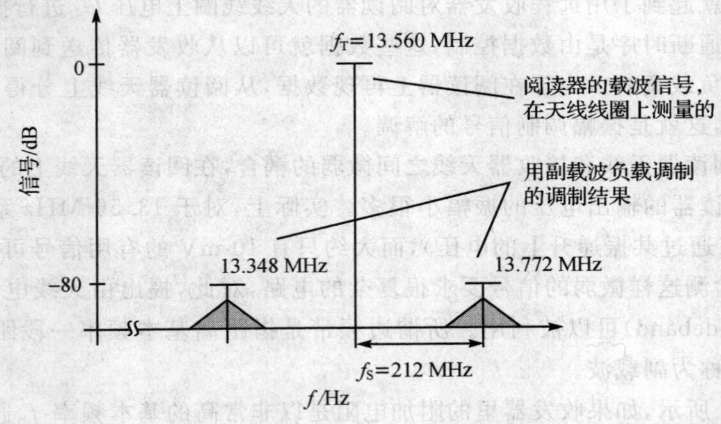

图 5.2.33 负载调制在发送频率附近产生的两个距离为副载波频率 f_S 的边频带

由于副载波发射要求大的带宽，所以这个过程只能用在 ISM(Industrial-Scientific-Medical)频率范围，对此有 6.78 MHz、13.56 MHz 和 27.125 MHz。

5.3 RFID 系统的编码与调制

图 5.3.1 的方框图描绘了一个数字通信系统。类似的，在 RFID 系统的阅读器和收发器之间的数据传输也要求三个主要的功能模块。从阅读器到收发器，数据传输的方向，它们是：

在阅读器(发射机)中的信号编码(信号处理)和调制器(载波电路),传输介质(通道),在收发器(接收机)中的解调器(载波电路)和信号解码(信号处理)。

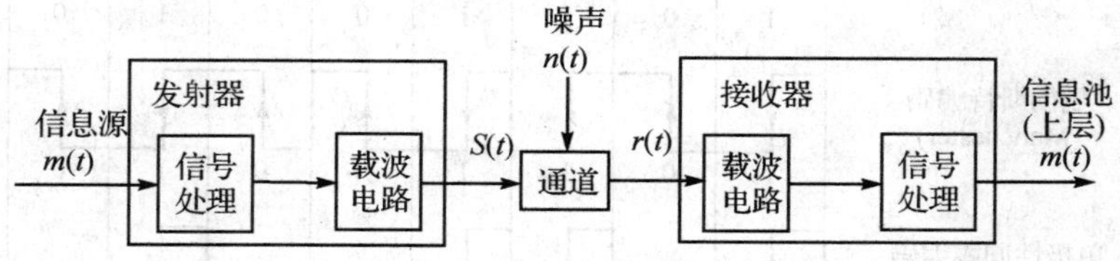

图 5.3.1 在数字通信系统的信号和数据流

- 信号编码系统接受将被发送的信息和它的信号表示形式,使它与传输通道有最佳的匹配。这个过程包括提供给信息某种程度的保护,以防止干扰或冲突,防止改变某些信号特征的企图。为了不把信号编码和调制混淆,而称它为在基带的编码。
- 调制是改变高频率载波信号参数的过程,也就是与被调制的信号相关的振幅、频率或相位等基带信号。
- 传输介质传送信息跨越预定的距离。在 RFID 系统中,传输介质只有磁场(感应耦合)和电磁波(微波)。
- 解调是另一种把信号还原为基带的调制过程。因为无论在收发器还是在阅读器中都常有信息源,信息在两个方向交替传送,这些构件中既有调制器也有解调器,所以,称为调制解调器。
- 信号解码的任务是根据接收到的基带编码信号重构原始信息,同时识别传输的错误并把它们标示出来。

5.3.1 基带编码

二进制的 1 和 0 可以用不同的线路代码表示。RFID 系统通常使用下列编码方式之一:反向不归零制(NRZ)、曼彻斯特制(Manchester)、单极归零制(Unipolar RZ)、差分双相位制(DBP)、米勒编码(Miller)、差分编码(differential coding)等,见图 5.3.2。

- NRZ 码:二进制 1 用“高”信号表示,0 用“低”信号表示。NRZ 码的应用几乎只有 FSK 或 PSK 调制。
- 曼彻斯特码:二进制 1 用半个位周期中的负跳变表示,0 用正跳变表示。曼彻斯特码由此也称为分相编码。曼彻斯特码常用在从收发器到阅读器基于用副载波负载调制的数据传输中。
- 单极归零码:二进制 1 用前半个位周期的“高”信号表示,0 用“低”信号表示,并持续整个位。
- DBP 码:二进制 0 用半个位周期内的跳变表示,而 1 则没有跳变。此外,在每个位周

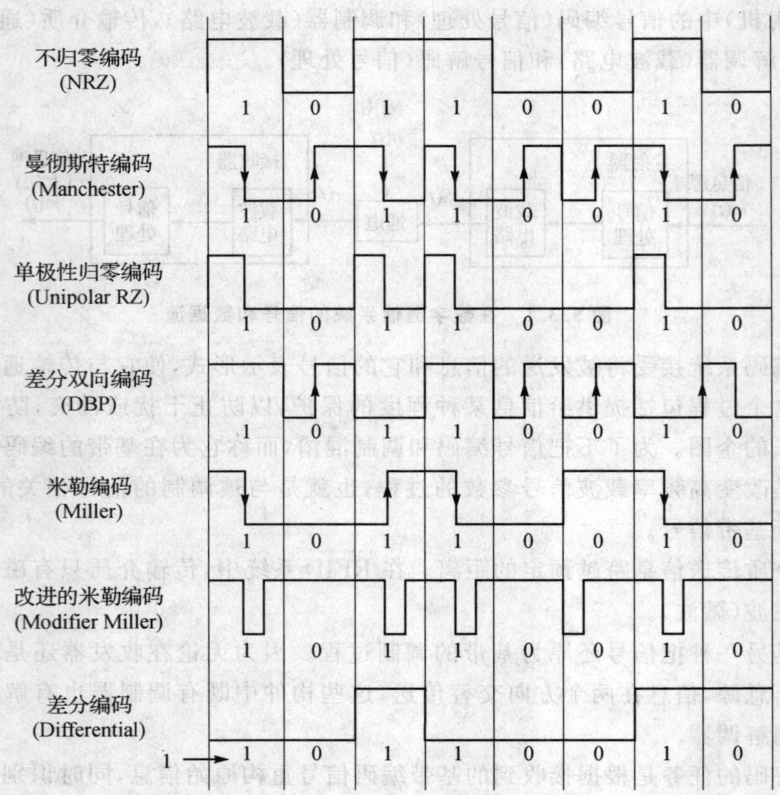

图 5.3.2 在 RFID 系统中的线路信号编码

期的开始，电平都要反转。所以，在接收器上，位脉冲更容易恢复(如有必要的话)。

• 米勒码：二进制 1 用半位周期的跳变表示，0 是用 1 的电平在下个周期的持续表示。连续的 0 在位周期开始处产生跳变，所以位脉冲在接收器上更容易恢复。

• 改进的米勒码：在这个米勒码的变种中，每个跳变是用负脉冲表示。这样，改进的米勒码非常适合用在感应耦合的 RFID 系统中，从阅读器向收发器的数据传送。由于非常短的脉冲时间(远远小于位周期)，就可以保证从阅读器的 HF 场中有持续的能量供应给收发器，即使在数据传输期间。

• 差分码：在差分码中，每个 1 的发送会引起信号电平的变化，然而，对于 0，信号电平维持不变。差分编码可以很简单地从 NRZ 信号经过一个 XOR 门和一个 D 触发器而得。图 5.3.3 展示了实现该编码的电路。

• 脉冲暂停编码：在脉冲暂停编码 PPC(Pulse-Pause Coding)中，二进制 1 是用在下一个脉冲前暂停时间 t 表示；0 用在下一个脉冲前暂停时间 $2t$ 表示(见图 5.3.4)。这个编码方式在感应耦合的 RFID 系统中很流行，用做从阅读器向收发器的数据传送。由于暂停时间 t_{pulse} 非常短(远远小于一个位周期 T_{bit})，这样可以保障从阅读器的 HF 场向收发器持续供电，即使在数据传输期间。

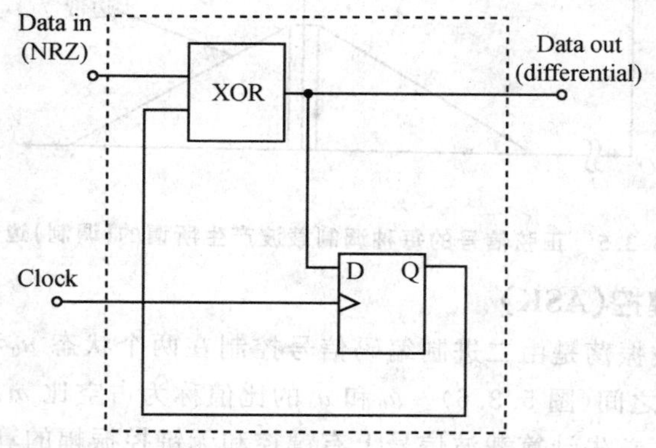

图 5.3.3 从 NRZ 编码产生差分编码

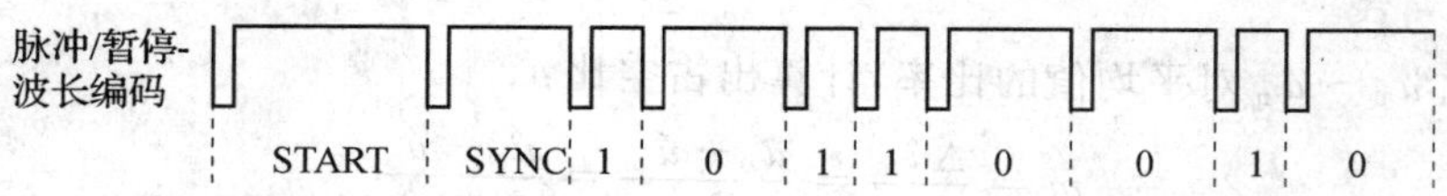

图 5.3.4 脉冲暂停编码中可能的信号轨迹

当给 RFID 系统选择合适的信号编码时，各种限制条件都应当考虑。最重要的考虑是调制后信号的频谱和对发送错误的敏感度。此外，在无源收发器的情况，电源的供应不应当被不合适的信号编码和调制方式中断。

5.3.2 数字调制方式

能量是以电磁波的形式从天线辐射进入周围空间。有目的地对电磁波的三个信号参数(振幅、频率、相位)中的一个给予改变，信息就可以被编码并且发送到空间的任意点。这种用信息(数据)改变电磁波的过程称为调制；没有被调制的电磁波称为载波。

通过分析空间任意点的电磁波的特征，可以通过测量接收到的波在振幅、频率或相位上的变化来重构信息。这个过程称为解调。传统的无线电理论主要是考虑模拟调制过程。我们可以区分出振幅调制、频率调制和相位调制，它们是电磁波的三个主要变量。所有其他调制方式都是从这三种类型演变而来的。RFID 系统使用的方式是数字调制方式 ASK(幅移键控)、FSK(频移键控)和 PSK(相移键控)。在每一种调制过程中的对称调制产物(所谓的边带)是在载波周围产生的。边带的频谱和振幅受基带中编码信号的频谱和调制方式的影响(见图 5.3.5)。

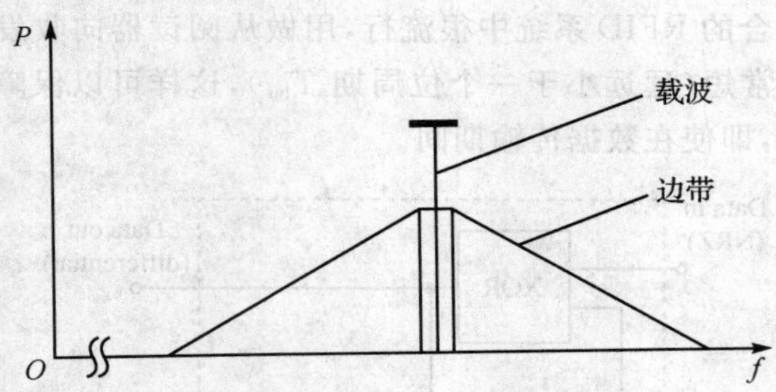

图 5.3.5　正弦信号的每种调制载波产生所谓的(调制)边带

5.3.2.1　幅移键控(ASK)

在幅移键控中，载波振荡是由二进制编码信号控制在两个状态 u_0 和 u_1(键控)之间切换。u_1的值可以取自 u_0 和 0 之间(图 5.3.6)。u_0 和 u_1 的比值称为占空比 m。

为了求得占空比 m，首先计算载波信号上有键控和无键控振幅的算术平均值：

$$\hat{u}_m = \frac{\hat{u}_0 + \hat{u}_1}{2} \tag{5.3.1}$$

根据振幅变化 $\hat{u}_0 - \hat{u}_m$对平均值的比率，计算出占空比：

$$m = \frac{\Delta\hat{u}_m}{\hat{u}_m} = \frac{\hat{u}_0 - \hat{u}_m}{\hat{u}_m} = \frac{\hat{u}_0 - \hat{u}_1}{\hat{u}_0 + \hat{u}_1} \tag{5.3.2}$$

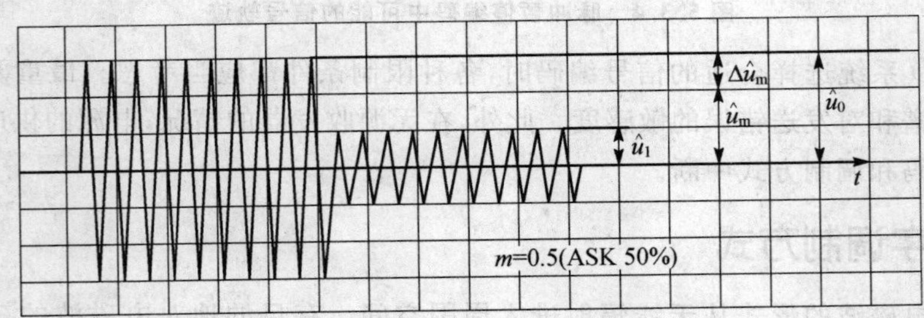

图 5.3.6　在 ASK 调制中，载波的振幅由二进制编码信号切换在两个状态之间

在百分之百的 ASK 中，载波振荡的幅度在载波振幅值 $2\hat{u}_m$ 和 0 之间切换。在用模拟信号(正弦振荡)的振幅调制中，这也符合 $m=1$(或 100%)的调制因子。

为计算占空比，所描述的过程和计算用模拟信号(正弦振荡)进行振幅调制时的调制因数一样。然而，在键控和模拟调制之间有一个重要的区别。在键控中，载波在无调制状态取振幅值 $\hat{u}_0$，而在模拟调制中，载波信号在无调制状态取振幅值 $\hat{u}_m$。

在这里，占空比有时被看做是在键控期间载波缩减的百分比 m'：

$$m' = 1 - \frac{\hat{u}_1}{\hat{u}_0} \tag{5.3.3}$$

在图 5.3.7 的例子中，占空比是 $m'=0.66(66\%)$。在占空比小于 15%和大于 85%的情况下，这两种计算方式之间的差异可以忽略。

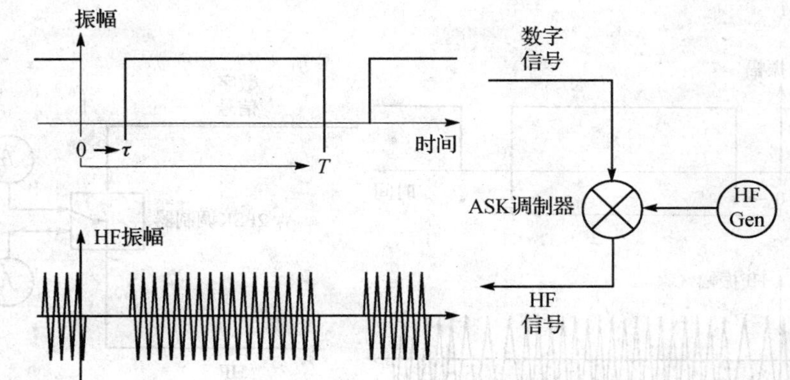

图 5.3.7 用二进制编码信号键控从 HF 发生器进入 ASK 调制器的正弦载波信号，产生 100%的 ASK 调制

二进制编码信号是由 1 和 0 状态组成的序列，周期是 T，位延时是 τ。从数学的观点看，ASK 调制是编码信号 $u_{\text{code}}(t)$ 乘以载波振荡 $u_{\text{Cr}}(t)$。对于 $m<1$ 的占空比，这里引入另一个常量 $(1-m)$，所以当处于无键控状态时，可以 $u_{\text{HF}}(t)$ 乘以 1：

$$U_{ASK}(t)=[m\cdot u_{\text{code}}(t)+1-m]\cdot u_{\text{HF}}(t) \tag{5.3.4}$$

这样 ASK 信号频谱的求得就可以通过编码信号频谱与载波频率 f_{CR} 的卷积或用编码信号的傅里叶展开乘以载波振荡。它包含了编码信号在上下两个边带的频谱，它们对称于载波。

周期为 T，位延时为 τ 的脉冲成形信号产生表 5.3.1 的频谱（见图 5.3.8），是一个规律。

表 5.3.1 脉冲成形的被调制的载波振荡频谱线

名 称	频 率	振 幅
载波振荡	f_{CR}	$u_{\text{HF}}\cdot(1-m)\cdot(T-\tau)/T$
第 1 条光谱线	$f_{\text{CR}}\pm 1/T$	$u_{\text{HF}}\cdot m\cdot \sin(\pi\cdot\tau/T)$
第 2 条光谱线	$f_{\text{CR}}\pm 2/T$	$u_{\text{HF}}\cdot m\cdot \sin(2\pi\cdot\tau/T)$
第 3 条光谱线	$f_{\text{CR}}\pm 3/T$	$u_{\text{HF}}\cdot m\cdot \sin(3\pi\cdot\tau/T)$
第 n 条光谱线	$f_{\text{CR}}\pm n/T$	$u_{\text{HF}}\cdot m\cdot \sin(n\pi\cdot\tau/T)$

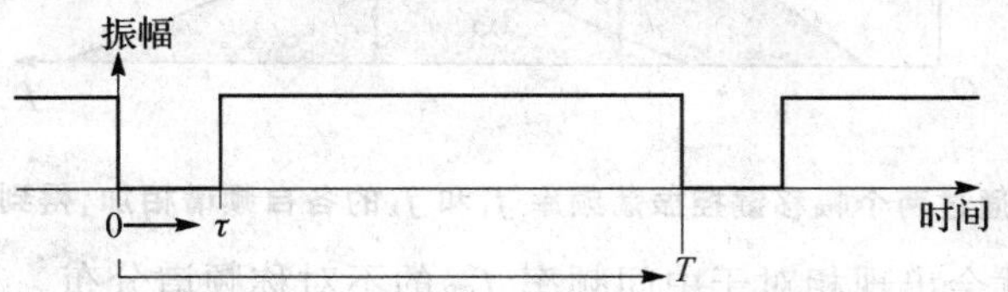

图 5.3.8 一个位周期为 T，位延时为 τ 的二进制编码信号的表示

5.3.2.2 二进制频移键控(2FSK)

在二进制的 FSK 中,载波振荡频率由二进制编码信号控制,切换在频率 f_1 和 f_2 之间(见图 5.3.9)。

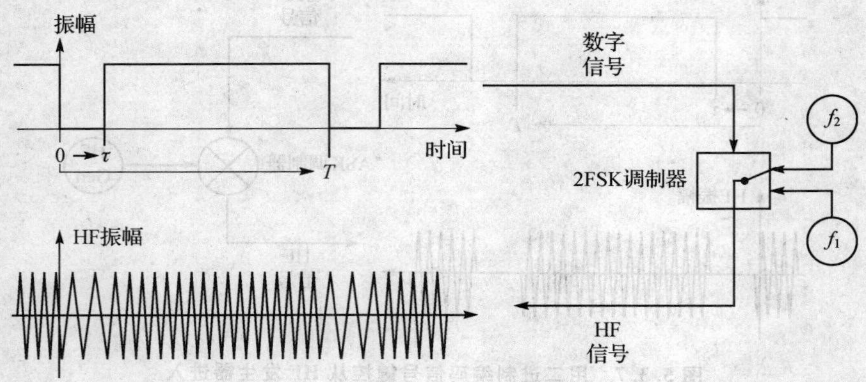

图 5.3.9 二进制 FSK 的产生:按时间用二进制编码信号频率在 f_1 和 f_2 之间切换

载波频率 f_{CR} 是由两个特征频率的算术平均值定义的。载波频率和特征频率之差被称为频率偏差 Δf_{CR}:

$$f_{CR} = \frac{f_1 + f_2}{2} \qquad \Delta f_{CR} = \frac{|f_1 + f_2|}{2} \tag{5.3.5}$$

从时间函数的观点,2FSK 信号可以被认为是两个幅移键控信号的组合,它们的载波频率为 f_1 和 f_2。所以 2FSK 信号的频谱是由两个幅移键控振荡的频谱叠加而得(见图 5.3.10)。在 RFID 系统使用的基带编码产生了不对称的频移键控,公式如下:

$$\tau \neq \frac{T}{2} \tag{5.3.6}$$

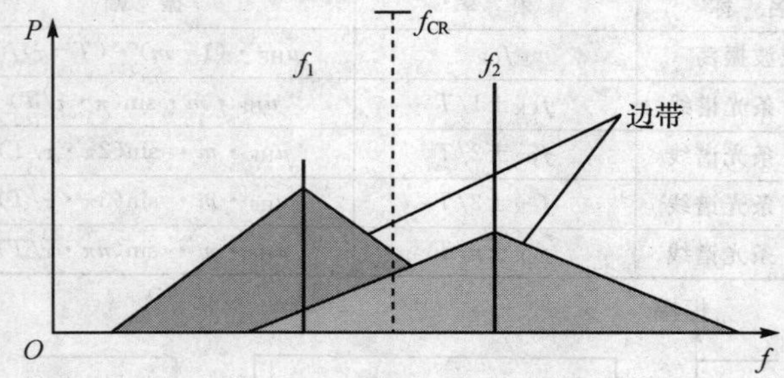

图5.3.10 通过两个幅移键控振荡频率 f_1 和 f_2 的各自频谱相加,得到 2FSK 的频谱

在这种情况下,就会出现相对于中间频率 f_{CR} 的不对称频谱分布。

5.3.2.3　二进制相移键控(2PSK)

在相移键控中,相对于参考相位,编码的二进制状态 0 和 1 被转换成对应的载波振荡相位状态。在 2PSK 中,信号在相位 0°和 180°之间切换。从数学上讲,键控相位在 0°和 180°之间变换,相当于载波振荡信号乘以 1 或 −1。

2PSK 的功率谱可以按照 50% 的 τ/T 脉冲间隔比计算:

$$P(f)=\left(\frac{P\cdot T_{S}}{2}\right)\cdot\left[\operatorname{sinc}^{2}\pi(f-f_{0})T_{S}+\operatorname{sinc}^{2}\pi(f+f_{0})T_{S}\right] \tag{5.3.7}$$

式中,P 是发送功率;T_S 是位延时($=\tau$);f_0是中心频率;$\operatorname{sinc}(x)=\frac{\sin(x)}{x}$。

围绕载波频率 f_0的两个边带的轨迹跟随着函数$[\sin(x)/x]^2$。这样在频率 $f_0\pm 1/T_S$,$f_0\pm 2/T_s$,$f_0\pm n/T_S$处产生了零位置。在频率范围 $f_0\pm 1/T_S$,90% 的发送功率被发送,见图 5.3.11。

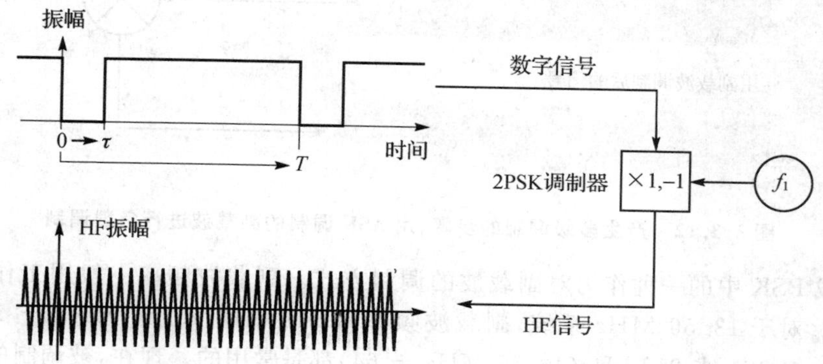

图 5.3.11　2PSK 调制的产生:在时间上按二进制编码信号翻转正弦载波信号

5.3.3　副载波的调制方式

副载波调制广泛应用在无线电技术中。在 VHF 广播中,频率为 38 kHz 的立体声副载波是随同基带声频道一起发射的。基带只含有单道信号。为获得 L 和 R 声道而要求的L-R信号,可以用立体副载波调制默默地发送。所以,副载波的应用代表一个多级调制。这样在本例中,首先用差动信号调制副载波,为的是再使用被调制的副载波信号最终去调制 VHF 发射器,见图 5.3.12。

在 RFID 系统,副载波调制方式基本上用在感应耦合系统,频率在 6.78 MHz、13.56 MHz 或 27.125 MHz,同时在从收发器到阅读器的数据传输中用负载调制。在感应耦合的 RFID 系统中,负载调制有着在阅读器天线上对 HF 电压的 ASK 调制类似的效果。为了取代用基带编码信号按时间切换负载电阻通和断,首先对低频的副载波用基带编码信号调制;然后选择

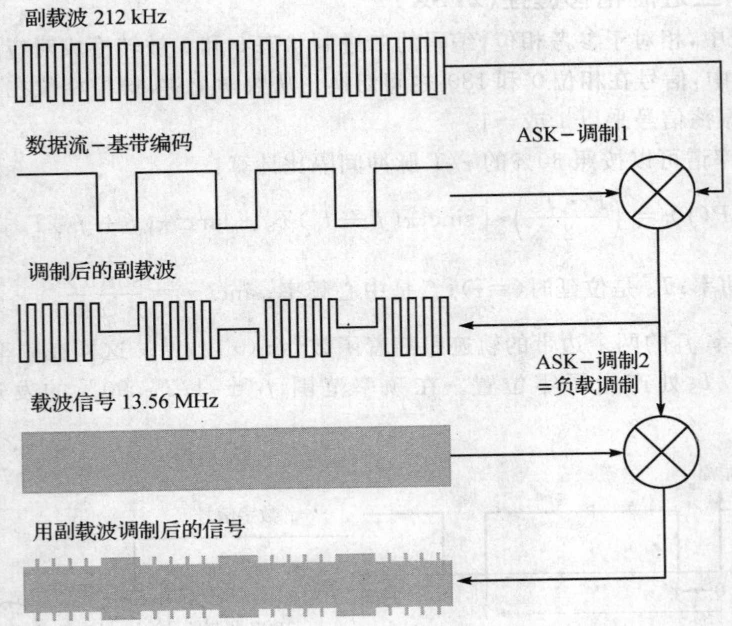

图 5.3.12　产生多级调制的步骤，用 ASK 调制的副载波进行负载调制

ASK、FSK 或 PSK 中的一种作为对副载波的调制方式。副载波频率一般用工作频率的二进位除法得到。对于 13.56 MHz 系统，副载波频率为 847 kHz(13.56 MHz ÷ 16)、424 kHz (13.56 MHz ÷ 32) 或 212 kHz(13.56 MHz ÷ 64)都是常用的。现在，被调制的副载波信号用来切换负载电阻的通和断。

仅仅在考虑产生的频谱时，用副载波的主要优点才显得清晰。用副载波的负载调制最初产生两条频谱线，在距离工作频率为副载波频率±f_S处(见图 5.3.13)。现在，依靠有基带编码数据流的副载波调制，实际信息的发射是在两个副载波线的边带上。当在副载波上使用负载调制，另一方面，数据流的边带就会直接位于工作频率的载波信号旁边。

在非常松散的耦合收发器系统中，阅读器载波信号 f_T和接收到的负载调制的调制边带之间的差别在 80～90 dB 之间(见图 5.3.13)。两个副载波调制产物之一可以经滤波输出，然后通过变换数据流的调制边带频率进行解调。频率 f_T+f_S或 f_T-f_S是否被利用，在这里是不相关的，因为信息包含在所有边带中。

下面介绍一个实例电路，是用副载波的负载调制。

图 5.3.14 是一实例电路，用副载波负载调制的收发器。这个电路设计工作频率为 13.56 MHz，产生 212 kHz 的副载波。

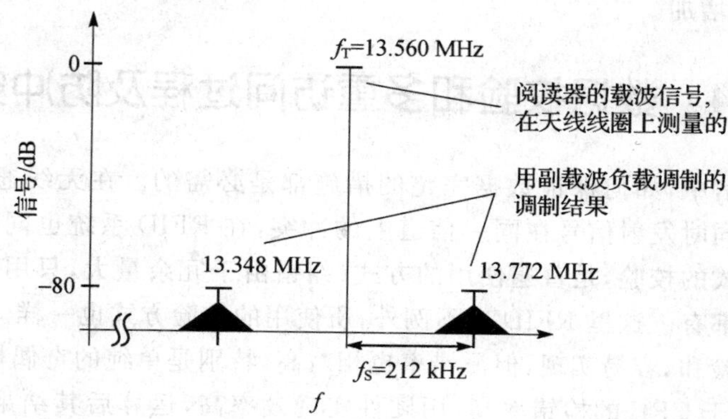

图 5.3.13 用副载波的负载调制应用在调制中

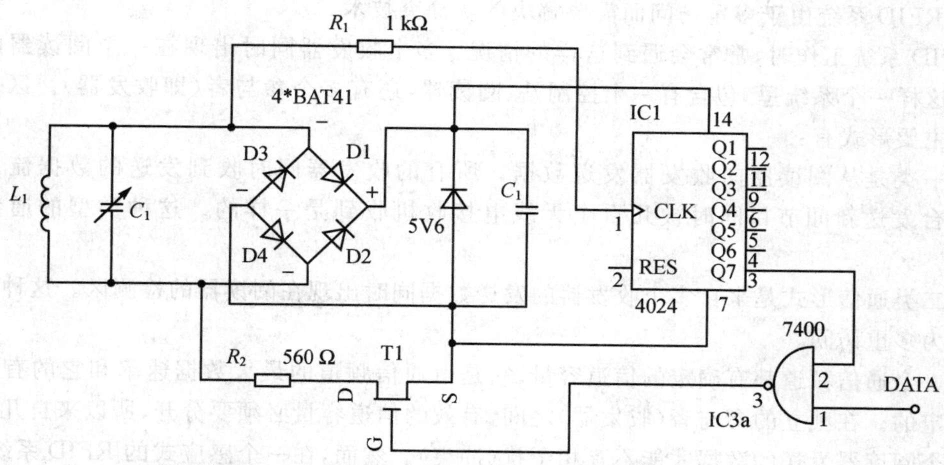

图 5.3.14 在电感耦合的收发器中,用副载波实现负载调制的实例电路

在天线线圈 L_1 上有阅读器的交变磁场感应产生的电压,经过桥式整流器(D1~D4)整流和另外的滤波(C_1)后,就成了电路的供电电源。并联的稳压管 ZD 5V6 防止供电电压在收发器接近阅读器天线时遭受不可控制的冲击。通过保护电阻 R_1,高频(13.56 MHz)天线电压的一部分传送到频率分频器的时钟输入(CLK),同时给收发器提供产生内部时钟信号的基础。经过 2^6(64)分频后,212 kHz 副载波时钟信号从 Q7 输出。受串行数据流(DATA)的控制,这个副载波时钟信号通过开关管 T1。负载电阻 R_2 的通断伴随着副载波频率。在这个电路中,收发器带有电容 C_1 的共振电路很容易进入 13.56 MHz 的共振。用这种方式,这个"最小收发器”的范围可以明显增加。

5.4 数据校验和多重访问过程及防冲突

在任何数字通信中，如何保证数据完整的措施都是必需的。在无线通信中，干扰因素更多，例如，多个信源同时发射信号在同一信道上的冲突，在RFID系统也同样存在。对收发双方数据进行某种方式的校验，是普遍使用的方式(纠错由于冗余量大，只用在少数特定场合)，在前面的各章中也都有。这里RFID也不例外，所使用的校验方式也一样。一般数据量少，多采用奇偶校验或校验和，容易实现，但漏错率也相对高，特别是单纯的奇偶校验。数据量大时，普遍采用CRC。由于CRC的检错率高，用硬件实现效率高，运算后其结果具有省去对比(只要接收方运算结果为0，就表明正确)等优点，在需要高安全保障的通信中，即使数据少，也都采用CRC。有关各校验方法的原理在许多资料文献中容易看到，在此就不再陈述。本节重点是介绍RFID系统由于多重访问而需要解决的防冲突技术。

RFID系统工作时，常常会遇到这样的情况：多个收发器同时出现在一个阅读器的检测区。在这样一个系统里，包含有一个控制站、阅读器，还有多个参与者(即收发器)。区分通信的两种主要形式有：

第一类是从阅读器向收发器发送数据。所有的收发器同时收到发送的数据流。这与无线电台发送新闻节目同时被几百个无线电接收机收到是一样的。这种类型的通信叫做广播。

第二类通信形式是来自多个收发器的发送数据同时出现在阅读器的检测区。这种形式的通信称为多重访问。

每一个通信频道都有确定的信道容量，它是由通信频道的最大数据速率和它的有效时间间隔决定的。在独立的参与者(收发器)之间，有效的信道容量必须要分开，所以来自几个收发器向单个阅读器发送的数据才能不互相干扰(冲突)。然而，在一个感应式的RFID系统，阅读器只有一个接收段对所有的收发器有效，也就是说，在检测区只有一个公共通道给阅读器用于传送数据。最大数据速率是根据收发器和阅读器天线的有效频带求得的。

多重访问防冲突的问题在无线电技术中已经存在很长时间了。实例包括新闻卫星和移动电话网，在那里，大量的参与者试图访问一个卫星或基站。为此，人们想出许多办法将每个参与者的信号相互分开。大体上有四种不同的方式：空间划分多重访问(SDMA)、频率域多重访问(FDMA)、时间域多重访问(TDMA)和码分多重访问(CDMA，也称为扩频)。然而，这些传统的方式都是基于一个假设，那就是发自和通向参与者的数据流是不间断的，一旦信道的容量被分配，它将保留这种划分，直到通信关系结束(例如，电话交谈结束)。

另一方面，RFID收发器的特点是激活的时间短暂，不等长停留和分布。例如，一张用于公共交通旅行的非接触IC卡，它被带入一个阅读器的检测区，必须在几十毫秒的时间内被鉴别、读取或写入等,也许在其后的很长时间又没有卡进入这个区域。然而,这个例子不应该被认为,在这种类型的应用中多重访问是没有必要的。有这样的情况,一个旅客有两三张同样类型的非接触 IC 卡在他的皮夹中,他必须考虑拿哪一张卡靠近阅读器天线。功能强大的多重访问方式能够正确选择卡并且扣除费用,而没有任何明显的延时,即使是在特种情况下。在阅读器和收发器之间,传输信道的这种功能面对非常高的突发因素,所以也要涉及信息包的访问方式。

只有在实际需要时才做信道容量的划分(例如,在阅读器检测区选择收发器时)。在 RFID 系统中多重访问技术的实现给收发器和阅读器提出了一些挑战,因为它必须可靠地防止收发器的数据(信息包)在阅读器的检测区受到相互的冲突而变得不可读取,并且不引起任何明显的延时。在有关 RFID 系统的文献中,能够进行多重访问而没有任何干扰的技术方式(访问协议)被称为防冲突系统。

事实上,由单个收发器发送给阅读器的数据包(例如,通过负载调制),不能被所有在阅读器的检测区中的其他收发器接收到。这就对几乎所有 RFID 系统提出了一项特殊的挑战。这是因为,在第一时间,一个收发器不能探测到是否有其他收发器在阅读器的检测区。

由于竞争的原因,系统制造商一般不会公开他们所用的防冲突的方式,所以,有关这个主题很少能在技术文献中找到,要对这个主题充分了解也比较困难。下面分类举例说明了防冲突方式实现的思路和原理。

5.4.1 空间划分多重访问(SDMA)

空间划分多重访问技术是指在空间分开的各区域重复使用某种资源(信道容量)。一种选择是明显减少单个阅读器的范围,而用大量阅读器和天线组合在一起成为一个阵列来补偿,这样就提供了对一个区域的覆盖。结果是邻近的阅读器信道容量就可以重复使用。这种方式被成功地应用在大规模的马拉松竞赛事务中,测定带有收发器的马拉松运动员跑步的时间。在这项应用中,大量的阅读器天线被安插在格子状的垫子里。跑步者经过垫子上方,所携带的收发器通过少数几个天线的检测区,它们是整个布设的一部分。大量的收发器可以这样同时被读取,其结果是运动员在整个设计区域中的空间分布。

再进一步的选择是,用电子技术控制的阅读器上的方向天线,它有方向的波束可以直接指向一个收发器(符合 SDMA)。这样,各种各样的收发器可以用它们在阅读器询问区的方位角来区分。定相位排列的天线用做电子控制的方向天线。它们由几个偶极子天线组成,所以,相应的 SDMA 只能用在频率高于 850 MHz(典型值 2.45 GHz)的 RFID 系统,这是由于天线尺寸的结果。每一个偶极子单元(收发器)都是在某个独立特定的相位被驱动。在不同方向的偶极子天线的各自的波发生不同的叠加,据此,可以得到天线的方位图。在某些方向上,各个偶极子天线的场是同相位叠加,这导致场增强,而在另一些方向,则是全部或部分相互抵消。为了设定方向,各偶极子单元由一个可调整的、相位可以控制修改的 HF 电压提供电源。为了寻址一个收发器，阅读器周围的空间必须用方向天线扫描，直到一个收发器被阅读器的“搜索光线”探测到，见图 5.4.1。

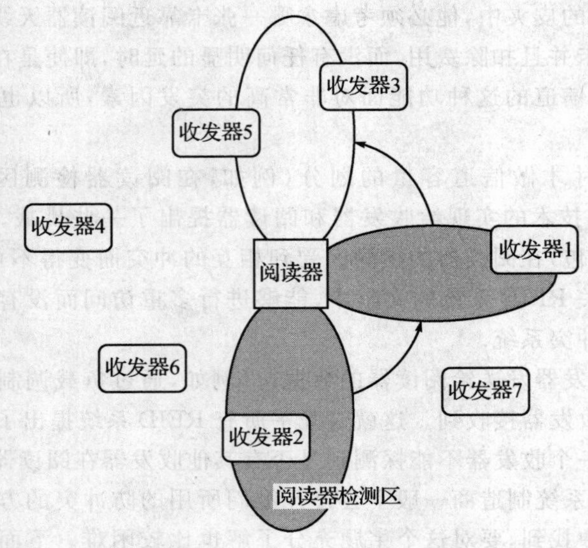

图 5.4.1　有电子控制天线方向的 SDMA，该方向束一个接一个地指向不同的收发器

SDMA 技术的缺点是复杂的天线系统运行的成本比较高。所以这种防冲突方式被限制在少数特殊的应用场合。

5.4.2　频率域多重访问(FDMA)

频率域多重访问技术是指在不同的载波频率上的几个发射信道对通信参与者同时有效。在 RFID 系统，这方法的实现可以用的收发器是具有自由可调的、非谐波的发射频率。对收发器的电源供应和控制信号的发射(广播)是出现在最适合于阅读器的频率 f_0。收发器响应几个有效的频率 $f_1 - f_N$ 中的一个(见图 5.4.2)。所以，完全不同的频率段可以用做数据来往于阅读器和收发器之间的传输。例如，阅读器到收发器(下行线)：135 kHz；收发器到阅读器(上行线)：433～435 MHz。

对于负载调制的 RFID 系统或反向反射系统，一个选择是使用各种不同独立的副载波频率从多个收发器传输数据到阅读器。

FDMA 方式的一个缺点是阅读器的成本比较高，因为必须为每一个接收频道提供一个专用阅读器。这种防冲突的方法也被限制在少数特殊的应用场合。

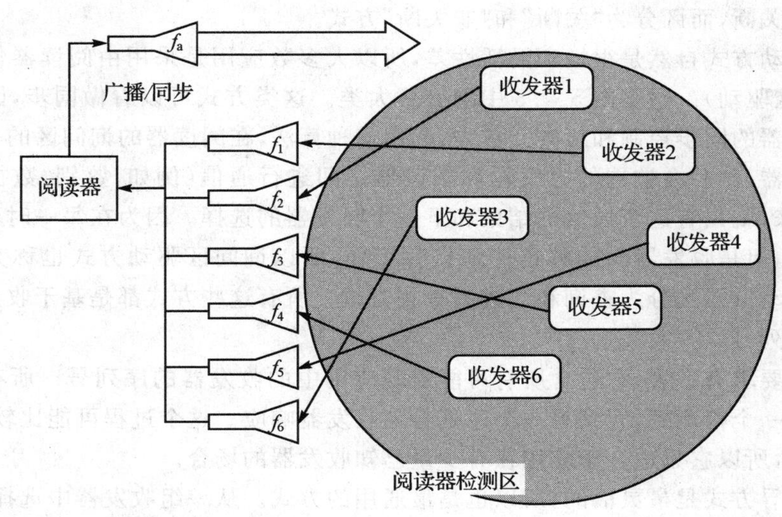

图 5.4.2 在 FDMA 方法中几个频道用于收发器向阅读器的数据传送

5.4.3 时间域多重访问(TDMA)

时间域多重访问技术是指把整个有效的信道容量按时间顺序在参与者之间划分开。

TDMA 方法实际上已经特别广泛地应用在数字移动无线系统领域。在 RFID 系统,迄今为止,TDMA 是防冲突方法中应用最多的一种,见图 5.4.3。

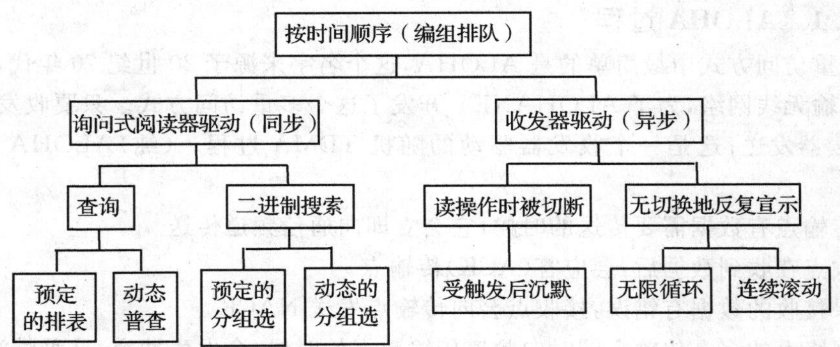

图 5.4.3 时间域防冲突方法的分类

从图 5.4.3 看到,时域防冲突分为两大类。其中一类是所谓是收发器驱动,也就是过程主控在收发器方,属异步通信(各收发器随机发送数据),而阅读器不能够控制数据传输。这种方式表现在下面将要叙述的 ALOHA 协议中。根据收发器在数据成功传送后,是否被来自阅读器的一个信号关断，而区分为“关断”和“非关断”方式。

收发器驱动方式自然是很慢和灵活性差，所以大多数应用是采用由阅读器作为主设控制的方式（询问区驱动）。这是图 5.4.3 中的另一大类。这类方式可以看做同步，因为所有收发器都受到阅读器的同步控制和检查。首先，利用某种算法，在阅读器的询问区的一组收发器中选择一个收发器，然后在被选的收发器和阅读器之间进行通信（例如，鉴别，数据的读取和写入）。再接下来，就只有这个通信的结束和下一个收发器的选择。因为在每一时刻只有一个通信关系被建立，但是收发器间能够迅速地接替工作，所以询问区驱动方式也称为时间双工方式。询问区驱动方式又分为查询和二进制查找方式。所有这些方式都是基于收发器的识别用各自唯一的序列号。

查询方式要求有一表，它包含所有可能出现应用中的收发器的序列号。所有序列号能被阅读器一个接一个检测到，直到有一个序列号的收发器响应。这个过程可能比较慢，这取决于收发器的数量，所以它只适合于应用在有少量已知收发器的场合。

二进制搜寻方式是最灵活的，所以也是最通用的方式。从一组收发器中选择一个的办法，是在阅读器的请求指令之后，通过在收发器发往阅读器的序列号中有意引起数据冲突。若这个过程要继续进行下去，那么最关键的是利用合适的信号编码系统，使阅读器能精准确定发生冲突比特的位置。二进制搜寻法更深入的描述见 5.4.4.3 小节。

5.4.4 防冲突方法举例

下面讨论一些较常用到的防冲突算法的例子。对例子中的算法，有意做了简化，目的是省略某些复杂过程也能理解这些算法的功能原理。

5.4.4.1 ALOHA 过程

所有多重访问方式中最简单的是 ALOHA，这个名字来源于 20 世纪 70 年代，在夏威夷的一个数据传输无线网络，为了 ALOHANET 开发了这个多重访问方式。只要收发器数据包有效，就向阅读器发送；这是一个收发器驱动的随机 TDMA 过程。（纯）ALOHA 协议基本要点是：

- 当传输点有数据需要传送的时候，它会立即向通信频道传送。
- 接收点在收到数据后，会应答（ACK）传输点。
- 如果接收的数据有错误，接收点会向传输点发送 NACK。
- 当网络上的多个传输点同时向频道传输数据的时候，会发生冲突，这种情况下，各个点都停止一段时间后，再次尝试传送。

这种方法专门用在 RFID 系统的只读收发器上，它们一般只发送少量的数据（序列号），这个数据在一个循环顺序中发送。数据发送时间只是循环重复的一部分，在多个发送之间还有相对长时间的停顿。此外，每个收发器的重复时间也稍有不同。这样就存在某种程度的可能性，那就是两个收发器在不同的时间发送它们的数据包，而这些数据包又不会相互冲突。

在 ALOHA 系统中数据发送的时间顺序描述见图 5.4.4。这里的提供负载 G 和在某时间点 t_i(即 $i=0,1,2,3,\cdots$)同时发送的收发器数目一致。G 是观测时段 T 的平均值(每单位时间通过的数据包数量-提供负载-offered load),根据一个数据包发送的持续时间 τ 来计算它,比较简单的公式如下:

$$G=\sum_{1}^{n}\frac{\tau_n}{T}\cdot r_n \tag{5.4.1}$$

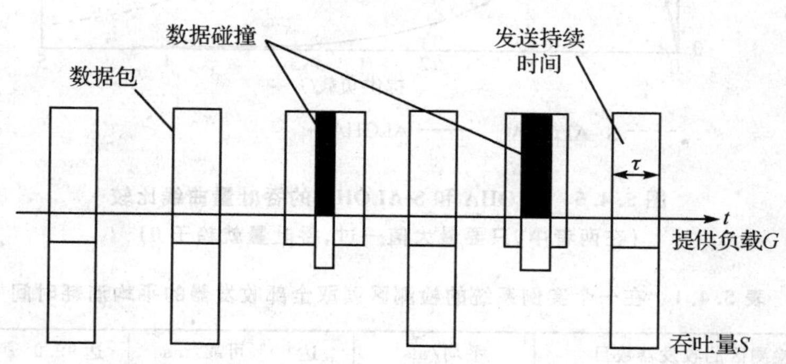

图 5.4.4 提供负载 G 和 ALOHA 系统吞吐量 S 的定义

图 5.4.4 表示几个收发器在一个时间随机点同时发送它们的数据包,这引起了数据冲突,结果是,发生冲突的数据包的数据吞吐量掉到 0;式(5.4.1)中 $n=1,2,3,\cdots$,是系统中收发器的数目,$r_n=0,1,2,\cdots$,是收发器 n 在观测期间发送的数据包数目。

对于没有错误的(无冲突)数据包发送的发送持续时间,吞吐量 $S=1$;那么,在所有其他情况下,$S=0$。这是因为数据要么没有发送,要么在无冲突引起的错误情况下没有被读取。发送信道的平均吞吐量 S 可以根据提供负载 G 求得,公式如下:

$$S=G\cdot \mathrm{e}^{-2G} \tag{5.4.2}$$

考虑吞吐量 S 关系到提供负载 G(见图 5.4.5),结果发现在 $G=0.5$ 处的最大值为 18.4%。对于较小的提供负载,传输信道的大多数时间都没有用;如果出现负载增加,那么收发器之间的冲突次数会立刻急剧上升;信道容量的 80% 多就这样剩余没有使用。由于执行简单,ALOHA 方法只适合于简单的只读收发器系统的防冲突。ALOHA 的其他应用领域是数字新闻网,例如信息包无线电通信,广泛应用在无线电业余爱好者的信息交换中。

成功概率 q(没有冲突,单个数据包能被发送的概率)可以根据提供负载 G 和吞吐量 S 计算出来,公式如下:

$$q=\frac{S}{G}=\mathrm{e}^{-2G} \tag{5.4.3}$$

在一个实例系统的检测区读取全部收发器的平均消耗时间见表 5.4.1。

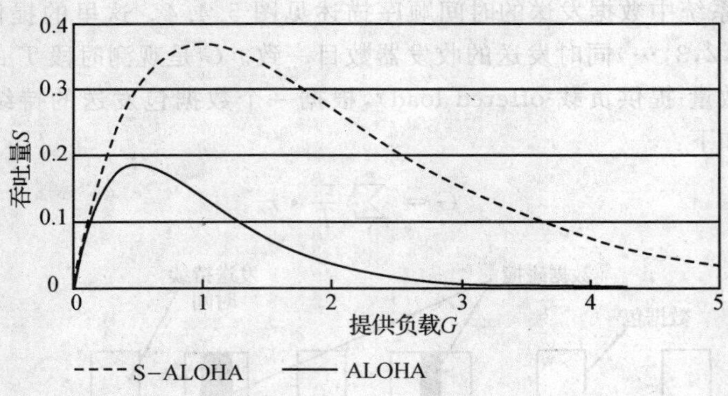

图 5.4.5　ALOHA 和 S-ALOHA 的吞吐量曲线比较
(在两者中,只要最大值一过,吞吐量就趋于 0)

表 5.4.1　在一个实例系统的检测区读取全部收发器的平均消耗时间

在检测区的收发器数目	平均/ms	达 90%可靠/ms	达 99.9%可靠/ms
2	150	350	500
3	250	550	800
4	300	750	1 000
5	400	900	1 250
6	500	1 200	1 600
7	650	1 500	2 000
8	800	1 800	2 700

在观测期间 T,k 个无错误数据包发送的概率 $p(k)$可以根据一个数据包发送的持续时间 τ 和平均提供负载 G 计算出来。概率 $p(k)$随平均值 G/τ 变化为泊松分布,公式如下:

$$p(k)=\frac{\left(G\cdot\dfrac{T}{\tau}\right)^k}{k!}\cdot\exp\left(-G\frac{T}{\tau}\right) \tag{5.4.4}$$

5.4.4.2　时隙 ALOHA 方式

为了改善 ALOHA 相对比较低的吞吐量,一种可能是时隙 ALOHA(SLOT)方式。在这个过程中,多个收发器只在定义好的时间同步点(时隙)开始发送数据包。为此,所有收发器的同步必须要受到阅读器的控制。因此,这是一个随机的检测器驱动的 TDMA 防冲突的过程。

在这个方式中,冲突可能发生的时间段仅仅是简单 ALOHA 方式的一半。假设数据包同样大小(这样就有同样的发送持续时间 τ),在纯 ALOHA 中,如果两个收发器在时间间隔 $T\leqslant 2\tau$,都想发送数据包给阅读器,将会发生一次冲突。因为在 S-ALOHA 过程中,数据包只可能在同步时间点开始，而冲突的时间减少到 $T=\tau$。这样就为 S-ALOHA 方式的吞吐量 S 产生以下关系式：

$$S = G \cdot e^{-G} \tag{5.4.5}$$

在 S-ALOHA 过程中，对于提供负载 G 有最大的吞吐量 36.8%，见图 5.4.5。然而，在同一时间有几个数据包被发送，有时不是必然会发生冲突。例如，如果一个收发器比其他的更靠近阅读器，那么这个收发器能够覆盖其他收发器发出的数据包，结果是较强的信号在阅读器上，这被称为捕获效应。捕获效应对吞吐量指标有非常积极的作用(见图 5.4.6)。对此，决定性的是极限 b，它表示一个数据包信号必须比其他的强多少才能被接收器准确无误地检测到，公式如下：

$$S = G \cdot \exp\left(\frac{b \cdot G}{1+b}\right) \tag{5.4.6}$$

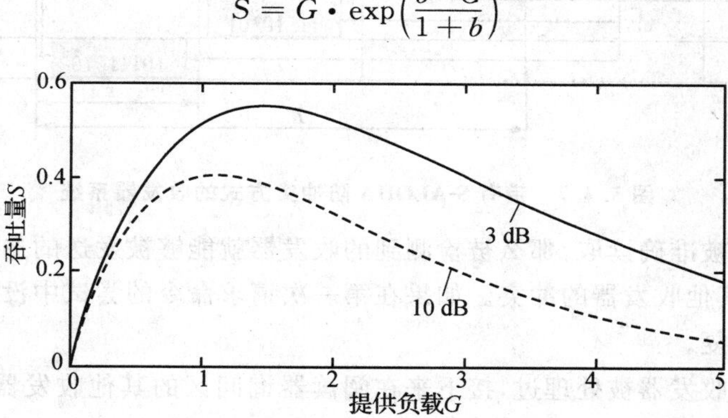

图5.4.6 极限为 3 dB 和 10 dB 时，考虑捕获效应的吞吐量变化

S-ALOHA 防冲突方法的实际应用，将在以下实例的基础上作更深入的分析。

使用的收发器必须有一个唯一的序列号(即，一个号只能被分配一次)。在这个例子中，用 8 位序列号，这就意味着最多有 256 个收发器能够放入循环中。为了同步和控制收发器，定义了一组命令，见表 5.4.2。

表 5.4.2 防冲突命令集

命令	说明
请求 REQUEST	这个命令使所有在阅读器询问区的收发器同步，并要求它们在随后的一个时间间隙中向阅读器发送自身的序列号。在本例中总是有三个时隙有效
选择(序列号) SELECT(SNR)	把一个(先前已定的)序列号(SNR)作为参数发送给这个收发器。带有这个号的收发器因此被明确要执行读和写的命令(被选择)。带有其他号的收发器只能继续对请求命令作出反应
读取数据 READ_DATA	被选择的收发器向阅读器发送数据(在实际系统中，还会有写的命令和鉴别的命令等)

处在等待模式的阅读器在循环期间发送请求命令。现在把 5 个收发器同时送入阅读器的

询问区，见图 5.4.7。一旦收发器识别了请求命令，每个收发器根据随机数发生器的结果，选择三个有效时隙中的一个，以便向阅读器发送自己的序列号。作为时隙随机选择的结果，在例子中，时隙 1 和时隙 2 有收发器之间的冲突发生，只有在时隙 3 有收发器 5 的序列号能够没有错误地被发送。

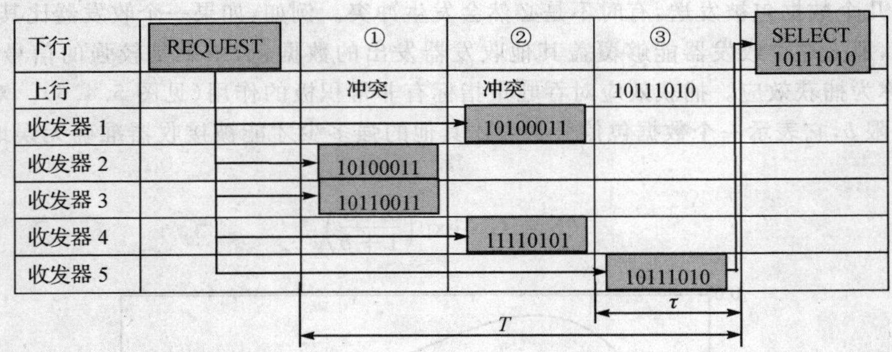

图 5.4.7 带有 S-ALOHA 防冲突方式的收发器系统

若一个序列号被准确读取，那么被检测到的收发器就能够被发送的选择命令所选择，然后被读或写，没有和其他收发器的冲突。如果在第一次请求命令的尝试中没有序列号被检测出，就再简单地循环重复。

当前面选择的收发器被处理过，接下来在阅读器询问区的其他收发器能够通过新的请求命令被寻找。

动态 S-ALOHA 过程：

正如已经确定的，S-ALOHA 系统的吞吐量 S 在提供负载为 1 的附近有最大值。这就意味着，在阅读器检测区的收发器数目要和有效的时隙一样多。如果后来又增加了许多收发器，那么吞吐量就迅速降到 0。在最坏的情况下，即使在无数次尝试后，也没有一个序列号能被检测出，因为没有一个收发器能够唯一地在一个时隙中发送成功。这种情形可以通过提供足够多的时隙得到缓解。然而，这样就降低了防冲突算法的执行效率，因为系统必须在全部的时隙期间一一收听可能存在的收发器的信号，即使只有一个收发器处在阅读器的询问区。动态 S-ALOHA 方法的时隙数量可变，对此会有所帮助。

一种可能是，随着每个请求命令向收发器发送有效时隙的数目（当前）是一个变数。在等待模式中，阅读器在循环间隔中发送请求命令，其后只有一个或两个时隙应对可能存在的收发器。如果有较多的收发器在这一两个时隙中引发瓶颈，那么对于后来的请求命令，有效的时隙数目就会增加（例如，2，4，8，…），直到最终有一个收发器能被检测到。

然而，大量的时隙（例如，16，32，48，…）可能也会持续有效。为了提高执行能力，当有一个序列号被识别后，阅读器就发出中止（BREAK）命令。在中止命令随后的时隙对收发器发送的序号呈“关闭”状态(见图 5.4.8)。

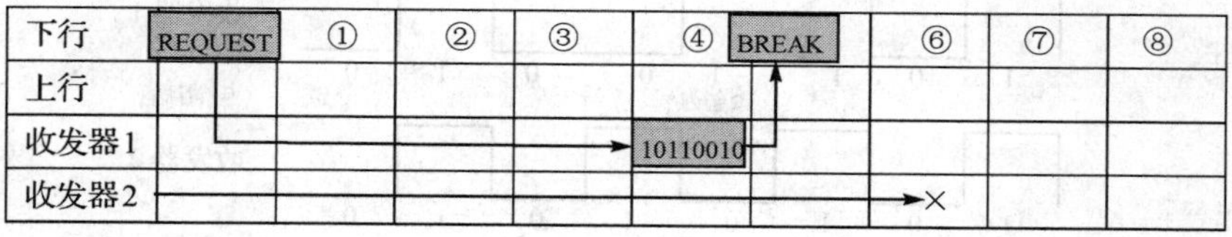

下行	REQUEST	①	②	③	④	BREAK	⑥	⑦	⑧
上行									
收发器1					10110010				
收发器2							×		

注:在收发器 1 的序列号被正确识别后,任何下一个收发器的响应都被中止命令压制住。

图 5.4.8 带有中止命令的动态 S-ALOHA 过程

5.4.4.3 二进制搜索算法

二进制搜索算法的实现要求在阅读器中对数据冲突的比特的准确位置有识别。另外,要求有合适的位编码,所以首先要比较一下 NRZ 和曼彻斯特编码的冲突行为(图 5.4.9)。这里所选择的系统是感应耦合收发器,用的是 ASK 调制的副载波的负载调制。在基带编码中的 1 电平使副载波转换为通,而 0 使它转换成断开。

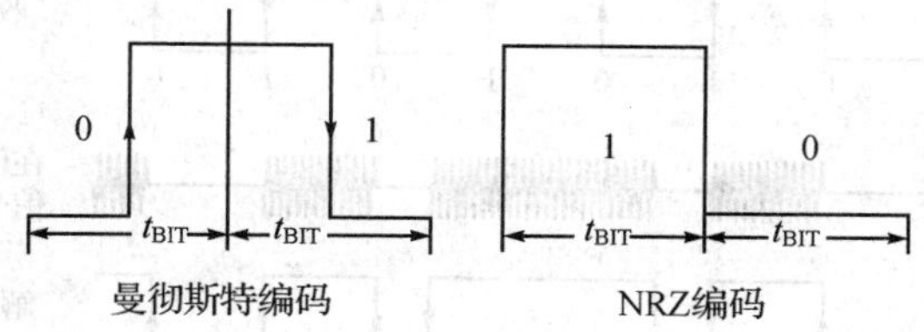

图 5.4.9 用曼彻斯特和 NRZ 码的位编码

NRZ 码:比特位的值是由在位的窗口中发射信道的静态电平定义的。在这个例子中,逻辑 1 是高电平编码,而逻辑 0 是低电平。

当两个收发器中至少有一个发送一个副载波信号,那么它被阅读器解释为高电平,也就是例中的逻辑值 1。然而,阅读器不能够检测出它正接收的位序列是来自几个收发器发射的叠加还是来自单个收发器的信号。用块校验(奇偶,CRC)只能检测出在数据块中“某处”有错,见图 5.4.10。

曼彻斯特编码:比特位的值是由位窗口中电平的变化(负跳变或正跳变)定义。在这个例子中逻辑 0 是用正跳变编码,逻辑 1 是负跳变。在数据发送过程中,不允许没有位跳变的状态存在,否则,识别为错,见图 5.4.10。

当两个或更多的收发器同时发送不同值的位时,接收到的正和负的跳变就会相互抵消,以致在一个位的持续时间,接收到的是副载波信号。这种状态在曼码系统是不允许的,所以就导致一个错误。这样追踪一个冲突到单个位就成为可能(见图 5.4.10)。因此,对这里的二进制搜索算法将使用曼码。下面把注意力转到算法本身。

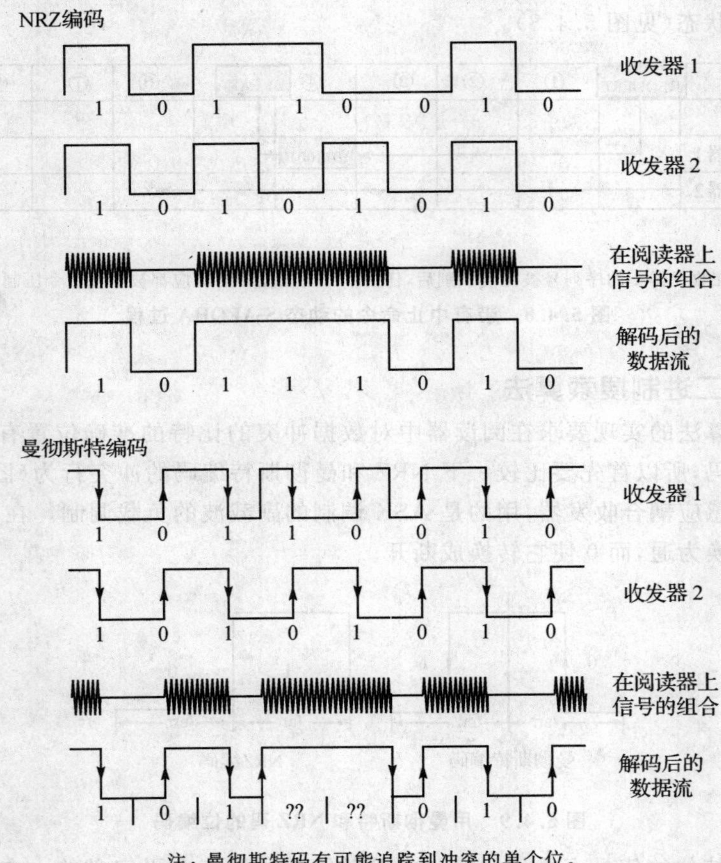

注：曼彻斯特码有可能追踪到冲突的单个位。

图 5.4.10 NRZ 和曼码的冲突行为

1. 二进制搜索算法概述

二进制搜索算法由一个预先定义的阅读器和若干个收发器之间交互作用(命令和响应)的系列(规定)组成,目的是能在一组收发器中选出任意想要的一个。为了在实际中实现这个算法,我们要求收发器能处理一组命令,见表 5.4.3。另外,每一个收发器有唯一的序列号。在这个例子中,使用 8 位序列号,所以要保证最多 256 个收发器的序列号(地址)的唯一性。

表 5.4.3 二进制搜索算法的阅读器命令

请求(序列号) REQUST(SNR)	这个命令向收发器发送一个序列号作为参数。如果某收发器本身的序列号小于或等于被接收到的序列号,则它就向阅读器返回自己的序列号。这组被寻址的收发器就被预选或缩小
选择(序列号) SELECT(SNR)	向收发器发送一个(预先确定的)序列号作为参数。带有这个身份识别号的收发器就能有效处理其他命令(例如读取或写入数据)。收发器就这样被选中。其后,其他序列号的收发器就只能响应请求命令

续表 5.4.3

读取数据 READ_DATA	被选的收发器发送数据(一个真实的系统,可能还有鉴别、写入、借贷和还贷等命令)
无选择 UNSELECT	取消选择先前被选择过的收发器,这个收发器被"哑巴",处在这种状态的收发器完全不活动,也不响应请求命令。为了重新激活这个收发器,只有暂时把它移出阅读器的检测器,使其复位(没有电源供应)

在表 5.4.3 定义的二进制搜索算法的命令将用在下面的演示过程中,假设有四个收发器处在阅读器的检测区。例中,收发器的序列号在 00～FFH 范围内(表 5.4.4)。

表 5.4.4　在本例中使用的收发器序列号

收发器 1(Transponder1)	10110010	收发器 3(Transponder3)	10110011
收发器 2(Transponder2)	10100011	收发器 4(Transponder4)	11100011

算法的第一轮是由阅读器发送请求命令(小于或等于 11111111)开始。序列号 11111111b 是例中可能用到的 8 位序列号中最大的。在阅读器检测区的所有收发器的序列号必然要小于或等于 11111111b,所以这个命令被所有在阅读器检测区的收发器应答(协议规定收发器在接到应答器的请求命令后,进行比较,自身的序列号小于或等于命令值的收发器发出应答,即自己的系列号),见图 5.4.11。

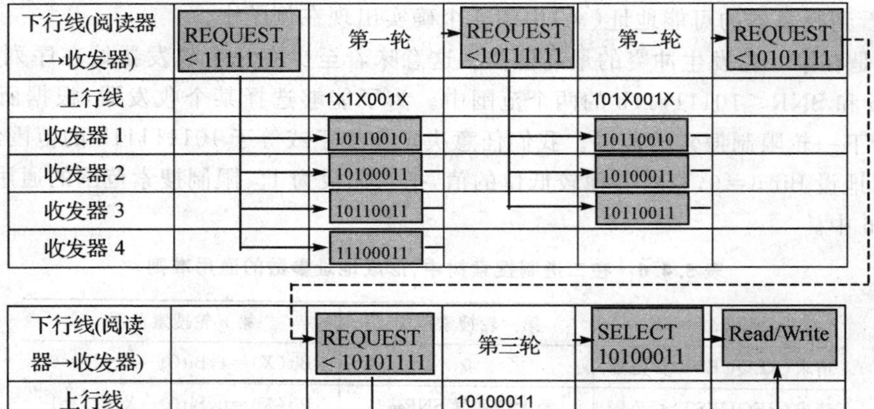

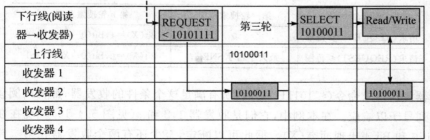

注:经过在后续循环中预选地址范围的选择约束,最终能达到只有一个收发器响应的状态。

图 5.4.11　不同的序列号从多个收发器向阅读器发送,引起冲突

所有收发器的精准同步，使得它们能够在严格的同一时刻开始发送它们的序列号，这对于实现二进制搜索算法的功能是决定性的。只有这样才能确定可能冲突的比特的准确位置。在接收到的序列号中的 Bit0、Bit4 和 Bit6 都有冲突(X)，这是各响应收发器的不同位序列叠加的结果。在接收到的序列号中一个或更多冲突的发生，说明有两个或更多的收发器处在阅读器的检测区。为了更准确，接收到的位序列 1X1X001X 会出现 8 种可能的序列号，还需继续检测，见表 5.4.5。

表 5.4.5　对接收到的数据评价和考虑出现在第一轮的冲突(X)后，可能的序列号

位序号	Bit7	Bit6	Bit5	Bit4	Bit3～1	Bit0
在阅读器接收到的数据	1	X	1	X	001	X
可能的序列号 A	1	0	1	0	001	0
可能的序列号 B*	1	0	1	0	001	1
可能的序列号 C*	1	0	1	1	001	0
可能的序列号 D*	1	0	1	1	001	1
可能的序列号 E	1	1	1	0	001	0
可能的序列号 F*	1	1	1	0	001	1
可能的序列号 G	1	1	1	1	001	0
可能的序列号 H	1	1	1	1	001	1

可以看到收发器的可能地址(*)中的 4 个确实出现在例子中。

Bit 6 是在第一轮发生冲突的最高值位。这意味着至少有一个收发器处在序列号 SNR≥11000000b 和 SNR≤10111111b 的两个范围中。为了能够选择某个收发器，根据所获得的信息，必须为下一轮限制搜索的范围。我们任意决定在小于或等于 10111111b 的范围继续搜索。为此，简单地设 Bit 6＝0，忽略其他较低位的值，把它们设为 1。限制搜索范围的通用规则列举在表 5.4.6 中。

表 5.4.6　在二进制搜索树中，形成地址参数的通用准则

搜索命令	第一轮搜索范围	第 n 轮搜索范围
请求(REQUEST)≥范围	0	Bit(X)＝1，Bit(0～X－1)＝0
请求(REQUEST)≤范围	最大序列号 SNR_{max}	Bit(X)＝0，Bit(0～X－1)＝1

在阅读器发送请求命令(≤10111111)后，所有满足这个条件的收发器，都将向阅读器发送它们自己的序列号予以响应。在本例中，它们是收发器 1，2 和 3(见图 5.4.12)。现在在接收的序列号中有 Bit 0 和 Bit 4 出现冲突(X)。据此可以断定，至少还有两个收发器在第二轮的搜索范围。接收到的位序列 101X001X 还有四种可能的选择，供后续检测，见表 5.4.7。

表 5.4.7　第二轮评估后在搜索范围可能的序列号

位序号	Bit7～5	Bit4	Bit3～1	Bit0
在阅读器接收到的数据	101	X	001	X
可能的序列号 A	101	0	001	0
可能的序列号 B＊	101	0	001	1
可能的序列号 C＊	101	1	001	0
可能的序列号 D＊	101	1	001	1

注：有标记(＊)的收发器是实际存在的。

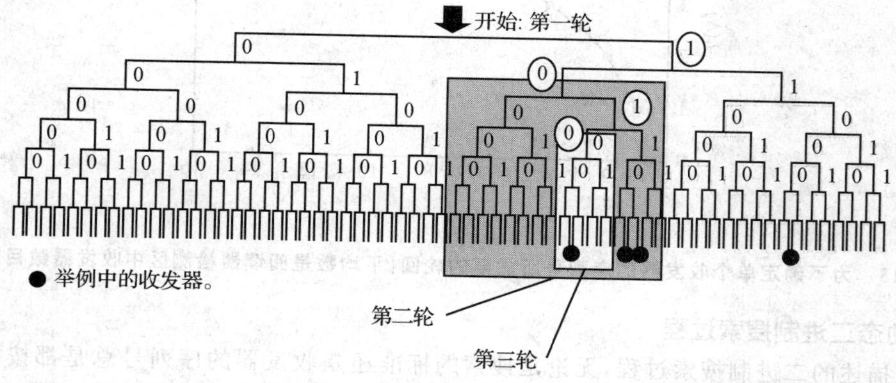

图 5.4.12　二进制搜索树(单个收发器可以通过连续地缩小范围最终选中)

第二轮冲突新的表现使得必须在第三轮要有进一步的范围限制。使用表 5.4.6 的规则，引导我们有了寻找范围≤10101111。阅读器现在向收发器发送请求命令(≤10101111)。这个条件现在只有收发器 2(10100011)才能满足,它现在单独响应这个命令。这样我们就检测到一个有效的序列号,再下一轮就没有必要。

依照后续的选择命令,用这个被检测到的收发器地址,收发器 2 被选择,并且现在可以被读写器读取或写入而没有来自其他收发器的干扰。所有其他收发器都保持沉默,因为只有一个被选中的收发器响应读/写命令 READ_DATA。

在完成读/写操作后,收发器 2 就被无选择(UNSELECT)命令完全置于无效状态,使得它不能够再响应下一个请求命令。在这个方式中,如果有大量的收发器在阅读器的检测区等待处理,为了选择单个收发器所需要的轮回数可以逐步减少。在本例中,再次运行防冲突算法,会自动导致选择先前遇到过的收发器 1,3 或 4 中的一个。

为了从大量的收发器中检测出单个收发器所需要的轮回平均数 L,取决于在阅读器检测区中的收发器总数 N,可以容易计算出,公式如下:

$$L(N) = Id(N) + 1 = \frac{\log N}{\log 2} + 1 \tag{5.4.7}$$

如果只有一个收发器处在阅读器的检测区，那么只要一个轮回检测出这个收发器的序列号，冲突在这种情况下就不会出现。当在阅读器的检测区的收发器多于一个时，轮回的平均数迅速上升，曲线如图 5.4.13 中所示。当有 32 个收发器在检测区时，需要平均 6 个轮回，对 65 个收发器平均 7 个轮回，对 128 个收发器是平均 8 个轮回，等等。

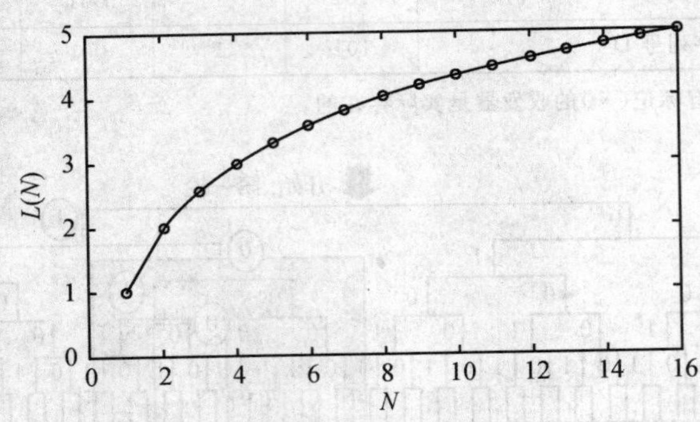

图 5.4.13　为了确定单个收发器的序列号所需要的轮回(平均数是阅读器检测区中收发器数目的函数)

2. 动态二进制搜索过程

前面描述的二进制搜索过程，无论是搜索的标准还是收发器的序列号总是都按它们的全长发送。在实际中，收发器的序列号不是像本例那样，只有一个字节组成，取决于不同系统，有的高达 10 个字节长，那意味着为了选择单个的收发器，必须发送大量的数据流。如果仔细研究一下阅读器和单个收发器之间的数据流(见图 5.4.14)，会发现：在命令和响应中发送的数据的大部分是多余的(灰色表示)。X 表示在前一轮发生位冲突的最高值比特的位置。

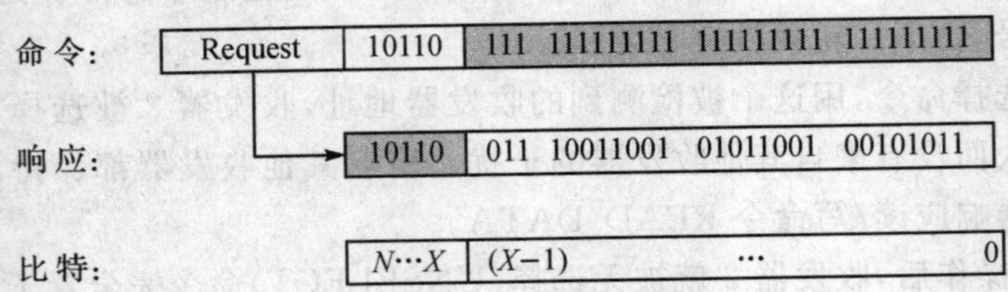

图 5.4.14　当有 4 字节的序列号被发送时，阅读器命令(第 *n* 次轮回)和收发器响应

- 命令中的位($X-1$)到 0 没有包含对收发器的另外信息，因为它们被永远置 1。
- 收发器响应的序列号的位 N 到 X 没有包含对阅读器的另外信息，因为它们已经知道，是先前确定的。

所以，看到发送的序列号的补充部分是冗长的，实际上没有必要发送。这就很快启发出优化的算法。取代在两个方向上序列号的全长发送，根据比特位(X)，现在序列号的发送或搜索标准被简单的分开。阅读器现在只发送序列号的已知段($N \sim X$)，然后就中断发送；它被确定为请求命令的搜索标准。所有序列号符合在位($N \sim X$)搜索标准的收发器，现在发送它们序列号中剩余的位(($X-1$)－0)来响应。通过在请求命令中的另一个参数(NVB＝有效位的数目)，这些收发器被告知后面位的数目。

现在基于图 5.4.15 更详细地阐明动态二进制搜索算法的步骤。这里使用前面例中同样的收发器序列号。由于应用表 5.4.6 的规则没有变，单个轮回中的顺序和前例中的一致。然而，形成对比的是，发送数据的总量和需要的总时间可以减少 50%。

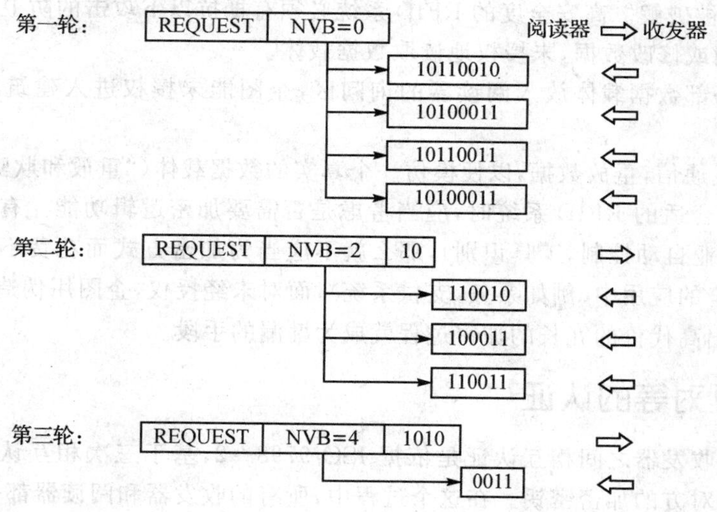

图 5.4.15　动态二进制搜索过程避免了序列号冗长部分的发送，数据的发送时间也因此明显减少

在图 5.4.15 中，序列号依然是 8 位长。第一轮，阅读器发送请求命令，其后参数 NVB＝0，表明此时默认的发送序列号是 11111111，而实际上并没有发送任何位。自然，所有在场的收发器序列号都满足条件(小于或等于 8 个 1)，结果必然发生冲突。第二轮，请求命令后面的参数 NVB＝2，接着是“10”，这意味着根据表 5.4.6 的规则，发送的序列号是把冲突的最高位置 0，其余默认为 1(即 10111111)，但实际只发送“10”二位。这样满足条件的序列号只有三个回应。第三轮，请求命令后面的参数 NVB＝4，接着是“1010”，同理是把这轮冲突的最高位置 0，其余默认为 1(即 10101111)，但实际只发送“1010”四位。此时满足条件的只有一个收发器回应了“0011”，也就是完整序列号为 10100011 的收发器被最终选中。可见发送数据的总量大减。

5.5 RFID 系统数据安全

RFID 正日益增长地应用在高安全领域，例如访问系统、支付系统或售票系统。然而，在这些领域 RFID 系统的应用必须要有安全检测，以防攻击的企图。有人试图欺骗 RFID 系统以便非授权进出建筑，或不支付就得到服务（票证）。这不是什么新鲜事——只要看一下神话故事，比安全系统更高一筹的事例比比皆是。例如，阿里巴巴能够获取秘密口令，进入到 40 个盗贼所能想象中的安全藏匿之处。真可谓“道高一尺，魔高一丈”。

实现现代认证协议的依据是秘密校验的学问（即，加密的密钥）。无论如何，适当的算法可以用来防止密钥被破解。高安全度的 RFID 系统必须有抵抗以下攻击的防卫能力：

- 为了复制或修改数据，未授权地读取数据载体。
- 把一个外部数据载体放入阅读器的询问区，企图能未授权进入建筑或未支付就接受服务。
- 窃听无线通信，重放数据，以便模仿一个真实的数据载体（“重放和欺骗”）。

当选择一个合适的 RFID 系统时，应当考虑是否需要加密逻辑功能。有些应用不需要安全功能（例如，工业自动控制，工具识别），那么就不应当为加密方式而花费不必要的开销。另一方面，在高安全的应用中（例如票务，支付系统），面对未经授权，企图用伪造的收发器获取服务的情况，要付出高代价的冗长的加密过程就成为勘漏的手段。

5.5.1 相互对等的认证

在阅读器和收发器之间相互认证是依据 ISO 9798—2，基于三次相互认证的原理，其中，通信的双方检查对方的加密密钥。在这个过程中，所有的收发器和阅读器都是应用的一部分，处在同样的密钥 K 处理中（对等过程）。当收发器第一次进入阅读器的询问区时，不能假设通信的双方都是属于同一应用。从阅读器方面考虑，它需要保护其应用不受伪造数据的操作；同样，在收发器方面，需要保护存储的数据不受未经授权的读取或改写。

相互认证的过程开始于阅读器向收发器发出获取随机数的命令（GET_CHALLENGE）；然后，收发器产生一个随机数 RA（Random A）并把它发送回阅读器（响应→口令-响应过程）。阅读器现在生成一个随机数 RB。利用公共密钥 K 和公共密钥算法 EK，阅读器计算出一个加密数据块（令牌 1，Token1），它包含了两个随机数和附加控制数据，并把这个数据块发送回收发器。

令牌 1＝EK(RB ‖ RA ‖ IDA ‖ Text1)

在收发器中接收到的令牌 1 被解密，明文中包含的随机数 R′A 和先前发送的随机数 RA 比较。如果两个数字一致，那么收发器就能证实两个公共密钥是相符的。在收发器中产生另一个随机数 RA2，它被用来计算加密数据块（令牌 2，Token2），它也包含了 RB 和控制数据。

令牌 2 从收发器发往阅读器。

$$令牌\ 2=EK(RA2 \| RB \| Text2)$$

阅读器解密令牌 2，并且检查先前发送的 RB 是否和刚接收到的 R′B 一致。如果两个数字一致，阅读器就确信公共密钥被证实。这样，收发器和阅读器都确定，它们双方同属一个系统，两者之间的进一步通信是合法的，如图 5.5.1 所示。

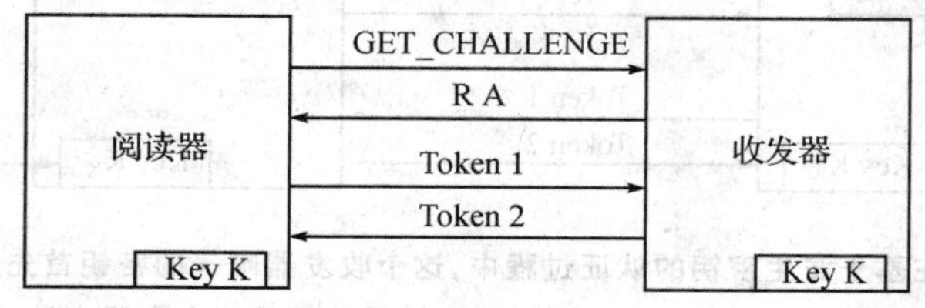

图 5.5.1 收发器和阅读器之间的相互认证过程

概括起来，相互认证的过程有以下优点：

- 密钥从来没有向外发送过，只有加密的随机数被发送。
- 两个随机数总是同时被加密。这就排除了用 RA 获取令牌 1 的逆向转换操作的可能，其目标是要计算出密钥。
- 这个令牌可以用任意算法加密。
- 来自两个独立源（收发器和阅读器）的随机数使用严格，这就意味着即使一个认证序列被记录下，也不能使以后的重复过程（进行攻击）成功。
- 随机密钥（交易密钥）是根据产生的随机数计算的，目的是加密保护后面数据的传输。

5.5.2 用派生密钥的认证

前面描述的认证过程，其缺点是所有属于同一应用的收发器都使用同样的加密密钥 K。对各种应用拥有巨大数量的收发器的应用（例如，在公交网的票务系统，有几百万个 IC 卡在使用），这意味着存在一种潜在的危险源。在没有控制的数量中，这样的收发器对每一个人都是可以访问的，一个收发器的密钥将会被破解的少量可能性也必须在考虑中。如果这种情况一旦发生，上述过程将全部暴露给操作者。

对上述认证过程重要的改进措施是，每一个收发器使用不同的加密密钥。为此，每个收发器的序列号在它工作期间被读出，利用加密算法和主设密钥 KM，计算出密钥 KX（派生的），这个收发器就如此初始化。每个收发器收到的一个密钥和它的 ID 号以及主设的密钥 KM 关联。

这个相互认证从阅读器要求收发器的 ID 号开始（见图 5.5.2）。在阅读器的一个专用模块（SAM-安全认证模块）中，用主设密钥 KM 计算出这个收发器的特定密钥，这样可以用来启动认证过程。SAM 一般采用接触式智能卡的形式，内有一个加密处理器，这就意味着，存储的主设密钥永远不能读取。

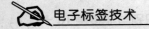

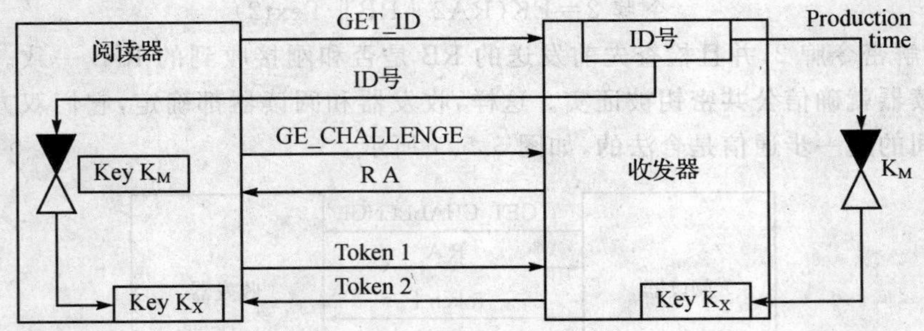

图 5.5.2 在基于派生密钥的认证过程中，这个收发器唯一的密钥首先是在阅读器中根据收发器的 ID 号计算出的，然后必须用这个密钥来认证

5.5.3 加密的数据传输

5.4 节描述了处理由于在数据传输过程中物理效应引起的干扰的方法。现在把这方法引申到对付一个潜在的攻击者。这里可分为两种不同基本类型的攻击。攻击 1 的行为是被动型的，它企图偷听传输，为了不正当的目的去发现机密的信息。攻击 2 是主动型的，它操纵传输的数据，把它替换成所希望的，见图 5.5.3。

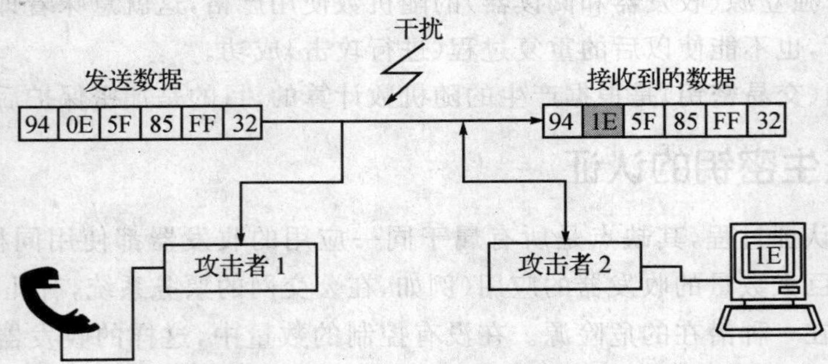

注：攻击者 1 试图偷听，而攻击者 2 有意修改数据。

图 5.5.3 试图攻击数据传输

加密过程用来防止被动和主动的攻击。为此，要发送的数据(明文)在发送前被加密，这样潜伏的攻击者再不能获取信息(明文)的真实内容。

加密的数据传输总是按照同样的模式进行。要发送的数据(明文)被转换成加密数据(密文)，使用了密钥 K 和加密算法。不知道加密算法和密钥 K，潜伏攻击者不可能解释接收到的数据，不可能根据加密的数据恢复出发送的数据。

在接收器中，用密钥 K′和加密算法把加密的数据转换回原始形式(解密，译密码)，见图 5.5.4。

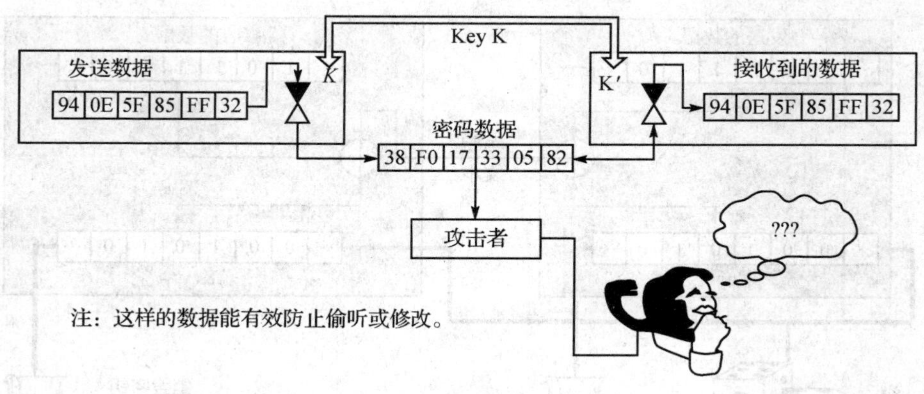

图 5.5.4　加密要发送的数据

如果加密用的密钥 K 和解密用的 K′是同样的（K＝K′），或它们互相之间有直接的关系，那么这个过程是同步密钥过程。如果知道密钥 K 对解密过程没有关系，那么这个过程是异步密钥过程。长时间以来，RFID 系统只用同步过程，所以在这里不进一步详细描述其他过程。

如果每个字符在发送前都加密，那么其过程称为连续加密（或串加密）。另一方面，如果几个字符被组成一个块，那么就说是块加密。块加密通常是非常注重计算的，它们在 RFID 系统中作用不大，所以，下面的重点放在连续加密。

所有加密过程的基本问题是加密密钥 K 的安全分布，所有被授权通信的参与者在数据传输过程之前都必须知道 K。

5.5.4　连续加密

连续加密是在加密算法中，明文字符的序列依顺序每一步用不同的函数加密。连续加密的理想关系是所谓的一次性密钥（one-time pad），也称为 Vernam 密钥，以它的发明者命名。在这个过程中，产生一个随机密钥 K，例如用骰子，这是在加密数据发送前，同时这个密钥是对双方有效，见图 5.5.5。密钥序列和明文序列的关联是通过附加的字符或异或门。用做密钥的随机序列必须至少和要被加密的信息一样长，因为典型短密钥的周期重复会使得明文遭受密码分析和对发送的攻击。此外，密钥只能使用一次，这表明密钥的传送要求特别高级别的安全保障。这种形式的连续加密完全不适用于 RFID 系统。

那么，在发送者和接收者之间密钥该如何传送？

为了克服密钥产生和发送的问题，根据一次性密钥连续加密的原则，建立系统，使用所谓的伪随机序列替代真实的随机序列。利用所谓的伪随机发生器产生伪随机序列。图 5.5.6 表明用一个伪随机发生器的连续加密基本原理：因为连续加密的密码函数是随着每个字符而改变（随机），这个函数必须不仅取决于当前输入的字符，也取决于另外的特点，即内部状态 M。在每次加密步骤后，这个内部状态 M 被状态转换函数 $g(K)$ 改变。伪随机发生器由参数 M 和

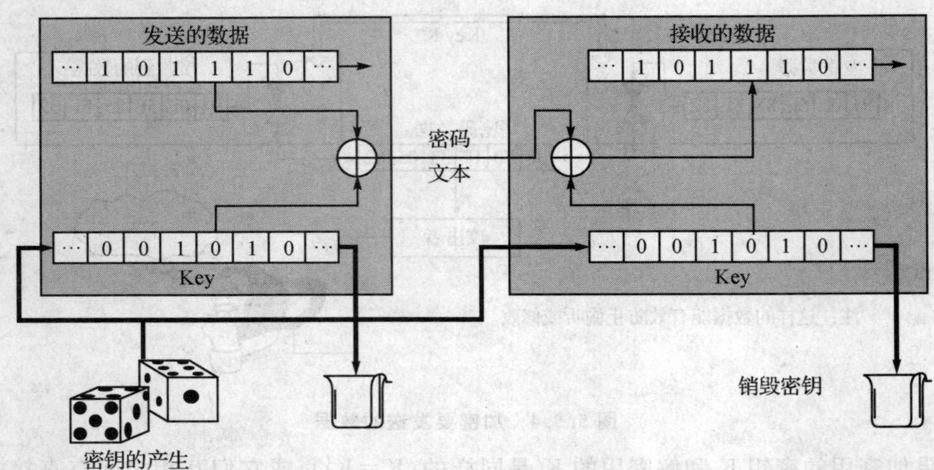

图 5.5.5 在一次性密钥中,从随机数(骰子)产生的密钥只用一次,然后废弃

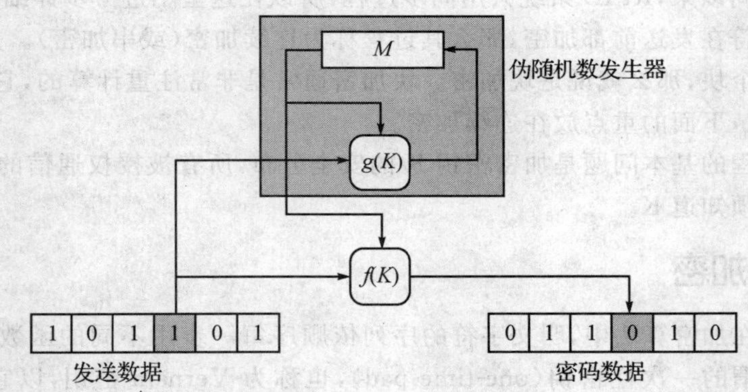

图 5.5.6 用伪随机发生器产生安全密钥的原理

$g(K)$组成,密码的安全性原则上取决于内部状态 M 的数量和转换函数 $g(K)$的复杂程度。研究连续加密主要被关注的是伪随机发生器的分析。

另一方面,密码函数 $f(K)$本身通常是非常简单的,它只有一次加法或异或门。

从电路的观点看,伪随机发生器是用状态机来实现的。它们由二进制存储单元组成,即所谓的触发器。如果一个状态机有 n 个存储单元,那么它就有 2^n 个不同的内部状态 M。状态转换函数 $g(K)$表现为一个组合逻辑。如果仅限于利用线性反馈移位寄存器,那么伪随机发生器的执行和设计能大幅简化,见图 5.5.7。

用串联多个触发器(输出 n 和输入 $n+1$ 相连)和并联所有的时钟输入实现一个移位寄存器。触发单元的内容逐位随每个时序脉冲向前移动。最后一个触发器的内容被输出。

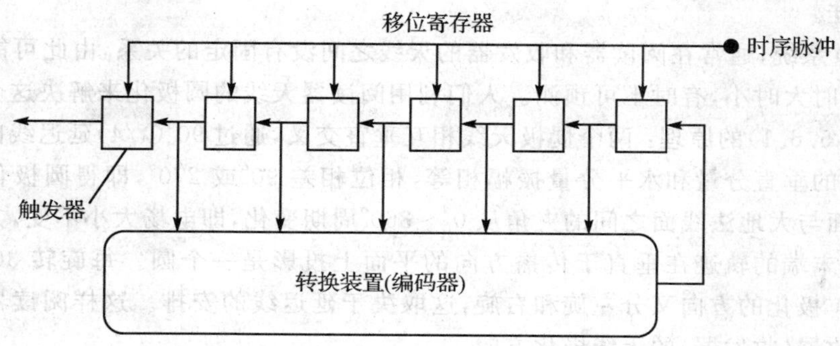

图 5.5.7　包含线性反馈移位寄存器的伪随机发生器(LFSR)的基本电路

5.6　电磁反向散射耦合与超高频的 RFID 系统

阅读器和收发器之间的距离大于 1 m 的 RFID 系统，就称为远程系统。这些系统工作在 UHF 频率 868 MHz(欧洲)和 915 MHz(美国)，还有微波频率 2.5 GHz 和 5.8 GHz。这些频率范围的短波长适合于远程较小尺寸的天线，比低于 30 MHz 的频率效率高。

本小节涉及电磁场的基本原理，主要围绕超高频段的 RFID 系统，下面先介绍有关的几个术语概念，然后叙述利用电磁反向散射耦合的 RFID 系统。

5.6.1　几个专业术语

1. 电磁场的辐射密度(强度)

由于电磁感应，变化的电场和磁场之间的相互转换和依存关系在空间形成了电场与磁场的链接效应——电磁波。这些都是大家熟知的。在一个等方位的(球形)发射器的周围空间，电磁场在半径为 r 的点，辐射密度(强度)$\boldsymbol{S}$ 是：

$$\boldsymbol{S}=\frac{P_{\mathrm{EIRP}}}{4\pi r^{2}} \tag{5.6.1}$$

式中，P_{EIRP} 是发射器的发射功率。

$\boldsymbol{S}$ 也就是著名的坡印廷(Poynting)矢量，它可表示为电场与磁场强度的矢量乘积，公式如下：

$$\boldsymbol{S}=\boldsymbol{E}\times\boldsymbol{H} \tag{5.6.2}$$

2. 电磁波的极化

电磁波的极化是由波的电场方向决定的。这里有线性极化和圆极化之分。在线性极化中，电场 E 的场线相对于地球表面又有水平极化(电场线平行于地球表面运行)和垂直极化(电场线垂直于地球表面运行)之分。如果两个天线有相同的极化方向，它们之间的能量传输效率达到最佳。

在 RFID 系统，通常在阅读器和收发器的天线之间没有固定的关系，由此可能导致阅读区范围的波动，时大时小，有时不可预测。人们利用阅读器天线的圆极化来解决这个问题。产生圆极化(见图 5.6.1)的原理：两个偶极天线相互垂直交叉，通过 90°(λ/4)延迟线向它们馈入信号，使得电场的垂直分量和水平分量振幅相等，相位相差 90°或 270°，即得圆极化。圆极化电磁波的极化面与大地法线面之间的夹角从 0°～360°周期变化，即电场大小不变，方向随时间变化；电场矢量末端的轨迹在垂直于传播方向的平面上投影是一个圆。每旋转 360°，波就向前进一个波长。极化的方向又分左旋和右旋，这取决于延迟线的安排。这样阅读器天线的极化就独立于接收器(收发器)的天线极化方向。

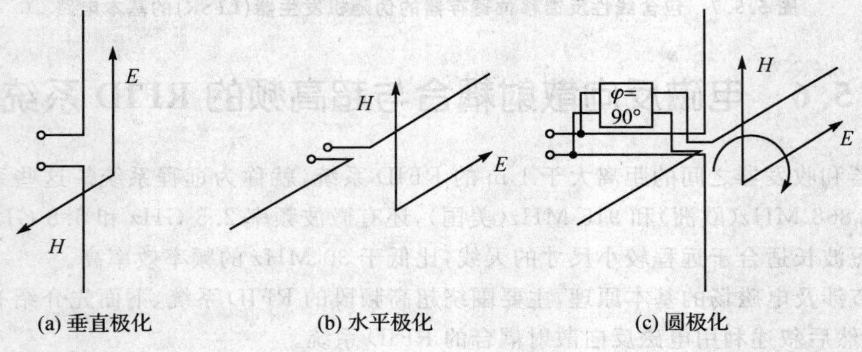

图 5.6.1　电磁波的极化

3. 电磁波的反射

由天线发射到周围空间的电磁波会遇到各种物体，到达物体的高频能量的一部分被物体吸收并转换为热，其余的就以不同的密度向不同的方向散射，而被反射的能量的一小部分返回到发射器的天线。雷达技术就是利用这种反射来测定远方的物体的距离和它的位置。

在 RFID 系统中，电磁波的反射(反向散射系统，调制雷达散射截面)用来发送数据从收发器到阅读器。因为物体反射的比例通常是随着频率的提高而增加，所以这些系统主要使用的频率是 868 MHz(欧洲)、915 MHz(美国)、2.45 GHz 或更高。

现在考虑 RFID 系统，阅读器的天线以功率 P_{EIRP}、在空间全方位发射电磁波。到达收发器位置的辐射密度 S 可以根据式(5.6.1)很容易计算出来。收发器天线反射的功率 P_{S} 与辐射密度 S 和所谓的雷达散射截面 σ 成正比，公式如下：

$$P_{\mathrm{S}} = \sigma \cdot S \tag{5.6.3}$$

反射的电磁波从反射点向空间等方位(球形)传播。发射波的辐射功率也是与距离的平方成反比衰减。最终返回到阅读器天线的功率密度是：

$$S_{\mathrm{Back}} = \frac{P_{\mathrm{S}}}{4\pi r^2} = S \cdot \frac{\sigma}{4\pi r^2} = \frac{P_{\mathrm{EIRP}}}{4\pi r^2} \cdot \frac{\sigma}{4\pi r^2} = \frac{P_{\mathrm{EIRP}} \cdot \sigma}{(4\pi)^2 r^4} \tag{5.6.4}$$

雷达横截面 σ(RCS,即散射孔径)是衡量物体反射电磁波程度的标准。雷达横截面取决于物体的尺寸、形状、材料、表面结构等,而且也有波长和极化等参数。

反向散射 RFID 系统使用了各种不同结构形式的天线作为反射面。收发器的反射在共振频率处最为突出。为了理解和计算这些,还需要了解共振天线的雷达散射截面 σ。

4. 天　线

由物理定律可知,电磁波的辐射可以在所有传载电压和电流的导体上观测到。与这些趋向于寄生的效应对比,天线是这样一种器件,在某一频率范围内通过设计特性的微调,它对电磁波辐射或接收都能够达到很大程度的优化。因此,天线的性能可以精确地预知并且用数学计算准确地预定好。

(1) 增益和方向效应

与此相关的一个重要的无线电技术术语是 EIRP(有效等方位辐射功率),用 P_{EIRP} 表示,公式如下:

$$P_{EIRP} = P_1 \cdot G_i \tag{5.6.5}$$

这个数字可以经常在无线电管理规则上发现,它表示,为了在距离 r 要产生确定的辐射功率,必须提供给等方位发射器(即 $G_i=1$)的发射功率。因此,增益为 G_i 的天线可能只有发射功率 P_1 的供给,依照这个因数,它比较低,没有超出规定的限制值,公式如下:

$$P_1 = \frac{P_{EIRP}}{G_i} \tag{5.6.6}$$

除了 EIRP 功率指标,在无线电规则和技术文献中还经常碰到数值 ERP(等效辐射功率),用 P_{ERP} 表示。ERP 也是一项有关功率的数值。然而,与 EIRP 对比,ERP 更多关系到偶极子天线而不是球形发射器。ERP 功率指标表示的是,为了在距离 r 产生所规定的发射功率,偶极子天线必须具备的发射功率。因为对比等方位发射器,偶极子天线的增益($G_i=1.64$)是知道的,这样两个数值之间就很容易转换,公式如下:

$$P_{EIRP} = P_{ERP} \cdot 1.64 \tag{5.6.7}$$

(2) 输入阻抗

天线一个特别重要的特性是复数输入阻抗 Z_A。它是由复电阻 X_A、损耗电阻 R_V 和所谓的辐射电阻 R_r 组成,公式如下:

$$Z_A = R_r + R_V + jX_A \tag{5.6.8}$$

损耗电阻 R_V 是一个有效电阻,它代表了天线的所有有电流经过的电路上的欧姆电阻的损耗,见图 5.6.2。被这个电阻转换的功耗都变成了热量。

辐射电阻 R_r 也采用有效电阻的单位,但是在它内部转换的功率和以电磁波形式从天线发射到空间的功率相一致。

在工作频率上(即天线的共振频率),天线的复电阻 X_A 趋于 0。对于无损耗天线(即 $R_V=0$),Z_A 表达式如下:

$$Z_A(f_{RES}) = R_r \tag{5.6.9}$$

在共振时，一个理想的输入阻抗是数值为辐射电阻 R_r 的实电阻。对于一个 $\lambda/2$ 的偶极子天线，辐射电阻 $R_r = 73\ \Omega$。

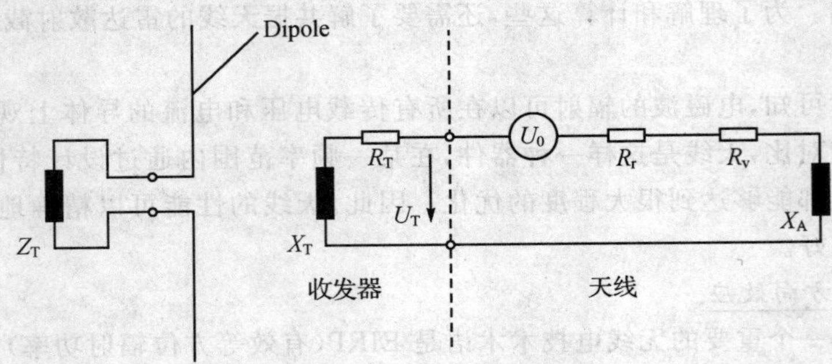

图 5.6.2　连接到收发器的天线等效电路

(3) 有效孔径和散射孔径

假设有最佳定位和恰当的极化，能从天线上接收的最大功率正比于输入平面波的功率密度和一个比例因数。这个比例因数的量纲是面积，因此称为有效孔径 A_e。表达式如下：

$$P_e = A_e \cdot S \tag{5.6.10}$$

可以把 A_e 看做垂直于传播方向的一个面积，假设辐射密度是 S，那么通过 A_e 的功率就是 P_e。通过有效孔径的功率被吸收并且传送到相连的终端阻抗 Z_T。

除了有效孔径 A_e 外，天线还有一个散射孔径 $\sigma = A_s$，在那里电磁波被反射。

为了更好地理解，需要再次考虑图 5.6.2。当辐射密度为 S 的电磁场被接收，在天线上感应产生电压 U_0 时，它就意味着电流 I 经过了天线的阻抗 Z_A 和终端阻抗 Z_T。电流 I 等于感应电压 U_0 除以各串联阻抗，公式如下：

$$I = \frac{U_0}{Z_T + Z_A} = \frac{U_0}{\sqrt{(R_r + R_V + R_T)^2 + (X_A + X_T)^2}} \tag{5.6.11}$$

传送到 Z_T 的接收功率 P_e，其公式如下：

$$P_c = I^2 \cdot R_T \tag{5.6.12}$$

将式(5.6.11)代入式(5.6.12)，得到下式：

$$P_e = \frac{U_0^2 \cdot R_T}{(R_r + R_V + R_T)^2 + (X_A + X_T)^2} \tag{5.6.13}$$

根据等式(5.6.10)，有效孔径 A_e 是接收到的功率 P_e 除以辐射密度 S，公式如下：

$$A_e = \frac{P_e}{S} = \frac{U_0^2 \cdot R_T}{S \cdot [(R_R + R_V + R_T)^2 + (X_A + X_T)^2]} \tag{5.6.14}$$

如果天线工作在功率匹配条件下，即 $R_T = R_r$ 和 $X_T = -X_A$，则可以使用以下的简化公式：

$$A_e = \frac{U_0^2}{4SR_r} \tag{5.6.15}$$

正如在图 5.6.2 中看到的，电流 I 也流过天线的辐射电阻 R_r。被变换的功率 P_S 从天线发射，对于电流 I 不管是由进入的电磁场引起还是由发射器提供便没有了区别。从天线发射的功率 P_S，也就是在接收情况下的反射功率，可以由下式计算：

$$P_S = I^2 \cdot R_r \tag{5.6.16}$$

就如等式(5.6.14)的推导，得到散射孔径 A_S：

$$\sigma = A_S = \frac{P_S}{S} = \frac{I^2 \cdot R_r}{S} = \frac{U_0^2 R_r}{S \cdot [(R_r + R_V + R_T)^2 + (X_A + X_T)^2]} \tag{5.6.17}$$

如果天线工作在功率匹配中并且也是无损耗，即 $R_V = 0, R_T = R_r$ 和 $X_T = -X_A$，则可以简化为下式：

$$\sigma = A_S = \frac{U_0^2}{4SR_r} \tag{5.6.18}$$

所以在功率匹配的情况下，$\sigma = A_s = A_e$。这意味着，只有从电磁场得到的总功率的一半被提供给终端电阻 R_T，而另一半被天线反射回空间。对于不同的终端阻抗 Z_T 值，散射孔径的表现很有意思。对于 RFID 技术特别有意义的是在极限情况 $Z_T = 0$，这表示天线的终端短路。根据式(5.6.17)可得：

$$\sigma_{\max} = A_{S\text{-}\max} = \frac{U_0^2}{SR_r} = 4A_e \,|_{Z_{T=0}} \tag{5.6.19}$$

相反的极限情况是天线的终端电阻无穷大，即 $Z_T \to \infty$。根据式(5.6.17)，容易看到散射孔径 A_S 就像电流 I 一样趋于 0，公式如下：

$$\sigma_{\min} = A_{S\text{-}\min} = 0 \,|_{Z_{T\to\infty}} \tag{5.6.20}$$

对不同的终端阻抗 Z_T 值，散射孔径可以在 0～4 A_e 范围取任意希望的值(见图 5.6.3)。天线的这种特性被反向散射的 RFID 系统用在从收发器到阅读器的数据传输中。

当 $R_T/R_A = 1$ 时，天线工作在功率匹配中($R_T = R_r$)；当 $R_T/R_A = 0$ 时，表示天线的终端短路。

式(5.6.17)根据图 5.6.2，只是表示散射孔径 A_S 和等效电路各电阻之间的关系。然而，如果要计算天线的反射功率 P_S，就需要 A_S 的绝对值。天线的有效孔径正比于它的增益 G。由于对于大多数天线设计，增益 G 是知道的；在匹配的情况下($Z_A = Z_T$)，有效孔径 A_e 和同样散射孔径 A_S 就可以简单计算出来：

$$\sigma = A_e = \frac{\lambda_0^2}{4\pi} \cdot G \tag{5.6.21}$$

根据式(5.6.10)，可得到：

$$P_e = A_e \cdot S = \frac{\lambda_0^2}{4\pi} GS \tag{5.6.22}$$

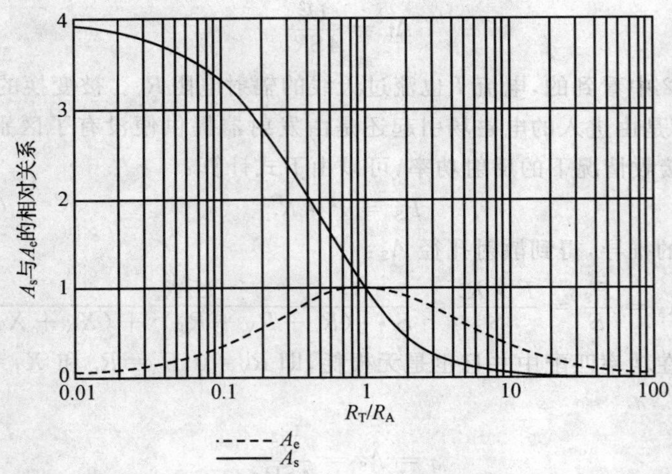

图5.6.3 相对有效孔径 A_e 和相对散射孔径 A_s 与电阻 R_A 和 R_T 比值的关系曲线

(4) 有效长度

正如前面所看到的，电压 U_0 是电磁波在天线上感应产生的。电压 U_0 正比于接收波的电场强度 E。这个比例因子具有长度的量纲，所以称为有效长度（或有效高度 h）。公式如下：

$$U_0 = I_0 \cdot E = I_0 \sqrt{SZ_F} \tag{5.6.23}$$

在天线匹配的情况（即 $R_r = R_T$）下，有效长度可以根据有效孔径 A_e（见式(5.6.15)）计算出来，可得：

$$I_0 = 2\sqrt{\frac{A_e R_r}{Z_F}} \tag{5.6.24}$$

如果用式(5.6.21)的表达式替换 A_e，匹配天线的有效长度就可以根据增益 G 计算出来，可得：

$$I_0 = \lambda_0 \sqrt{\frac{GR_r}{\pi \cdot Z_F}} \tag{5.6.25}$$

(5) 偶极天线

在偶极天线的最简单组成中，只有规定长度的直的导线条（例如，铜线）。通过适当的造型，天线的特征参数（特别是辐射阻抗和带宽）都会受到影响，见图 5.6.4。

一个简单的、延伸半波长的偶极子（$\lambda/2$ 偶极子）包含有长度 $L=\lambda/2$ 的导线（故也称半波偶极子），它在中间断开。在这个断点处，偶极子得到馈电。

两个 $\lambda/2$ 长度的线状导体平行连接，相隔短距离 D（导线的直径 $d<0.05\lambda$），形成了两线折叠式偶极子。它的辐射阻抗大约是单个 $\lambda/2$ 偶极的 4 倍（$R_r = 240 \sim 280\ \Omega$）；计算可根据下式：

$$R_r = 73.2\left[\frac{\lg\left(\frac{4D^2}{d_1 d_2}\right)}{\lg\left(\frac{2D}{d_2}\right)}\right]^2 \tag{5.6.26}$$

回环型偶极子的一个特殊变体是三线折叠偶极子。它的辐射阻抗很大程度上取决于导体的直径和 $\lambda/2$ 线段之间的距离。实际上，三线折叠偶极子的辐射阻抗的值为 540～2 000 Ω，计算式如下：

$$R_r = 73.2\left[\frac{\lg\left(\frac{4D^3}{d_1^2 d_2}\right)}{\lg\left(\frac{D}{d_2}\right)}\right]^2 \tag{5.6.27}$$

偶极子的带宽会受到 $\lambda/2$ 线段体的直径与它长度之比的影响，随直径的增大而增加。然而，偶极子必须缩短一些，以使它在希望的频率处共振。实际上缩短因子大约是 0.90～0.99。

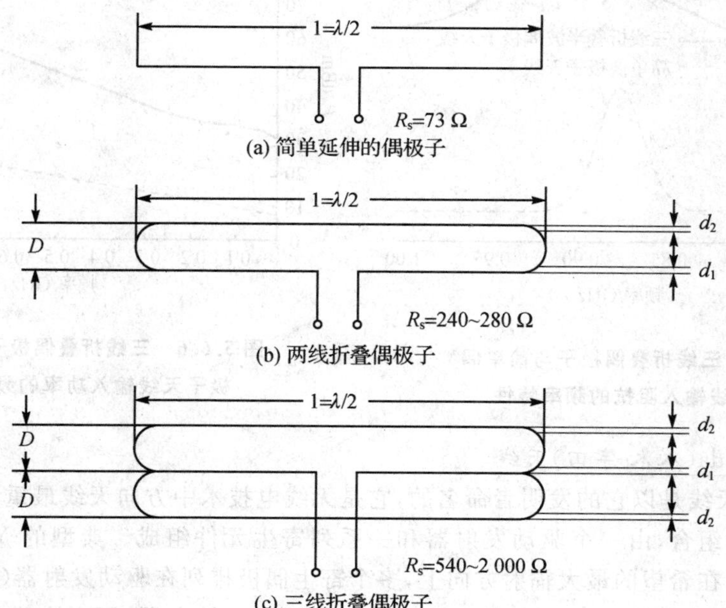

图 5.6.4 不同的偶极子天线设计

表 5.6.1 给出了 RFID 系统应用频率在 868～915 MHz 的三折叠天线结构参数值。其中 l_1、l_2、l_3 是从上到下三段偶极线的不同长度。

表 5.6.1　一个三线折叠偶极电线的结构参数

参　数	l_1	l_2	l_3	D_1	D_2	d_1	d_2
取值/cm	15.5	15.7	16.0	3.2	3.2	0.6	0.4

图 5.6.5 给出了三线折叠半波偶极子天线和简单偶极子天线阻抗随频率变化的情况，可以看出，该结构的天线阻抗明显比简单偶极子高了很多，能够较好地与 RFID 标签芯片达到阻抗匹配。图 5.6.6 给出了应用该三线折叠偶极子天线及简单偶极子天线的 RFID 标签接收功率随频率的变化情况，可以看出，三线折叠偶极子天线结构使 RFID 标签的功率接收效率有了明显提高。

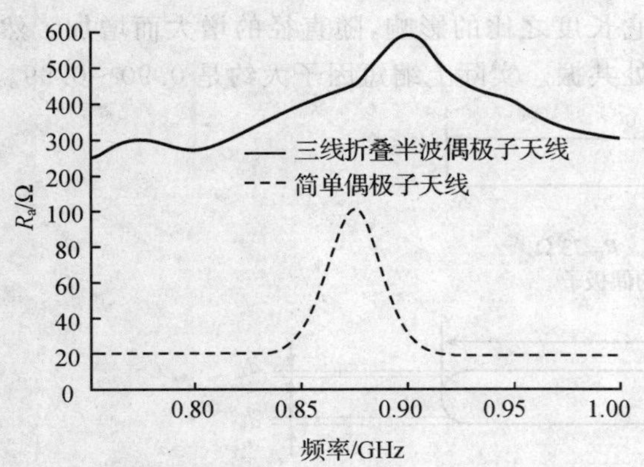

图 5.6.5　三线折叠偶极子与简单偶极子天线输入阻抗的频率特性

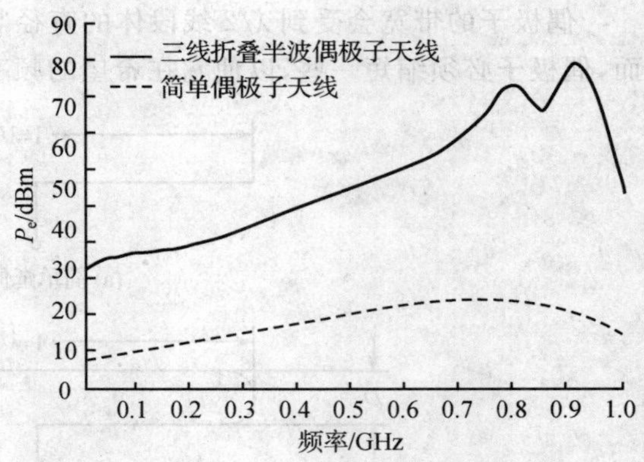

图 5.6.6　三线折叠偶极子与简单偶极子天线输入功率的频率特性

(6) Yagi-Uda(八木-宇田)天线

Yagi-Uda 天线是以它的发明者命名的，它是无线电技术中方向天线最重要的一类。这种天线是一个队列组合，由一个驱动发射器和一系列寄生元件组成。典型的 Yagi-Uda 天线如图 5.6.7 所示。在希望的最大辐射方向上，多个寄生偶极排列在驱动发射器(通常是一个偶极或两线折叠的偶极)的前面。这些寄生偶极的功能是作为导向器，同时在发射器的后面有根杆，通常是单根杆，作为反射器。为了形成有方向的发射，作为导向器的杆必须比发射器短，而作为反射器的杆必须比发射器长，发射器工作在共振状态。比起等方位的发射器，Yagi-Uda 天线能达到 9 dB(基于 3 个元件)～12 dB(基于 7 个元件)的增益。所谓的“长”Yagi 天线(10～15 个或更多的元件)在主辐射方向甚至可以获高达 15 dB 增益。

由于它的尺寸，Yagi-Uda 天线专门用做阅读器天线。像一个电筒，Yagi-Uda 天线只在最大辐射方向发射，正好它处在顶角。来自旁边阅读器或邻近设备的干扰都受到压制和失调。

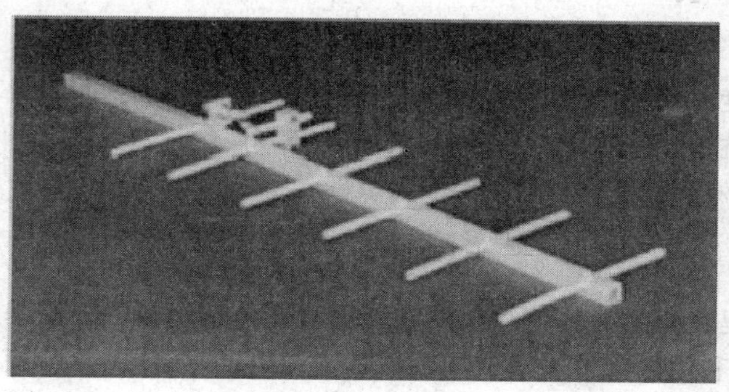

注：由一个驱动发射器(左起第二个横向杆)，一个反射器(左起第一个横向杆)，四个导向器(左起第三个到第六个)组成。

图 5.6.7　Yagi-Uda 方向天线的典型设计(6 个单元)

Yagi-Uda 天线在无线电、电视机接收器以及商业无线电技术上广泛应用，有关这类天线的设计、结构和运行方面的资料很多。

(7) 微带或微波传输带天线

微带天线(microstrip antennas)是由导体薄片粘贴在背面有导体接地板的介质基片上形成的天线。微带辐射器的概念首先由 Deschamps 于 1953 年提出来，但是，到了 20 世纪 70 年代初，当较好的理论模型以及对敷铜或敷金的介质基片的光刻技术发展之后，实际的微带天线才制造出来。此后这种新型的天线得到长足的发展，可以在许多现代通信设备中发现它。例如，在最新一代的 GPS 接收器和移动电话中，它们始终都是比较小的。由于它们特殊的结构(见图 5.6.8)，微带天线也在 RFID 系统应用中占有优势。

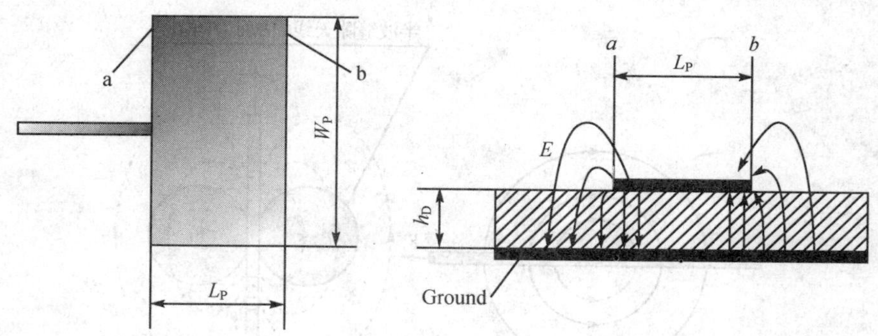

注：L_P与 h_D的比例不是实际的。

图 5.6.8　微带天线的基本原理

微带的长度 L_p 决定了天线的共振频率(满足条件 $h_D \leqslant \lambda$)，公式如下：

$$L_P = \frac{\lambda}{2} - h_D \tag{5.6.28}$$

一般基底板厚度 h_D 是波长的 1%～2%。宽度 W_p 对天线的共振频率影响不大，但是它决定了天线的辐射阻抗 R_r，这里 $W_p < \lambda/2$，公式如下：

$$R_r = \frac{90}{\frac{\varepsilon_r + 1}{2} + (\varepsilon_r - 1)\sqrt{4 + \frac{48h_p}{W_p}}} \cdot \left(\frac{\lambda}{W_p}\right)^2 \tag{5.6.29}$$

矩形微带天线是由矩形导体薄片粘贴在背面有导体接地板的介质基片上形成的天线。如图 5.6.9 所示，通常利用微带传输线或同轴探针来馈电，使导体贴片与接地板之间激励起高频电磁场，并通过贴片四周与接地板之间的缝隙向外辐射。

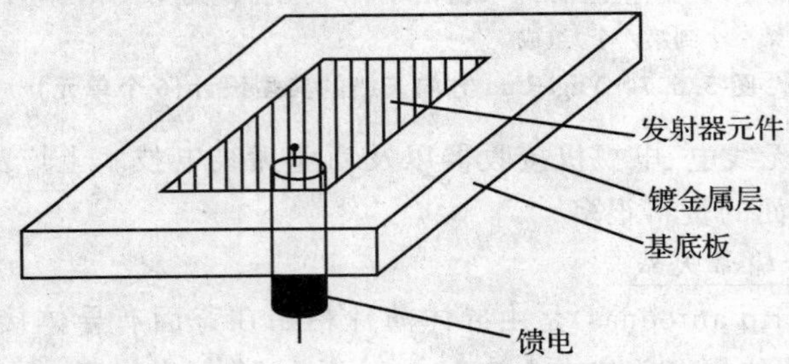

图 5.6.9　通过反面的馈电线给微带天线的 λ/2 发射器方块供电

(8) 缝隙天线

在一张大的金属面中央切开一条 λ/2 长的条状，这条缝隙可以用做发射器。缝隙的宽度必须远远小于它的长度。发射器的基点在它纵向的中点上，如图 5.6.10 所示。

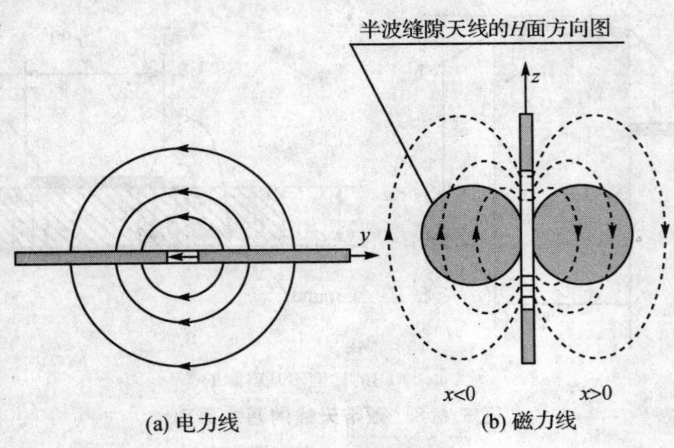

图 5.6.10　缝隙的场矢量线分布图

理想半波缝隙天线($2L=\lambda/2$)的 H 面方向图如 5.6.10(b)所示,而其 E 面无方向性。

5.6.2 微波收发器的实际工作

本小节要介绍的是,一个收发器处于阅读器的询问区时的实际工作情况。图 5.6.11 表示的是一个反向散射系统的简化模式。阅读器以有效的辐射功率 P_1G_1 向周围空间发射电磁波,这时在距离 r 处,收发器接收到的功率 $P_2=P_e$,正比于场强 E。

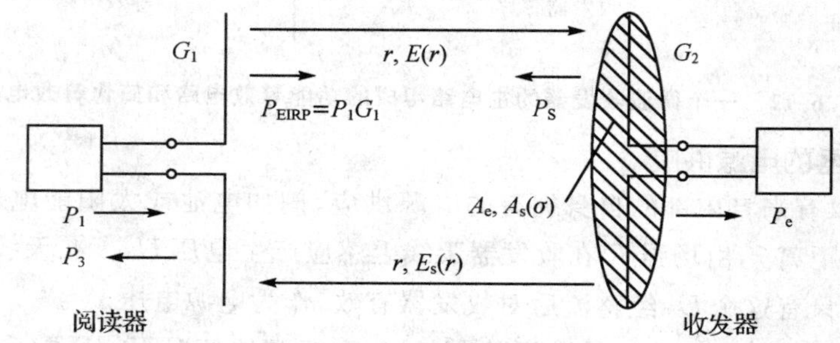

注:一个收发器处在阅读器的检测区,图形表示 HF 功率流量通过整个系统。功率 P_s 是收发器天线反射的,功率 P_3 是在距离 r 被阅读器再接收到的。

图 5.6.11 微波 RFID 系统的模型

1. 收发器的等效电路

在前面的小节中已经引用过变压器阻抗的简化等式

$$Z_T=R_T+jX_T \quad (\text{简化的等效电路})$$

实际上,收发器的输入阻抗更清晰的表达可以是一个由负载电阻 R_L、输入电容 C_2 和可能的调制阻抗 Z_{mod} 组成的并联电路(功能等效电路)。在两个等效电路的部件之间做这种转换是相对比较简单的。例如,收发器阻抗 Z_T 可以根据功能或简化的电路来决定,见图 5.6.12,其公式如下:

$$Z_T = jX_T + R_T = \frac{1}{j\omega C_2 + \frac{1}{R_L} + \frac{1}{Z_{mod}}} \tag{5.6.30}$$

简化等效电路的单个组件 R_T 和 X_T,也可以根据功能等效电路的组件简单决定。表达式如下:

$$R_T = Re\left(\frac{1}{j\omega C_2 + \frac{1}{R_L} + \frac{1}{Z_{mod}}}\right) \tag{5.6.31}$$

$$X_T = Im\left(\frac{1}{j\omega C_2 + \frac{1}{R_L} + \frac{1}{Z_{mod}}}\right) \tag{5.6.32}$$

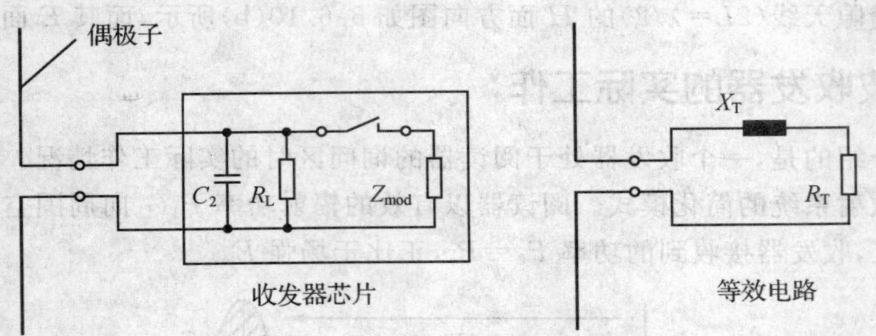

图 5.6.12　一个微波收发器的主电路组成的功能等效电路和简化等效电路

2. 无源收发器的电源供应

无源收发器没有来自内部的自身拥有的电源供应，例如电池或太阳能电池。当收发器在阅读器的范围内，距离 r，由场强 E 在收发器天线上感应产生电压 U_0。在天线终端，这个电源的部分 U_T 有效。只有这个 U_T 经整流后对收发器有效，作为电源电压。

在收发器的输入阻抗 Z_T 和辐射电阻 R_r 之间功率匹配的情况下，从式(5.6.22)可以求出功率 $P_2(=P_e)$。图 5.6.13 表示在不同距离和阅读器正常发射功率时在 RFID 系统的有效功率。为了尽可能有效利用这个低功率，具有阻抗匹配的肖特基检波器用做整流器。

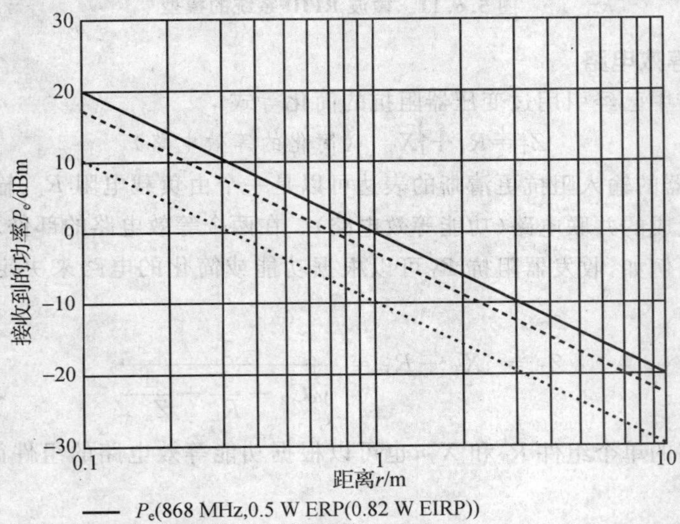

注：收发器使用偶极子天线，在距离 r，功率匹配的情况下，收发器工作的最大有用功率为 P_e(0 dBm=1 mW)。

图 5.6.13　有效功率曲线

3. 有源收发器的电源供应

在有源收发器中，半导体芯片的电源是由电池提供的。不管收发器和阅读器之间的距离是多少，该电压对于电路的运行总是足够高的。由天线提供的电压通过一个检测电路用来激活收发器。在没有外部激活的时候，收发器就切换到节电模式，为的是避免电池不必要的放电。按照鉴定电路的类型，会用更低的接收功率 P_e 来激活收发器，这是对可比较的无源收发器而言。由此一来，阅读范围就要比无源收发器大。实际上，范围超过 10 m 是正常的。

4. 反射与抵消

阅读器发射的电磁场，不仅被收发器反射，也同样被邻近的所有物体反射，这个空间尺度大于波长 λ_0，反射场会叠加在原始的发射场上。这就会导致交替出现局部场的衰减或所谓的抵消（反相位重叠）和放大（同相位重叠），在某些最小值之间的 $\lambda_0/2$ 的间隔中。离阅读器不同距离不同强度的各反射波同时出现，使得阅读器周围的场强 E 非常不稳定，有不少局部的带场被抵消。这种效应在有大型金属体的环境特别明显，例如工业运行中的机器和金属管道等。

5.6.3 调制反向散射

正如已经知道的，收发器天线反射在天线的散射孔径 $\sigma(A_s)$ 上部分的辐射功率。就这样，阅读器原先发射的功率 P_1 的一小部分通过收发器作为 P_3 返回到阅读器，见图 5.6.11。散射孔径 σ 对 Z_T 和 Z_A 之间关系的依存（见 5.6.1 小节中的“有效孔径和散射孔径”），在 RFID 被用做收发器向阅读器发送数据。为此，收发器输入阻抗 Z_T 随发射的数据流实时变化，这是通过另一个阻抗 Z_{mod} 实时地被数据流切换为通或断而实现的。结果，散射孔径 σ，收发器反射的功率 P_S 也同样（见式(5.6.3)），实时地随数据而变化，也就是被调制了。所以，这个过程也称为调制反向散射，或 σ-调制，见图 5.6.14。

为了更进一步研究 RFID 收发器的关联，再回顾一下式(5.6.17)，它表达的是收发器阻抗 $Z_T = R_T + X_T$ 对散射孔径 σ 的影响。为了用收发器天线一般的特性取代 U_0^2，先把式(5.6.25)代入式(5.6.23)，可得：

$$U_0 = \lambda_0 \sqrt{\frac{GR_r}{\pi \cdot Z_F}} \cdot \sqrt{SZ_F} = \lambda_0 \sqrt{\frac{GR_r S}{\pi}} \tag{5.6.33}$$

式(5.6.33)代入式(5.6.17)，最终得到下式：

$$\sigma = \frac{\lambda_0^2 R_r^2 G}{\pi \cdot [(R_r + R_V + R_T)^2 + (X_A + X_T)^2]} \tag{5.6.34}$$

式中，G 是收发器天线的增益。

式(5.6.34)的缺点是，它只表示了散射孔径 σ 的数值大小，而没有考虑相位的变化。有可能在调制（调制阻抗 Z_{mod} 并联）时，输入阻抗 Z_T 只有虚部变化，而实部 R_T 不受影响。式(5.6.16)表明，反射功率 P_S 与电流 I^2 成正比。然而，由于变换阻抗的虚部，此时调制也使

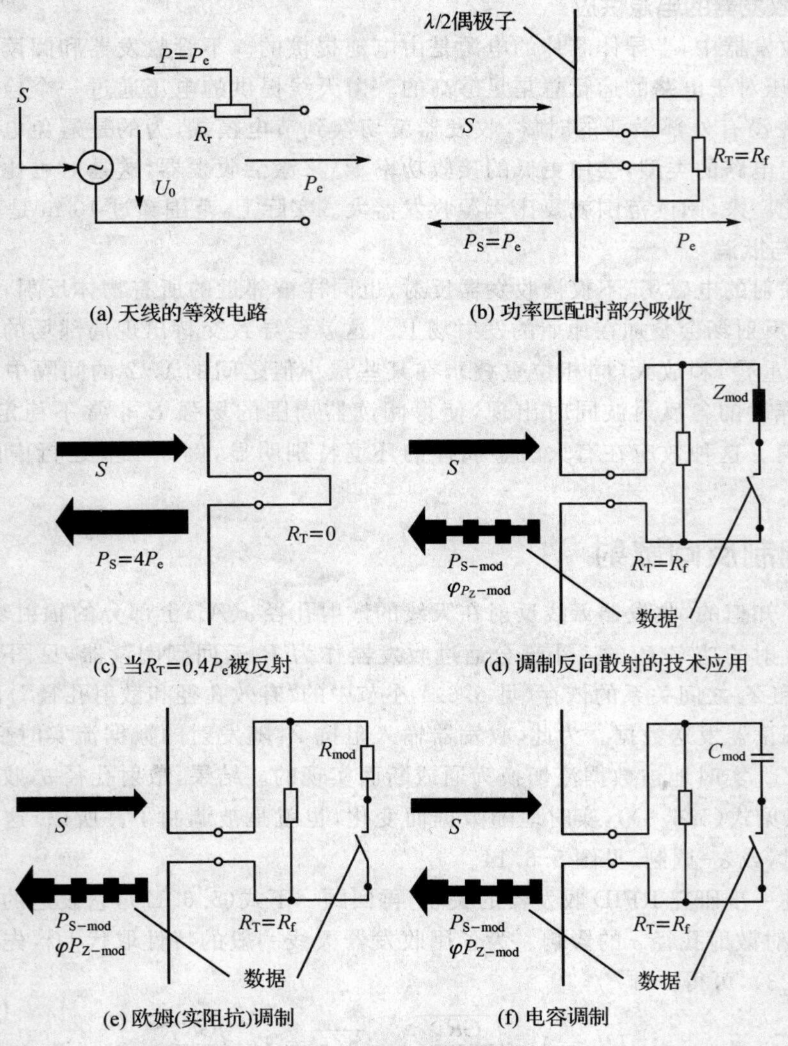

图 5.6.14　通过调制收发器阻抗 Z_T（$=R_T$）实现调制反向散射

得 I 的相位 θ 变化，可以计算出反射功率的相位 Q 也有同样程度的变化。由此可见，应当说，收发器输入阻抗 Z_T 的调制引起了反射功率 P_S 以及散射孔径 σ 两者的值和（或）相位的调制（散射孔径 σ 也如此）。因此，在 RFID 系统中不能把 P_S 和 σ 看做实数，而是复数。散射孔径 σ 值和相位的相对变化用下式表示：

$$\Delta\sigma=\frac{\lambda_0^2 G\Delta Z_{mod}}{4\pi R_r} \tag{5.6.35}$$

在设计 RFID 阅读器时，必须考虑收发器产生相位和振幅混合调制的特性。现代阅读器常采用 I/Q 解调，以保证收发器的信号总是能被解调。

5.6.4 几项参数指标

1. 收发器的灵敏度

不论收发器的供电类型为何，为了激活收发器或给它提供电路运行所需要的足够能量，对此所要的最小场强 E 被称为询问场 $E_{\min}$，其计算简单。根据肖特基检波器和收发器天线增益 G 要求最小的 HF 输入功率 P_{emin}，公式如下：

$$E_{\min} = \sqrt{\frac{4\pi Z_{\text{F}} P_{\text{emin}}}{\lambda_0^2 G}} \tag{5.6.36}$$

这是基于先决条件——阅读器的极化方向和收发器天线精确吻合，如果收发器受到的作用场有不同的极化方向，那么 $E_{\min}$ 就会因此增加。

2. 读操作范围

为了发射数据，对收发器发射的信号进行调制。应当注意的是，在这个过程中，反射功率 P_{S} 作为被调制的部分，它已分解为被反射的载波信号和两个边带。在 100% 理论调制指标的纯 ASK 调制中(实际上是不可能的，因为在调制时 Z_{T} 必须要有无穷大的值)，两个边带各包含总反射功率 P_{S} 的 25%(即，P_3 为 6 dB)，在调制指标较低端的相对少些。因为信息是专门在边带发送的，应当根据调制指标规定较低端的信号要求。被反射的载波不包含信息，也不能够被阅读器接收，因为它被相同频率的发射信号完全屏蔽，如图 5.6.15 所示。

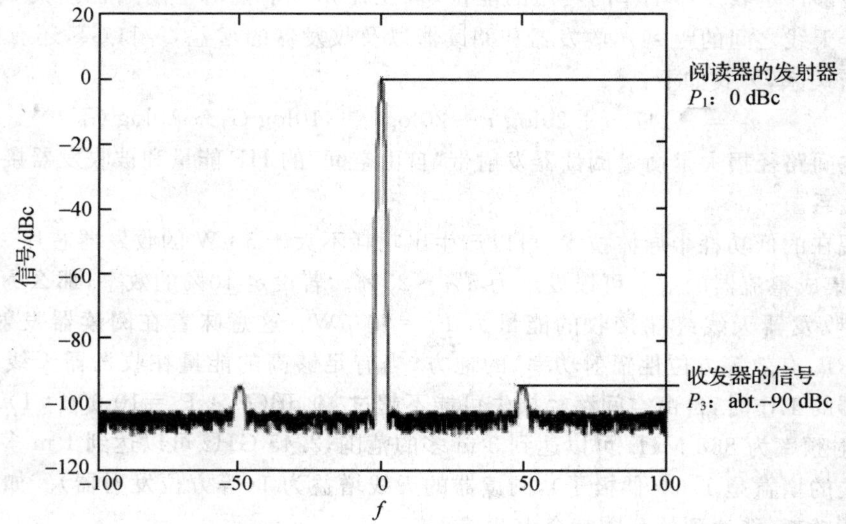

图 5.6.15 在阅读器上各电平关系实例

图 5.6.15 可以看到阅读器的接收单元上噪声大约比信号载波低 100 dB。收发器的载波边带可以清楚看到，而被反射的载波信号不能看到。因为阅读器-发射器的载波频率和它相同，而且电平比它高几个数量级。

现在考虑到达阅读器的功率 P_3 的强度，它是由收发器反射的。这里省略一系列理论上的推导。考虑到实际上散射孔径 σ 取值是在 $0\sim4A_e$ 之间(前面介绍过的)，以下给出归纳后的表达式：

$$P_3 = \frac{kP_1 G_{\text{Reader}}^2 \lambda_0^4 G_T^2}{(4r)^4}\bigg|_{k=0..4} \tag{5.6.37}$$

式中，k 的准确值的获取是根据天线的辐射电阻 R_r 和收发器芯片的输入阻抗 Z_T 之间的关系，同时也可以根据图 5.6.3 导出。

解关于 r 的方程(5.6.37)，可得：

$$r = \frac{\lambda_0}{4\pi} \cdot \sqrt[4]{\frac{kP_1 G_{\text{Reader}}^2 G_T^2}{P_3}}\bigg|_{k=0..4} \tag{5.6.38}$$

当已知阅读器的接收单元的灵敏度 $P_{3\min}$，阅读器和收发器之间的最大距离(在那里收发器的信号可以被阅读器接收到)可以计算出来。P_3 是代表收发器总的反射功率，这点必须被考虑。功率 P_3 分解为载波信号和两个边带(即 $P_3 = P_{\text{carrier}} + P_{\text{USB}} + P_{\text{LSB}}$，这里 USB 是指上边带，LSB 是指下边带)，在这里没有被考虑。为了能够检测到被调制的反射信号的单边带，P_3 必须相应大些。

3. 空间能量损失

为了能够评定收发器工作的可用的能量，首先计算一下自由空间路径损失 a_F，它与阅读器和收发器天线之间的距离 r，收发器和阅读器以及收发器的增益 G_T 和 G_R，还有阅读器的发射频率 f 有关系，公式如下：

$$a_F = -147.6 + 20\log r + 20\log f - 10\log G_T - 10\log G_R \tag{5.6.39}$$

自由空间路径损失是衡量阅读器发射带“自由空间”的 HF 能量和被收发器接收的 HF 能量之间的关系。

利用现在的低功耗半导体技术，可以产生出功耗不大于 5 μW 的收发器芯片。在 UHF 和微波范围，集成整流器的效率可以设定为 5%～25%。若设定 10%的效率，那么为了收发器芯片工作，在收发器天线终端接收的能量为 $P_e = 50\ \mu$W。这意味着在阅读器发射功率 $P_S = 0.5$ W(EIRP，有效等方位性辐射功率)的地方，当有足够高的能量在收发器天线上接收到来维持收发器的工作时，自由空间路径损失可能不超过 40 dB($P_s : P_e = 10\,000 : 1$)。从表 5.6.2 知道，发射频率为 868 MHz 可以达到 3 m 多的范围，2.45 GHz 可以达到 1 m 多。这里假设收发器天线的增益是 1.64(偶极子)，阅读器的天线增益为 1(等方位发射器)。如果收发器芯片有较大的功耗，能达到的范围就会由此减小。

表 5.6.2　在不同的频率和距离情况下，自由空间路径上的损失 a_F

距离 r/m	868 MHz	915 MHz	2.45 GHz	距离 r/m	868 MHz	915 MHz	2.45 GHz
0.3	18.6 dB	19.0 dB	27.6 dB	3	38.6 dB	39.0 dB	47.6 dB
1	29.0 dB	29.5 dB	38.0 dB	10	49.0 dB	49.5 dB	58.0 dB

为了达到 15 m 的范围，使收发器芯片工作在可以接收到的范围内，需要使用更大的功耗，反向散射收发器常用后备电池给收发器芯片提供能量支持，见图 5.6.16。为了电池避免不必要的负担，芯片通常都有节电的“掉电”或“等待”模式。当收发器离开阅读器的范围时，芯片就会自动转换到节电的“掉电”模式。在这种状态下，功耗最多只有几 μA。芯片只有在阅读器的范围内接收到足够强的信号时才能重新激活，所以它又切换返回正常的工作。然而，有源收发器的电池永远不会给收发器和阅读器之间的数据传输提供电源，而唯独供给芯片。收发器和阅读器之间的数据传输只能依靠阅读器发射的能量。

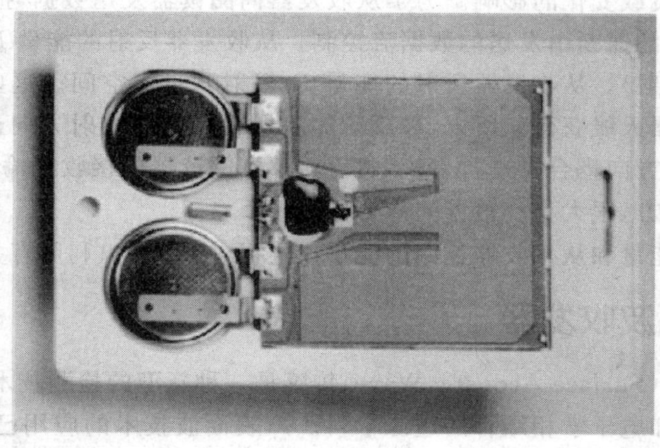

注：数据载波是靠两个锂电池供电；可以看到在印刷电路板上的收发器的 U 形微波天线。

图 5.6.16　频率为 2.45 GHz 的有源收发器

4. 受调制的反射横截面

从雷达技术领域知道，反射电磁波的物体尺寸约大于波长的一半。物体反射电磁波的这种效率是用它的反射横截面来描述的。当目标体与碰撞到的前沿波发生共振，例如天线处在适当的频率，目标体就有特别大的反射横截面。能量 P_1 是阅读器天线发射的，它的小部分到达收发器天线（见图 5.6.17）。这个能量是作为 HF 电压提供给天线连接，并且在二极管 D1 和 D2 整流后，可以用做激活或取消“掉电”模式的接通电压。这里使用的二极管是低势垒肖特基二极管，它们有特别低的极限电压。获得的电压也可以满足小范围的供电需求。

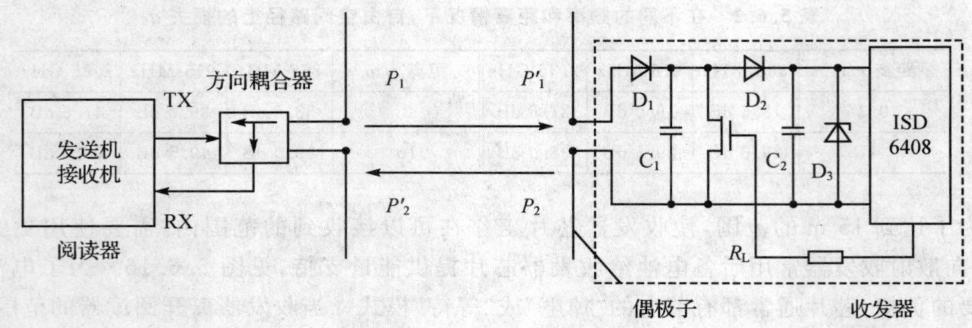

注：芯片的阻抗是用开关芯片 FET 来"调制"的。

图 5.6.17 反向散射接收器的工作原理

接收到的一部分能量被天线反射而作为能量 P_2 返回。天线的反射特性(即反射横截面)会受连接到天线的负载变化的影响。为了从收发器向阅读器发送数据，把一个负载电阻 R_L 和天线并联，这个电阻的通断由发送的数据流控制。从收发器反射的能量 P_2 的幅度也可以如此调制(调制的反向散射)。从收发器反射的能量 P_2 辐射到自由空间。这些(自由空间衰减的)中的小部分被阅读器天线获得。所以，被反射的信号就在反向散射方向进入了阅读器的天线接线，同时可以利用方向耦合器进行去耦，然后转移到阅读器的接收机输入端。发射器前向信号强度到 10 的几次方，很大程度被方向耦合器压制。

阅读器发射的能量和从接收器返回的能量比值(P_1/P_2)可以利用有关雷达表达式计算。

5.6.5 声表面波收发器

声表面波 SAW(Surface Acoustic Wave)传感是一种新型的检测技术，基于某些物质的压电效应。这是声学和电子学相结合的边缘学科。声表面波技术的应用已涉及许多学科领域，如地震学、天文学、雷达通信及广播电视中的信号处理、航空航天、石油勘探和无损检测等。随着微电子技术、集成电路技术、计算机技术和材料、微细加工技术的迅速发展，声表面波传感器的研究也应运而生，具有一个十分巨大的发展空间和应用前景。基于声表面波技术的识别标签由于具有无线、无源、抗干扰能力强及传输距离长等特点，成为当前 RFID 技术中很有特色的一种，工作在超高频和微波段，具有广阔的市场前景。这里主要围绕 RFID 介绍 SAW 技术。

1. 压电效应与表面波的产生

文献上是这样描述压电效应的：某些电介质在沿一定方向上受到外力的作用而变形时，其内部会产生极化现象，同时在它的两个相对表面上出现正负相反的电荷。当外力去掉后，它又会恢复到不带电的状态，这种现象称为正压电效应。当作用力的方向改变时，电荷的极性也随之改变。相反，当在电介质的极化方向上施加电场，这些电介质也会发生变形，电场去掉后，电介质的变形随之消失，这种现象称为逆压电效应，或称为电致伸缩现象。依据电介质压电效应研制的一类传感器称为压电传感器。

对于压电效应的应用，在现代日常生活中比比皆是，例如，电子打火机、压电蜂鸣器、电子产品中的晶振等。有一类物质的晶体，如石英（SiO_2）、锂铌酸盐（$LiNbO_3$）或锂钽酸盐（$LiTaO_3$）等材料，具有良好的压电效应。

如果把一电压施加在压电晶体的电极上，材料就会发生晶格的变形，如图 5.6.18 所示。这种效应可用来在晶体上产生声表面波。为了实现这点，把大约 0.1 μm 厚的铝制作的电极加在压电单晶体磨光的表面，形成一个声电转换器，声表面波（所谓的瑞利波）在晶体表面传播；晶格的偏转程度随深度的增加呈指数衰减，感应出的声波能量的大部分集中在深度约一个波长 λ 的晶体表层。在高度抛光的底基层传播的表面声波几乎无衰减地自由散射。传播的速度 v 为 3 000～4 000 m/s，即光速的十万分之一。

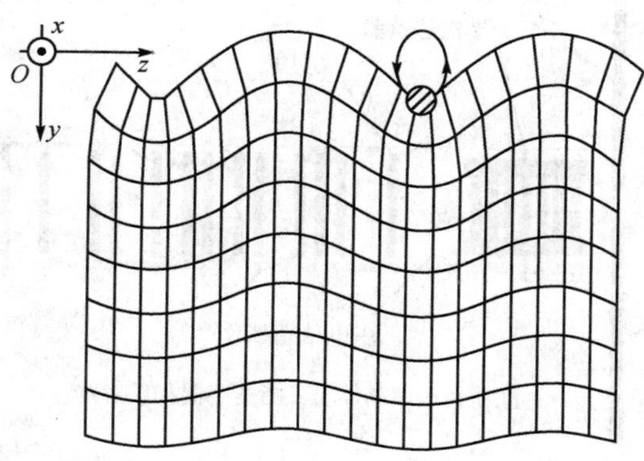

图 5.6.18　通过晶体的截面显示出在 z 方向传播的表面波的表面扭曲

2. 叉指传感器

用交叉指形式的叉指型电极结构产生声电面波效应。每一对这样的交叉指形成一个所谓的叉指传感器。一个 δ 形电脉冲施加在叉指传感器的总线条上，由于压电效应，在不同指之间的基底层表面引起机械形变。这种形变正比于电场强度，并在两个方向以速度 v 传播面波（见图 5.6.19）。反过来，作为压电效应的结果，进入这个转换器的表面波产生的信号正比于总线条上的指形结构。

电声传感器（叉指传感器）和反射器的制作可以在压电基片上用平面电极结构制作。用于这类制作的基片材料是锂铌酸盐或锂钽酸盐。电极结构是用照相过程制作，类似于微电子的集成电路制作过程。图 5.6.20 所示表面波收发器的基本设计图案。指状的电极结构（叉指传感器）位于一个长的压电基片的一端，为工作频率相配的偶极天线连接到它的总线条。叉指传感器用做电信号和声表面波之间的转换。

由于电极（指状）之间的压电效应，一个加在总线上的电脉冲，引起基片表面的机械形变，

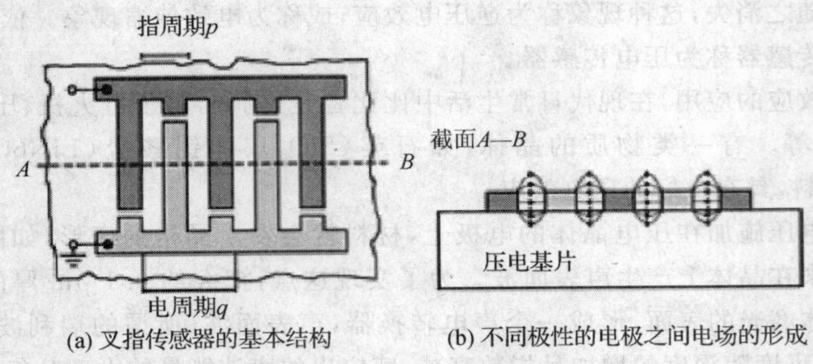

(a) 叉指传感器的基本结构　　(b) 不同极性的电极之间电场的形成

图 5.6.19　叉指传感器原理图

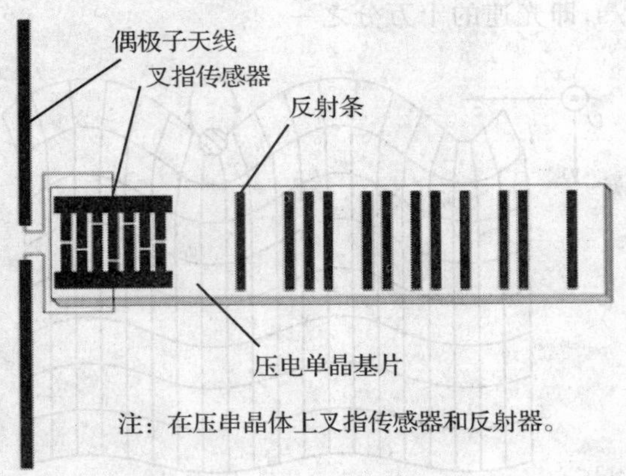

图 5.6.20　SAW 收发器的基本设计图案

它以表面波的形式向两个方向散射（瑞利波）。对于一般的基片，这个散射速度在 3 000～4 000 m/s 之间。同样，表面波进入这个转换器，由于压电效应，在叉指传感器的总线上会产生电脉冲。

每一个电极都在表面波收发器上沿着空余长度定位。电极的边缘形成反射条带，反射接收到的小部分表面波。反射条一般用铝制作，有些反射条也蚀刻成凹槽。

阅读器产生的高频率扫描脉冲从收发器的偶极子天线进入叉指传感器，就这样被转换成声表面波，它在纵方向流经基片。表面波的频率和采样脉冲的载波频率一致（例如，2.45 GHz）。被反射和返回的脉冲序列载波频率和采样脉冲的发射频率一致。

同极性的两指之间的距离被称为叉指传感器的电周期 q。获取最大声电交互作用的频率 f_0 是传感器的中间频率。在该频率上，表面声波的波长 λ_0 精准地与叉指传感器的电周期 q 相同，因此所有波的行列都同相叠加，传播被最大化。

$$\frac{\nu}{f_0} = \lambda_0 = q \tag{5.6.40}$$

表面波的电和机械能量密度之间的关系用材料的压电耦合系数 k^2 来描述。传感器的带宽 B 会受转换器长度的影响，公式如下：

$$B = 2f_0/N \tag{5.6.41}$$

式中：N 是叉指的数目。

3. 表面波的反射

如果表面波在表面遇上机械或电的阻断，波的一小部分就被反射。在空白区和金属化表面之间的变换代表着阻断，所以 N 个反射条的周期排列可以用做反射器。如果反射器的周期 p 等于波长 λ_0 的一半，那么所有的反射都将同相位重叠。反射程度达到了相关频率的最大值，即所谓的 Bragg 频率 f_B，公式如下：

$$f_B = \frac{\nu}{2p} \tag{5.6.42}$$

图 5.6.21 为表面波简单反射器的几何图形。

图 5.6.21 表面波简单反射器的几何图形

4. 声表面波收发器的功能原理

从上述可知，表面波传感器是在压电单晶面上由一个叉指传感器和几根反射条组合而成，叉指传感器的两个总线条和一个偶极子天线相连。以周期性的间隔，阅读器天线发射一高频询问脉冲。当表面波传感器处在阅读器的检测区，发射能量的一部分被收发器天线接收，并以高频电压脉冲的形式传到叉指转换器的终端(见图 5.6.22)。叉指传感器把接收到的能量一部分转换成声表面波，它垂直于叉指在晶体上传播。要想尽可能多地把接收到的能量转换成声能，首先阅读器的发射频率要和叉指转换器的中间频率 f_0 一致；其次，传感器的叉指数目要和耦合系数 k^2 匹配。

反射条以特有的顺序，沿着表面波传播方向排列在晶体上。每一根反射条上都有一小部分表面波被反射，同时沿着在叉指传感器方向的晶体返回。这样从单个询问脉冲就产生了大量的脉冲。在叉指传感器传入的声音脉冲被转换回高频电压脉冲，并从收发器的天线发射，成为传感器的响应信号。表面波的速度低，所以第一个到达阅读器的响应脉冲要在几毫秒之后。在这段时间延迟之后，来自阅读器邻近的干扰反射由于较长时间的衰减而不再对收发器的这

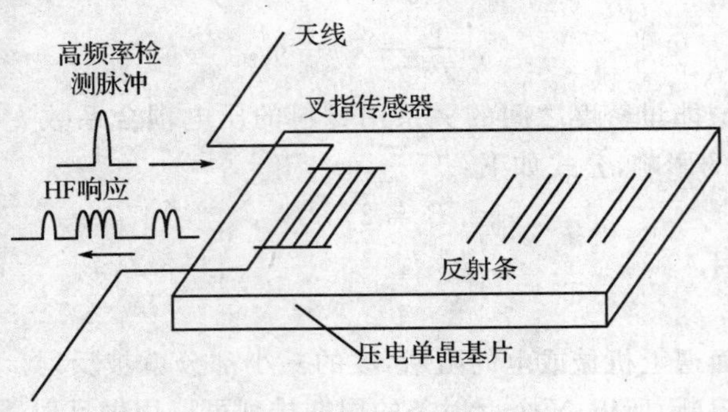

图 5.6.22 表面波传感器功能原理图

个响应脉冲造成干扰。来自阅读器周围半径 100 m 处的干扰反射，在大约 0.66 μs 后就衰减掉了(200 m 的传播时间)。石英基底层上的表面波(v = 3158 m/s)在这个时间内才覆盖 2 mm，这样才刚刚到达基底层上的第一个反射条。因此，这种类型的表面波收发器也被称为反射延时线，如图 5.6.23 所示。

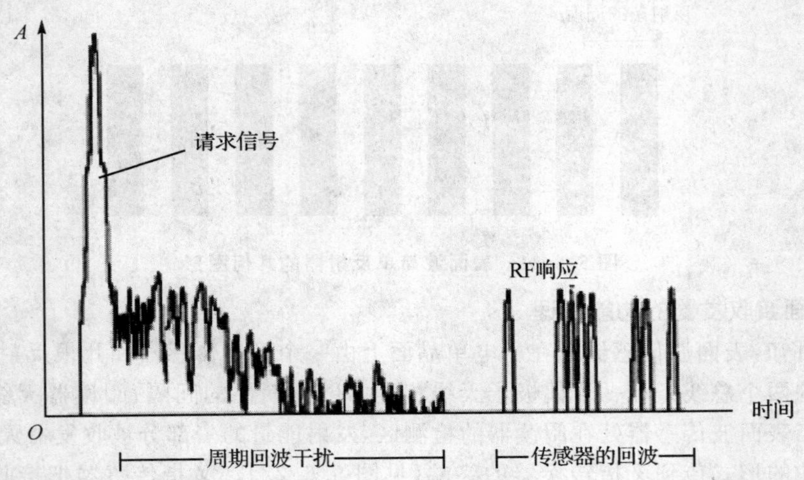

图 5.6.23 传感器从表面波收发器发出的回波在周围回波衰减之后才到达

表面波收发器完全是线性的，对于询问脉冲，它以确定的相位回应，见图 5.6.24。此外，相位角和各个反射信号之间的传播时间差都是固定的。这样就有可能改善表面波收发器的射程，通过对来自许多检测脉冲的收发器的弱回应取平均值。因为一次读操作只要几毫秒，每秒就可以进行成百上千次的读周期。

表面波系统的射程主要取决于扫描波的发射功率，射程可以用雷达方程式(5.6.37)确定。连续平均值的影响作为“综合时间”考虑。

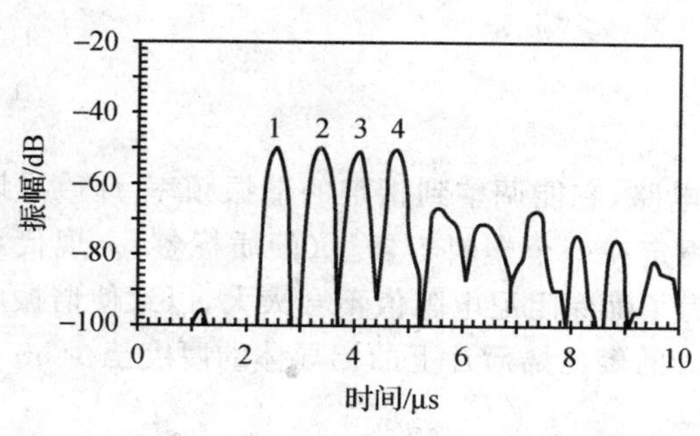

(a) 询问脉冲，包含4个独立的脉冲

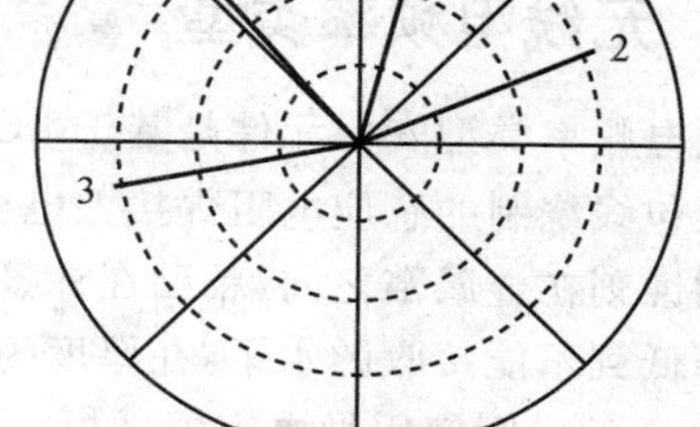

(b) 显示在钟面图上的响应脉冲相位，定位很精确

图 5.6.24 表面波收发器对询问脉冲以确定的相位工作

波的被反射部分向后传播回到叉指传感器，在那里它们转换成高频脉冲序列，并且由偶极天线发射。这个脉冲序列能够被阅读器接收。接收到的脉冲数量和基片上反射条的数量一致。同样，脉冲之间的延迟正比于基片上反射条之间的空间距离，所以，反射条的空间布局可以表现出一个数字的二进制序列。声表面波传感器的反射条区可看做是条形码般的编码装置，如果在反射条区域能布置 32 根反射条，则回波信号可得到 2^{32} 个状态，可分别表示不同编号的车辆、集装箱、工件、人或动物等目标以供识别。

表面波收发器的数据存储量和数据传输速度取决于基片的尺寸和基片上反射条之间可能达到的最小距离。实际上，大约有 16～32 位以 500 kb/s 的数据传输速率被传送。

5.7 1 比特的 RFID

1 比特是信息的最小单位，它只能表示两种状态：1 和 0。这意味着基于 1 比特收发器的系统只能代表两种状态，即在询问区有标签或无标签。尽管有这样的限制，由于结构简单，成本低，1 比特的标签还是被广泛地流行，它们的主要应用领域是在商店的“电子反偷窃装置”EAS(Electronic Article Surveillance)。

一个 EAS 系统由以下部件组成：阅读器或询问器的天线、安保元件或标签，还有可选的去活设备，用于在付款后使标签失去作用。在现代系统中，去活发生在价格码被登记到收款机的时候。有些系统也包括激活设备，它用来在去活后重新激活保安元件。对于所有的系统来说，重要的性能指标是它的识别或检测速度与门宽度(标签和讯问器的天线之间的最大距离)的关系。

检查和测试安装好的监视系统的程式条例详细说明见《商品防偷窃系统——检测门，对消费者的检测指南》的 VDI 4470 条例中。这个条例包含了对检测速度和错误报警比率的说明

和测试过程。应用在 EAS 的 1 比特 RFID 系统，根据不同的工作原理，可以分为以下几种类型。

5.7.1 无线电频率类型

无线电频率类型安保元件是基于 LC 谐振电路，它能调整到指定的谐振频率 f_R。早期装置是用漆包线绕制的感应电阻焊接上电容器，固定在一个塑料容器里（硬质标签）。现代系统用的线圈蚀刻在金属箔之间，粘贴在标签上。为了确保阻尼电阻值不会太大，以致使谐振电路的品质降低到不能接收的水平，在厚度为 25 μm 的聚乙烯薄片上的铝导体的厚度至少 50 μm，厚度 10 μm 的中间箔用做电容器极板。

阅读器（检测器）产生的交变磁场频率在无线电频率范围（见图 5.7.1）。当 LC 谐振电路进入交变磁场时，在谐振电路就会通过它的线圈感应出来自交变磁场的能量（法拉第定律）。当交变磁场的频率 f_G 和 LC 谐振电路的谐振频率 f_R 一致时，谐振电路就会产生共振。结果是，流过谐振电路的电流反抗它的起因，即它反抗这个外部交变磁场。这个效应显而易见，其结果是引起发射器线圈两端的电压降的少量变化，以致减弱了可测的磁场强度。当谐振电路一旦被带入发射器线圈的磁场，在传感线圈上，感应电压的变化就可以立刻检测出来。

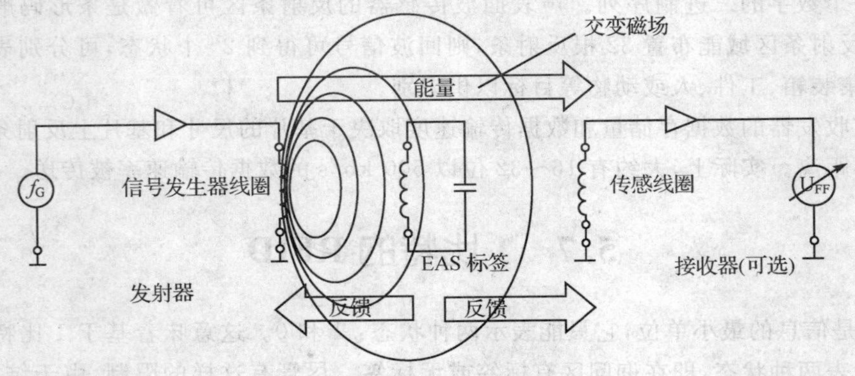

图 5.7.1 EAS 射频过程的工作原理

这个电压降的相对大小取决于两个线圈之间的间隙（发射器线圈和安保元件之间，安保元件和传感线圈之间）和被感应的谐振线圈（在安保元件中 EAS label）的 Q 值。在发射器和传感器线圈上电压的相对变化值一般非常小，难以检测出来。然而，这个信号应当清晰，使得安保器件尽可能可靠地检测到。实现这个目标的技巧是：产生的磁场频率不是恒定的，而是扫描式的。这意味着发射器的频率连续在最低和最高值范围内来回变化。对于这个扫描系统的有效频率范围是 8.2×(1±10%)MHz。

只要当这个扫描发射器的频率准确地与谐振电路（标签内的）的谐振频率一致时，标签收发器就开始振荡，在发射器和传感器的线圈上产生一个清晰的电压起伏，见图 5.7.2。安保元件的频率公差取决于制造公差,在有金属存在的环境中也会变化。然而,这种误差对整个频率范围扫描的结果不起什么作用。

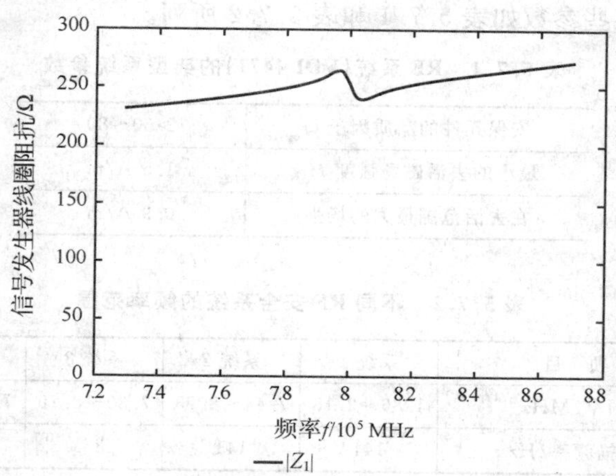

注:安保元件 $Q=90\%$,$k=1\%$

图 5.7.2 发射器线圈上的阻抗在安保元件的谐振频率处下降

在收款处标签没有被去除,为了使它们在防偷窃系统中不再起作用,必须要设法改变它们。为此,收款员把受保护的商品放入一个设备(去活器)内,它能产生足够高的磁场,感应出的电压把标签收发器的金属箔电容器破坏掉。设计的这些电容都带有专门的短路点,即所谓的"酒窝"。击穿后的电容不可恢复,使得谐振电路失调,以致不能再被扫描信号激励。

大面积的框架天线用来产生在检测区域所要求的交变磁场。框架天线被集成在柱子里,组成一个门的形式。在许多大型的百货商店都可以看到这种设计,如图 5.7.3 所示。门的宽度可以达到 2 m,用做 RF 的过程。70%相对低的检测率是由于不同程度受某些产品的材料的干扰,

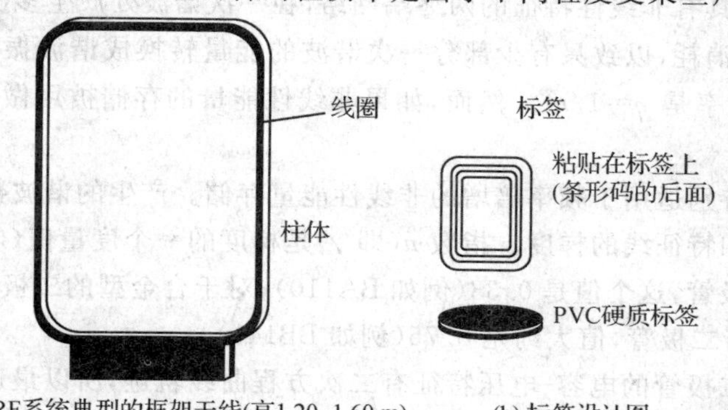

(a) RF系统典型的框架天线(高1.20~1.60 m)　(b) 标签设计图

注:PVC 是"聚氯乙烯"的英文缩写。

图 5.7.3 框架天线被集成在柱子里,组成一个门的形式

特别是金属(例如,食品金属罐)影响了标签的谐振频率和对检测线圈的耦合,这对检测率有负面效应。为了达到上面提到的门的宽度和检测率,使用的标签尺寸应达到 50 mm × 50 mm。

这类 RF 系统的某些参数如表 5.7.1 和表 5.7.2 所列。

表 5.7.1　RF 系统(VDI 4471)的典型系统参数

安保元件的品质因子 Q	>60～80
最小的去活磁场强度 H_D	1.5 A/m
在去活范围最大的场强	0.9 A/m

表 5.7.2　不同 RF 安全系统的频率范围

项　目	系统 1	系统 2	系统 3	系统 4
频率/MHz	1.86～2.18	7.44～8.73	7.30～8.70	7.40～8.60
扫描频率/Hz	141	141	85	85

系统中的器件有各自的谐振频率(例如电缆卷筒),这给系统的制造者提出了很大的挑战。如果这些谐振频率都在扫描频率 8.2×(1±10%)MHz 的范围内,它们将永远触发错误的报警。

5.7.2 微波类型

在微波范围的 EAS 系统使用非线性特征器件(例如,二极管)产生谐波。频率为 f_A 的正弦电压 A 的谐波是正弦电压 B,其频率 f_B 是 f_A 的整数倍。频率 f_A 的次级谐波是频率 $2f_A$、$3f_A$、$4f_A$ 等。输出频率的第 N 个倍数就是无线电工程的 N 次谐波;输出频率本身就称为载波或一次谐波。

原理上,每个具有非线性特征的两终端网络,在一次谐波处产生多次谐波。在非线性电阻的情况下,能量被消耗,以致只有少部分一次谐波的能量转换成谐波振动。在有利的条件下,N 倍 f 的产生,效率是 $\eta=1/n^2$。然而,如果非线性能量的存储被用做倍增,那么在理想的条件下就没有损失。

电容二极管特别适用于频率倍增的非线性能量存储。产生的谐波数量和强度取决于电容二极管的掺杂面和特征线的梯度。指数 n(即 γ)是梯度的一个度量值(电容-电压特征)。对于简单的扩散型二极管,这个值是 0.33(例如 BA110);对于合金型的二极管,值是 0.5;具有超突变 P-N 结的调谐二极管,值大约是 0.75(例如 BB141)。

合金型电容二极管的电容-电压特征有二次方程曲线轨迹,所以最适合频率加倍。简单的扩散型二极管可以用来产生较高次的谐波。

为产生谐波的 1 比特标签收发器的设计特别简单:一个电容二极管连接到一个偶极子的底部,它被调整到载波,见图 5.7.4。假设载波频率为 2.45 GHz,偶极子总的长度为 6 cm。使用的载波频率有 915 MHz、2.45 GHz 或 5.6 GHz。当标签收发器位于发射器的范围之内时，在偶极子内就会产生电流并且再发射载波的谐波。显著不同的信号是在二倍或三倍的载波处，这要取决于所用二极管的类型。

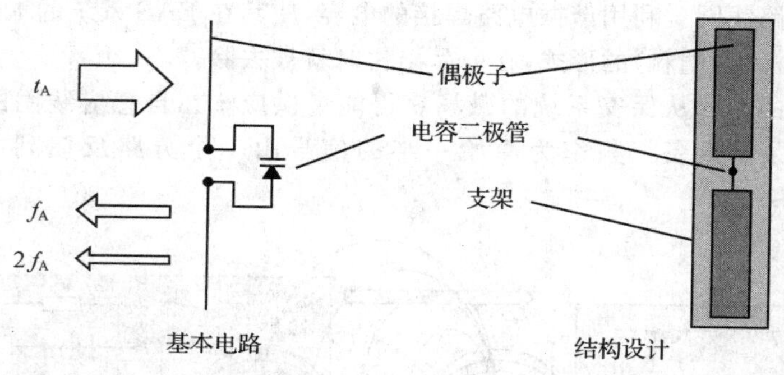

图 5.7.4　微波标签的基本电路和典型的结构形式

这种类型的收发器固化在塑料之中(硬质标签)，主要用于保护纺织商品。在收银台货物付款时，把标签去掉，它可以在以后重复使用。

图 5.7.5 表示一个收发器处在微波发射器的范围，频率是 2.45 GHz。由于二极管特征产生的二次谐波 4.90 GHz 被重新发射并且被接收器检测到，该接收器精确调谐到这个频率。在二次谐波频率处接收到的信号能够触发报警系统。

图 5.7.5　在检测器询问区的微波标签

如果载波的振幅或频率被调制(ASK，FSK)，那么所有的谐波都有同样的调制。这可以用来区分干扰和有用信号，防止外部信号引起的错误报警。在上面的这个例子中，载波的振幅是用 1 kHz 的信号调制(100% ASK)。在收发器上产生的二次谐波也是调制在 1 kHz 的 ASK。在接收器上二次谐波被解调，然后发往 1 kHz 的检波器。发生在接收频率 4.90 GHz 处的干扰信号不能触发错误的报警，因为它们没有被正常调制，如果它们是干扰，它们就会有不同的调制。

5.7.3 分频器类型

这种类型运作在 100～135 kHz 的波段。安全标签内有一半导体电路(芯片)和有漆包铜线绕成的谐振电路线圈。利用谐振电路焊接的电容,使其在 EAS 系统的工作频率处共振。这些收发器是以硬标签(塑料)的形式,在商品出售时就被去除。

在收发器中的芯片从保安系统的磁场获得能量供应。在自感应线圈的频率由芯片二分频,然后送回到保安设备。频率为原始一半的信号由一个分路反馈到共振电路线圈(见图 5.7.6)。

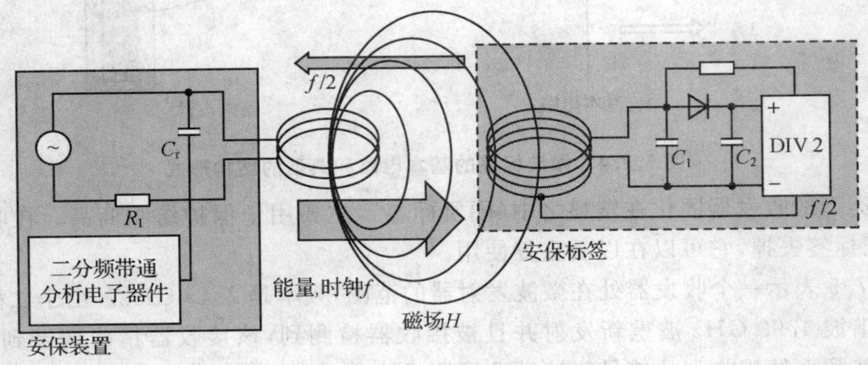

图 5.7.6　EAS 基本电路原理图

分频器类型 EAS 的典型系统参数如表 5.7.3 所列。

表 5.7.3　分频器类型 EAS 典型的系统参数

参　数	典型值
频　率	130 kHz
调制类型	100%ASK
调制频率/调制信号	12.5 Hz 或 25 Hz,矩形 50%

这类保安设备的磁场是较低频率的脉冲调制(ASK 调制),目的是为了提高检测率。类似于谐波产生的方式,载波的调制(ASK 或 FSK)也维持在频率的一半(次级谐波),用这个来区分"干扰"和"有用"信号。这个系统几乎排除错误报警。

框架天线如 5.7.1 小节所描述的,用做传感天线。

5.7.4 电磁类型

电磁类型的运作使用频率 10 Hz～20 kHz 近场(NF)范围的强磁场。安保元件内有软磁性非晶态金属条,它有陡峭的磁滞回曲线。在强交变磁场中,这些磁条的磁化是周期性翻转和达到磁饱和状态。外加磁场强度 H 和磁通量密度 B 之间的明显的非线性关系是在接近饱和状态(见图 3.1.1),在磁场强度 H 的零值交叉处的附近加入一个磁通量的突变,就会在安保设备的基本频率处产生谐波,而这个谐波可以被安保设备测定。

电磁型通过在主信号上添加高频率的附加信号段进行优化。这磁条的磁滞回曲线明显的非线性段不仅产生谐波还有各供给信号频率的累加和差分信号部分。假设主信号频率 f_s=20 Hz,附加信号 f_1=3.5 kHz 和 f_2=5.3 kHz,会产生下列信号:

$$f_1+f_2=f_{1+2}=8.80\ \text{kHz}$$
$$f_1-f_2=f_{1-2}=1.80\ \text{kHz}$$
$$f_S+f_1=f_{S+1}=3.52\ \text{kHz}$$

在这种情况下,安保设备对基本频率的谐波不会有反应,而是对这些频率累加或差分的特别信号有反应。这类标签使用自粘形式的磁条,长度从几 cm 到 20 cm。由于特别低的频率,这样的电磁系统是仅有的适合于那些含有金属的产品。然而这种系统的缺点是,标签的功能取决于位置:为了可靠的探测,安保设备的磁力线必须垂直穿过非晶态金属条。图 5.7.7 是一个安保系统的典型设计。

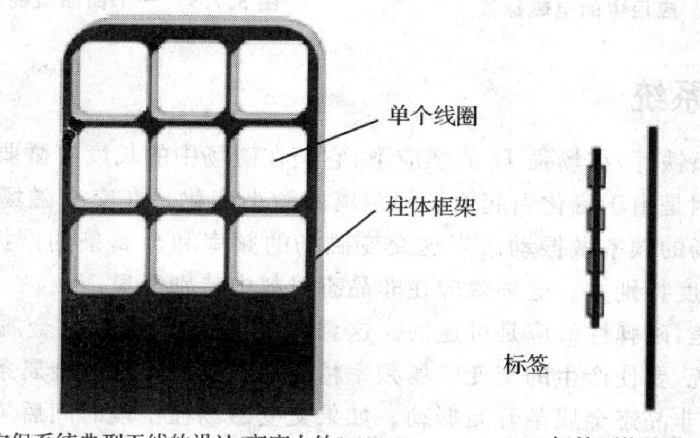

图 5.7.7　安保系统的结构组成

为了使这金属条去活化(失去激活作用),这些标签套上一层硬磁金属或部分用硬磁金属片覆盖。在收银台,收银员把一个强的永久磁体沿着该金属条移动,这样使硬磁金属片磁化,使安保元件去活。金属条的设计要使得硬磁片的剩余磁场强度足以保持非晶态金属条处在磁饱和点,以致安保系统的交变磁场不再被激活。

标签在任何时候经过消磁,都能够重新激活。去活和重新激活可以进行任意多次。因此,电磁型货物安保系统最初主要应用在图书馆的出借方面。因为标签小(最小 32 mm 长的磁条)而且便宜,这样的系统现在也应用在食品行业,应用中的电磁标签如图 5.7.8 所示。

为了能够达到使坡莫合金磁条退磁所需要的场强，产生这个磁场的两个线圈系统安装在一个狭窄通道的两边柱子中。几个独立的线圈（一般 9～12 个），位于两个柱子里，它们产生的磁场在中心比较微弱，而在外部较强。使用这种方法，门的宽度可达 1.50 m，检测率仍达 70%，商品监视系统的天线实际设计如图 5.7.9 所示。

图 5.7.8　应用中的电磁标签

图 5.7.9　一个商品监视系统的天线实际设计

5.7.5　声磁系统

铁磁金属（镍、铁等）在场强 H 的感应下，它们在磁场中的长度有微弱的变化，这个效应称为磁弹性。其原因是由于磁化引起原子间距离的微小变化。在交变磁场中，磁弹性金属条会沿着长度方向以场的频率做振动。当这交变磁场的频率和金属条的谐振频率（声音的）一致时，这个振动的幅度特别大。这种效应在非晶态材料中特别明显。

关键的因素是，磁弹性效应是可逆的。这意味着，振动的磁弹性金属条会发出交变磁场。设计声磁安保系统，要使产生的交变磁场频率精确地和安保元件的金属条谐振频率保持一致。在磁场的感应下，非晶态金属条开始振动。如果交变磁场在一段时间后关闭，被激励的磁条继续振动一会，就像调音叉；因此它本身就会产生一个交变磁场，能够容易被安保系统检测到。如图 5.7.10 所示，当安保元件处在发生器线圈的磁场中时，它就会像调音叉一样按照发生器线圈的脉冲振动。这个短暂的特征可以被分析装置检测出。

基于铁磁金属的磁弹性，而设计出声磁系统。用于安保元件的声磁系统由非常小的塑料盒组成，长大约 40 mm，宽 8～14 mm，高只有几 mm。盒子里有两根金属条，一根硬磁金属条永久固定到塑料盒；另一根非晶态金属的条，其位置是使它可以做自由机械振动。

声磁类型 EAS 典型的系统参数如表 5.7.4 所列。

这种方式的最大优点是，当安保元件有反应时，安保系统本身不发射，同时设计的检测接收器具有相应的灵敏度。在它们的激活状态，声磁安保元件被磁化；即上面提到的硬磁金属条

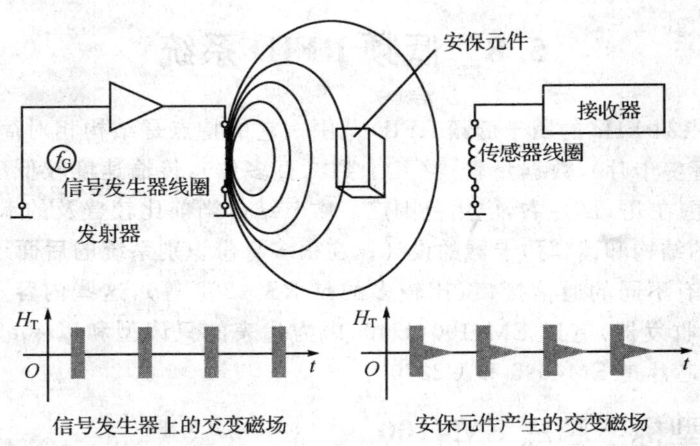

图 5.7.10　声磁系统由发射器和检测设备(接收器)组成

有高的剩余磁场强度,这样就成了永久磁体。为了去活安保元件,硬磁金属条必须消磁。这就使非晶态金属条的谐振频率失调,所以它不再被安保系统的工作频率激励。硬磁金属条的消磁只能在一个强的交变磁场中,而且磁场强度要缓慢地衰减。这点对于把永久磁铁带入商店的顾客企图对安保元件进行处理,是绝对不可能成功的。

表 5.7.4　声磁类型 EAS 典型的系统参数

参　数	典型值	参　数	典型值
频率	70 Hz	在检测区的场强 H_{eff}	25～120 A/m
不同系统可选频率组合	12 Hz,215 Hz,3.3 kHz,5kHz	去活的最小场强	16 000 A/m

声磁类 EAS 的典型系统参数如表 5.7.5 所列。

表 5.7.5　声磁类 EAS 典型系统参数

参　数	典型值	参　数	典型值
谐振频率 f_0	58 kHz	场的开通持续时间	2 ms
频率误差	±0.52%	场暂停(关闭持续时间)	20 ms
品质因数 Q	>150	安保元件的衰退过程	5 ms
激活所需最小场强 H_A	>16 000 A/m		

5.8 低频 RFID 系统

频率在 100～134 kHz 的属于低频 RFID 范围。它的特点是结构相对简单，成本较低（无论是读写器还是标签卡片），数据量较少（几十到二百多位），传输速度较低（波特率一般低于 10 kb/s），操作范围在几 cm 左右，应用范围广。本节结合当前比较普及的卡片和芯片类型介绍它们标签芯片的结构和读（写）卡器的设计。在很多身份识别系统的后面还有 PC 组成的管理系统，它们之间有不同的通信接口（比较多的是 RS－232 等），这些内容不在本书中介绍。以下介绍的标签（收发器）有以 EM4100（H4001）为代表的只读型和以 e5550 为代表的读写型；基站（阅读器）芯片是 EM4095 和 U2270b。

5.8.1 只读型标签芯片 EM4100

EM4100（原名 H4100，也兼容 H4001）是 EM 公司（EM MICROELECTRONIC－MARIN SA，Switzerland）生产的 CMOS 集成电路，用于只读型 RFID（标签）收发器的芯片。这个电路通过处在电磁场的外部线圈，获得供电，也通过这个线圈的一个端点从同样的场中获得主设的时钟。通过开通和断开调制电流，该芯片将发送出原先在工厂就写入存储阵列的 64 位信息。这是用激光写入硅片永久保存的每芯片唯一的编码。

EM4100 上有几个金属点，它们用于确定编码的类型和数据率。每个数据位可以占用载波频率的 64、32 或 16 个周期。数据编码可以是曼彻斯特（Manchester）、双相位（Biphase，在 H4001 没有）或 PSK。一个并联谐振电容 74 pF 也集成在电路中（在 H4001 该电容外接）。由于逻辑电路功耗低，所以不需要供电缓冲电容。

芯片内有全波整流，工作电压动态范围大，低功耗逻辑电路；调制装置低阻抗，所以调制深度大；芯片尺寸小，便于植入物品中，制作各类形式的标签；由于低频，靠近金属不敏感等。为了芯片功能的实现，只需要一个外接线圈。一个和线圈并联的电容调整到共振，将增加读卡距离，EM4100 和 H4001 典型的电路如图 5.8.1 所示。图中 coil 1 是线圈一端/时钟输入，coil 2 是线圈另一端/数据传输。

EM4100 内部结构框图如图 5.8.2 所示。线圈终端之一用于给逻辑电路产生时钟信号。时钟提取器的输出驱动序列发生器提供寻址存储阵列所有必需的信号，并且串行输出数据。数据调制器受控于调制控制信号，当信号是逻辑 0 时，在线圈 coil 2 端感应出强电流。这就是存储阵列的数据对磁场的影响，即调制。

图 5.8.2 中各部分说明如下：

全波整流：在外接线圈上感应产生的交流输入通过一个 Graetz 桥整流。这个桥将限制内部 DC 电压以防止在强场中出故障。

时钟提取器：线圈的一端（coil 1）是作为逻辑功能获取主设时钟。这个时钟提取器的输

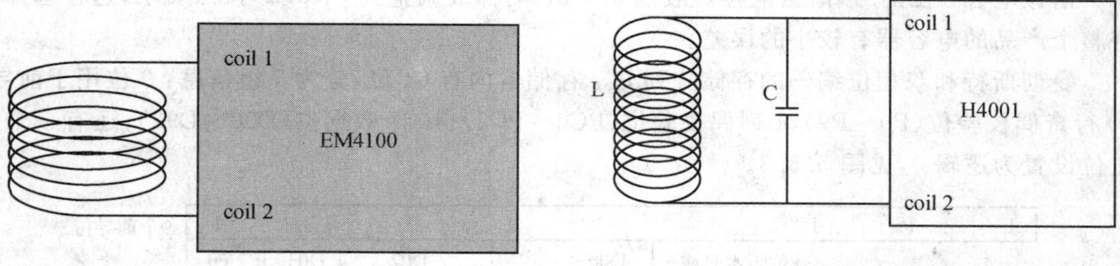

图 5.8.1 EM4100 和 H4001 典型的电路

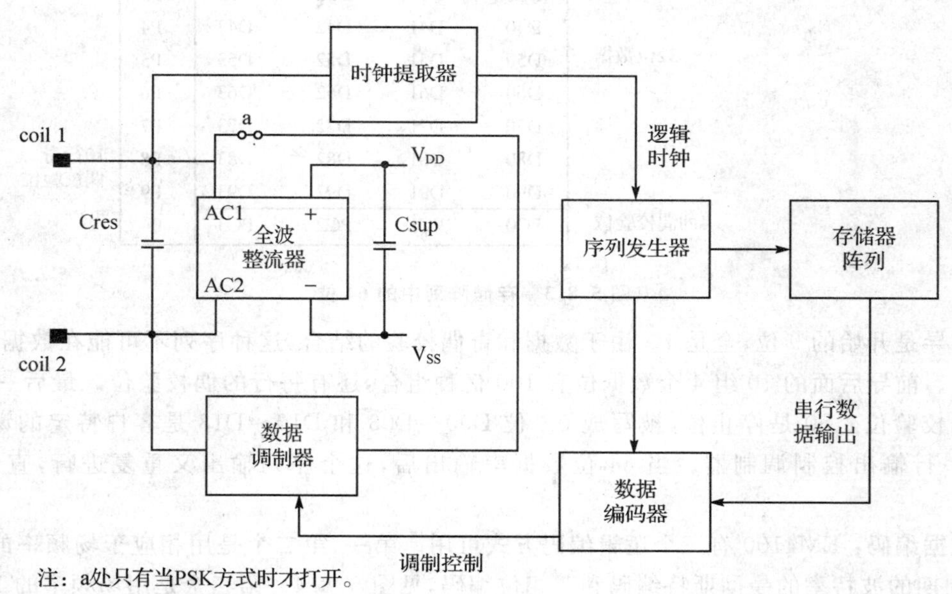

图 5.8.2 EM4100 内部结构框图

出驱动序列发生器。

序列发生器：给存储阵列寻址和对串行数据编码输出提供全部所需的信号。有三种掩膜编码方式可用。它们是曼彻斯特、双相位和 PSK。前两种方式的波特率是场频率的 64 或 32 周期(即载波频率的 64 或 32 分之一),PSK 方式是 16。序列发生器从 coil 1 时钟提取器接收到它的时钟,并产生时钟信号控制存储器和编码器的逻辑。

数据调制器：数据调制器是由信号调制控制,以便在线圈中感应出强电流。在 PSK 方式中,只有 coil 2 晶体管驱动这个强电流。在其他两种方式中,coil 1 和 coil 2 两个晶体管驱动它到 V_{DD}。这是按照在存储阵列的数据来影响磁场。

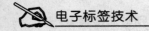

谐振电容：在工厂，谐振电容一般以 0.5 pF 的梯级调整到 74 pF。按照要求，这种选择允许整个产品的电容器有较小的误差。

曼彻斯特和双相位编码的存储阵列 IC：存储器内有 64 位，分为 5 组信息：9 位用于前导，10 行奇偶校验位（P0～P9），4 列偶校验位（PC0～PC3）；40 个数据位（D00～D93）；还有一个停止位设置为逻辑 0，见图 5.8.3。

1	1	1	1	1	1	1	1	1	9个前导位
8位版本号或客户ID号				D00	D01	D02	D03	P0	
				D10	D11	D12	D13	P1	
32位数据				D20	D21	D22	D23	P2	
				D30	D31	D32	D33	P3	
				D40	D41	D42	D43	P4	
				D50	D51	D52	D53	P5	
				D60	D61	D62	D63	P6	
				D70	D71	D72	D73	P7	
				D80	D81	D82	D83	P8	10行奇偶校验位
				D90	D91	D92	D93	P9	
4列偶校验位				PC0	PC1	PC2	PC3	0	

图 5.8.3　存储阵列中的 64 位

前导是开始的 9 位，全是 1。由于数据和奇偶校验的结合，这种序列不可能在数据串中重复出现。前导后面的 10 组 4 个数据位有 100 亿种组合，还有每行的偶校验位。最后一行是 4 列的偶校验位。S0 是停止位，被写成 0。位 D00～D03 和 D10～D13 是客户特定的识别码。64 位串行输出控制调制器。当 64 位数据串输出后，这个序列输出又重复进行，直到断电为止。

数据编码：EM4100 有三个逻辑编码方式可用。第一、第二个是用相应于场频率的 64 或 32 个周期的波特率的曼彻斯特编码和双相位编码，见图 5.8.4。第三个是用场频率的 16 个周期通过变换信号的相位发送数据。

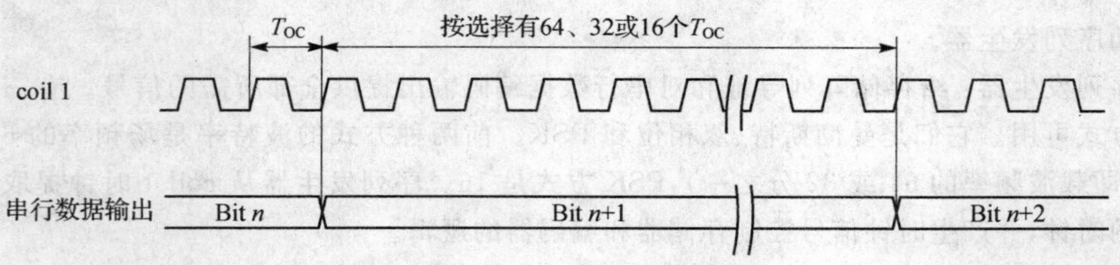

图 5.8.4　场周期数与信号位编码的关系

以下是几类编码与调制的描述。

曼彻斯特编码：在位周期的中央总是有开到关或关到开的跳变，见图 5.8.5 和图 5.8.6。在从逻辑 1 到逻辑 0 或逻辑 0 到逻辑 1 的跳变时，相位改变了。数据流的高值表示调制器开关断开，低表示开关合上。

双相位编码：在每个位的开始都有跳变发生。逻辑 1 在整个位延时段保持状态不变，而逻辑 0 在位延续的中央有跳变，见图 5.8.7。

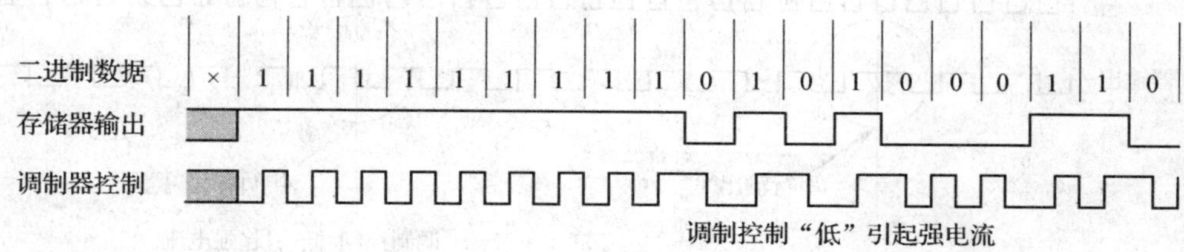

图 5.8.5 曼彻斯特编码

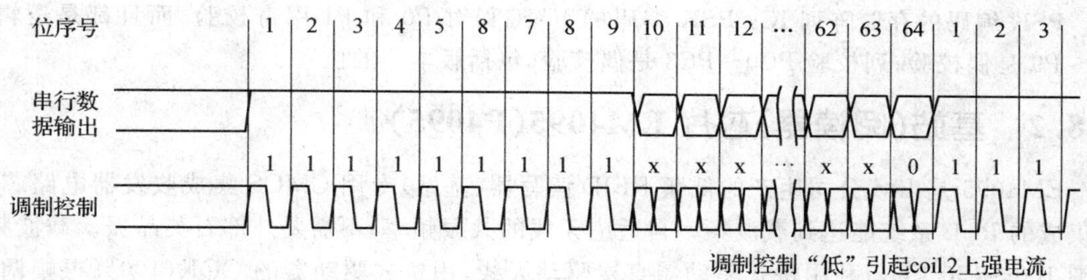

图 5.8.6 EM4100 的 64 位曼彻斯特编码和循环重复输出

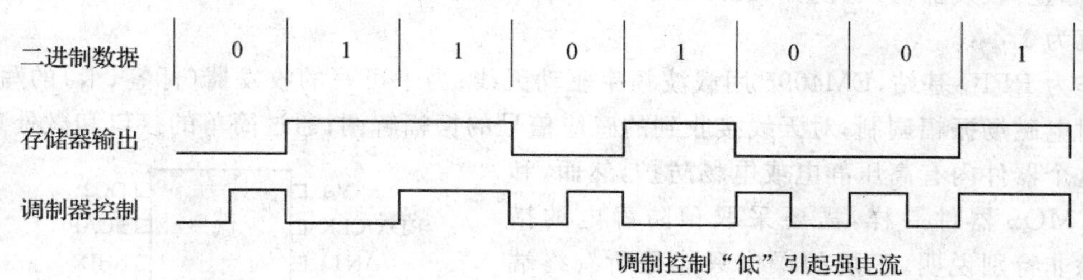

图 5.8.7 双相位编码

PSK 逻辑调制：是通过存储阵列的串行数据输出把调制控制连接到触发器的输出或反向输出，触发器的输入来自时钟提取器。当输出逻辑 0，就改变调制控制信号到触发器的另一输出；当输出逻辑 1，调制控制信号就维持触发器输出不变。或者说，PSK 编码是在载波频率的每一个周期调制开关的通和断都交替进行(见图 5.8.8)。当相位变换时,就是从存储器读出一个逻辑 0。如果在数据率周期(16 个载波周期)之后没有相位切换发生,就是读出一个逻辑 1。

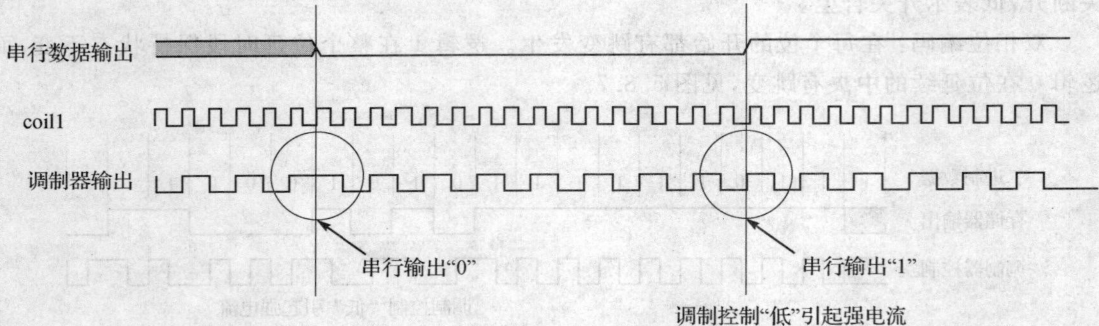

图 5.8.8 PSK 编码

PSK 编码的存储阵列 IC:PSK 编码的 IC 编程对 P0 和 P1 用奇校验,而且都是逻辑 0;P2～P9 是偶校验;列校验 PC0～PC3 是偶校验(包括版本号的位)。

5.8.2 基站(阅读器)芯片 EM4095(P4095)

EM4095 是 EM 公司生产的低频 RFID 读写器(基站)专用 CMOS 集成收发器电路芯片。它集成的 PLL 系统能达到载波频率自适应天线的共振频率,不需要外部石英晶振。载波频率范围 100～150 kHz;利用桥式驱动器直接驱动天线;用桥式驱动器的 OOK(100%振幅调制)数据发送;用单个末端驱动器,振幅调制的数据输出通过外部可调节的调制指数进行。它兼容多种(标签)收发器协议(例如,H400X、V4050、P4150、V4070、P4170、P4069 等)。它的睡眠模式电流为 1 μA。

作为 RFID 基站,EM4095 用载波频率驱动天线;为了可写的收发器(标签、卡)的写操作,对发射电磁场振幅调制;对天线接收到的感应信号的振幅解调;通过简单的接口和微处理器通信。这个器件内有高压静电或电场防护,然而,和其他 CMOS 器件一样,需要采取预防静电的措施。除非特别说明,正规的操作只能是所有终端电压处在供电电压范围内。

1. EM4095 芯片封装和引脚

EM4095 芯片封装如图 5.8.9 所示。

EM4095 各引脚功能如表 5.8.1 所列。

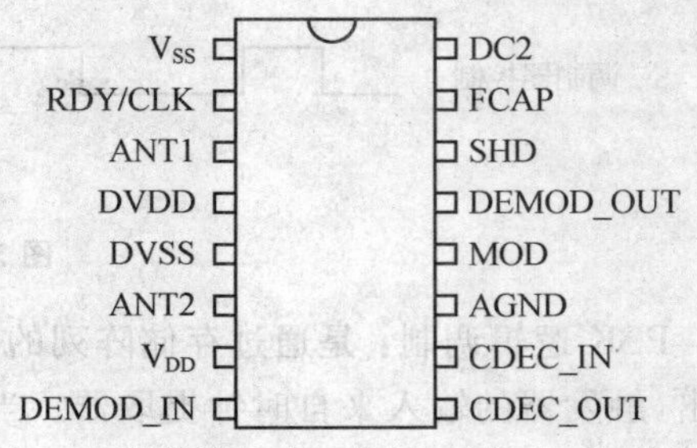

图 5.8.9 EM4095 芯片 SO16 封装

表 5.8.1 EM4095 芯片引脚功能描述

引脚号	引脚名称	描 述	类 型
1	V_{SS}	供电负极	GND
2	RDY/CLK	准备好信号和时钟输出,AM 调制的驱动器	O
3	ANT1	天线驱动器	O
4	DVDD	天线驱动器的正电极	PWR
5	DVSS	天线驱动器的负电极	GND
6	ANT2	天线驱动器	O
7	V_{DD}	供电正极	PWR
8	DEMOD_IN	天线感知电压	ANA
9	CDEC_OUT	DC 阻断电容连接到 OUT	ANA
10	CDEC_IN	DC 阻断电容连接到 IN	ANA
11	AGND	模拟信号地线	ANA
12	MOD	高电平调制天线(阻断天线驱动器)	IPD
13	DEMOD_OUT	表现在天线上出现的振幅调制的数字信号	O
14	SHD	高电平迫使电路进入睡眠状态	IPU
15	FCAP	PLL 环路滤波电容	ANA
16	DC2	DC 去耦电容	ANA

注:"类型"列的 GND 表示参考地;PWR 表示供电;ANA 表示模拟信号;O 表示输出;IPD 表示带内部下拉的输入;IPU 表示带内部上拉的输入。

2. EM4095 芯片内部结构

EM4095 芯片内部结构如图 5.8.10 所示。

EM4095 使用时要连接天线电路和微控制器;还需要少量的外部元件用于实现 DC 和 RF 的滤波、电流传感和供电去耦等;必须有一个稳定的电源。设备运行受逻辑输入 SHD 和 MOD 的控制。当 SHD 为高电平时,EM4095 处于睡眠模式,功耗最小。上电时,SHD 输入必须先为高电平,以确保正确的初始化。当 SHD 低电平时,电路使能发射 RF 场,它开始解调在天线上出现的振幅调制(AM)信号。数字信号来自振幅调制解调块,它通过 DEMOD_OUT 引脚提供给微控制器进行解码和处理。MOD 上的高电平同步于 RF 载波,迫使天线主驱动器处于三态中(高阻态,即关断 ANT 驱动器)。当 MOD 高电平时,阻断了 VCO(压控振荡器),但是 VCO 和 AM 解调器电路保持在 MOD 进入高电平之前的状态。这样保证在 MOD 释放后迅速恢复。在 MOD 的下降沿后,延时 41 个 RF 时钟,VCO 和 AM 解调才接通。这样,VCO 和 AM 解调的工作点就不会因为天线共振电路的启动而不稳定。进一步说明如下。

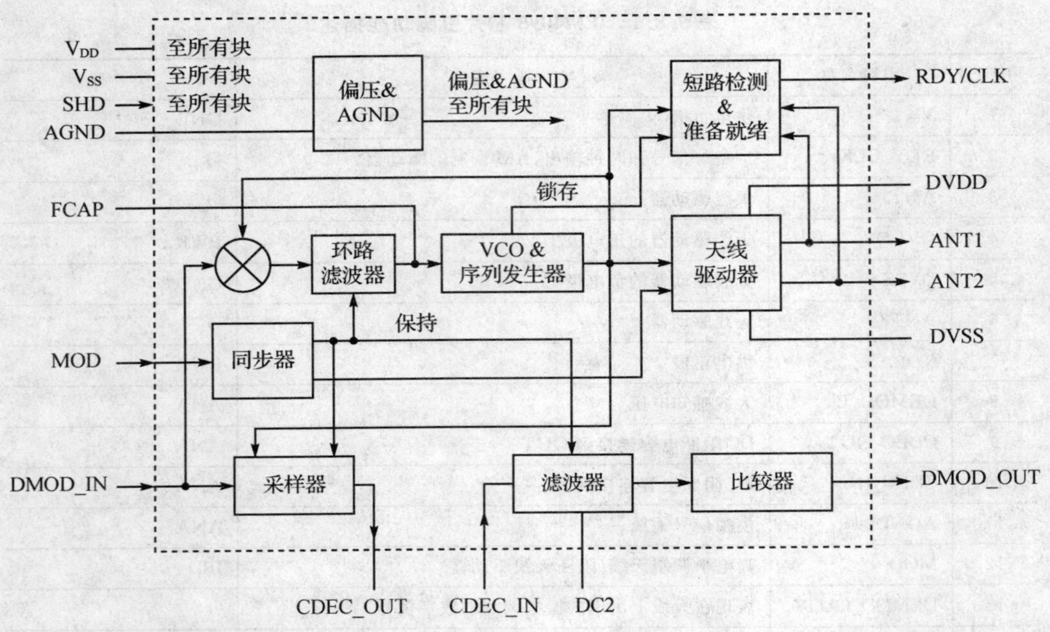

图 5.8.10　EM4095 芯片内部结构框图

(1) 模拟电路

模拟电路执行 RFID 基站的两个功能：发送和接收。发送包括天线驱动和 RF 场的 AM 调制。天线驱动是把电流送到外部天线以产生磁场。接收包括对收发器感应的天线调制信号的 AM 解调。这是要读出接收到的来自标签(收发器)的调制信号。

发送是通过锁相环(PLL)和天线驱动器来实现的。天线驱动器给阅读器基站提供适当的能量。它们送出共振频率的电流，典型值是 125 kHz。驱动器提供的电流取决于外部共振电路的 Q 值。特别提醒注意的是，在天线电路设计中，不要超过最大峰值电流 250 mA 。

对天线电流限制的另一个原因是封装中的热转换。最大峰值电流的设计应当是内部接点温度在应用环境中不超过最高接点温度。100％调制(场停止)的实现是关断驱动器。ANT 驱动器防止对供电源的天线 DC 短路。当检测到短路时，RDY/CLK 引脚被拉低，同时迫使主驱动器处于三态(高阻态)，通过激活 SHD 引脚重启电路。

(2) 锁相环 PLL

PLL 由环路滤波器、压控振荡器(VCO)和相位比较器等组成。通过一个外部电容式分压器，引脚 DEMOD_IN 得到天线上实际的高电压信号。这个信号的相位和驱动天线驱动器的信号相比较，所以 PLL 可以把载波频率锁定在天线的共振频率上。根据天线的类型，系统的共振频率可以是 100～150 kHz 内的任何值。无论什么情况下，共振频率在这个范围内，它就被锁相环维持住。

(3) 接　收

对于接收块,解调的输入信号是在天线上接收到的电压。DEMOD_IN 引脚也用做对接收电路的输入。在 DEMOD_IN 上输入的信号电平必须低于 $V_{DD}-0.5$ V 且高于 $V_{SS}+0.5$ V。这个输入电平是由外部电容分压器调节的。分压器的另一个电容必须用较小的共振电容器补偿。AM 解调方案是基于"AM 同步解调"技术。

接收电路由采样和保持、直流偏差消除、带通滤波和比较器组成。在 DEMOD_IN 上的信号直流电压是通过内部电阻建立的。这个 AM 信号被采样,采样是由来自 VCO 的时钟同步。任何直流成分都被 C_{DEC} 电容去除。进一步的滤波去除剩余的载波信号,高频和低频噪音用二阶高通滤波器和 C_{DC2} 消除。经过放大和滤波的接收信号被送入异步比较器。比较器的输出缓存在 DEMOD_OUT 输出引脚上。

(4) 信号 RDY/CLK

信号 RDY/CLK 给外部微处理器提供时钟信号,和 ANT1 上的信号同步,提供的还有关于 P4095 的内部状态。时钟信号同步于 ANT1,表示 PLL 在锁定中,并且接收电路工作点已确立。当 SHD 为高电平时,RDY/CLK 引脚强置为低电平。在 SHD 上由高到低跳变后,PLL 启动,同时接收电路开通。在这一时刻,同样的信号发送到 ANT1,也到达 RDY/CLK 引脚,并且告诉微处理器可以开始观测 DEMOD_OUT 上的信号,同时也提供了参考时钟信号。

RDY/CLK 引脚上的时钟是持续的,当因为 MOD 引脚的高电平使 ANT 驱动器关断时,该时钟也存在。当 SHD 引脚电平从高到低转换时间 T_{SET} 时,RDY/CLK 引脚被 100 kΩ 的下拉电阻拉至低电平。这样做的原因是在 AM 调制指数低于 100%的情况下,是引脚 RDY/CLK 的另一项功能。在这种情况下,它被作为辅助驱动器来维持调制期间在线圈上较低的电平。

3. EM4095 典型的工作电路

图 5.8.11 是 EM4095 用于只读模式。引脚 MOD 没有用(因为不需要对载波调制),把它连到 VSS。

图 5.8.12 是典型的读/写型模式,适合于阅读器到收发器的 OOK 通信协议(例如 P4150);此时,当给 MOD 施加高电平时,就会阻断天线驱动器同时也就关停电磁场。当该引脚置低电平时,将会使片内 VCO 处在自由运行模式,这时会有未经调制的 125 kHz 的载波出现在天线上。也就是说,当要对可写标签发送数据时,微处理器向 MOD 输出的位流对天线上的载波实行调制。建议它用低 Q 值的天线(最高 15)。当天线品质因数 Q 值较高时,使用图 5.8.11 或图 5.8.12 电路结构,天线上的电压可以达到数百伏的范围,同时天线的峰值电流可能超过它的最大值。

在这种情况下,电容分压器的比例必须高,这就限制了灵敏度。对于这种情况,较好的解决办法是加串联电阻 R_{SER} 来降低天线的品质因数 Q,这样一来,天线的电流减少,因而 IC 的功耗降低,实际上的表现一样,见图 5.8.13。在需要用阅读器到收发器的 AM 调制通信协议的情况下(例如 P4069),必须要用单一的末端结构,见图 5.8.14。

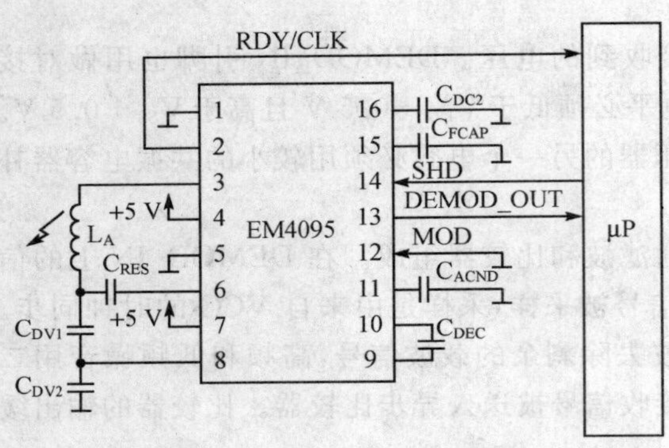

图 5.8.11　EM4095 用于只读模式的基站

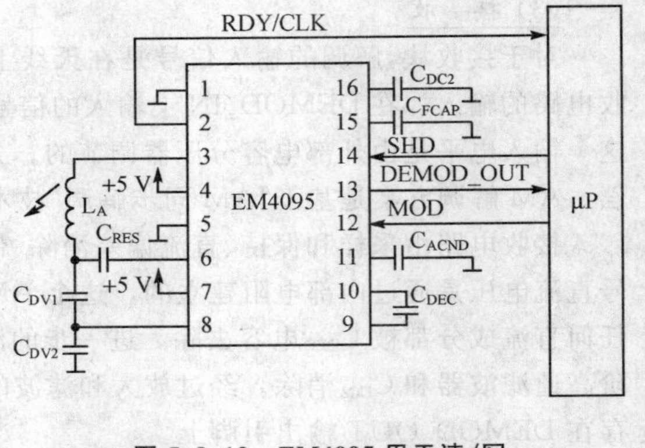

图 5.8.12　EM4095 用于读/写模式的基站(低 Q 值天线)

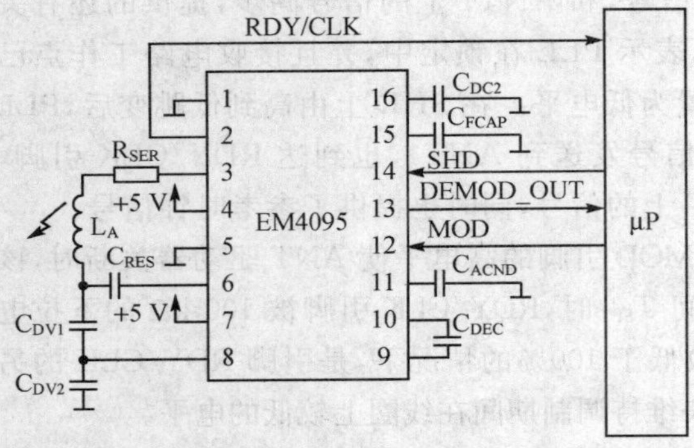

图 5.8.13　EM4095 用于读/写模式的基站(高 Q 值天线)

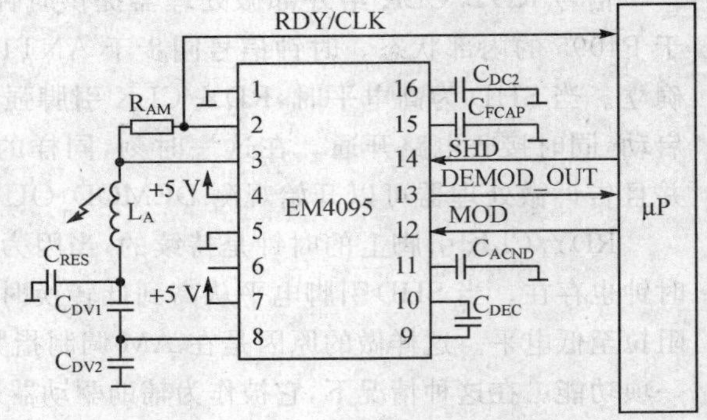

图 5.8.14　EM4095 用于读/写模式的基站(AM 调制)

当引脚 MOD 拉高时,ANT1 上的驱动器被置于三态(高阻态)。驱动器 RDY/CLK 继续驱动以维持较小的天线电流。调制指数用电阻调整(当 $R_{AM}=0$ 时,就是 OOK 100%调制)。正如前面提到的,只有在解调电路工作点确立后,RDY/CLK 信号才能激活。在它被高阻值的下拉电阻(100 kΩ)拉低之前,不要向 ANT1 加载输出。在 AM 调制电路的情况下,当 RDY/CLK 引脚处于激活的时刻,总的天线电流将发生变化,所以微处理器在它能够开始观测 DEMOD_OUT 之前,必须等待下一次 T_{SET}。正如前面提到的,对于高 Q 值的天线,天线上的电压高;同时由于电容分压器,读操作灵敏度受到解调器灵敏度的限制。

读操作灵敏度(同时也就是读的距离范围)可以通过外封装检波器电路来提高。它的输入在天线高电压一边获取,输出直接送到 CDEC_IN 引脚 10。然而,对于 PLL 锁定仍需要电容分压器。EM4095 带有外部峰值检波器的只读模式基站电路如图 5.8.15 所示。外封装检波器由三个元件(D1、R_1 和 C_1)组成。

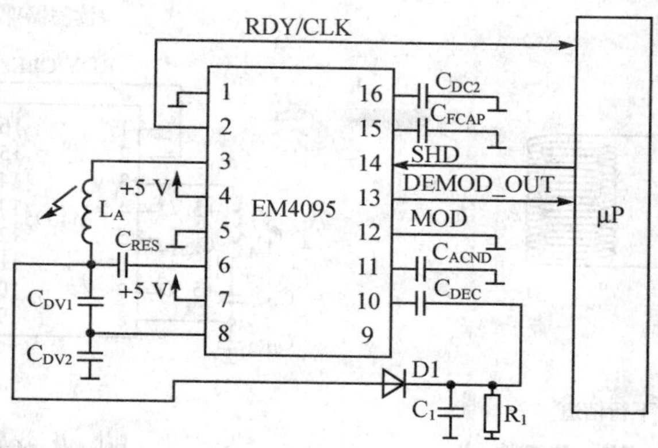

图 5.8.15 EM4095 带有外部峰值检波器的只读模式基站

图 5.8.15 的电路也可以用于读/写操作，但是在阅读器向收发器通信结束后，需要快速恢复读操作时就会有缺陷。原因是，在调制期间二极管 D1 之后的直流电压丢失，在它重新建立之前，要花费很长时间。图 5.8.16 展示了这个问题的解决方案。用一个耐高压的 NMOS 三极管阻断调制期间的放电路径，这样就保护了工作点。控制 NMOS 门的信号必须和 MOD 信号同步且处于低电平，而且只能在调制结束、天线上的振幅恢复之后，它才能置为高电平。

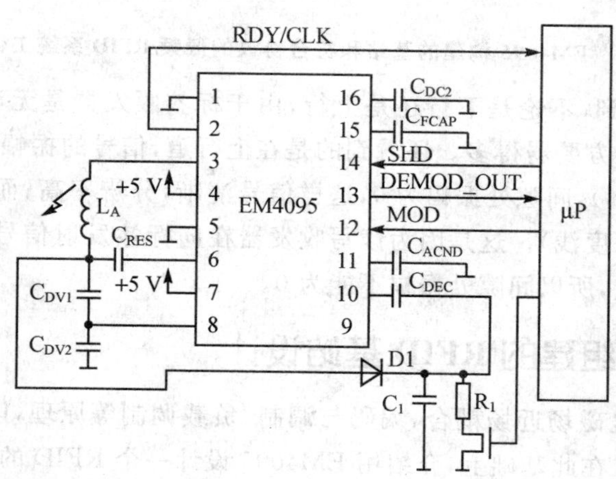

图 5.8.16 EM4095 带有外部峰值检波器的读/写模式基站

5.8.3 基站与标签组合的 RFID 系统

图 5.8.17 是由 EM4095 构建的基站和符合协议的标签组合的低频 RFID 系统工作原理图。在图的下部，可以看到基站与标签双方收发器通信时各自线圈上的振幅调制信号。所谓下行信道是指由读写器到标签的信号，上行信道则反之。

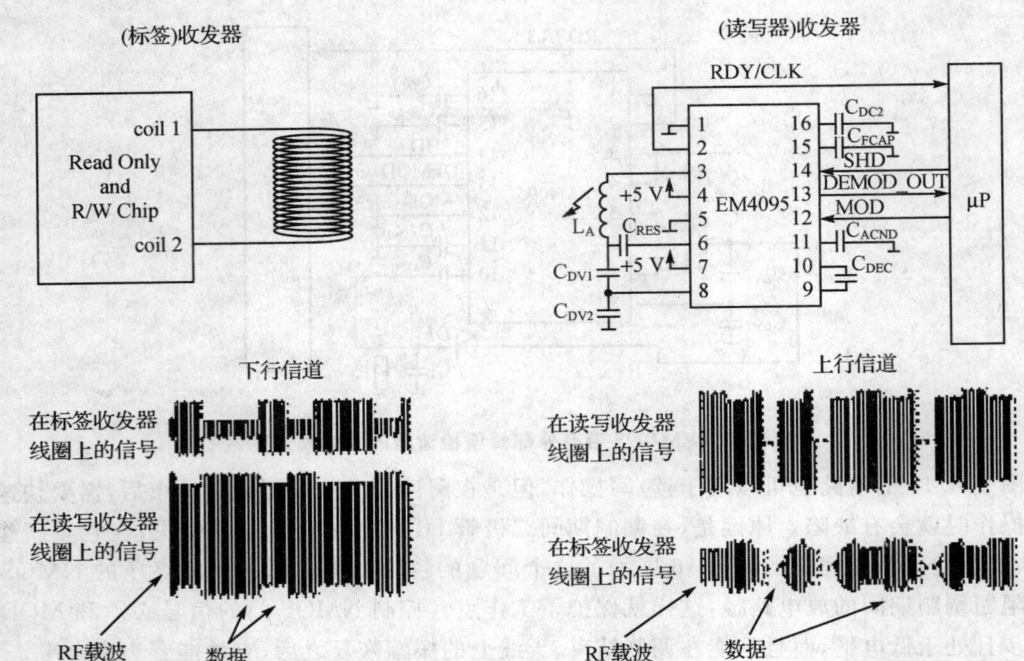

图 5.8.17　EM4095 构建的基站和符合协议的低频 RFID 系统工作原理图

从图 5.8.17 中看到，不论是下行还是上行，由于标签收发器是无源的，它的接收和发射(反射)信号都比读写器方要弱得多。还看到的是在上行道，信号的振幅调制是 OOK(On-Off-Keying，即 100%的调制)，间隙处振幅为 0，这样信号清晰，分辨率高；而在下行道，则不然(所谓调制指数小或调制深度浅)。这是因为读写收发器在向标签发射信号的同时还要通过载波信号不断向它提供能量，所以间隙处振幅不能为 0。

5.8.4　EM4095 组建的 RFID 基站设计

前面已经介绍了电磁场近场耦合、编码与调制、负载调制等原理，以及两个低频 RFID 关键芯片的较详细资料。在此基础上，介绍用 EM4095 设计一个 RFID 的基站，作为一个实例就比较容易理解它们内在的关系。这里的应答收发器就是市场上供应的，内部封装有 EM4100(或兼容的)IC 和线圈的标准卡片，数据逻辑调制是曼彻斯特编码，频率是 125 kHz。

5.8.4.1　硬件电路

这里介绍的电路就是前面提到的图 5.8.2，它兼容只读型的图 5.8.1。唯一区别是 MOD 接单片机一 I/O 口，而不是直接接地。对应于后面的软件，微处理器可以用任何 51 型兼容的单片机，EM4095 与单片机的接口很简单，在这种情况下，只要有三个 I/O 口分别和 SHD、DE-

MOD_OUT 和 MOD 相连即可。RDY/CLK 的信号可以不输入单片机，而采用软件延时后的默认。根据 EM 公司提供的资料，实际设计中的要点介绍如下：

1. 电路板设计

引脚 DVDD 和 DVSS 分别对应 V_{DD} 和 V_{SS}。应当注意的是，流过 DVDD 和 DVSS 的驱动器电流造成的电压降不能引起 V_{DD} 和 V_{SS} 上的电压降。在 DVSS 和 DVDD 引脚之间应该用一个 100 nF 的电容隔离，并使其尽量靠近芯片，这有助于防止由于天线驱动器引起的尖峰电流。隔离模拟量引脚 V_{SS} 和 V_{DD} 也是有用的。所有和引脚 DC2、AGND、DMOD_IN 相关的电容都应该连接到同一 V_{SS} 线上，这条线应该直接和芯片上的引脚 V_{SS} 相连。该线不能连接其他元件或者成为到 DVSS“供电线路”的一部分。相互连接到敏感引脚的连线（上面列举的）都必须尽可能短。这也包括 V_{SS} 到隔离电容的连线。从所有“热”线（特别是数字输出 DEMOD_OUT）到敏感输入引脚 DEMOD_IN、FCAP、CDEC、DC2 和 AGND 的电容耦合，都应避免。

2. 稳定的供电

因为 ANT 驱动器使用 V_{DD} 和 V_{SS} 的供电级别来驱动天线，所以电源的所有变化和噪声都将直接影响天线谐振回路。任何引起天线电压以 mV 级波动的电源波动都将导致系统性能下降，甚至发生故障。特别要注意滤波 20 kHz 范围内的低频噪声，因为标签收发器的信号就在这个频率范围内。

3. 模拟地引脚 AGND

AGND 引脚上的电容值可以是 220 nF～1 μF，电容越大越有助于减小接收噪声。AGND 的电压可以通过外部电容和内部的 2 kΩ 的电阻进行滤波。

4. DEMOD_IN 电容分压器的设计

电容分压器的设计在某种程度上应当考虑寄生电容（DMOD_IN 引脚的几个 pF，PCB 的寄生电容等）不要影响分压器的比率。1～2 nF 的电容适合从 DMOD_IN 到 V_{SS}（CDV2）的连接。从天线高压点到 DMOD_IN（CDV1）引脚的电容是根据分压器比率计算的。电容分压器的附加电容必须被较小的谐振电容器补偿。

5. ANT 驱动器上的最大电流

EM4095 不限制 ANT 驱动器发出的电流值，其输出的最大绝对值是 300 mA。对天线谐振回路的设计应该使最大的尖峰电流不超过 250 mA。这里也要考虑到最高工作温度和内部结点温度对峰值的限制。如果天线的品质因数 Q 很高，这个值就有可能超过，那么必须通过串联电阻以调节 Q 值，电阻范围一般为 10～15 Ω。

6. 信号 MOD

建议在只读型应用中 MOD 接 V_{SS}。EM4095 有某些内部测试部件，当 SHD 和 MOD 为高电平时，它们接通。建议当 SHD 为高电平时，MOD 保持为低。

7. 带通滤波器的调谐

这个接收滤波是在两个阶段完成的。第一阶段零是由外部电容器 C_{dec} 和内部电阻 100 kΩ

确定的。第一阶段的极(pole)是内部设置在大约 25 kHz。第二阶段零是由外部电容器 C_{dc2} 和内部电阻确定的。第二阶段的极内定在 12 kHz。这意味着接收极不能被改变,同时它的上限频率被两个阶段滤波器限制,它们在 25 kHz 和 12 kHz 处有 −3 dB 的频率。默认的设置应当是 $C_{dec}=100$ nF 和 $C_{dc2}=10$ nF。这种组合更能满足对灵敏度的规定,并且操作可靠。在实际应用中,增加 C_{dc2}(最大值 22 nF)将提高接收灵敏度,特别是如果接收器的 Q 值提高,它将引起非矩形(斜坡的 sloped)的接收输入信号。增大 C_{dc2} 将增加接收带宽,结果是增加斜坡信号的接收增益。C_{dc2} 的可取范围是 6.8~22 nF,C_{dec} 是 33~220 nF。较高的电容值可以增加启动的时间。

8. 天线电路的设计

(1) 基站天线的电感

天线的电感通常是在 300~800 μH 间选择。在本例计算中,电感和品质因数选择如下:

$$L_A = 725\times(1\pm1\%)\mu\text{H} \quad Q_A = 40$$

(2) 基站天线电阻

天线电阻值可以由以下公式获得:

$$R_{ANT} = \frac{2\pi f_0 L_A}{Q_A} \tag{5.8.1}$$

按照 $f_0=125$ kHz,L_A 和 Q 已知,得 $R_{ANT}=14.23\ \Omega$。

按 EM4095 资料规定,天线驱动器电阻和供电电压值计算如下:

$$R_{AD} = 3\ \Omega \quad V_{DD} - V_{SS} = 5\ \text{V}$$

(3) 谐振电容

系统运行在 125 kHz,谐振电容 C_{RES} 计算式如下:

$$C_{RES} = \frac{1}{(2\pi f_0)^2 L_A} \tag{5.8.2}$$

得

$$C_{RES} = 2.24\ \text{nF}$$

注意: 在此,C_{Dv1} 和 C_{Dv2} 的效应被忽略,因为它们还不能计算出。

(4) 基站天线电流和电压

已知天线驱动是桥式驱动器电路,电流和电压峰值分别用以下表达式计算:

$$I_{ANT(peak)} = \frac{4}{\pi}\,\frac{V_{dd} - V_{ss}}{R_{ANT} + R_{SER} + 2R_{AD}} \tag{5.8.3}$$

$$V_{ANT(prak)} = \frac{I_{ANT(peak)}}{2\pi f_0 C_{RES}} \tag{5.8.4}$$

由此得基站天线上的电流和电压($R_{SER}=0$)分别为

$$I_{ANT(peak)} = 315\ \text{mA}$$

$$V_{ANT(peak)} = 182\ \text{V}$$

为了符合在 DEMOD_IN 上的最大值的规定,天线电压必须用接近 $d_C=100$ 的系数分压。

大幅度降低天线电压确保了收发器接收到的数字信号的正确解调。在谐振电路用一个串行电阻 R_{SER}，就能减小分压系数 d_C。

(5) 基站天线的品质因数 Q

在使用全接收器电路的情况下，实际天线电路中的品质因数 Q 为 10～15。引入串行电阻 R_{SER}，通过减小整体的品质因数，限制高电压，而没有减小读操作距离。由此可见，谐振电路的品质因数 Q 可以通过加一个串行电阻 R_{SER} 降低。降低 Q 值也就改善了调制后的恢复时间，这对于数据速率是每比特 32 和 64 周期的标签收发器来说特别重要。此外，较低的天线电流将限制芯片的结点温度。以下的计算是基于串行电阻 $R_{SER}=33\ \Omega$，它是利用前面 $I_{ANT(peak)}$ 和 $V_{ANT(peak)}$ 的表达式(5.8.3)和式(5.8.4)迭代计算出来的。其结果，天线在谐振中的电流和电压比较合适的值是：

$$I_{ANT(peak)} = 119.59\ \text{mA}$$
$$V_{ANT(peak)} = 69.22\ \text{V}$$

9. 电容分压器

在 DEMOD_IN 上的输入信号(见图 5.8.18)必须用分压系数 d_C 限制，以符合 EM4095 普通模式规定的范围。

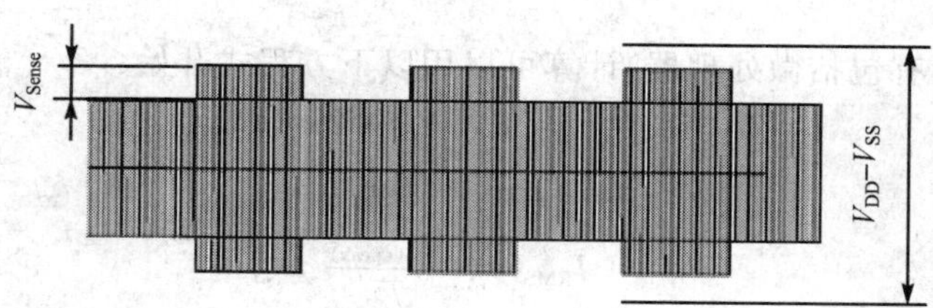

图 5.8.18　在 DEMOD_IN 上大幅下降的天线信号(其中 V_{sense} 为调制电压)

对此，用上述元件基础上进行测量，结果，在天线上的电压是：

$$V_{ANT(pp)} = 140\ \text{V}$$

它接近于计算结果。

对于在 DEMOD_IN 上的通用模式范围，这个电容分压器的计算可以以在天线上测得的峰-峰电压值来考虑：

$$d_C < \frac{V_{Am(pp)}}{V_{DEMOD\_IN\_max}} \tag{5.8.5}$$

当 $V_{DEMOD\_IN\_PP}=4\ \text{V}$ 时，得分压系数 $d_C=35$。

当用标准的电容实现这样的分压比例时，能得到一个好的选择。建议 C_{DV2} 的电容值为 1～2 nF。各电容选择如下：

$$C_{RES}=2.2\ \text{nF} \qquad C_{DV1}=47\ \text{pF} \qquad C_{DV2}=1.5\ \text{nF}$$

±2%的误差级别对于以上电容是可以接受的。整体±1.5%的 f_0 误差和±1%的 L_A 误差都可以规定。

10. 实际谐振频率

谐振频率的精确计算应考虑 C_{DV1} 和 C_{DV2} 电容，正如下式表示的：

$$C_o = C_{RES} + \frac{C_{DV1}C_{DV2}}{C_{DV1}+C_{DV2}} \tag{5.8.6}$$

这个等价电容值可用来重新计算频率 f_0：

$$f_0 = \frac{1}{2\pi\sqrt{L_A C_0}} \tag{5.8.7}$$

11. 基站天线信号的灵敏度

用参数 V_{sense} 可以计算在天线高电压点对标签收发器信号的灵敏度，公式如下：

$$V_{DMOD\_IN(pp)} = V_{ANT(pp)}\frac{C_{DV1}}{C_{DV1}+C_{DV2}} \tag{5.8.8}$$

在该例中，分压系数 $d_C=33$（即上式中的分式项）。在资料中规定，DEMOD_IN 上最小灵敏度为 0.85 mV；最小调制 $V_{Sense\_ant}=28.05$ mV，即式(5.8.8)中的 $V_{ANT(pp)}$ 是在阅读器天线上 EM4095 能检测到的。

12. 功率消耗

基站的功耗（没有包括微处理器）计算可以用以下方程式开始：

$$I_{ANT(pp)} = V_{ANT(pp)} \cdot 2\pi f_0 C_0 \tag{5.8.9}$$

$$I_{ANT(peak)} = 114 \text{ mA}$$

$$I_{RMS} = \frac{i_{ANT(peak)}}{\sqrt{2}} \tag{5.8.10}$$

$$I_{RMS} = 81 \text{ mA}$$

为了计算功耗，进一步考虑参数。首先，ANT 驱动器电阻的最大值 $R_{AD}=9\ \Omega$；然后是 EM4095 提供的供电电流 $I_{DDon}=10$ mA 和供电电压 5 V；最后，总的功耗用下式计算：

$$P = 2I_{RMS}^2 R_{AD} + I_{DDon}(V_{DD}-V_{SS}) \tag{5.8.11}$$

得

$$P=167 \text{ mW}$$

13. 温　度

对低成本的 SOIC16 封装芯片，温度上升的最坏情况的计算是 $R_{Th}=70$ ℃/W 和 $P=167$ mW，用下式计算：

$$\Delta T = P \cdot R_{Th} \tag{5.8.12}$$

得

$$\Delta T=11.7 \text{ K}$$

规定的最高节点温度仍然低于 100 ℃。

14. 信号的衰减

由于信号电压 V_{ANT} 近似于 140 V，这相当于下式：

$$L_V = 20\log\frac{V_{Ant}}{V_{Sense\_ant}} \tag{5.8.13}$$

$$L_V = 20\log\frac{140V_{pp}}{28.05\times10^{-3}V_{pp}} = 74\ \text{dB} \tag{5.8.14}$$

15. 一个实际设计的 EM4095 基站

图 5.8.19 是实际设计的基站 EM4095 和它的外围元件参数。电路图中单片机部分没有画出。

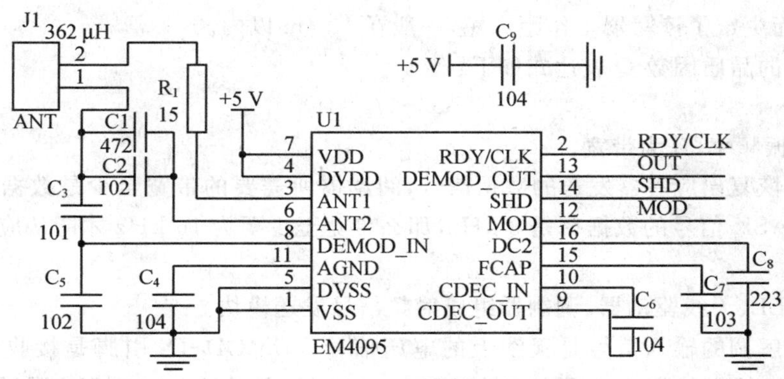

图 5.8.19　实际设计的基站中的 EM4095 与外围元件

图 5.8.19 中的各元件基本可以对应前面刚介绍过的电路，所以不再一一讲述。

FCAP 引脚上的偏置电压补偿了外部天线驱动器引起的相位偏移。这样的相位偏移会导致锁相环工作频率偏离天线回路串联谐振频率。为了回路的正常操作，这个偏置电压需要根据天线的品质因数 Q 和输出部分的滞后来进行调节。在高 Q 值天线回路要使用一个电容分压器(C_3，C_5)来减小来自天线的高电压，因为电阻分压会加重由于输入电容带来的相移效应。

在硬件调试时，首先检查 EM4095 有无时钟输出。不管应答器(标签)是否靠近读写器，上电后 RDY/CLK 引脚始终有时钟信号输出；否则，说明 EM4095 未开始工作。当确定输出时钟后，可以把电子标签放在基站的工作范围内，通过示波器观察 SHD 引脚的电平是否由高变低，DEMOD_OUT 引脚是否有数据波形输出，若有则说明 EM4095 工作正常。此时，将 RDY/CLK 引脚接到示波器，观察其波形，通过调整电容值 C_1 和 C_2，使输出方波的频率尽量接近 125 kHz。

芯片供电之后，SHD 应先为高电平，以对芯片进行初始化，然后再接低电平，芯片即发射射频信号；同时，解调模块将天线上 AM 信号中携带数字信号取出，并由 DMOD_OUT 端输出。RDY/CLK 端向微控制器提供芯片内部状态以及与发射信号同步的参考时钟。SHD=1 时，RDY/CLK 端输出低电平，SHD 由高电平变为低电平后，经过约 35 ms，RDY/CLK 端输出同步时钟信号，该参考时钟信号出现，表示发射模块和接收模块已经启动。通过查询 RDY/

CLK 端信号状态，微控制器即可确定从 DMOD_OUT 端接收数据时刻（实际上用软件延时的方式默认调试后的电路是可靠的）。

品质因数 Q 和谐振频率是电感耦合式射频识别系统读写器天线的特征值。品质因数 Q 会影响系统的读写距离。较高的品质因数，会得到较高的读写器天线电压，因而可增加射频卡的能量传输。与之相反，天线的传输带宽与品质因数 Q 值成反比。选择的品质因数过高，会导致带宽缩小，从而明显减弱射频卡接收到的调制边带。此外，由于射频卡是无源式 IC 卡，其能量是通过电磁感应来的，而且受到卡形状的限制，卡中不可能封装很大的天线，使得接收的能量较小，从而决定了读写器工作距离短，一般在 10 cm 以内。

谐振回路的品质因数 Q 表达式如下：

$$Q = f_0/B \tag{5.8.15}$$

式中，f_0 为谐振频率；B 为带宽。

为了完全恢复出应答器发送的数据信号，阅读器所需要的带宽至少是数据率的两倍。因此，如果一个 ASK 信号的数据率是 8 kHz，那么带宽至少要为 16 kHz 才能从应答器中恢复出信息。

锁相环 PLL、天线驱动器、调制器组成射频信号发送模块。

接收模块解调的输入信号是天线上的电压信号。DMOD_IN 引脚是接收电路的输入信号。DMOD_IN 输入信号的电平应该低于 $V_{DD}-0.5$ V，高于 $V_{SS}+0.5$ V。通过外部电容分压可以调节输入信号的电平。分压器增加的电容必须通过相对较小的谐振电容来补偿。振幅调制解调策略是基于振幅调制同步解调技术。接收电路由采样和保持、直流偏置取消、带通滤波和比较器组成。DMOD_IN 上的直流电压信号通过内部电阻设置在 AGND 引脚上。AM 信号被采样，采样通过 VCO 时钟进行同步，所有的信号直流成分被电容 C_{DEC} 消除。进一步的滤波把剩下的载波信号、二阶高通滤波器和 C_{DC2} 带来的高频和低频噪声进一步消除。经过放大和滤波的接收信号传输到异步比较器，比较器的输出至 DMOD_OUT。

5.8.4.2 软件设计

在上述对由 EM4100 组成的 RF 标签（卡片）和由 EM4095 组建的读卡器硬件电路的介绍基础上，来讨论该基站软件设计。在硬件电路初步调试正常的情况下，当一个 RF 标签进入上电后的基站天线工作范围时，标签收发器天线就会连续不断地发送芯片固有的 64 位经 AM 调制的电磁场信号；软件的关键是如何把被解调和解码后出现在 DEMOD_OUT 上的 64 位曼彻斯特编码完整地恢复成原本的数据。

从前面知道，EM4100 存储阵列有 64 位数据；前面是 9 个连续的 1，接着是 10 行位排列；每一行包含 5 位，其中前 4 位是数据和后 1 位是这一行的偶校验；最后一行 4 位是前 10 行的纵向偶校验，最后一位固定为 0，见图 5.8.3。由此可以构思出读卡流程图，见图 5.8.20。对于只读型标签，为了简单起见，这里假设 EM4095 的 MOD 接地。

EM4100 读操作流程的分析：如图 5.8.3 所示，64 位流中的前 9 位是连续的 1 组成的先导，只有先确定它们的出现，判读后面的位流才有意义。这里首先把标签卡发送的电磁场信号和阅读器解调后进入 MCU 时的信号结构和时序梳理一下。

① EM4100 标签卡发射的载波频率是 100～150 kHz。

② 该标签卡信号编码是曼彻斯特，位速率是载波频率的 64 分频，即一个曼码位占用 64 个载波周期。信号发射调制方式是 ASK。

③ 任何阅读器输出到 MCU 的信号是解调后的曼码形式。已知曼码的每一位周期中间一定有电平的跳变，一般是上升沿代表 0，下降沿是 1。

④ 标签卡发送 64 位是循环不断，首尾相连。

⑤ 有些阅读器专用芯片（如 EM4095）还提供 RDY/CLK 这样的信号输出，CLK 就是同步标签的载波信号。

有了上述条件，读操作的软件流程可以有以下设想。

首先以用或不用同步载波信号，可分为：

① 不用载波信号（有些装置也没有提供此信号）。这种情况下，从进入 MCU 的高低电平的信号流中，要区分出一个个位，就只有靠测定每个高低脉冲的宽度和跳变情况来判断。显然，测量脉宽就要用到 MCU 的定时器功能。这里有一个位的宽度，也有半个位的宽度，有高电平和低电平之分，也许还有干扰。对于合法脉宽的判断有以下根据（假设 MCU 晶振频率＝12 MHz）：

- MCU 一个计时最小单元是 1 μs；
- 标签卡的载波频率为 100～150 kHz，所以一个位周期最大是：

$$T_{\text{bit-max}}=10\ \mu s\times 64=640\ \mu s$$

半个位最大值为

$$T_{\text{b-max}}/2=320\ \mu s$$

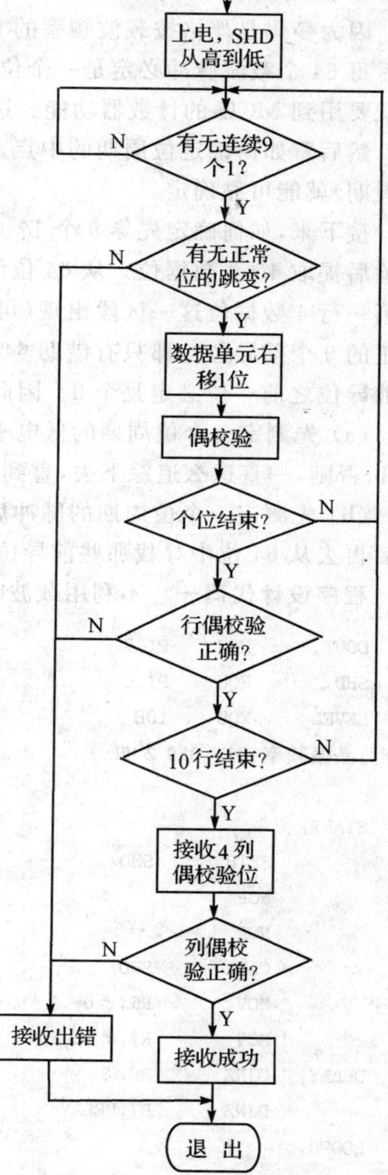

图 5.8.20 EM4100 读操作流程

最小位周期值：$T_{\text{bit-min}}=6.667\mu s\times 64=426\ \mu s$；半位最小值：$T_{\text{b-min}}/2=213\ \mu s$。

② 用阅读芯片提供的同步载波信号。

因为曼码是严格按载波频率的 64 分频速率调制的，这样只要找准了任意位的中间位置，其后每 64 个载波脉冲必定是一个位中心的电平跳变，由此来确定每个位值。自然，计数 64 脉冲就要用到 MCU 的计数器功能。这要简单得多。

然后看如何确定位周期的中点。从曼码的时序图可以看到，开始通过找一个长脉冲（一个位周期）就能可靠确定。

接下来，如何确定先导 9 个 1？只有确定它们后，才能从位流中提取另外 55 位，进而奇偶校验后提取 40 个数据位。从 64 位结构可以看到，9 个连续 1 的出现只有在前导位和紧接着的第一行 4 数据位这一区段出现（可能有 9～13 个连续的 1）。那么，在程序中如何唯一确定真正的 9 个前导位？那只有借助 64 位中的最后一位固定是 0 这一事实。也就是说，真正的 9 个前导位之前一位必定是个 0。因此，如何确定 9 个前导位，也有两种方式：

(a) 先测定一个位周期的低电平脉冲，把它假定为那个 0，然后探测其后能否有 9 个连续的 1；否则，一直这么追踪下去，直到确定；其后就是测定其余 55 个位。

(b) 先测定一个位周期的脉冲后，以此为起点连续测定 64 个位（不管用以上哪种办法）；然后再去从 64 位中寻找那些前导位。这种流程对于计算机的循环执行来说，更简捷。

程序设计代码一 不利用载波时钟信号 CLK。

```
DOUT        EQU     P1.7                    ;EM4095 的 DEMOD_OUT 曼码输出
SHD         EQU     P1.6                    ;EM4095 的 SHD 启动信号
LEVEL       EQU     10H                     ;保留 DOUT 原先的电平"1"或"0"，是一个位变量
;晶振频率 = 11.059 2 MHz

START:
            SETB    SHD                     ;启动 EM4095
            NOP
            NOP
            CLR     SHD
            MOV     R6,#0
            MOV     R7,#10
DELAY:      DJNZ    R6,$
            DJNZ    R7,DELAY
LOOP0:
            SETB    P1.7                    ;初始化 T0 和数据存储单元等
            ;定时器初始化
            MOV     TMOD,#01H
            CLR     TF0                     ;清溢出标志
            CLR     ET0                     ;禁 T0 中断
```

```
    ;数据存储区 30H～3AH 清 0
    MOV     A,#00H
    MOV     R1,#30H
    MOV     R3,#11
ZERO:
    MOV     @R1,A
    INC     R1
    DJNZ    R3,ZERO
;等待一个稳定的上跳沿,并假定为数据"0"
LOOP:
    JB      P1.7,LOOP               ;等待稳定的低电平
    JB      P1.7,LOOP
    JB      P1.7,LOOP
    JB      P1.7,LOOP
LOOP1:
    JNB     P1.7,LOOP1              ;等待稳定的高电平
    JNB     P1.7,LOOP1
    JNB     P1.7,LOOP1
    JNB     P1.7,LOOP1              ;如此得到上跳沿
OK1:
    SETB    LEVEL                   ;先置先前信号位电平为高
    MOV     R7,#09H                 ;要测出连续 9 个 1,起始信息流计数
OK:
    MOV     TL0,#00H                ;定时器清 0,开始定时
    MOV     TH0,#00H
    SETB    TR0
    ;等待一个稳定的低电平(下跳沿)
LOOP2:
    NOP
    JB      P1.7,LOOP2
    JB      P1.7,LOOP2
    JB      P1.7,LOOP2
    ;得到下跳沿后,停止定时,检查时间
LOOP3:
    CLR     TR0
    MOV     A,TH0
    CLR     C
    SUBB    A,#01H
    ;时间是否大于 300 μs
```

```
        JZ          RIGHT                   ;256×1.085 07 μs = 277.8 μs
        ;若时间大于或小于 300 μs,则一定不是数据的头部
WRONG:
        LJMP        LOOP0                   ;T<300 μs 或>300 μs, 则重新开始
RIGHT:
        MOV         A,#152
        CLR         C
        SUBB        A,TL0
        JNC         WRONG                   ;(256 + 152)×1.085 07 μs = 444 μs T<460 μs,不是全周
                                            ;期翻转,重新开始
        DJNZ        R7,LOOP41               ;R7 = 9;找到数据头部的第一特征,数据"1"计数不满
                                            ;9 个则继续监测
        ;读到 9 个"1"后,转到读实际数据
        SJMP        REAL_DA
        ;重新定时,开始等待下一个跳转(上跳沿)
LOOP41:
        MOV         TH0,#00H
        MOV         TL0,#00H
        SETB        TR0
LOOP4:
        NOP
        NOP
        JNB         P1.7,LOOP4
        JNB         P1.7,LOOP4
        JNB         P1.7,LOOP4
        ;等到上跳沿,验证时间
        MOV         A,TH0
        CLR         C
        SUBB        A,#01H
        JZ          OK1                     ;若大于 300 μs,则此上跳是数据 0。把该数据假定为数据尾
        SJMP        LOOP2                   ;T<300 μs,此翻转是空翻转,继续监测下一个翻转(下跳沿)
        ;找到正确的头部,开始读数据信息
REAL_DA:
        CLR         LEVEL                   ;位电平标记为 0
        MOV         R7,#11                  ;还有 11 行数据
        MOV         R0,#30H                 ;存储数据首址
ONEBYT :
        MOV         R3,#05                  ;每 5 位数据存在一个字节,
        MOV         R4,#00H                 ;便于检查校验位
```

```
ONEBIT:
        MOV     TH0,#00H
        MOV     TL0,#00H
        SETB    TR0                 ;定时器清 0,计时开始
UNALTER:
        JB      LEVEL,LOW0          ;LEVEL 为 1 表示当前是高电平,应等待低电平
HIGH0:
        JNB     DOUT,HIGH0
        JNB     DOUT,HIGH0
        JNB     DOUT,HIGH0
        JNB     DOUT,HIGH0
        SETB    LEVEL               ;当前电平为高电平
        SJMP    READ
LOW0:
        JB      DOUT,LOW0
        DB      0,0
        JB      DOUT,LOW0
        JB      DOUT,LOW0           ;LEVEL = 1,等待稳定的低电平(下跳沿)
ALTER:
        CLR     LEVEL               ;当前电平为低电平
        ;等到翻转,计算时间
READ:
        MOV     A,TH0
        CLR     C
        SUBB    A,#01H
        JNZ     UNALTER             ;TH0 = 01H 表示是全周期翻转,为数据翻转
        ;A = 00H 表示是空翻转
        ;将数据存入当前数据字节最低位。LEVEL = 0,数据为 1,LEVEL = 1,数据为 0
        CLR     TR0
        MOV     A,@R0
        RL      A                   ;存储字节左移
        JB      LEVEL,READ0         ;读得 0 还是 1?
        INC     A                   ; = 1
        INC     R4                  ;偶校验字加 1
READ0:                              ; = 0
        MOV     @R0,A
        DJNZ    R3,ONEBIT
        CJNE    R7,#1,SKIP          ;如果是最后一行,则不要进行偶校验
        SJMP    NEXT
```

```
SKIP:   MOV     A,R4
        RRC     A
        JC      WRONG           ;C=1,该行的偶校验出错
        INC     R0              ;满5位,地址加1
        DJNZ    R7,ONEBYT       ;读完11行,开始检查校验位,并将校验位从数据中去除
NEXT:   MOV     R2,#11
        MOV     R0,#30H         ;原始数据首址
BIT40:
        MOV     A,@R0
        CLR     C
        RRC     A               ;把校验位移出
        MOV     @R0,A
        INC     R0
        DJNZ    R2,BIT40        ;得到40位纯数据+4位列校验,进行列校验
        MOV     R2,#10
        MOV     R0,#30H
        MOV     A,@R0           ;取第一组4位的字节送入A
CHECK:
        INC     R0
        XRL     A. @R0          ;依次取各组字节进行异或
        DJNZ    R2,CHECK
        JZ      DATAOK
        LJMP    WRONG           ;11组4位字节异或结果不为0,列的偶校验错
;将每个字节中的4位有效数据取出,每两个字节压缩成一个字节
DATAOK:
        MOV     R0,#30H
        MOV     R1,#30H
        MOV     R2,#05
DBYTE:
        MOV     A,@R0
        SWAP    A
        INC     R0
        ORL     A,@R0
        MOV     @R1,A
        INC     R1
        INC     R0
        DJNZ    R2,DBYTE
        SETB    SHD             ;关闭EM4095
        RET
```

程序代码二 利用 EM4095 提供的载波时钟信号 CLK。

```
;EM4095 基站利用 RDY/CLK 时钟信号(载波频率),读取 EM4100 的曼码
;EM4100 曼码的数据传输率是载波频率的 64 分频,即 64 个载波周期是一个曼码的位周期。
;曼码在每位中间电平一定有跳变,先找准一个位的中心,然后以此为起点,用计数器每 64 个脉
;冲信号后读取的 DMOD_OUT 上的电平(取反),就应当是该位值
;MCU-8051 型 晶振频率 = 11.0592 MHz
;RDY/CLK 信号接到 T0(P3.4)计数器
SHD     EQU     P1.6
DOUT    EQU     P1.7
;MOD    EQU     GND
ERRP    EQU     10H                 ;行的偶校验标志,校验出错,ERRP = 1
FLAG9   EQU     11H                 ;在 9 个 1 之后,FLAG9 = 1
BUFF    EQU     30H                 ;数据缓冲区的首地址
        ORG     0000H
        LJMP    START
        ORG     000BH
        LJMP    T0INT               ;T0 中断服务子程序
        ORG     100H
START:
        MOV     SP,#60H
        CLR     EA
        MOV     TMOD,#6             ;T0 MOD = 2,8 位计数器
        CLR     TR0
        CLR     ET0
        CLR     FLAG9
        CLR     ERRP
        SETB    DOUT
        SETB    SHD
        NOP
        NOP
        CLR     SHD                 ;初始化 EM4095,RDY/CLK 将以工作频率输出时钟信号
;检测出一个比特周期宽的脉冲
DETECT0:
        JB      DOUT,DETECT0
        NOP
        NOP
        JB      DOUT,DETECT0        ;发现低电平
DETECT1:
        JNB     DOUT,DETECT1
```

```
        NOP
        NOP
        JNB     DOUT,DETECT1            ;发现从低到高的跳变
TIMER:
        MOV     TH0,#0
        MOV     TL0,#0
        SETB    TR0                     ;初始化 T0 计数器,启动
DETECT2:
        JB      DOUT,DETECT2
        NOP
        NOP
        JB      DOUT,DETECT2
HOWLONG:
        CLR     TR0                     ;停 T0,把计数器值和 63 比较
        MOV     A,TL0
        CLR     C
        SUB B   A,#63                   ;在指令 clr tr0 之前的指令时间大约 8 μs
        JC      DETECT0                 ;若 TL0<63,则刚才的脉冲是半个位周期宽
BITBEGIN:
        MOV     R0,#BUFF                ;数据缓冲区 55 字节,每个字节(行) 只装 5 位
        MOV     R2,#0                   ;9 个 1 计数器
        MOV     R3,#11                  ;其余 11 行 55 个 55 位
        CLR     FLAG9
        MOV     TH0,#192
        MOV     TL0,#192                ;64 = 256 - 192
        SETB    ET0
        SETB    EA
        SETB    TR0
READ:
        JB      ERRP,EOVER
        CJNE    R3,#0,READ              ;等待通过 64 个载波周期,即发生 T0 中断
OVER:
        CLR     TR0
        CLR     ET0
        LJMP    PDATA                   ;读已结束,到数据处理
EOVER:
        CLR     TR0
        CLR     ET0
        LJMP    START                   ;当奇偶校验出错,从头开始
```

```
;process for T0 interrupt
T0INT:
        JB      FLAG9,AFTER9
        NOP                         ;找 9 个连续的 1
        NOP
        NOP
        JB      DOUT,NO1            ;当 DOUT = 高,不是 1
        INC     R2                  ;9 个 1 ++
        CJNE    R2,#8,GOON
        SETB    FLAG9               ;找到连续的 9 个 1,FLAG9 = 1
        MOV     R2,#5               ;这之后 R2 = 5 位计数
        RETI
NO1:
        MOV     R2,#0               ;不连续,清 R2;重新找 9 个连续 1
        RETI
AFTER9:                             ;找到 9 个先导位后,检测后面的数据
        NOP
        NOP
        NOP
        MOV     A,@R0
        JB      DOUT,ZERO           ;判断 EM4095 的 DOUT 是 1 或 0
        RL      A                   ;左移
        ORL     A,#1                ;读 1
        INC     R1                  ;偶校验
        MOV     @R,A
        SJMP    ONEBYTE
ZERO:
        RL      A                   ;读 0,左移
        MOV     @R0,A
ONEBYTE:
        DJNZ    R2,NEXTBIT
        CJNE    R3,#1,EVEN
        SJMP    NOEVEN              ;若是最后一行,不要奇偶校验
EVEN:
        MOV     A,R1
        ANL     A,#1
        JNZ     PERR                ;该行偶校验出错
        MOV     R2,#5               ;一字节(5 位)
        INC     R0                  ;下一行
```

```
NOEVEN:
        DEC         R3
NEXTBIT:
        RETI
PERR:
        SETB        ERRP
        RETI
;下面先进行 4 个纵向的奇偶校验,然后把两行各 4 位合并为 1 字节
PDATA:
        MOV         R2,#11
        MOV         R0,#30H                   ;数据缓冲区首址
BIT44:
        CLR         C
        MOV         A,@R0
        RRC         A                         ;去除每行的偶校验位
        MOV         @R0,A
        INC         R0
        DJNZ        R2,BIT44
        ;得到 40 位数据和 4 位纵向的偶校验
        MOV         R2,#10                    ;进行纵向校验
        MOV         R0,#30H
        MOV         A,@R0                     ;取第一行 4 位
CHECK:
        INC         R0
        XRL         A. @R0                    ;和下一行异或
        DJNZ        R2,CHECK
        JNZ         WRONG                     ;当 11 行 4 位的字节 XOR!= 0,校验出错
        ;两行合并为一字节
        MOV         R0,#30H
        MOV         R1,#30H
        MOV         R2,#05
DBYTE:
        MOV         A,@R0
        SWAP        A
        INC         R0
        ORL         A,@R0
        MOV         @R1,A
        INC         R1
        INC         R0
```

```
DJNZ        R2,DBYTE
SETB        SHD                         ;关闭 EM4095
……
```

5.8.5 可读写的低频 RFID e5550 型标签卡

5.8.5.1 e5550 特征与结构

e5550 的全称是标准读写识别集成电路(Standard Read/Write Identification IC),实际是一种低频发射机应答器。它与基站读写集成电路(Read/Write Base Station IC)U2270B 相匹配,构成非接触 IC 卡系统的核心器件。这两种器件统称为非接触式读写识别集成电路(其注册商标为 IDIC),均由德国 Temic 半导体公司开发,目前已转由 ATMEL 公司生产。因其面世较早,可读写,价格低廉,常作为低频 RFID 的一个典型代表。

基本性能如下:

① 低供电电压、低功耗 CMOS 结构的 IDIC。

② 发射机应答器的电源是通过非(直接)接触的线圈耦合获得。

③ 额定的射频(RF)振荡频率范围为 100～150 kHz。

④ 发射机应答器上带有 EEPROM,共分 8 个(存储)区(block),每区有 33 位,故总共有 264 位。

⑤ 每个区的首位分别为该区的写保护位 L(LOCK)。为 1 时,该区为只读区;为 0 时,该区为既可读又可写。其中 LOCK 位一旦被置 1,则该区数据将不能再做任何修改,而且 LOCK 位是无法恢复的。LOCK 位不随其他位一起发射到基站(即 LOCK 位是不可读的,用户实际使用的数据区位是每块的后 32 位,共 256 位)。

⑥ 8 个(存储)区中的第 0 区(block 0)为工作方式数据存储区,通常是不发送的,而其他的 7 个区每个区中各有 32 位,即总共有 224 位供用户使用。

⑦ 8 个区中的第 7 区(block 7)是口令(PASSWORD)区,在口令加密功能启动时这里存放卡的读写控制密码(32 位)。当加密功能没有使用时该区也可以存放用户数据。

⑧ 具备增强防护功能,以免非接触卡式 EEPROM 的误编程。

⑨ 每一存储区的写操作时间一般不超过 50 ms。

⑩ 可编程操作的一些其他选项:

- 波特率:RF/8,RF/16,RF/32,RF/40,RF/50,RF/64,RF/100,RF/128。
- 调制方式:二进制(BIN)、频移键控(FSK)、相移键控(PSK)、曼彻斯特码(Manchester)和双相位码(Biphase)。
- 其他:请求应答(AOR)、终止方式和口令方式。
- 访问中存储区的选择以及区之间的同步信号形式。

e5550 应用电路如图 5.8.21 所示;线圈两端的电压如图 5.8.22 所示。

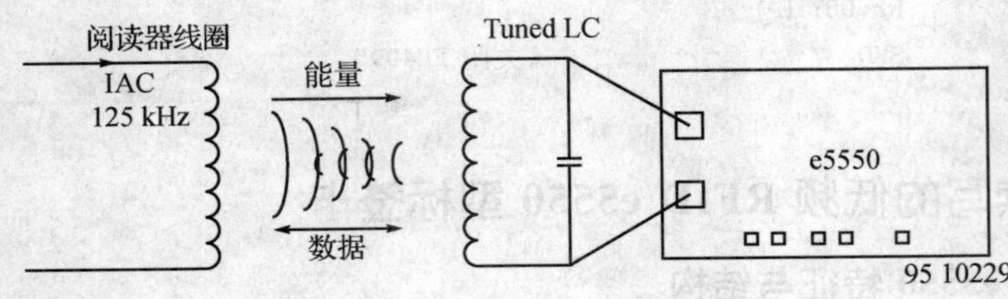

图 5.8.21 e5550 应用电路

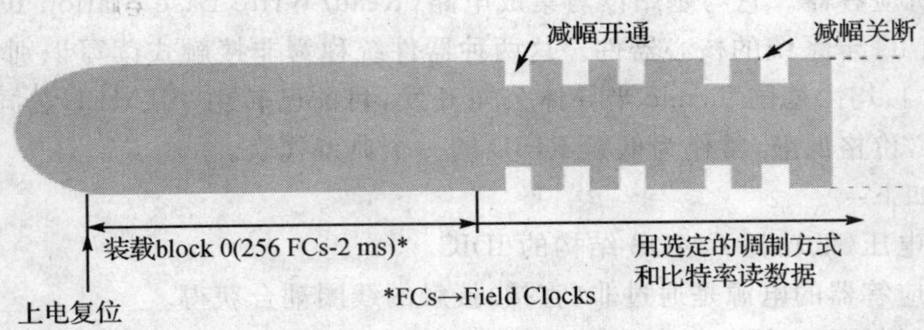

图 5.8.22 上电后 e5550 线圈两端的电压

e5550 的 EEPROM 结构如图 5.8.23 所示。

0	1 32	
L	用户数据或口令	block 7
L	用户数据	block 6
L	用户数据	block 5
L	用户数据	block 4
L	用户数据	block 3
L	用户数据	block 2
L	用户数据	block 1
L	方式数据	block 0
不发送	32位	

图 5.8.23 e5550 的 EEPROM 结构

e5550 芯片方式数据块(block 0)用于控制卡的各种操作的特性,如同步信号数据流格式、数据流长度、加密口令、唤醒和停止发射等功能的启用关闭等。它位于 EEPROM 的第 0 块数据区可由用户进行编程改写(用户向卡发送写命令给该区写入一定格式的数据即可)。一般一个应用系统卡片的方式块的值是统一的,在发卡时建议写入数据后将该块的 LOCK 位置 1,这样可以防止对控制块的误修改引起卡的操作不正常。e5550 芯片的控制块的结构和功能说明如图 5.8.24 所示，模式设置将影响读写程序的设计。

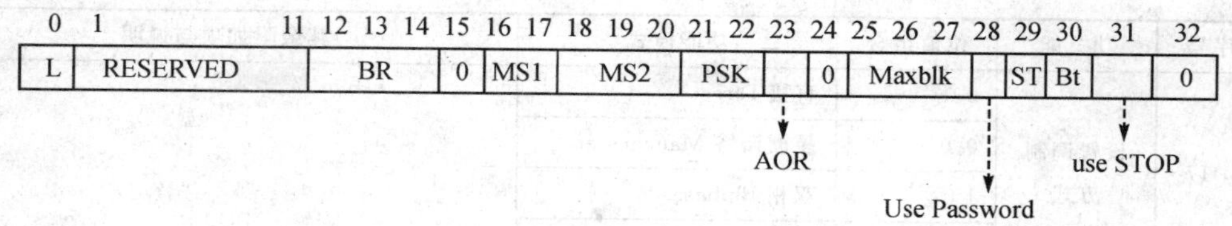

图 5.8.24　e5550 方式字 32 位的功能

下面结合对方式字的说明简单介绍 e5550 的各种工作模式和操作特性。在 e5550 中方式数据的第 1～11 位之间的 11 位和第 32 位为保留位，用户可以写入任何值，建议写入 0。方式块中的第 15 位和第 24 位必须写入 0，否则芯片将不能正常工作。第 12～14 位为波特率设置位，用户通过设置这三位的值可以决定卡发射数据时的波特率。用户可按表 5.8.2 中的值进行设置，一般使用 RF/32 的波特率。

表 5.8.2　e5550 方式字中位速率的设置

第 12 位	第 13 位	第 14 位	波特率	第 12 位	第 13 位	第 14 位	波特率
0	0	0	RF/8	1	0	0	RF/50
0	0	1	RF/16	1	0	1	RF/64
0	1	0	RF/32	1	1	0	RF/100
0	1	1	RF/40	1	1	1	RF/128

第 16～17 位、18～20 位以及 21～22 位结合在一起，设定 IC 卡发射数据的调制方法。具体配合方式如表 5.8.3 所列。用户设置 16、17 位为 00 时，18～20 位的设置有效。如果第 18～20 位设置为 001、010 或 011 时，则继续使用第 21～22 位设置在 PSK 调制方法下的载波频率(PSKCF)。

第 23 位用来控制是否启动 AOR(Answer-On-Request)功能。该位设置为 1 时启动 AOR 功能，这时 IC 卡进入射频区域后，不主动发射数据而要由基站给 IC 卡发射唤醒命令后再发射数据。该功能要求首先启动口令安全功能，也就是说基站要唤醒一个 IC 卡时，必须在唤醒命令序列中向 IC 卡发射口令密码，IC 卡检测到包含合法口令的唤醒命令时，才恢复发送数据。要启动口令功能，就要求将控制块的第 28 位设置为 1。

表 5.8.3　e5550 调制方式的设置

<table>
<tr><th>位序号</th><th>功　能</th><th>位值组合</th><th>功能模式</th><th colspan="2">其余附加项与说明</th></tr>
<tr><td rowspan="4">16，17</td><td rowspan="4">设置调制方式</td><td>0 0</td><td>直接 Direct</td><td rowspan="4" colspan="2">—</td></tr>
<tr><td>0 1</td><td>曼彻斯特 Manchester</td></tr>
<tr><td>1 0</td><td>双相 Biphase</td></tr>
<tr><td>1 1</td><td>保留 Reserved</td></tr>
<tr><td rowspan="8">18,19,20</td><td rowspan="8">设置调制方式</td><td>0 0 0</td><td>直接 Direct</td><td rowspan="4" colspan="2">16、17 位为 00 时 18～20 位的设置有效</td></tr>
<tr><td>0 0 1</td><td>相移键控 1 PSK1</td></tr>
<tr><td>0 1 0</td><td>相移键控 2 PSK2</td></tr>
<tr><td>0 1 1</td><td>相移键控 3 PSK3</td></tr>
<tr><td>1 0 0</td><td>频移键控 1 FSK1</td><td rowspan="4">FSK 方式下 Data1，Data0 对应的频率</td><td>RF/8,RF/5</td></tr>
<tr><td>1 0 1</td><td>频移键控 2 FSK2</td><td>RF/8 ,RF/10</td></tr>
<tr><td>1 1 0</td><td>频移键控 1a FSK1a</td><td>RF/5 ,RF/8</td></tr>
<tr><td>1 1 1</td><td>频移键控 2a FSK2a</td><td>RF/10,RF/8</td></tr>
<tr><td rowspan="4">21，22</td><td rowspan="4">设置 PSK 调制方式的载波频率（PSKCF）</td><td>0 0</td><td>RF/2</td><td rowspan="4" colspan="2">18～20 位设置为 001、010、011 时，使用第 21～22 位设置在 PSK 调制方法下的载波频率</td></tr>
<tr><td>0 1</td><td>RF/4</td></tr>
<tr><td>1 0</td><td>RF/8</td></tr>
<tr><td>1 1</td><td>保留</td></tr>
</table>

启动口令功能后，第 7 块数据区将保存 IC 卡的口令密码，所以启动口令功能之前应该事先写入密码。如果允许修改密码则不用锁定 block 7；如果密码永久有效则要在写入密码的同时锁定 block 7，这样用户将不能修改密码。在口令模式下用户对卡中数据进行任何修改，均要求提供密码验证，密码不正确，则修改无效。后面讲到口令模式和非口令模式下的写命令格式是不同的。为了保护密码不被未知用户截获，用户在启动口令功能后还应该对方式字块的第 25～27 位进行设置。这三位设置的是 IC 卡发射数据时发射的最大数据块数 Max block。这三位的设置和发射数据流的关系如表 5.8.4 所列。

表 5.8.4　e5550 最大读取数据区块的设置

第 25 位	第 26 位	第 27 位	Send Blocks	第 25 位	第 26 位	第 27 位	Send Blocks
0	0	0	Only block 0	1	0	0	block 1～4
0	0	1	block 1	1	0	1	block 1～5
0	1	0	block 1～2	1	1	0	block 1～6
0	1	1	block 1～3	1	1	1	block 1～7

当 MAXBLK 设置为 0 时，IC 卡只发射 block 0 的数据给基站。当设置为 1 时，IC 卡只发射 block 1 的数据给基站。当设置为 2 时，IC 卡发射 block 1 和 block 2 的数据给基站。设置为 3 时，IC 卡发射 block 1 至 block 3 的数据，其他的依次类推。这些数据都是不断循环重复发送。在启用口令模式时，MAXBLK 的值应小于 7，这样 IC 卡将不发射存放在第 7 块中的数据。

用户除了设置以上各项以外，还可以设置 IC 卡发射数据时的同步信号类型。IC 卡可以使用两种不同的同步信号，它们是 Sequence Terminator(ST)和 Block Terminator(BT)。Sequence Terminator 在每个数据循环开始时出现。Block Terminator 在每个 block 的数据的开始时出现。两种同步信号可以独立使用，也可以结合使用。同步信号的波形和其他数据流的结合情况如图 5.8.25 所示；假设 MAXBLK＝7，使用曼码。

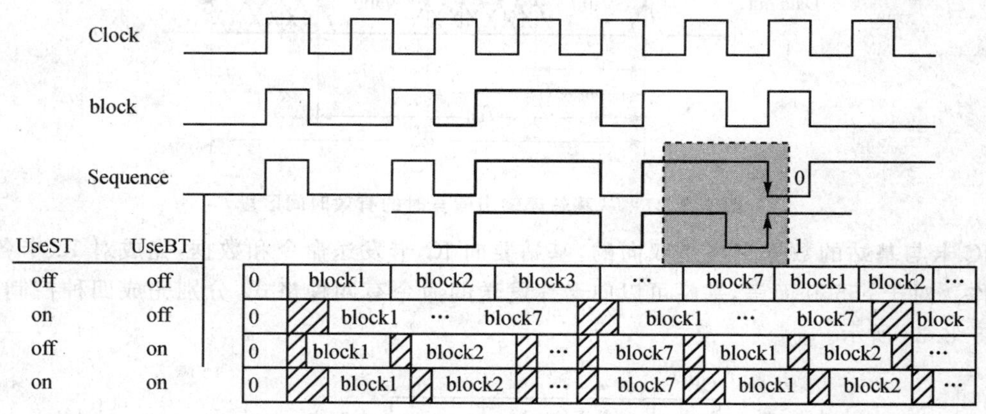

图 5.8.25　e5550 同步信号的设置和时序

MAXBLK 值与数据流的关系图如图 5.8.26 所示。假设 UseBT＝off，UseST＝off。

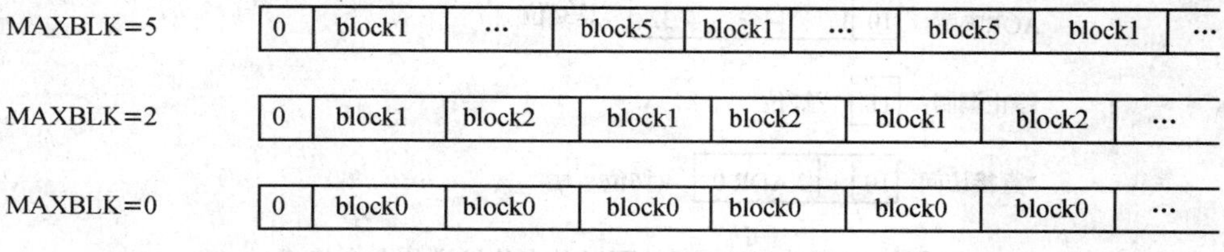

MAXBLK=5	0	block1	…	block5	block1	…	block5	block1	…
MAXBLK=2	0	block1	block2	block1	block2	block1	block2	…	
MAXBLK=0	0	block0	block0	block0	block0	block0	block0	…	

图 5.8.26　e5550 读取最大数据区块设置后，循环重复发送数据

IC 卡发射数据由基站天线接收后，由基站处理后，经基站的 Output 脚把得到的数据流发给微处理器的输入口。这里基站只完成信号的接收和解调的工作，而信号解码的工作要由微处理器来完成。微处理器要根据输入信号在高电平和低电平的持续时间来模拟时序，以进行解码操作。

图 5.8.27 所示的是程序检测跳变的时间基准，图中虚线阴影部分为跳变的不稳定区间。Valid 区域是稳定区程序，检测电平跳变是在一个时间区间以内。半个周期的跳变理想状态应为 128 μs，但实际检测区域为 $T_{S1}\sim T_{S2}$，即凡是时间在 T_{S1} 和 T_{S2} 之间的跳变信号均视为半个周期的跳变信号。同样，在 $T_{L1}\sim T_{L2}$ 之间的跳变都可以视为一个周期的跳变。当 e5550 处于图 5.8.27 假设条件下时，这四个时间检测标准点的参考值为

$$T_{S1}=90\ \mu s \quad T_{S2}=180\ \mu s \quad T_{L1}=210\ \mu s \quad T_{L2}=300\ \mu s$$

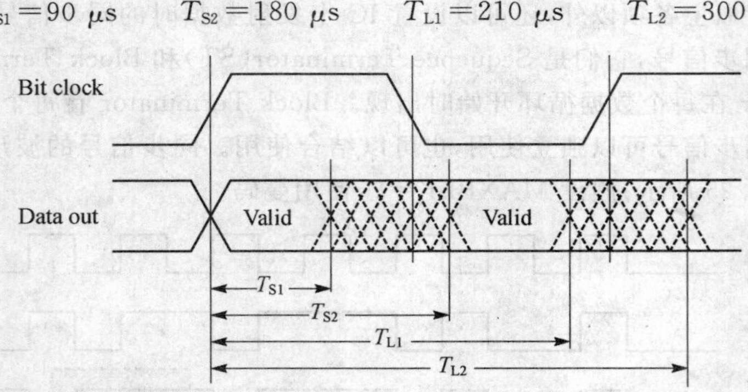

图 5.8.27　从基站读输出信号时的有效时间区段

IC 卡与基站的数据交换是双向的，基站要向 IC 卡发送命令和数据，完成对 IC 卡各种控制操作。对于 e5550 而言，基站可以向卡片发送的命令有四种格式，分别完成四种控制功能，如图 5.8.28 所示。

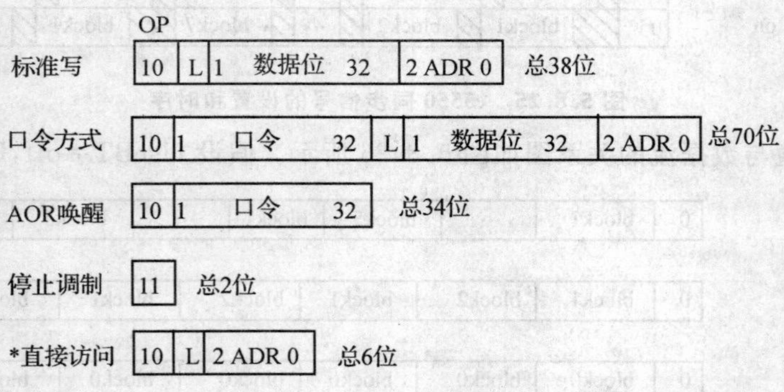

图 5.8.28　e5550 基站可以向卡片发送的命令格式

五种命令分别完成以下功能。

① 标准写(standard write)：对卡数据的普通读写。其中 10 为操作码，L 位为指定数据块的锁定位，紧接着 L 位的是 32 位数据，数据后面是命令要写入的数据块的块地址。这里块地址用 3 位二进制码表示。

② 口令方式(password mode)：该操作和 standard write 操作完成类似功能，只是在

password mode 启动后，对卡中数据的修改就要求提供口令。使用该命令就是要完成 Password Mode 下卡中数据的修改命令，数据流中其他部分和 Standard Write 的含义一样，只是在操作码和 L 位之间加入了长度为 32 位的口令。数据卡接收到命令后，在对数据区进行修改之前要检验命令提供的口令与卡中密码区保存的数据是否一致，只有两者一致时 IC 卡才能真正修改数据区的数据。这样可以防止不知道密码的非法用户对卡中数据的修改。

③ AOR 唤醒(AOR wake up)：该命令是卡的 AOR 功能，启动后基站发给卡片的唤醒命令。命令由操作字 10 和 32 位的口令字组成。使用该命令可以唤醒密码和命令字中提供的密码一致的卡片。卡片唤醒后即可向基站发送数据。

④ 停止调制(stop modulation)：该命令用来关闭 IC 卡，使接收到命令的 IC 卡进入睡眠状态。进入睡眠状态的 IC 卡不再向外发送数据，而在接收到 AOR 命令后，再开始发射数据。利用这种机制可以完成一定的防冲撞功能。通常情况下，当多个卡片同时进入射频区域时，基站是无法读取数据的。这时可以由基站发射 Stop 命令使所有卡片进入睡眠状态，然后再由基站使用不同的密码发送唤醒命令，来唤醒密码相同的卡片，读写操作完成后再关闭该卡片，依次可以处理各个卡片。和前面讲述过的有关防碰撞机制相比，这种方式显然有许多局限。

⑤ 直接访问(direct access)：这是 e5551 芯片在 e5550 基础上增加的一项功能；发送操作码 10 和锁定位 L 以及 3 位区块地址后，就可以只读取指定的这个区的数据；而 e5550 的用户数据只有 block1 才能这样，所以 e5551 值得推荐。

5.8.5.2 对 e5550 读操作编程

通过以上介绍可以设计出读取 e5550 流程的基本要点：

① 要对 block 0(方式)进行设置(写操作过程叙述在后面)。确定调制方式、数据速率、最大数据块数目、同步信号类型、是否要 AOR 功能和是否要用口令等。

这里特别把设置方式区中的同步信号类型强调一下。从上述知道，方式字中的 29 和 30 两位可以确定 4 种类型。其中 00 是区块之间没有同步信号，如果是这样，那么在编程运行中如何确定一个区的起始和结束将变得困难，所以有必要设置某种同步信号类型。

② 假设用曼码调制。在这数据流中，连同同步信号，合理脉冲宽度有三种：0.5p、1.0p 和 1.5p。这里 p 是一个比特位的周期。表 5.8.5 是设定曼码调制、波特率为载波频率的 1/32 的情况下，按照 e5550 工作(载波)频率范围在 100～150 kHz，列举出上述三种脉宽的变化范围。

③ 因此，在读操作编程中，首先要找出同步信号，最明显的是必有 1.5p 宽的正脉冲，其后根据不同同步类型有所不同。

④ 测脉宽用单片机的定时器。事先制定好三类脉宽的各自合理变化范围。因为标签中的 e5550 发射频率由于各种因素会有一定的漂移，所以在测量和判断时也都是设置一个合理的范围。例如，假定以 125 kHz 为中心，变化范围在 110～140 kHz，由此得表 5.8.5 所列参数。

表 5.8.5 e5550 曼码调制时合理脉宽范围

载波频率 f_{osc}/kHz	100	110	125	140	150
载波周期/μs	10.0	9.1	8.0	7.1	6.67
32 分频的位周期/μs	320	290	256	228	213
脉宽与计时单位	μs/2 μs 为单位的计数值(51 型单片机晶振 12/6 MHz)				
0.5p	160/80	145/72	128/64	114/57	106/53
1.0p	320/160	290/145	256/128	228/114	213/106
1.5p	480/240	435/217	384/192	342/171	319/159

当晶振 f_{osc}=6 MHz 时，其参考阈值为 0.5p(57～72)、1.0p(114～145)和 1.5p(171～217)。

⑤ 对于在没有设置同步信号的情况下，建议在系统设计时，考虑先用写命令在数据块的头一个字节写入能区别于用户数据编码的一个系列。例如，用户数据用 ASCII 码或 BCD 码，区块的头一个字节写入 AAH(10101010)。这样在读操作时，就可以先寻找这个特征码。

⑥ 由于 e5550 内没有校验功能。为了数据的可靠，系统设计时应考虑用户自行设置。例如，在用户一个数据段的结尾(可能跨几个区块)，用一个字节写入校验和之类的校验，这样读卡时也就应随之有相应的校验过程。

图 5.8.29 对 e5550 进行读操作的流程基于设置同步信号 UseST/UseBT=on/off，即如图 5.8.25 所示，采用 Sequence Terminator 类型。连续读取的数据流的起始信号有一个1.5p 的正脉冲，跟着是一个 0.5p 的负脉冲，接着是在一个 1.0p 的正脉宽后的半个位周期开始曼码的 0 或 1 的跳变。在实际编写代码时，流程中所有对测量的脉宽都存在是否合理的判断，也就是它可能不在事先定义的阈值之内，之所以这样认为是干扰所致，于是就从头再来。另外，编程时，测脉宽设置计数器的初值，为了精确起见，要把其他一些指令占用的机器周期考虑进去。

5.8.5.3 对 e5550 写操作编程

基站给卡片发送数据时，也要对数据进行编码，使数据信号加载到天线的发射信号中。TEMIC 公司的系列产品使用一种改变发射天线负载的方式对信号进行编码。这种方法使用短暂的间隔(GAP)中断 RF 场，两个 GAP 之间的长短 RF 时间对应信息 0 或 1，被发送出去。第一个 GAP 就是起始 GAP，它触发写模式开始，一般比其他 GAPS 略长，为的是能可靠地检测到。在发送数据时，一个长度为 24 field clocks(域时钟，即 RF 载波周期)时间长度的 RF 区间表示数据为 0；一个长度为 56 field clocks 时间长度的 RF 区间表示数据为 1。停振间隙(GAP)一般在 50～150 field clocks；一个间隙结束后，若 RF 持续的时间长于 64 域时钟，则 e5550 退出写操作方式。如果 e5550 接收到正确的有效位数目(见图 5.8.30)，则进入编写芯片的过程，这个过程大约 16 ms；否则写操作失败。可以大致估算出一次完整的写操作时间：

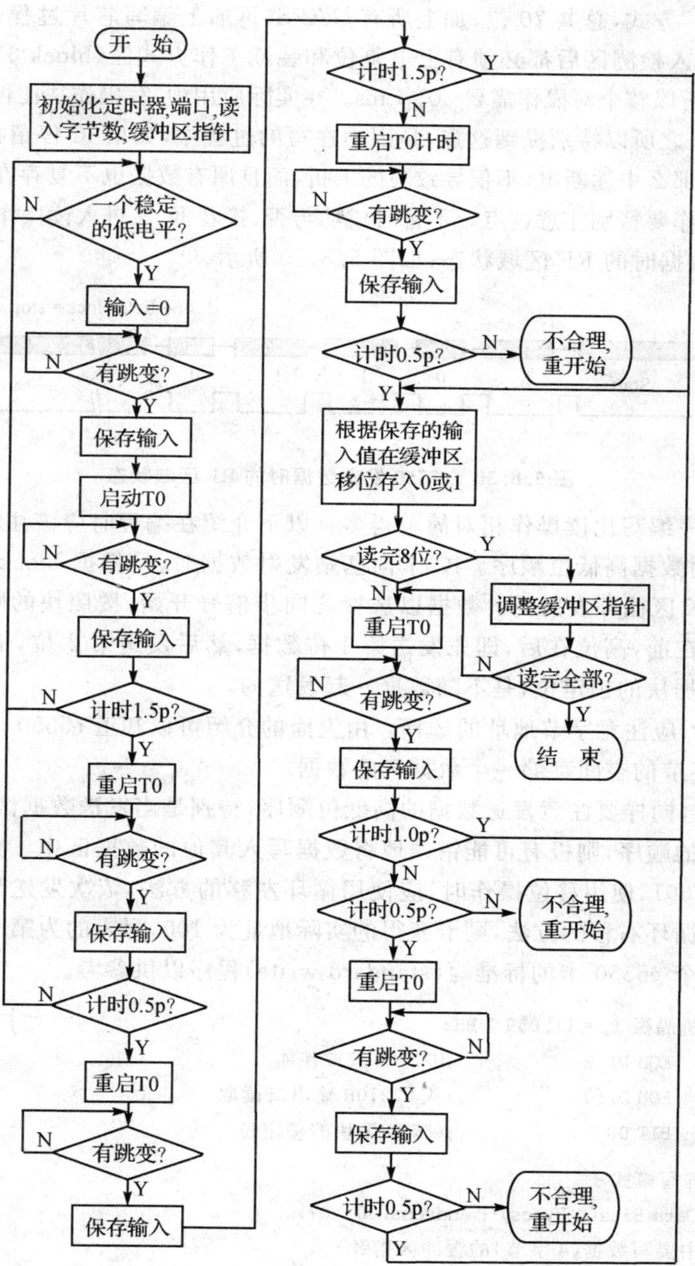

图 5.8.29 e5550 基于 Sequence Terminator 类型同步信号的读操作流程

如果采用"口令写"方式，总共 70 位，加上所有 GAPS，再加上编写芯片过程，大约是 50 ms；还要加上每次 IC 进入检测区后都必须有上电复位和装载工作方式区(block 0)的初始化过程等，时间为 2～3 ms，所以整个写操作需要 50 多 ms。在实际应用中，写操作往往伴随读操作等，所以需要的时间更长。之所以特别提到这点，是因为在写的过程中，如果 IC 停留在基站有效场区的时间不足够的话，那么中途断电；不仅导致写的夭折，而且原有数据也不复存在。因此在应用中，这类低频 IC 的操作要特别注意这点。不管写成功与否，接着 IC 又进入读操作模式。

e5550 发送数据时的 RF 区域状态，如图 5.8.30 所示。

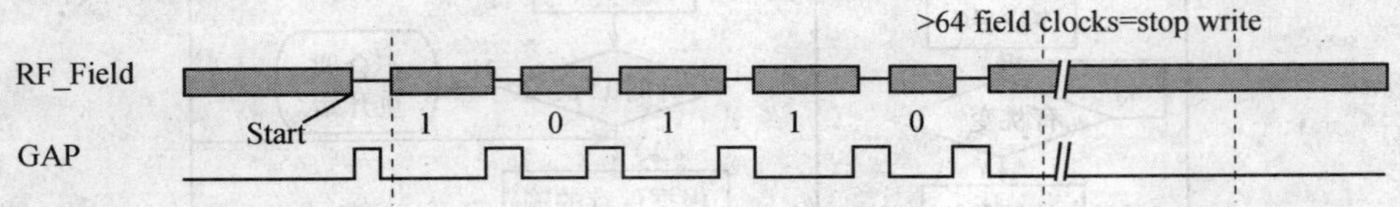

图 5.8.30　e5550 发送数据时的 RF 区域状态

写操作的程序编写比读操作相对简单得多。以下介绍在编程时应该注意的一些问题：

① IC 卡发射数据高低位顺序。IC 卡向基站发射数据时，是根据 block 1 的设置，从第一区到第 MAXBLK 区循环发射的。数据以选择的同步信号开始，按照块的顺序发送。每块数据的发送是低位在前，高位在后，即先发送第 1 位数据，然后发送第 2 位，依次类推直到第 32 位。第 0 位是数据块的锁定位，是不随数据一起发送的。

② 写操作时，应注意字节地址的选择。由上面的介绍可以知道 e5550 卡读写的单位为 32 位，所以要用 4 字节的空间存储一个数据区的数据。

③ 写数据时，同样要注意发送数据的高低位顺序，特别是当发送数据区地址信息时，如果不注意发送数据的顺序，则极有可能错误地将数据写入其他的数据区中。如向第 1 数据区写数据时地址应为 001，使用移位操作时，应使用循环左移的方法，依次发送地址信息。如果这里错误地使用了循环右移的方法，则卡获得的实际地址为 100，写入的为第 4 区的数据。

下面给出一个 e5550 卡的标准写(standard write)程序以供参考。

```
;8051 型单片机晶振 fc = 11.059 2 MHz
CFE              EQU P1.2          ;U2270B 载波使能
Output           EQU P1.3          ;从 U2270B 输出口读取
Lock_Flag        BIT 00            ;e5550 区块的锁定位

;          标准写模式                      ;
;    10 | L | Data Bits(4 Bytes) | Address(00～07)      ;
;    R0 = MCU 中要写数据(4 字节)的缓冲区指针              ;
;    R3 = e5550 EEPROM's 区块地址(00～07)                   ;
;    bit 00 = 1  Lock(L = 1)  bit 00 = 0 Unlock(L = 0)      ;
;_______________________________________________________;
```

```
Std_Write:
            MOV     A,R3                    ;e5550 区块地址
            ANL     A,#0FFH                 ;截取低 3 位
            SWAP    A
            RL      A
            MOV     R3,A                    ;3 位地址在字节最高端
            LCALL   SENDC10                 ;发送操作命令 10
            LCALL   SEND_LOCK               ;发送锁定位 0 或 1
            LCALL   SEND_DATA               ;发送数据 4 字节
            LCALL   SEND_ADDR               ;发送区块地址
            RET
;----------------------------------;
;   发送操作码 OP
SENDC11:    LCALL   WRITE_GAP               ;停止命令操作码 11
            LCALL   WRITE_1
            LCALL   WRITE_GAPS
            LCALL   WRITE_1
            LCALL   WRITE_GAPS
            RET
SENDC10:    LCALL   WRITE_GAP               ;其余操作命令码 10
            LCALL   WRITE_1
            LCALL   WRITE_GAPS
            LCALL   WRITE_0
            LCALL   WRITE_GAPS
            RET
;----------------------------------;
;  发送锁定位 LOCK
SEND_LOCK:  JB      LOCK_FLAG,SEND_L1
SEND_L0:    LCALL   WRITE_0
            SJMP    SEND_LEND
SEND_L1:    LCALL   WRITE_1
SEND_LEND:  LCALL   WRITE_GAPS
            RET
;----------------------------------;
;        发送数据
SEND_DATA:  CLR     C
            MOV     R4,#4                   ;每区块 4 字节
            MOV     R5,#8                   ;每字节 8 位
NEXT_BYTE:  MOV     A,@R0                   ;从缓冲区取一字节
```

```
NEXT_BIT:  RLC     A                 ;从高到低移位发送
           JC      SEND_D1
SEND_D0:   LCALL   WRITE_0           ;发送 0
           SJMP    SEND_DGAP
SEND_D1:   LCALL   WRITE_1           ;发送 1
SEND_DGAP: LCALL   WRITE_GAPS        ;位间 GAP
           DJNZ    R5,NEXT_BIT
           MOV     R5,#00H
           INC     R0
           DJNZ    R4,NEXT_BYTE
           RET
;------------------------------;
;     发送地址
SEND_ADDR:
           MOV     R4,#3
           MOV     A,R3
LOOPA:     RLC     A                 ;3 位地址从高到低移位发送
           JC      SEND_1
           LCALL   WRITE_0
           SJMP    SEND_GAP
SEND_1:    LCALL   WRITE_1
SEND_GAP:  LCALL   WRITE_GAPS
           DJNZ    R4,LOOPA
           LCALL   WRITE_END
           RET
;------------------------------;
;     写起始 GAP

WRITE_GAP: CLR     CFE               ;关闭载波
           MOV     R5,#2
LOOPG:     MOV     R6,#150           ;起始 GAP 稍长,约 81 个载波周期
           DJNZ    R6,$              ;2T = 2×12/11.059 = 2.17 μs
           DJNZ    R5,LOOPG
           RET
;------------------------------;
;     写 1
WRITE_1:   SETB    CFE               ;载波使能
           MOV     R6,#200           ;1 的载波时间约 434 μs,约为 54 个载波周期
           DJNZ    R6,$
```

```
          RET
;-------------------------------;
;    写 0
WRITE_0:  SETB      CFE              ;载波使能
          MOV       R6,#90           ;0 的载波时间约 195 μs,约为 24 个载波周期
          DJNZ      R6,$
          RET
;-------------------------------;
;    写其余 GAPS
   WRITE_GAPS:CLR   CFE              ;关闭载波
          MOV       R6,#220          ;一般 GAP 宽约 60 个载波周期
          DJNZ      R6,$
          RET
;-------------------------------;
;    退出写操作
WRITE_END: SETB     CFE              ;载波使能
          MOV       R4,#8            ;时间长于 64 个载波周期
LOOP1:    MOV       R5,#40
LOOP2:    DJNZ      R5,LOOP2
          DJNZ      R4,LOOP1
          RET
```

至于带口令的写操作和 AOR 唤醒操作的实现都可在以上代码基础上引用或组合完成。在写操作后一般要跟随读操作,以验证写入是否有效。

以 e5550 为代表的 IC 卡读写操作可以用下面介绍的 U2270B 专用芯片构成的基站进行,也同样可以用前面介绍的 EM4095 构成的基站完成。它们的主要引脚可以一一对应。U2270B 的 Output 和 CFE 分别对应 EM4095 的 MOD 和 DMOD_out。其工作原理和流程都是一样的。

5.8.6 基站芯片 U2270B 与基站的设计

U2270B 是低频 RFID 读写基站的一款专用集成电路,由德国 Temic 公司生产(也已转入 ATMEL 公司)。它的组成有:给标签收发器提供能量的发送电路、片内电源、振荡器和线圈驱动器,还有所有信号的处理电路;它们最终输出微处理器可以接收的信号。U2270B 制作的基站适合对 e5530-GT 和 TK5530-PP 类型标签收发器进行只读操作,也可以对 e5550 (TK5550-PP)和 TK5560-PP(e5560)型的标签收发器进行读和写的操作。实际上,它也同样适用于前面介绍的 EM4100 及其兼容的那些类型的标签收发器。它是面世较早的一类 IC,应用比较广泛。图 5.8.31 是 U2270B 与 e5550 系列组建的低频 RFID 系统结构示意图。

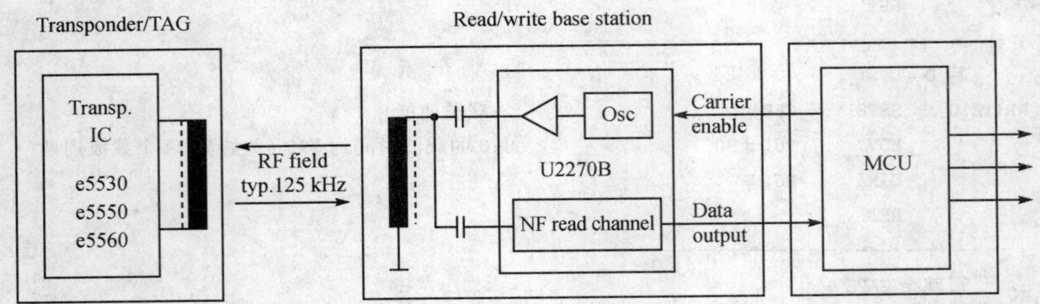

图 5.8.31　U2270B 与 e5550 系列 IDIC 组建的系统

5.8.6.1　U2270B 简介

U2270B 芯片封装外形(见图 5.8.32),引脚说明见表 5.8.6。

表 5.8.6　U2270B 引脚功能说明

引脚号	符　号	功　能	引脚号	符　号	功　能
1	GND	地线	9	coil 1	线圈驱动器 1
2	Output	数据输出	10	V_{EXT}	外部电源供应
3	$\overline{OE}$	数据输出使能	11	DV_S	驱动器电压
4	Input	数据输入	12	V_{Batt}	电池电压
5	MS	方式选择 coil 1:普通/差分	13	Standby	待命输入
6	CFE	载波频率使能	14	V_S	内部电源供电(5 V)
7	DGND	驱动器地线	15	RF	频率调整
8	coil 2	线圈驱动器 2	16	HIPASS	DC 去耦

U2270B 基站读写器的基本性能如下:

① 载波频率 f_{OSC} 范围为 100～150 kHz。

② f_{OSC} 为 125 kHz 时,典型的数据传送率为5 kb/s。

③ 适用的调制方式为曼彻斯特码和双相位码。

④ 可由 5 V 的稳压电源或车辆蓄电池供电。

⑤ 调谐能力。

⑥ 与微控制器有兼容的接口。

⑦ 处于等待工作方式时,其功耗甚低。

⑧ 有一微控制器供电的输出端。

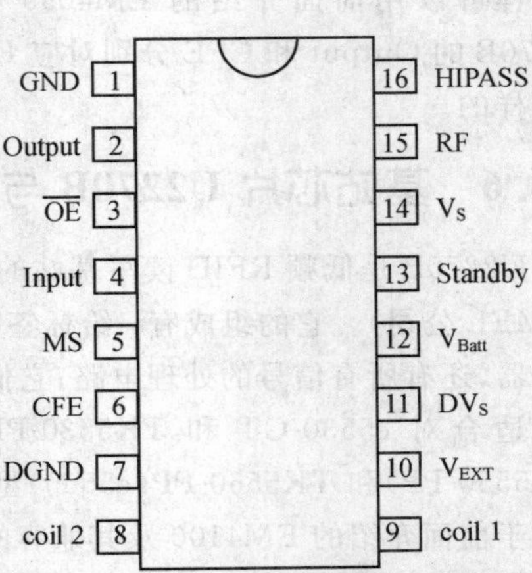

图 5.8.32　U2270B 芯片封装外形

5.8.6.2 U2270B 的内部结构

U2270B 的内部结构如图 5.8.33 所示。

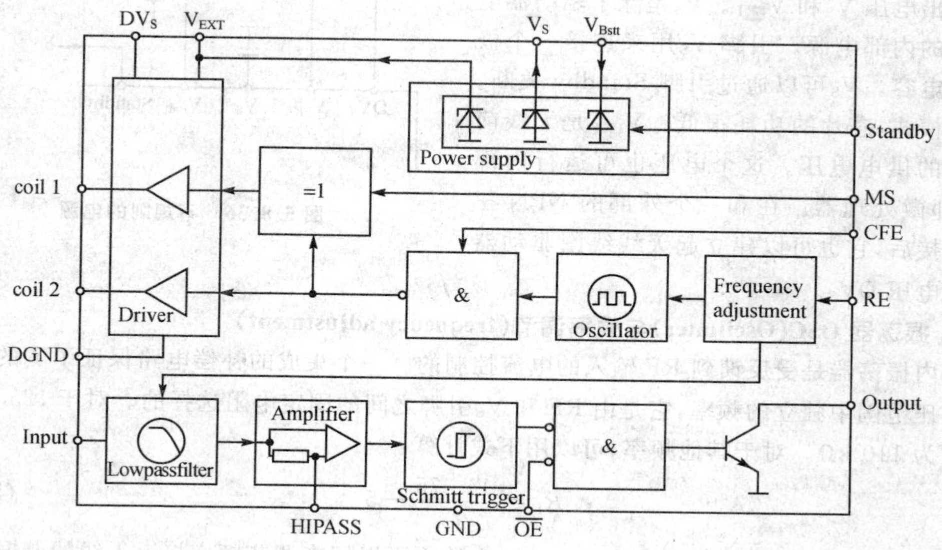

图 5.8.33 U2270B 内部结构方框图

下面简单介绍各功能块。

1. U2270B 的电源

U2270B 供电电源(power supply)的多样化是它的一大特色。它可以用单一的稳定电源，也可以用双电源或不规则的车载电源。其中+5 V 单电源是一般常用的。其余两种都是为了适应某些特定的环境和需要，例如，操作距离要求大些，便于在车辆中使用等。相应电路如图 5.8.34 和图 5.8.35 所示。

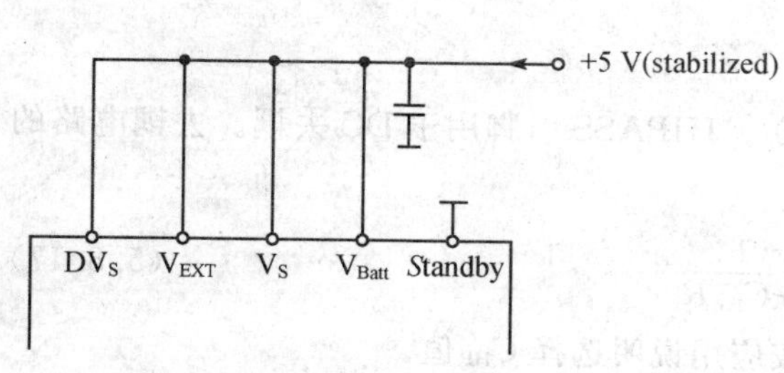

图 5.8.34 稳定的 5 V 电源

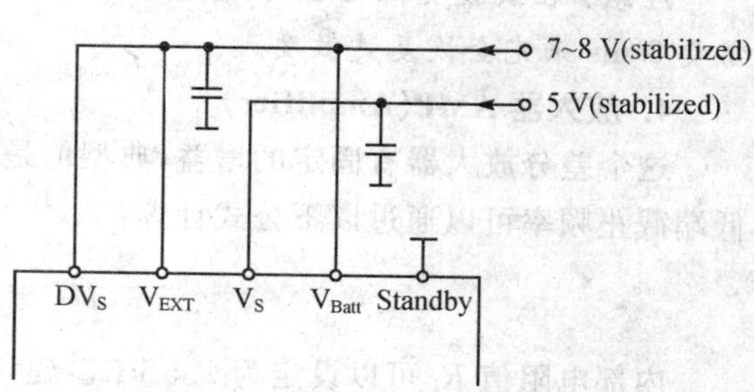

图 5.8.35 稳定的双电源

图 5.8.36 用 7～16 V 供电是通过片内供电电路实现的。这个供电电路提供了两个不同的输出电压 V_S和 V_{EXT}。V_S是除了驱动器电路之外的内部电源。引脚 V_S用来连接一个极间耦合电容。V_S可以通过引脚 Standby 关断。在待命模式，芯片的功耗很低。V_{EXT}是天线前驱动器的供电电压。这个电压也可运行内部电路，即微处理器。在和一个外部的 NPN 三极管连接后，它也可以建立起天线线圈驱动器的供电电压 DV_S。

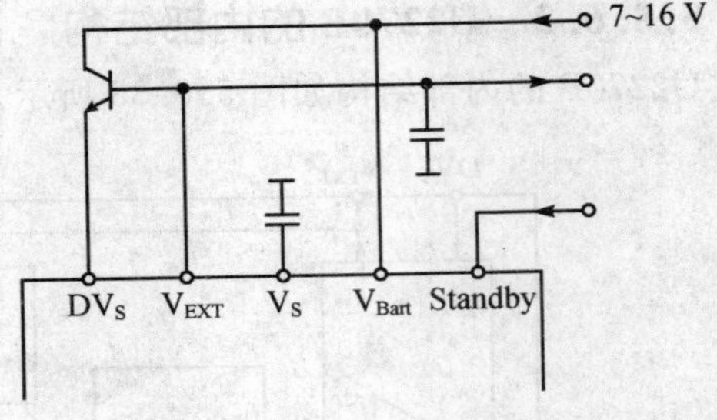

图 5.8.36　不规则的电源

2. 振荡器 OSC(Oscillater)与频率调节(frequency adjustment)

片内振荡器是受反馈到 RF 输入的电流控制的。一个集成的补偿电路保证了宽的温度和供电电压范围中独立的频率，它是由 RF 和 V_S引脚之间的固定电阻选择的。对于 125 kHz，电阻值定为 110 kΩ。对于其他频率，可以用下式计算：

$$R_f = \frac{14\ 375}{f_0} - 5 \tag{5.8.16}$$

式中 R_f 的单位是 kΩ，f_0 的单位是 kHz。这个输入可以用来调节频率接近天线的谐振。

3. 低通滤波器 LPF(Low Pass Filter)

在解调之后，全集成的低通滤波器(4 阶 butterworth)消除了剩余的载波信号和高频干扰信号。这个 LPF 的上端截止频率取决于所选的振荡器频率，典型的值是 $f_{osc}/18$。这意味着，如果采用双相位或曼码，数据速率可高达 $f_{osc}/25$。高通滤波的特征由 Input 引脚上的电容耦合引起。这个输入电压的变化幅度限制在 2 Vpp。对于频率响应的计算，这个信号源和 LPF 输入的阻抗(典型值 220 kΩ)必须考虑。

注意：在载波变化之后，耦合电容上的 DC 电压变化很快。当天线电压稳定后，LPF 大约需要 2 ms 来完全恢复灵敏度。

4. 放大器 AMP(Amplifier)

这个差分放大器有固定的增益，典型值是 30 。HIPASS 引脚用于 DC 去耦。去耦电路的低端截止频率可以通过以下公式计算：

$$f_{cut} = \frac{1}{2\pi C_{HP} R_i} \tag{5.8.17}$$

内部电阻值 R_i 可以设定为 2.5 kΩ。建议按应用说明选择 C_{HP}值。

5. 施密特触发器(Schmitt trigger)

信号经过施密特触发器处理可以压制可能的干扰，使得信号能兼容微处理器。这个滞后的电平是 100 mV，对称于 DC 工作点。集电极开路输出是由$\overline{OE}$引脚上的低电平使能。

6. 驱动器 DRV(Driver)

驱动器给天线线圈提供适当的能量。电路由两个独立的输出级组成。这些输出级能在两个不同的模式中运行。在通用模式中,这些级的输出同相位。在这个模式中,输出被相互连接,以达到大电流输出的能力。利用差分模式,输出电压反相位。这样天线线圈就被较高的电压驱动。对于特定的磁场,差分模式下的天线线圈阻抗较高。由于较高的线圈阻抗使得系统有较好的灵敏度,所以应当首选差分模式。

CFE 输入是用做写数据到可读写的或加密的标签收发器里。这是通过用短的间隙中断 RF 场来实现的。

5.8.6.3 基于 U2270B 的基站设计

根据 U2270B 厂家提供的资料,在应用中基于它的基站设计可以有三种类型。

1. 单一稳定 5 V 电源

U2270B 单一 5 V 电源电路如图 5.8.37 所示。

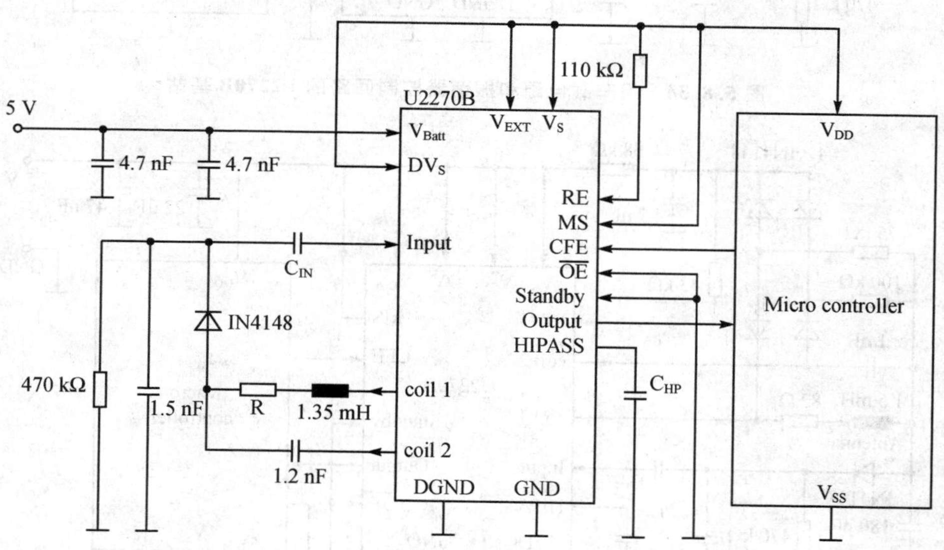

图 5.8.37 U2270B 单一 5 V 电源的基站

图 5.8.37 电路外围元件较少,需要较强的磁场耦合。

2. 车载电源的基站

用车载电源和振荡器控制回路的 U2270B 基站如图 5.8.38 所示。

在这个方案中,除了电源特殊外,还有利用二极管的反馈调控外部振荡电路,比方案一的通信距离要大。

3. 单一稳定电源和可控谐振频率的基站

可控谐振频率的 U2270B 基站电路如图 5.8.39 所示。

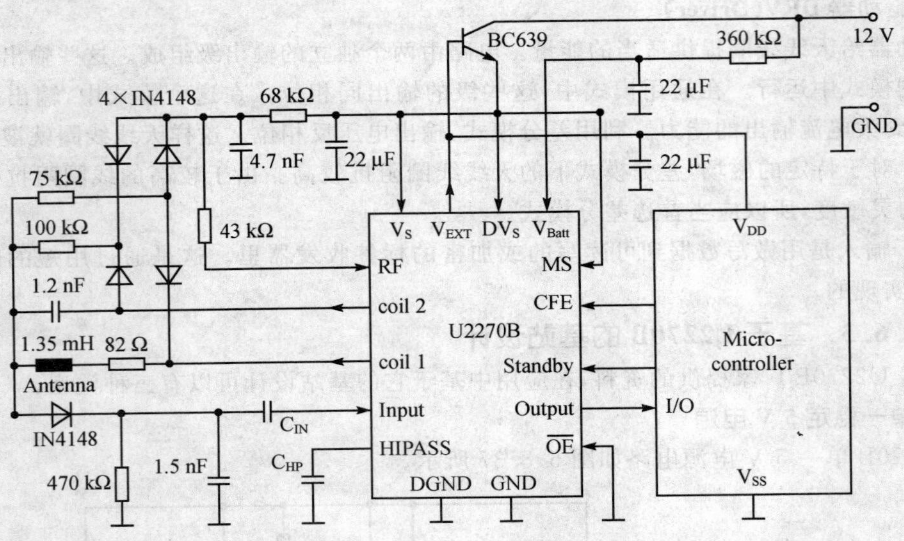

图 5.8.38　用车载电源和振荡器控制回路的 U2270B 基站

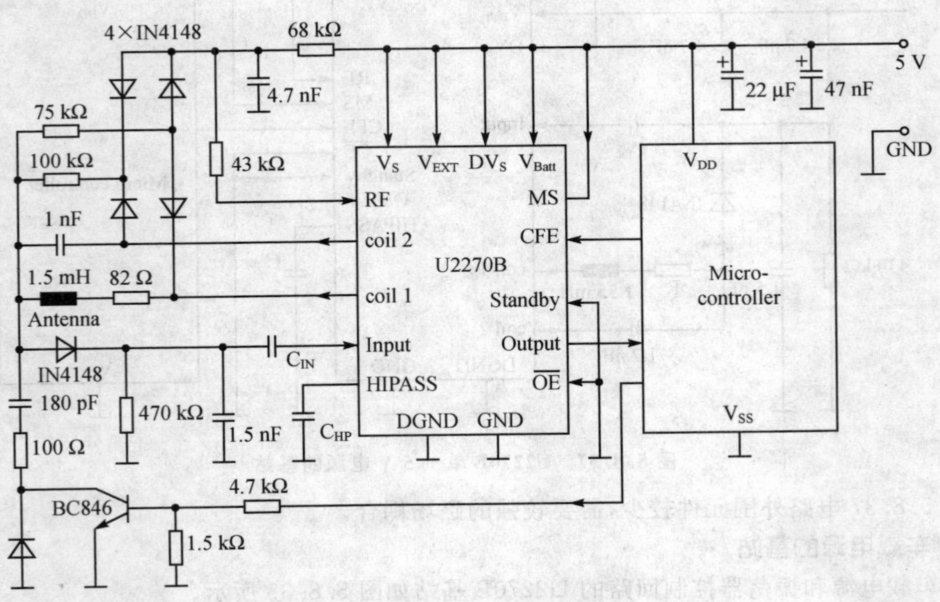

图 5.8.39　可控制谐振频率的 U2270B 基站

在这个方案中，既兼容了上个方案中利用二极管反馈的振荡器控制回路，又增加了可调控基站共振频率的电路(三极管 BC846 的通断由 MCU 控制，从而决定了左侧 180 pF 电容的通断，它可以使得基站和收发器的共振频率的差异最小)；它可以允许天线共振频率存在较大的差异，又能增加通信距离。

下面着重介绍设计中几个方面电路的分析。

(1) 避免零调制

上面的公式都是适用于当阅读器和收发器的共振电路都和振荡器的频率一致的情况。如果谐振电路偏离了共振，那么从收发器反馈回来的被调制信号就不同步于阅读器的(自感应)电压。这就会引起以下效应：

- 当相位移是 90°时，在阅读器电压上的振幅调制将消失(零调制)。
- 当相位移大于 90°时，信号将反转。

解决上述问题的途径可以有多种，但是实际可行的是下面要介绍的“振荡器控制回路”和上面图 5.8.39 中采用的“通过一个开关电容来改变基站的共振频率”。

(2) 振荡器控制回路

控制振荡器频率使它等于阅读器天线的共振频率，其优势明显，所以针对应用介绍这种方法。它是通过加入一个包含相位检测器的振荡器控制回路，来实现频率的控制。图 5.8.40 表示的是振荡器控制回路的等效电路。图 5.8.41 是驱动器输出 coil 1 和 coil 2 的波形和对应的天线电压，它们是在 R_1 和 R_2 之间测量的。

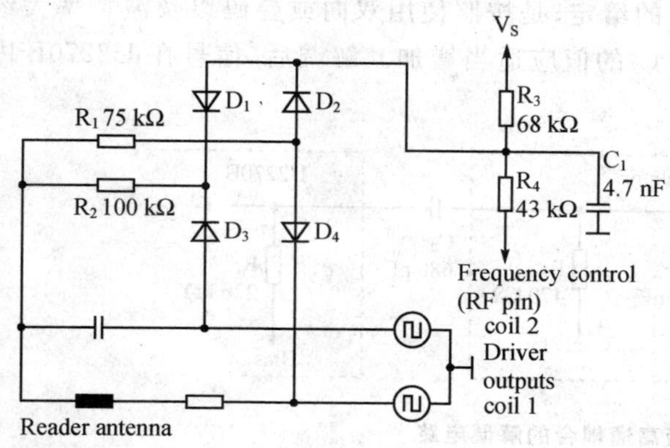

图 5.8.40 振荡器控制回路的原理图

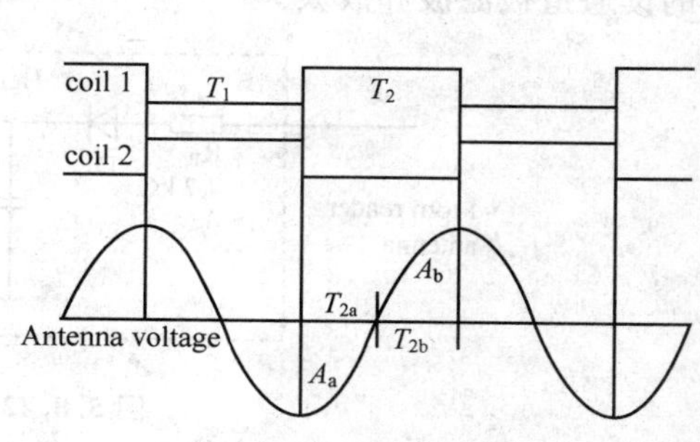

图 5.8.41 振荡器控制回路相关的信号

图 5.8.41 中各项符号含义如下：

T_1：coil 1 输出低的周期；

T_2：coil 2 输出低的周期；

T_{2a}：T_2 的时间间隔，期间天线电压是负值；

T_{2b}：T_2 的时间间隔，期间天线电压是正值；

A_a：在 T_{2a}期间完整的天线电压；

A_b：在 T_{2b}期间完整的天线电压。

振荡器控制回路是一个相位控制回路，它控制着驱动器电压和天线电压之间的相位移动。以这样的方式，通过 D_1 和 D_2 的反馈电流控制振荡器频率，实现在上述提到的两电压之间 90° 的相位移动。在这种条件下，阅读器天线在共振频率处被驱动。在 T_1 期间，没有反馈信息通过 D_1 和 D_2 传送到 C_1。以此同时，D_3 和 D_4 导通，所以 D_1 和 D_2 是反向偏置。在 T_2 期间，反馈信息可以通过 D_1 和 D_2 传送，其时，电流通过 R_2 和 D_1 流出 C_1。如果天线电压是正(在 T_{2b} 期间)，电流就通过 R_1 和 D_2。因此，进入 C_1 的电流就是 T_2 期间电流的总和。如果天线的共振频率比振荡器的频率高，则相位就移动，所以 T_{2a} 和 T_{2b} 就变化，从而 T_{2a} 减少，同时 T_{2b} 增加。结果是，控制电流(A_a 和 A_b 的总和)不是 0，而变成正的。这导致了另外的电流进入引脚 RF，也就引起了较高的振荡器频率，直到 $f_{res} \approx f_{osc}$。

控制回路的运行是按比例进行的，对于资料上建议的应用方式，回路的增益大约是 15。阅读器天线的高 Q 值导致高的回路增益。应当考虑 R_1 和 R_2 的衰减效应，因为它降低了阅读器天线的 Q 值。

(3) 信号的检测

有用的信号是以非常小的振幅调制的阅读器天线电压出现。解调器的组成有一个二极管，一个充电电容器和两个用做充电和放电的电阻。电容耦合(C_2)的高通功能必须和标签收发器的编码相匹配，见图 5.8.42。元件的值的给定，是按照使用双向或曼码以及波特率大约是 4 kb/s。如果数据速率较低，那么电容器 C_2 的值应适当增加。解调后，信号在 U2270B 内的读通道被滤波和放大。

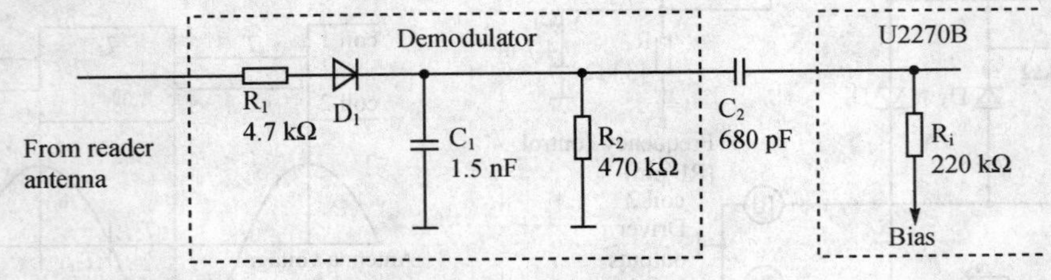

图 5.8.42　带高通耦合的解调电路

(4) 电源和抛负载保护(Load Dump Protection)

注：Load Dump 意为负载突降或抛负载，是汽车电子产品中常见的一种干扰。它的产生原因是由于在汽车发电机运转时候一个大负载丢失——例如蓄电池突然断开。抛负载脉冲一般上升沿在 1～10 ms 之间，脉冲宽度为 50～400 ms。对于抛负载的研究是汽车电子领域的一个重要的课题，对于电源线上抛负载脉冲的抑制可以有效保护车载电子设备正常工作。

系统运行可以用 5 V 的稳定电源或一个不规范的电压范围 7～16 V，例如车辆的电池。要用一个保护电阻来抵挡过压的出现。最小的电阻可用式(5.8.18)～(5.8.21)确定。

假设各项参数如下：

- R_{thJA}：120 kΩ/W 与环境连接的热阻抗；

- T_{jmax}：150 ℃，最高的结点温度；
- V_Z：18 V，内部箝位电压；
- R_Z：箝位二极管的内部电阻 90 Ω；
- V_{IN}：最大连续输入电压；
- V_{IN_LD}：抛负载的最大输入电压；
- T_{amb}：环境温度；
- F：取决于抛负载脉冲持续时间的因子：当 $t<500$ ms，$F=2$；当 $t<200$ ms，$F=3$。

$$P_{tot}=(T_{jmax}-T_{amb})/R_{thJA} \quad \text{持续功耗} \tag{5.8.18}$$

$$P_{tot\_LD}=F\times P_{tot} \quad \text{抛负载功耗} \tag{5.8.19}$$

$$R_{Prot}\geqslant\frac{V_{IN}-V_Z}{\sqrt{\frac{P_{tot}}{R_Z}+\left(\frac{V_Z}{2R_Z}\right)^2}-\left(\frac{V_Z}{2R_Z}\right)}-R_Z \quad \text{持续保护电阻} \tag{5.8.20}$$

$$R_{Prot}\geqslant\frac{V_{IN\,LD}-V_Z}{\sqrt{\frac{P_{tot\_LD}}{R_Z}+\left(\frac{V_Z}{2R_Z}\right)^2}-\left(\frac{V_Z}{2R_Z}\right)}-R_Z \quad \text{负载突降保护电阻} \tag{5.8.21}$$

这个计算考虑到最坏的情况，因为它是使用 RthJA 运行。当 IC 固定在 PC 板上，在正常的应用中，热阻抗较低。

(5) 天线设计

因为阅读器共振频率是由系统确定的，这些要决定的参数是：线圈的电感和共振电路的 Q 值。

电感取决于线圈的尺寸和圈数。阅读器天线的电感值必须设置能兼顾到能量的传输和信号的检测。为了保证检测，被调制的信号强度必须要超过读通道的灵敏度，同时还要考虑干扰信号(EMI)的存在。在两个方向上，阅读器和收发器之间电压的比例可以用它们各自的耦合系数、电感量和品质 Q 值计算出来。如果收发器的参数已知，可以计算出耦合系数。阅读器和收发器的的共振频率是一致的。各项计算公式如下：

电感 L

$$L=N^2\times r\times\pi\times\mu_0 \tag{5.8.22}$$

式中：N 为线圈匝数；r 为线圈半径；$\mu_0=1.257\times10^{-6}$，真空磁导率。

天线线圈匝数 N

$$N\approx\sqrt{L_R/r\pi\mu_0} \tag{5.8.23}$$

当天线电感值为 345 μH，线径为 ϕ0.29 mm(内径)时，天线线圈及其对应匝数分别是：4 cm 对应 40 圈；3 cm 对应 58 圈；1.5 cm 对应 83 圈；1 cm 对应 115 圈。若为矩形天线，则 9.5 cm×7 cm 对应 38 圈；4.7 cm×6.3 cm 对应 50 圈。

天线线圈电容 C_R

$$C_R=1/(2\pi f_0)^2L_R \tag{5.8.24}$$

式中，f_0是共振频率。

耦合系数 k

$$k = \frac{V_T}{V_R \times Q_T} \times \sqrt{\frac{L_R}{L_T}} \tag{5.8.25}$$

式中，V_R为基站电压；V_T为收发器电压。

基站的调制电压 ΔV_R

$$\Delta V_R = \Delta V_T \times k \times \sqrt{\frac{L_R}{L_T}} \times Q_R \tag{5.8.26}$$

式中，ΔV_T为收发器调制电压；L_R为基站电感；L_T为收发器电感；Q_R为基站 Q 值。

阅读器天线的 Q 值取决于线圈的电阻损耗和铁心损耗（如果线圈是固定在一个闭合的圆柱上）。为了独立于外围设备的参数（即，安装准确度，闭合圆柱的材料），应当加入一个串联电阻。高 Q 值改善了信号的发射，但是如果 Q 过高，那么对数据信号的暂态响应可能就是副作用。Q 值高达 15 还不会影响数据信号。

(6) *频率误差的考虑*

阅读器和收发器的共振频率在大多数情况下都不相等，这就引起了以下的效应：

- 由于偏离共振曲线，收发器的内部供电压降低。
- 如果相位移是 90°，就会失去阅读器的振幅调制；如果相位移大于 90°，就会出现信号反转（或零调制）。

为了维护系统的正常工作，以下条件必须得到满足：

- 收发器需要足够的功率。
- 在阅读器电压和相位电压之间的相位移必须小于 90°。
- 如果已知它们共振频率之间最大的允许误差，可以计算出收发器的电压。

$$\varphi = \arctan\left[Q_T \times \left(1 + \frac{T_{ol}}{100}\right) - \frac{1}{\frac{1}{Q_T} \times \left(1 + \frac{T_{ol}}{100}\right)}\right] \tag{5.8.27}$$

$$V_T = V_R \times k \times \sqrt{L_T / L_R} \times Q_T \times \cos\varphi \tag{5.8.28}$$

式中，V_T为收发器电压；V_R为阅读器电压；k 为耦合系数（两个方向相同）；L_R为阅读器电感；L_T为收发器电感；Q_T为收发器 Q 值；T_{ol}为共振频率之间的误差（%）；φ 为阅读器和收发器电压之间的相位移。

这个相位移对于潜在的零调制的出现也非常重要。如果收发器的调制轻微，那么在相位移 $\varphi > 45°$时，零调制就会发生。这也意味着如果系统以保证 $\varphi \leqslant 45°$的方式工作，就不会出现零调制。在满足这个条件的场合，最大误差由下式给出：

$$T_{\text{olmax}} = \left(\frac{1}{2} \times \frac{(1 + \sqrt{1 + 4 \times Q_{\text{T}}{}^2})}{Q_{\text{T}}} - 1\right) \times 100 \tag{5.8.29}$$

式中，T_{olmax}：对于一个给定的 Q 值，为避免零调制的最大误差；Q_{T} 为收发器的 Q 值。

如果 $T_{\text{olmax}} > T_{\text{ol}}$(期望的最大误差)，零调制不可能出现。收发器可以工作在它们各自可能最低电源电压和磁场强度中。

如果 $T_{\text{olmax}} < T_{\text{ol}}$，有三种可能的解决方案来避免零调制。

① 决定基站天线和收发器频率的元器件要更加精准。按以上公式计算出的共振频率之间最大的误差 T_{maxol}。

② 通过一个开关电容来改变基站的共振频率(见图 5.8.39)。可以选择两个不同的共振频率，结果是和第一点比较，最大误差加倍($2T_{\text{olmax}}$)。

③ 降低收发器的 Q 值：实现这点，可以通过使用足够大的磁场，使得收发器内部的箝位二极管导通。这个内部二极管限制了最大内部供电电压，保护了 IDIC。Q 值的降低取决于流过二极管的电流。为避免零调制所要求的 Q 值可以用以下公式计算：

$$Q_{\text{T}} = 100 \times \frac{100 + T_{\text{ol}}}{T_{\text{ol}} \times (200 + T_{\text{ol}})} \tag{5.8.30}$$

式中，Q_{T} 表示要求的收发器 Q 值(要改变收发器的参数实际上一般用户做不到)；T_{ol} 表示希望的共振频率之间最大的误差(%)。

收发器的电压由收发器内部箝位二极管决定。这意味着与方案 1 和 2 相比，这个方案的磁场必须明显强大。要求的耦合系数可以用下式计算：

$$k = \frac{V_{\text{T}}}{V_{\text{R}} \times Q_{\text{T}} \times \cos\varphi} \times \sqrt{\frac{L_{\text{R}}}{L_{\text{T}}}} \tag{5.8.31}$$

式中，k 为耦合系数(两个方向相同)；V_{T} 为收发器电压(在这种情况下的箝位电压)；φ 为基站和收发器电压之间的相位移(在这种情况下 $\cos\varphi = \cos 45°$)；V_{R} 为基站电压；L_{R} 为基站电感；L_{T} 为收发器电感；Q_{T} 为对应于上述公式，减少的收发器 Q 值。

5.8.7 非专用元件设计的低频 RFID 基站

前两节介绍的 125 kHz RFID 基站(阅读器)都是基于专用芯片(EM4095 或 U2270B)。在实际应用中也不乏用非专用元件(通用芯片)设计的基站。相比之下，目前后者在成本与性能上并没有什么优势，但是从学习基本原理的角度看，后者胜过前者。这是因为分立的元件组建的电路把基站的主要功能模块一一分解出来，打破了它的神秘感，使我们不仅知其然，还知其所以然。

只读型 RFID 基站主要解决两大功能问题。一是 125 kHz 载波信号的产生；二是接收信号的解调。这里介绍的内容是众多方案中的一种，比较有代表性。图 5.8.43 是它的原理图。

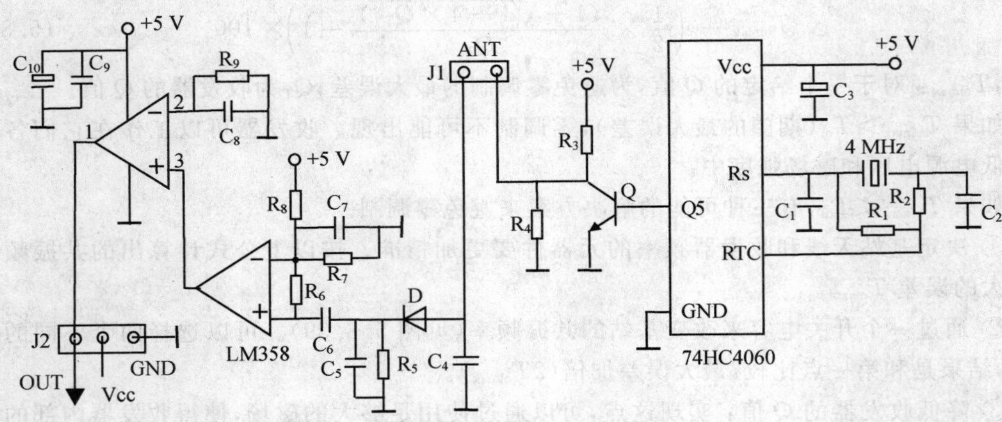

图 5.8.43　由 74HC4060 和 LM358 组建的 125 kHz RFID 只读基站

图 5.8.43 的右半部分是 125 kHz 谐波发生器。其中 74HC4060 是一个 14 级的二进制计数器，它内有振荡电路，外接一个 4 MHz 的晶振。在计数器的输出中选用 Q5，即对 4 MHz 32 分频，得 125 kHz，经晶体管 Q 的放大，至天线(ANT)的一端。在 ANT 的另一端，是接收信号的输入。在图 5.8.43 的左半侧，是对接收标签信号的处理。首先是经过电容 C_4 和二极管 D 的检波，除去载波成分，留下单极性信号，然后经过双运放 LM358 和外围电路的放大和整形，还原出标签数据的曼码信号，从 J2 的 OUT 输出到微处理器(单片机)的一 I/O 口，用软件进行解码得到原始数据。最后接口和软件部分和前面介绍的读操作程序一样(EM4100 等)。

5.8.8　维庚接口

在市面上，常可以看到一些读卡模块提供 RS-232 接口或维庚接口(wiegand interface)，这样方便用户的二次开发应用(例如，SMC51489-K4 模块)，有些模块还把天线线圈也封装进去。它们都是在上述读卡基站的基础上，用微处理器(单片机类)把解码得到的二进制数据再转换成这些输出形式面向用户。RS-232 大家都熟悉，单片机串口再加上一个 MAX232 之类的转换芯片和元件即可。维庚接口也是一个事实上的接口标准，源于 20 世纪 80 年代所谓的读卡器维庚效应，是由 John R. Wiegand 发明的。它的最大优势是通信距离长(高电平为 +5 V，大多数厂商公布的产品最长电缆为 152.4 m)。这样读卡器(也可谓传感器)和后台处理系统之间可以相距较远，对许多实际应用场合布局有利。

维庚接口的物理层有三根线，即公共地线和两根数据传输线，分别称为 DATA0 和 DATA1。当没有数据发送时，两根数据线都处在高电平。当发送 0 时，DATA0 出现低电平脉冲，而 DATA1 维持高；反之，当发送 1 时，DATA1 出现低电平脉冲，DATA0 维持高。两者不会同时出现低电平。图 5.8.44 为维庚接口物理层格式。

由图 5.8.44 看出，维庚接口的通信速率较低，一般也就是 100 b/s 左右。

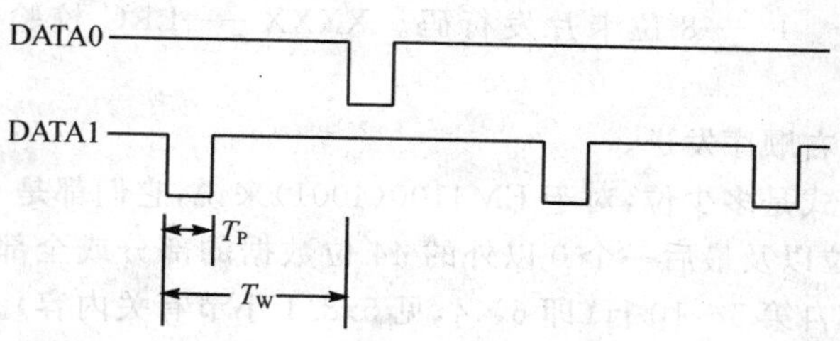

一个数据位的脉宽 T_P：最小值为 20 μs，最大值为 100 μs，典型值 50 μs。相邻两个位之间的间隔 T_W：最小值为 0.2 ms，最大值为 4 ms，典型值 2 ms。

图 5.8.44　维庚接口物理层格式

维庚的通信协议有如下几种格式。

1. 维庚 26 位输出格式

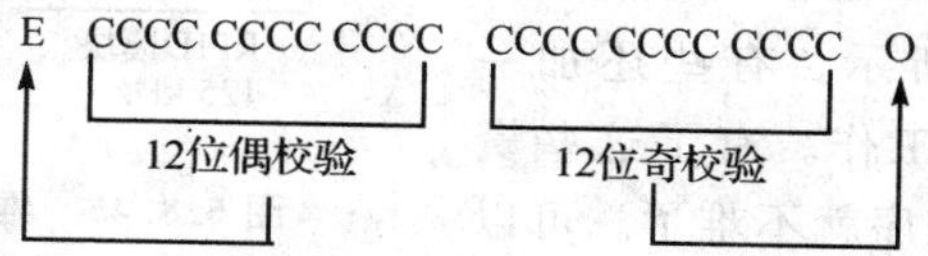

E/O——偶/奇校验位。前 13 位的第一位是随后 12 位的偶校验；后 13 位的最后一位是其前 12 位的奇校验。C——卡片 ID 号。

以上数据从左至右顺序发送。

2. 维庚 34 位输出格式

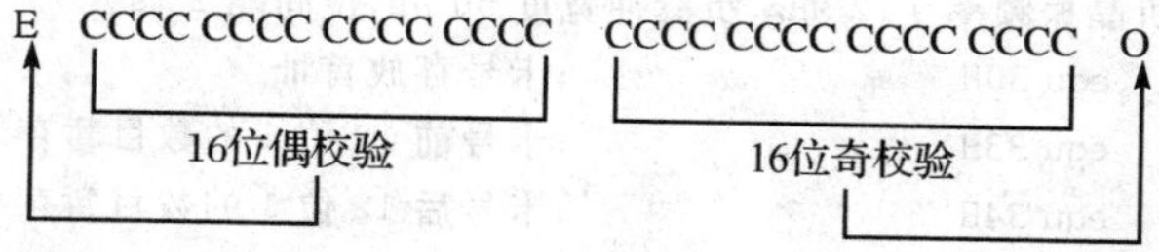

E/O——偶/奇校验位。C——卡片 ID 号。

以上数据从左至右顺序发送。

3. 维庚 36 位输出格式

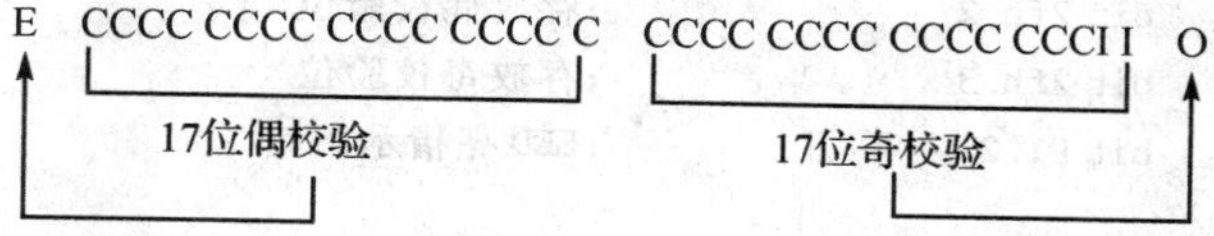

E/O——偶/奇校验位。C——卡片 ID 号。I——2 位卡片发行码。

以上数据从左至右顺序发送。

4. 维庚 44 位输出格式

CCCC CCCC CCCC CCCC CCCC CCCC CCCC CCCC IIII IIII XXXX

C——卡片 ID 号。I——8 位卡片发行码。XXXX——LRC 校验，即前面 10 组（每组 4 位）纵向奇偶校验。

以上数据从左至右顺序发送。

不管上述维庚格式是多少位，对于 EM4100(4001)来说，它们都是 64 位中除去前导 9 个 1 和 10 个行的偶校验位以及最后一个 0 以外的 44 位数据的部分或全部。其中维庚 26 格式比较普遍，它的 24 位取自第 5～10 行（即 6×4，见 5.8.1 小节有关内容）。

维庚接口读卡器的设计实例

带维庚接口读卡器的发行商一般都会给出简要说明，例如，维庚 26；位脉冲和位间隔宽度各是多少等。并且在模块的接头上有不同的标记区分各信号线和电源线。一般是 4 线制，包括 DATA0、DATA1、GND 和 VCC（+5 V），如图 5.8.45 所示。有些还加一 HOLD 线，接高电平时才工作。有了这些资料，编写维庚解码的读卡程序就不难了。可以用查询方式，也可以用外部中断或定时中断的方式来检测 DATA0 和 DATA1 线上负脉冲的出现。用查询方式读维庚 26 解码流程图如图 5.8.46 所示。

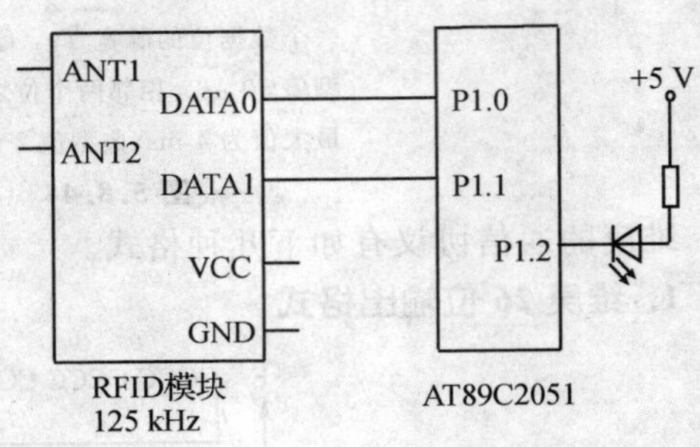

图 5.8.45　维庚模块与单片机的接口

用查询方式的维庚 26 解码参考程序代码如下：

```
;假设 8051 型单片机晶振频率 = 12 MHz,负脉冲宽度 50 μs,位间隔 2 ms
        IDBuff    equ 30H          ;卡号存放首址
        Half1     equ 33H          ;卡号前 12 位 1 的数目暂存
        Half2     equ 34H          ;卡号后 12 位 1 的数目暂存
        DATA0     bit P1.0         ;DATA0 输入
        DATA1     bit P1.1         ;DATA1 输入
        EvenF     bit 2fh.0        ;偶校验标志
        OddF      bit 2fh.1        ;奇校验标志
        ECheck    bit 2fh.2        ;存放偶校验位
        OCheck    bit 2fh.3        ;存放奇校验位
        ERRF      bit P1.2         ;LED 亮指示出错

WGDRead:
        SETB      ERRF             ;LED 灭
        SETB      EvenF            ;偶校验标志置 1
        SETB      OddF             ;奇校验标志置 1
        MOV       R1,# IDBuff      ;存放卡号缓冲区
```

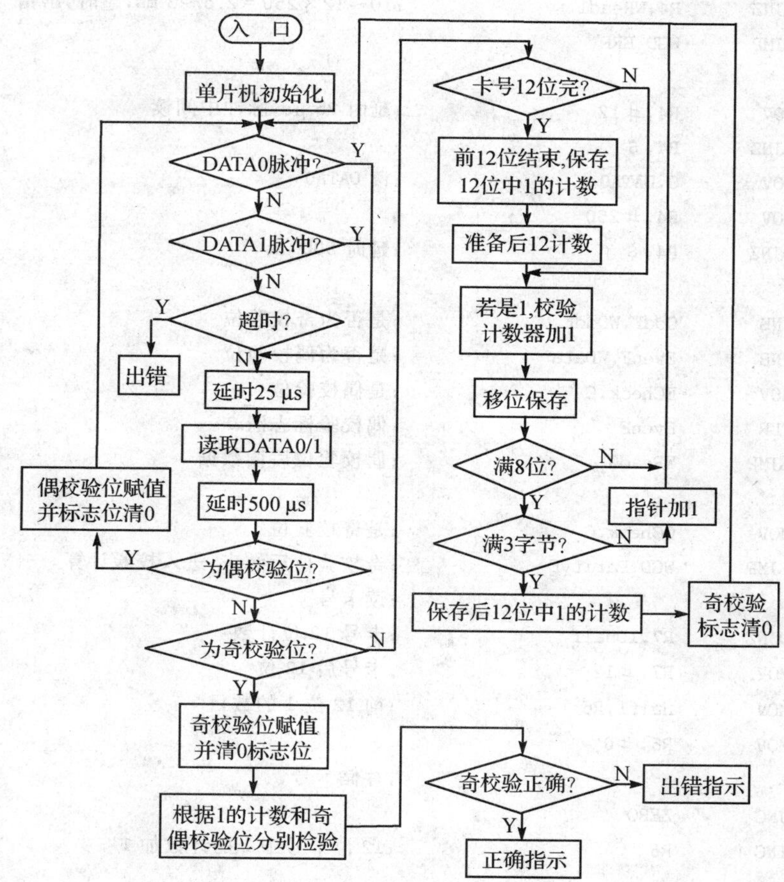

图 5.8.46　查询方式读维庚 26 接口流程图

```
        MOV     R2,#3           ;24 位 = 3 字节
        MOV     R3,#8           ;8 位循环
        MOV     R6,#0           ;校验中 1 的数目
        MOV     R7,#13          ;ID 号一半的计数
WRead0:
        MOV     R4,#250         ;读卡时限计数
WRead1:
        JNB     DATA0,WRead2    ;DATA0 负脉冲?
        JNB     DATA1,WRead2    ;DATA1 负脉冲?
        NOP
        NOP
        NOP
```

```
        DJNZ    R4,WRead1           ;10～12×250 = 2.5～3 ms,超时,出错
        LJMP    WGD_ERR
WRead2:
        MOV     R4,#12              ;延时 25 μs,脉冲中间读
        DJNZ    R4,$
        MOV     C,DATA0             ;读 DATA0
        MOV     R4,#250
        DJNZ    R4,$                ;延时 500 μs
WRead3:
        JNB     OddF,WOddF          ;是否为奇校验位
        JNB     EvenF,WData         ;是否为偶校验位
        MOV     ECheck,C            ;是偶校验位
        CLR     EvenF               ;偶校验标志清 0
        LJMP    WRead0              ;偶校验位后读数据
WOddF:
        MOV     OCheck,C            ;是奇校验位
        LJMP    WGD_ParityE         ;奇校验位后结束,进入校验计算
WData:                              ;读卡号
        DJNZ    R7,IDHalf           ;卡号 12 位计数
        MOV     R7,#12              ;卡号后 12 位
        MOV     Half1,R6            ;前 12 位 1 的数目
        MOV     R6,#0
IDHalf:                             ;存储卡号
        JNC     ZERO
        INC     R6                  ;12 位卡号中 1 的计数加 1
ZERO:
        RLC     A
        DJNZ    R3,WRead0
        MOV     @R1,A               ;8 位一个字节
        INC     R1                  ;下一个字节
        MOV     R3,#8
        DJNZ    R2,WRead0           ;3 个字节
        MOV     Half2,R6            ;后 12 位中 1 的数目
        CLR     OddF                ;卡号结束,最后准备读奇校验
        LJMP    WRead0
WGD_ParityE:                        ;读过程结束,进行偶校验
        MOV     C,ECheck
        MOV     A,Half1
        ADDC    A,#0
```

```
        RRC     A
        JNC     WGD_Parity0              ;最低位是 0,表明偶校验正确,进入后 12 位奇校验
        LJMP    WGD_ERR                  ;偶校验错
WGD_Parity0:
        MOV     C,Ocheck
        MOV     A,Half2
        ADDC    A,#0
        RRC     A
        JC      OK
WGD_ERR:
        CLR     ERRF                     ;出错,LED 亮
        LJMP    WGDRead
OK:
        SETB    ERRF                     ;成功,LED 灭
        ......
```

用 C51 编写的维庚 26 解码程序：

```
/**************************************************************
** 函数名称:  RcvIC_Wiegand
** 功能描述:  读取 IC 卡信息,使用维庚 26 模块
**            date0 为 0 时代表 0 信号,date1 为 0 时代表 1 信号
** 输入参数:  无
** 返回参数:  0    接收数据错误
**            1    接收数据正确
**************************************************************/
bit RcvIC_Wiegand(void)
{
    bit odd,even;                               //奇偶校验位
    uchar sum = 0;                              //记录接收数据的位数
    uchar check0 = 0,check1 = 0;                //记录 1 的个数
    uint count = 0xffff;
    while(count--)
    {
        if(date1 == 0)                          //接收的数据为 1
        {
            sum ++ ;
            if(sum == 1)
                even = 1;                       //偶校验
            else if(sum == 26){
```

```
                odd = 1;                                    //奇校验
                break;
            }
            else {                                          //保存接收到的数据
                if(sum<14)
                    check0 ++ ;                             //记录前 3 字节 1 的个数
                else check1 ++ ;                            //记录后 3 字节 1 的个数
                date = date << 1;
                date + = 1;
            }
            Delay_ms(1);
        }
        else if(date0 == 0)                                 //接收的数据为 0
        {
            sum ++ ;
            if(sum == 1)
                even = 0;
            else if(sum == 26){
                odd = 0;
                break;
            }
            else   date = date << 1;
            Delay_ms(1);
        }
    }
    if((even == check0 % 2)&&(odd!= check1 % 2))          //判断奇偶校验是否正确
        return 1;                                           //检验正确
    else return 0;                                          //检验错误
}
```

5.9 高频 RFID 技术

在 RFID 应用领域，高频类型的 IC 卡占有较大的分量。载波频率为 13.56 MHz 是该类型的典型代表，就像 125 kHz 是低频 RFID 的代表一样。从本能上，高频 RFID 系统的数据传输速率比低频快得多。在相应的元件上，无论是收发器（标签）IC 还是基站（阅读器）IC，从功能和结构等方面都比低频类型的强得多，复杂得多，当然成本也要高一些。它们主要用于那些数据量大、安全可靠度要求高的场合。在工作原理上，高频 RFID 和低频 RFID 是一样的，都是属于电磁感应的近场范畴，工作距离都比较小（大约在 100 mm 之内）。

在当今竞相发展名目繁多的高频 RFID 产品中，Philips 公司的 Mifare 技术成熟，且具有代表性，由于被广泛应用，性能和技术指标得到普遍认可，它已经被制定为国际标准 ISO/IEC 14443 TYPE A 标准。欧洲一些较大的 IC 卡片制造商、IC 卡片读写器制造商和 IC 卡软件设计公司等都以 Mifare 技术为标准而发展，推进 IC 卡行业；我国在这方面的发展也不例外。因此，本节以 Mifare 技术为代表，介绍 13.56 MHz 的 RFID。基本原理前面已经介绍了，这里主要从一般应用开发的目的考虑，对系统的两个主要 IC，即收发器（卡片）和读写器（基站）芯片的主要结构成分作基本的介绍；在系统设计中，对硬件电路和软件函数涉及到的部分作较详细的剖析。目的是让初学者一开始不被那些复杂的结构拖住，而是先宏观认识大体的主要结构，能尽快实践，取得进展；如果有必要再去追寻其内部的细则。

5.9.1 Mifare 卡的 IC

Mifare 卡是非接触式 IC 卡中影响较大的一种，是世界上最早研制非接触式 IC 卡的 Philips公司的产品。Mifare 卡共有 4 种产品系列：Mifare standard（逻辑加密卡，EEPROM 容量为 8K 位）、Mifare Light（逻辑加密卡，EEPROM 容量为 384 位），Mifare PLUS（第一代双界面卡）和 Mifare PRO（第二代双界面卡）。其中 Mifare PLUS 和 Mifare PRO 为双界面卡，既可用于接触式卡，也可用于非接触式卡。下面介绍的 Mifare 1（简称 M1）就是符合 Mifare standard 标准的。

5.9.1.1 Mifare 1 射频卡的特点

Mifare 1 IC 智能（射频）卡的核心是 Philips 公司的 Mifare 1 IC S50(-01/02/03/04)系列微模块微晶片，它确定了卡片的特性以及卡片读写器的诸多性能。Mifare 1 IC 射频卡采用先进的芯片工艺制作，内建有高速的 CMOS、EEPROM 和 MCU 等，卡片上除了 IC 微晶片及一副高效率天线外，无任何其他元件。卡片上无源（无任何电池），工作时的电源能量来自读写器天线发送无线电载波信号，它耦合到卡片的天线上，产生电压一般可达 2 V 以上，供卡片 IC 工作；工作频率 13.56 MHz。主要特点归结如下：

- M1 射频卡所具有的独特的 Mifare RF 接口标准已被制定为国际标准 ISO/IEC 14443 TYPE A 标准。
- M1 射频卡标准操作距离有 100 mm 和 25 mm（由读写器核心模块类型决定，例如 MCM500 可达 100 mm，MCM200 可达 25 mm）两种；卡片与读写器的通信速率高达 106 kb/s。
- M1 卡上具有先进的数据通信加密和双向验证密码系统，而且具有防冲突功能；能在同一时间处理在卡片读写器天线的有效工作距离内冲突的多张卡片。
- M1 卡与读写器通信使用握手式半双工通信协议，卡片上有高速的 CRC 协处理器，符合 CCITT 标准。
- 卡片制造时具有唯一的卡片系列号，没有重复的相同的两张 Mifare 卡片。

- 卡片上内建 8 K 位 EEPROM 存储容量，并划分为 16 个扇区，每个扇区划分为 4 个数据存储块，每个扇区可由多种方式的密码管理。
- 卡片上还内建有增值/减值的专项的数学运算电路，非常适合公交/地铁等行业的检票/收费系统等典型的快捷交易，时间最长不超过 100 ms。
- 卡片上的数据读写可超过 10 万次以上，数据保存期可达 10 年以上，且卡片抗静电保护能力达 2 kV 以上。

5.9.1.2　Mifare 1 射频卡结构

Mifare 1 S50 射频卡结构如图 5.9.1 所示。

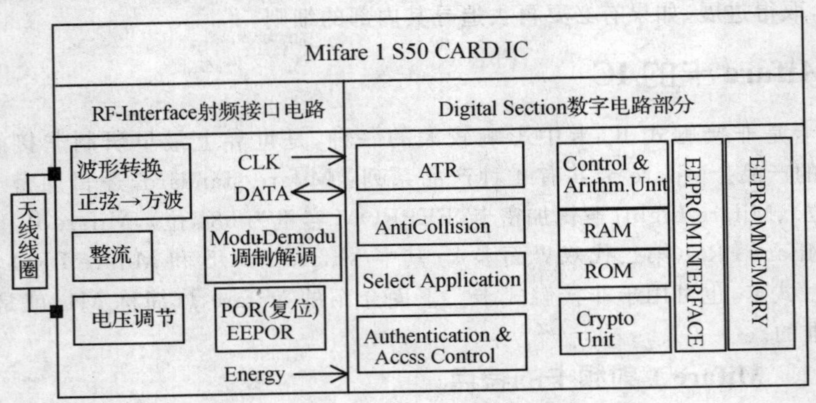

图 5.9.1　Mifare 1 S50 射频卡结构方框图

Mifare 1 S50 卡片 IC 包含两个部分，分别是射频接口电路和数字电路。

1. 射频接口电路

射频接口符合非接触智能卡 ISO/IEC 14443A 的标准。在卡的射频接口电路中，一方面，接收到的 13.56 MHz 的无线电基波将被送整流滤波模块，经电压调节模块输出，为 IC 卡供电。另一方面，波形转换模块把接收到的 13.56 MHz 的无线电调制信号进行波形转换，将正弦波转换为方波，使之成为标准的逻辑电平；然后送调制/解调模块，解调得到其载波通信数据，在时钟的配合下经接口送至数字电路部分；对于从数字电路部分传来的数据，也是经调制解调模块使数据搭载于射频信号发射出去。POR 模块对卡片上的各个电路进行上电复位，使各电路同步启动工作。

对于双向数据通信，在每一帧的开始只有一个起始位。每一个被发送的字节尾部都带有奇偶校验位(奇校验)。被选块的最低字节的最低位首先被发送。最大帧的长度是 163 位(16 个数据字节＋2 个 CRC 字节＝16×9＋2×9＋1 个起始位)。

2. 数字电路

(1) ATR(Answer to Request,请求应答)模块

当一张 M1 卡片处在读写器的天线的工作范围之内时,程序控制读写器向卡片发出 REQUEST all(或 REQUEST std)请求命令后,卡片的 ATR 将启动,并将卡片 block 0 中的卡片类型(TagType)号(共 2 字节)传送给读写器,建立卡片与读写器的第一步通信联络。如果不进行第一步的 ATR 工作,读写器对卡片的其他操作(Read/Write 等)将不会进行。

注: TagType 2 个字节含义,0002H 表示 mifare pro;0004H 表示 mifare one;0010H 表示 mifare Light。

(2) 防止卡片冲突功能模块(AntiCollision)

如果有多张 M1 卡片处在卡片读写器天线的工作范围之内时,AntiCollision 模块的防冲突功能将被启动。按照预定的算法规则,各卡片发送序列号,与读写器之间进行防冲突互动。序列号共有 5 字节,存储在卡片的 block 0 中,实际有用的为 4 字节;另一个字节为序列号(serial number)的校验字节。由于 M1 卡片每一张都具有其唯一的序列号,因此,读写器根据序列号来区分卡片。读写器 IC 中的防冲突功能配合卡片上的防冲突功能模块一起工作。在算法控制下,读写器根据卡片的序列号选定一张。然后,被选中的卡片将直接与读写器进行数据交换。未被选择的卡片处于等待状态,随时准备与卡片读写器进行通信。

(3) 用于卡片选择的模块(Select Application)

当卡片与读写器完成了上述两个步骤,程序控制的读写器要想对卡片进行读写操作,必须对卡片进行选择操作,以使卡片真正地被选中。被选中的卡片将卡片上存储在 block 0 中的字节 5 即所谓的"Size"传送给读写器(该字节值有 08H、88H 和 81H 等,它取决于所选卡的类型),当读写器收到这一字节后,将可以对卡片做进一步的操作;例如可以进行密码验证等。

(4) 认证与存取控制模块(Authentication & Access Control)

当成功完成上述的三个步骤后,程序对被选卡片进行读写操作之前,必须对卡片上已经设置的密码进行认证。如果匹配,则允许读写器对卡片进行读写(Read/Write)操作,否则要重新认证。M1 卡片上有 16 个扇区,每个扇区都可分别设置各自的密码,互不相关。因此每个扇区可独立地应用于一个场合,整个卡片可以设计成一卡多用的形式来应用。

M1 卡的认证过程包括三次相互验证,图 5.9.2所示为三次认证的令牌原理框图。

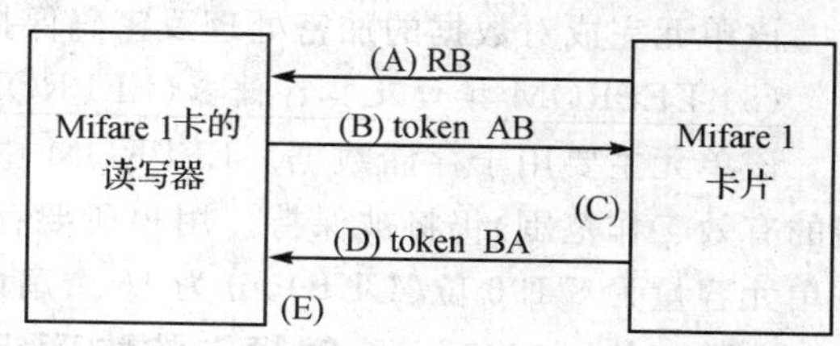

图 5.9.2 三次认证令牌原理图

认证过程说明如下:

(A)环:由 M1 卡向读写器发送一个随机数 RB。

(B)环:读写器收到 RB 后,向 M1 卡发送一个令牌数据 token AB,其中包含了读写器发

出的一个随机数 RA。

(C)环：M1 卡收到 token AB 后，对它的加密部分解密，并校验由(A)环中 M1 卡发出的随机数 RB 是否与(B)环中接收到的 RA 相一致。

(D)环：如果(C)环校验是正确的，则 M1 卡向读写器发送令牌 token BA。

(E)环：读写器收到令牌 token BA 后，将对其中的随机数 RB 进行解密；并校验由读写器在(B)环中发出的随机数 RA 是否与(D)环中接收到的 token BA 中的 RA 相一致。

如果上述的每一个环都为真，都能正确通过验证，则整个的认证过程将成功。此后所有存储器的操作都被加密。读写器将能对刚刚认证通过的卡片上的这个扇区进入下一步的操作，如读/写等。

卡片中的其他扇区由于有其各自的密码，因此，如果想对其他扇区进行操作必须完成上述的认证过程。认证过程中的任何一环出现差错，整个认证都将失败，必须从新开始。

以上的叙述充分说明 M1 卡片的高度安全保密措施，以及一张卡片可同时应用于多个不同项目的技术保障。

(5) 控制与算术运算单元(Control & Arithmetic Unit)

这一单元是整个卡片的控制中心，它主要对整个卡片的各个单元进行微操作控制，协调卡片的各个步骤，同时它还对各种收发的数据进行算术运算处理、递增/递减处理、CRC 运算处理，等等，是卡片中内建的微处理机 MCU 单元。

(6) RAM/ROM 单元

RAM 主要配合控制与算术运算单元，将运算的结果暂时存储。如果某些数据需要存储到 EEPROM，则由控制与算术运算单元取出，送到 EEPROM 存储器中。如果某些数据需要传送给读写器，则由控制及算术运算单元取出，经过 RF 射频接口电路的处理，通过卡片上的天线传送给读写器。RAM 中的数据在卡片失掉电源后(卡片离开读写器天线的有效工作范围)将被清除。同时 ROM 中还固化了卡片运行所必需的程序指令，由控制与算术运算单元取出去，对每个单元进行微指令控制，使卡片能有条不紊地与卡片的读写器进行数据通信。

(7) 数据加密单元(Crypto Unit)

该单元完成对数据的加密处理及密码保护。加密的算法可以为 DES 标准算法或其他。

(8) EEPROM 接口及其存储器(EEPROM Interface/EEPROM Memory)

该单元主要用于存储数据。EEPROM 中的数据在卡片失掉电源后(卡片离开读写器天线的有效工作范围)仍将被保持。用户所要存储的数据被存放在该单元中。M1 卡片中的这一单元容量为 8 196 位(1 KB)，分为 16 个扇区。

5.9.1.3 Mifare 1 射频卡的物理组成及卡片上的天线

M1 卡的结构和等效电路分别如图 5.9.3 和图 5.9.4 所示。IC 晶片和线圈封装在塑料片内，在卡片上的微晶片外面一般封装了保护层。保护层可以防止微晶片受折叠扭曲等多种对卡片非正常的物理性损坏；同时也防止微晶片受到紫外线的辐射。但从电性能的角度来看，保护层将使 IC 与卡片上的天线组成的振荡回路的频率发生变化。因为保护层给 IC 微晶片增加了一个输入回路电容 C_{mount}，尽管这个电容只有几个 pF 至几十个 pF，但对于频率精度、稳定度等都要求很高的非接触式 IC 智能卡来说，也将是很重要的。

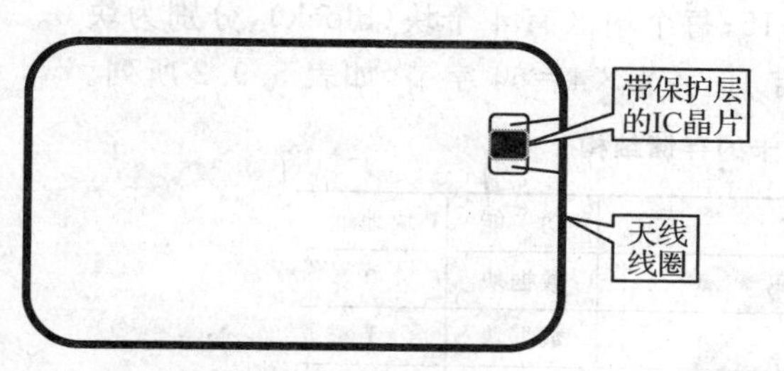

图 5.9.3　M1 卡片结构图

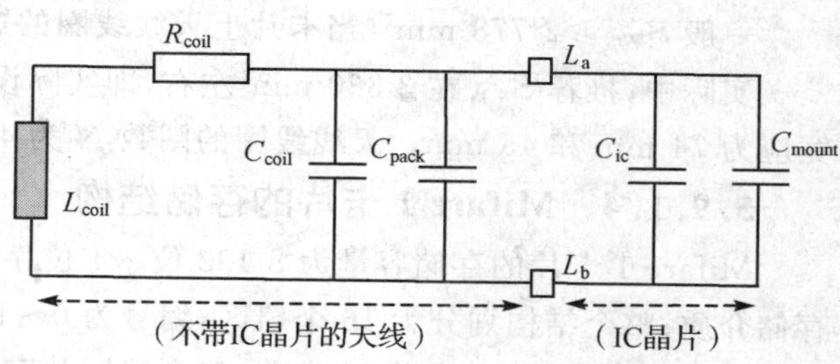

R_{coil}—天线线圈的电阻，约 6.07 Ω；L_{coil}—天线线圈的电感，约 3.6 μH；C_{coil}—天线线圈的电容，约 5 pF；C_{pack}—天线线圈封装后引入的电容，约 5 pF；C_{ic}—IC 微晶片的电容，约 16 pF；C_{mount}—IC 晶片安装后引入的电容，约几个 pF～几十个 pF；L_a—天线线圈与 IC 微晶片的接触点 a；L_b—天线线圈与 IC 微晶片的接触点 b。

图 5.9.4　M1 卡片等效电路

整个卡片的谐振频率计算式如下：

$$f_{res} = \frac{1}{2\pi\sqrt{L_{coil}(C_{coil}+C_{pack}+C_{ic}+C_{mouni})}} \quad (5.9.1)$$

式中，f_{res} 卡片的振荡频率应为 13.56 MHz。

天线线圈的电感计算式如下：

$$L_{coil} = 2 \times L\ln(L/D - 1.04) \times N^{p} \quad (5.9.2)$$

式中，L 为天线线圈一圈的长度；N 为天线线圈圈数，一般为 4 圈；D 为天线线圈直径或导体的宽度；P 为由天线线圈的技术而定的 N 的指数因子，如表 5.9.1 所列。

上述天线线圈的电感的公式只能作为首次估测之用，实际的天线线圈的电感必须通过仪器测量而定，但偏差不会很大。

一般天线线圈的电感 $L_{coil} < 4.2$ μH，实际推荐3.6 μH左右为最优。

天线线圈的品质因数 $Q_{coil} = 2\pi f_{res}/R_{coil} = 2\pi \times 13.56/R_{coil}$。

一般天线线圈的品质因数 $30 < Q_{coil} < 60$。

表 5.9.1　由天线线圈的技术而定的 N 的指数因子 P

P 值	天线线圈结构
1.8	环绕线圈
1.7	Etched(蚀刻)线圈
1.5～1.7	印刷电路板线圈

实际中，品质因数 Q_{coil} 在大于 30 后的增加量，对卡片的操作距离的增加无明显帮助。品质因数 Q_{coil} 必须小于 60，以确保数据通信稳定可靠，否则天线的有效工作距离内有死区而不能可靠地进行数据通信。

天线线圈的矩形面积 $S_{总}$：

$$S_{总} > 11\ 200\ \text{mm}^2 \qquad S_{总} = S_{平均} N$$

所以 $S_{平均}$ 必须 $> 11\ 200\ \text{mm}^2/N$

一般 $S_{平均} \geqslant 2\ 778\ \text{mm}^2$（当卡片上天线线圈的矩形面积（长×宽）＝40 mm×70 mm 时）。

实际中，推荐 $S_{平均}$ 在 3 330 mm^2 左右，即实际设计时卡片上的天线线圈的矩形面积的长和宽应为 74 mm 和 45 mm。天线线圈的圈数 N 为 4，这样制作出的卡片才能保证通信的距离。

5.9.1.4 Mifare 1 卡片的存储结构

Mifare 1 卡片的存储容量为 8 192 位×1 位字长，即 1K×8 位字长；采用 EEPROM 作为存储介质；整个结构划分为 16 个扇区，编号为 0～15；每个扇区有 4 个块（block），分别为块 0、块 1、块 2 和块 3；每个块有 16 字节，一个扇区共有 16 字节×4＝64 字节，如表 5.9.2 所列。

表 5.9.2 Mifare 1 卡的存储结构

扇区号	块 号	内 容	功 能	块地址
扇区 0	块 0	厂商代码	数据块	0
	块 1	数据	数据块	1
	块 2	数据	数据块	2
	块 3	密码 A 存取控制 密码 B	控制块	3
扇区 1	块 0	数据	数据块	4
	块 1	数据	数据块	5
	块 2	数据	数据块	6
	块 3	密码 A 存取控制 密码 B	控制块	7
⋮	⋮	⋮	⋮	⋮
扇区 15	块 0	数据	数据块	60
	块 1	数据	数据块	61
	块 2	数据	数据块	62
	块 3	密码 A 存取控制 密码 B	控制块	63

① 每个扇区的块 3 包含了该扇区的密码 A（6 字节）、存取控制（4 字节）、密码 B（可选，6 字节；不用于密码时，也可用于数据字节），是一个特殊的块；其余三个块是一般的数据块（扇区 0 只有两个数据块和一个只读的厂商块 0）。

② 扇区 0 的块 0 是特殊的，用于存放厂商代码，已固化，不可改写。其中字节 0～3 为卡片的序列号；字节 4 为序列号的校验码；字节 5 为卡片的 size 值；字节 6 和 7 为卡片的类型号，即 Tagtype 字节；其他字节由厂商另加定义。

③ 每个扇区的块 0、块 1、块 2 为数据块（扇区 0 除外），可用于存储数据。数据块可以进

行初始化值、加值、减值、读、写等操作。

④ 数据块可以由存取访问控制位设置为读/写块(read/write blocks)或数值块(value blocks),后者可用于电子钱包,对存储的数值进行加值、减值等操作命令。

⑤ 数值块能执行电子钱包的功能(有效命令:read,write,increment,decrement,transfer,restore)。数据块有固定的数据格式,它允许进行检错和改正以及备份管理等。

数值块的产生只能通过按数值块的格式写操作实现。该格式见图5.9.5。

0	1	2	3	4	5	6	7	8	9	10	11	12	13	14	15
value				/value				value				Adr	/Adr	Adr	/Adr

图 5.9.5 一个数值块的格式

数值:表示一个有符号的4字节的值。值的最低字节存储在地址最低字节。负值以标准的二进制补码格式存储。为了数据的完整和安全,这个数值存储三次,即两次原码,一次反码。

地址:表示一个字节的地址。当要实现功能强的备份管理时,它可以用来保存块的存储地址。这个地址字节被存储4次:两次原码,两次反码。在进行加、减、转移和恢复等操作时,这个地址保持不变。只有写命令才能改变它。

5.9.1.5 Mifare 1 卡片存储区的操作

Mifare 1 卡支持的存储器操作如表5.9.3所列。

表 5.9.3 M1 卡支持的存储器操作

操 作	描 述	有效的块类型
读(read)	读一个存储块	读/写、数值和区尾
写(write)	写一个存储块	读/写、数值和区尾
加值(increment)	使一个存储块的数据增值并存入内部数据寄存器	数值
减值(decrement)	使一个存储块的数据减值并存入内部数据寄存器	数值
转移(transfer)	将数据寄存器的内容写入一个存储块	数值
恢复(restore)	将一个存储块的内容读入数据寄存器	数值

5.9.1.6 Mifare 1 卡片存储区的控制块与数据安全

每个扇区的块3为控制块,所含的密码A、密码B和存取控制与该区数据的关系如下。

(1) 具体结构

A0 A1 A2 A3 A4 A5	C0 C1 C2 C3	B0 B1 B2 B3 B4 B5
密码 A(6字节)	存取控制(4字节)	密码 B(6字节)

块3的字节符号为A0,A1,A2,A3,A4,A5;C0,C1,C2,C3;B0,B1,B2,B3,B4,B5,共16

字节,其中默认值十六进制曾经 KeyA 是{A0,A1,A2,A3,A4,A5},KeyB 是{B0,B1,B2,B3,B4,B5}(现在出厂的 KeyA 和 KeyB 字节全是 FF);控制存取的 4 字节默认为{0xff,0x07,0x80,0x69}。

每个扇区的密码和存取控制都是独立的,可以根据实际需要设定各自的密码及存取控制。存取控制为 4 字节,共 32 位,扇区中的每个块(包括数据块和控制块)的存取条件是由密码和存取控制共同决定的,在存取控制中每个块都有相应的三个控制位,定义如下:

块 0: C10 C20 C30
块 1: C11 C21 C31
块 2: C12 C22 C32
块 3: C13 C23 C33

三个控制位以正和反两种形式存在于存取控制字节中,决定了该块的访问权限(如进行减值操作必须验证 KeyA,进行加值操作必须验证 KeyB,等等)。三个控制位在存取控制字节中的位置,以块 0 为例。

存取控制字节,以块 0 为例,如图 5.9.6 所示。

	Bit 7	Bit 6	Bit 5	Bit 4	Bit 3	Bit 2	Bit 1	Bit 0
字节6				C20_b				C10_b
字节7				C10				C30_b
字节8				C30				C20
字节9								

注:C10_b表示C10取反。

图 5.9.6 存取控制字节中对块 0 的控制位分布

存取控制字段(4 字节,其中字节 9 可作为用户数据,访问条件同字节 6~8)结构如图 5.9.7所示。

	Bit 7	Bit 6	Bit 5	Bit 4	Bit 3	Bit 2	Bit 1	Bit 0
字节6	C23_b	C22_b	C21_b	C20_b	C13_b	C12_b	C11_b	C10_b
字节7	C13	C12	C11	C10	C33_b	C32_b	C31_b	C30_b
字节8	C33	C32	C31	C30	C23	C22	C21	C20
字节9								

注: _b表示取反。

图 5.9.7 存取控制字段的结构

(2) 数据块(块 0、块 1、块 2)的存取控制(见表 5.9.4)

表 5.9.4　对数据块的存取控制位编码

控制位(X=0,1,2)			访问条件(对数据块 0、1、2)				应　用
C1X	C2X	C3X	Read	Write	Increment	Decrement,transfer,Restore	
0	0	0	KeyA|B	KeyA|B	KeyA|B	KeyA|B	运输设置
0	1	0	KeyA|B	Never	Never	Never	读/写块
1	0	0	KeyA|B	KeyB	Never	Never	读/写块
1	1	0	KeyA|B	KeyB	KeyB	KeyA|B	数值块
0	0	1	KeyA|B	Never	Never	KeyA|B	数值块
0	1	1	KeyB	KeyB	Never	Never	读/写块
1	0	1	KeyB	Never	Never	Never	读/写块
1	1	1	Never	Never	Never	Never	读/写块

注：KeyA|B 表示密码 A 或密码 B,Never 表示任何条件下不能实现;"运输设置"指芯片初始值;"数值块"能进行加值、减值等操作,可参阅前面两小节有关内容。

例如：当块 0 的存取控制位 C10 C20 C30=1 0 0 时,验证密码 A 或密码 B 正确后可读;验证密码 B 正确后可写;不能进行加值、减值等操作。

注意：如果某扇区块 3 的 KeyB 能读取,那么它就不能用做认证(在表 5.9.4 灰色标注的行)。因此,如果读写器试图以 KeyB 认证一个区的任何块时,用了灰色标注的访问条件,那么在认证后,卡片将拒绝后续对存储器的任何访问。

(3) 控制块的存取控制

控制块(块 3)的存取控制与数据块(块 0、1、2)不同,它的存取控制如表 5.9.5 所列。

表 5.9.5　对控制块的存取控制位编码

控制位			密码 A		存取控制		密码 B		备　注
C13	C23	C33	Read	Write	Read	Write	Read	Write	
0	0	0	Never	KeyA	KeyA	Never	KeyA	KeyA	KeyB 可能读
0	1	0	Never	Never	KeyA	Never	KeyA	Never	KeyB 可能读
1	0	0	Never	KeyB	KeyA|B	Never	Never	KeyB	
1	1	0	Never	Never	KeyA|B	Never	Never	Never	

续表 5.9.5

控制位			密码 A		存取控制		密码 B		备　注
C13	C23	C33	Read	Write	Read	Write	Read	Write	
0	0	1	Never	KeyA	KeyA	KeyA	KeyA	KeyA	KeyB 可能读，运输设置
0	1	1	Never	KeyB	KeyA|B	KeyB	Never	KeyB	
1	0	1	Never	Never	KeyA|B	KeyB	Never	Never	
1	1	1	Never	Never	KeyA|B	Never	Never	Never	

注：灰色标注的访问条件行中，KeyB 是可读的，它可能用做数据。“运输设置”指芯片初始值，请对照前面提到的控制存取的四个字节默认值{0xff,0x07,0x80,0x69}，即可理解。

例如，当块 3 的存取控制位 C13 C23 C33＝0 01 时，表示：

- 密码 A：不可读，验证 KeyA 或 KeyB 正确后，可写(更改)。
- 存取控制：验证 KeyA 或 KeyB 正确后，可读、可写。
- 密码 B：验证 KeyA 或 KeyB 正确后，可读、可写。

注意：芯片上提供了对区尾(块 3)的访问条件，并且预定 KeyA 作为运输设置。新的卡片必须用 KeyA 验证。因为访问控制位本身也可能被锁住，所以在对卡片进行个人化设置时，要特别小心。

(4) 数据的完整

在读写器(RWD)和卡之间有以下机制确保数据传输安全：

① 每一个数据块有 16 位的 CRC 校验。

② 每个字节有奇偶校验位。

③ 位计数检查。

④ 区分“0”和“1”的位编码。

⑤ 通道的监视(协议顺序和位流的分析)。

(5) 安全保障

根据 ISO 9798—2，提供了很高的安全等级——三次认证。三次认证顺序是：

① 读写器(RWD)指定一个要访问的区，并选择密钥 A 或 B。

② 卡从区尾(即块 3)读取密钥和访问条件，并且发送一个随机数作为对 RWD 的口令(PASS 1)。

③ RWD 利用密钥和另外的输入对这个响应计算；然后，这个响应连同 RWD 的一个随机数口令发送给卡(PASS 2)。

④ 卡把 RWD 这个响应和自身的口令进行比较，来证实这个响应；然后对响应进行计算得一口令，并发送出去(PASS 3)。

⑤ RWD 通过把响应和自身的口令进行比较,来证实这个响应。

在第一个随机数口令发送后,RWD 和卡之间的通信就被加密。

5.9.1.7 对 Mifare 1 卡片的访问操作流程

为了 Mifare 卡的应用,Philips 公司和其他公司陆续开发了供读写器(基站)专用的模块和芯片(ASIC),将在下一节专门给予介绍。这里给出的对 Mifare 1 卡片的访问操作的基本流程(见图 5.9.8),对任何读写器件都是符合的,差别是那些器件的结构以及不同的操作指令与参数等。

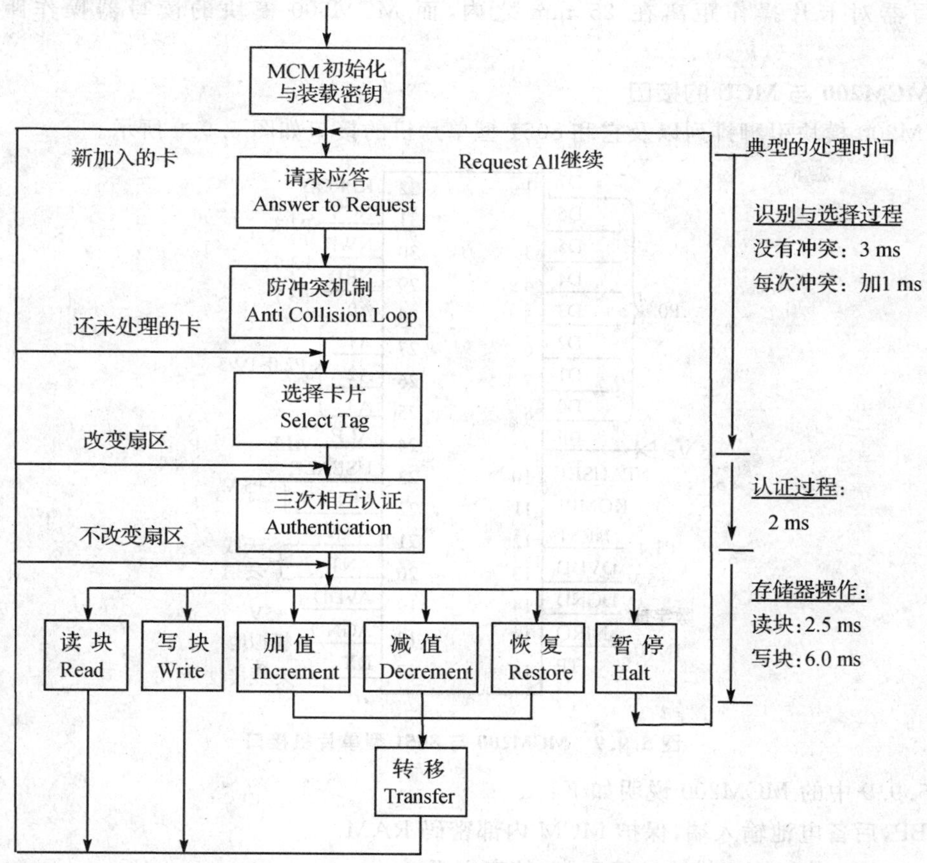

图 5.9.8 访问 Mifare 1 卡片的基本流程

5.9.2 Mifare 卡的读写器模块和芯片

这里只以 Philips 公司为 Mifare 1 卡片开发的读写器元件为代表,介绍高频 RFID 基站的核心器件和它的应用技术。这类产品在 20 世纪 90 年,以模块 MCM200 和 MCM500 出现;到了 21 世纪以芯片 MF RC500 替代了模块。国产的芯片 FM1702 完全兼容 RC500。下面简单介绍 MCM200，重点介绍 RC500。

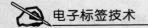

5.9.2.1　MCM200 读写模块

MCM 是 Mifare Core Module 的缩写，意为 Mifare 核心模块。Philips 公司的 MCM 主要有两种产品型号，分别是 MCM200 和 MCM500 两种智能模块，均被用于读写 M1 射频 IC 卡的读写器中，负责对卡的读写等功能。一般在读写器中还必须有 MCU 微处理单片机，对 MCM 及读写器的其他方面进行控制，例如对键盘、显示、通信等部分的控制等。MCM200 模块的读写器对卡片操作距离在 25 mm 之内，而 MCM500 模块的读写器操作距离可达 100 mm。

1. MCM200 与 MCU 的接口

MCM200 模块引脚排列以及它和 8051 型单片机的接口如图 5.9.9 所示。

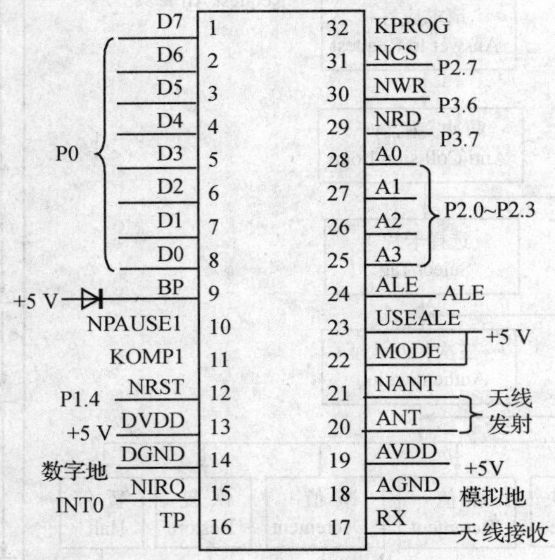

图 5.9.9　MCM200 与 8051 型单片机接口

图 5.9.9 中的 MCM200 说明如下：

- BP，后备电池输入端，保护 MCM 内部密码 RAM。
- MODE，并行协议模式选择引脚，接高电平。
- USEALE，选择从内部地址锁存器或 A0～A3 引脚取地址，接高电平。

2. MCM200 的内核 ASIC 寄存器

MCU 是通过对 MCM 内核特殊的内存寄存器的读写来控制 MCM 的这些寄存器。位于 MCM 中的 ASIC 的内部共有 16 个寄存器可操作。在对 MCM 进行读写操作时，各寄存器担负着不同的功能。表 5.9.6 是 MCM200 内寄存器汇总。

表 5.9.6 MCM200 内寄存器汇总

寄存器名称	地 址	读操作内容	写操作内容
DATA 数据	00H	READ-BYTE	WRITE-BYTE
STACON 状态和控制	01H	DV TE PE CE BE AE — —	SOR RFS — — 1 1 NRF AC
ENABLE 奇偶与 CRC 校验控制	02H	N/A	1 PR CE CR — — — —
BCNTS 发送位计数器	03H	N/A	BIT - COUNT - SEND
BCNTR 接收位计数器	04H	N/A	BIT - COUNT - RECEIVE
BAUDRATE 位速率	05H	N/A	— — — — 1 1 1 BR
TOC 定时溢出计数器	06H	N/A	TIMEOUT - COUNTER
MODE 数据编码模式	07H	N/A	1 1 0 0 0 P2 P1 P0
CRCDATA 数据	08H	CRC - BYTE - READ	CRC - BYTE - WRITE
CRCSTACON 状态和控制	09H	CV — — — — — — CZ	C8 — — — — — — CR
KEYDATA 密码数据	0AH	N/A	KEY - BYTE - WRITE
KEYSTACON 密码状态控制	0BH	— — — — — — — —	AL 0 — — — — KS1 KS0
KEYADDR 密码地址	0CH	N/A	AL AB A5 A4 A3 A2 A1 A0
	0DH		
RCODE 接收代码	0EH	N/A	— — — — 0 0 RC1 RC0
	0FH		

上述寄存器读写操作中的位说明如下：

(1) STACON 状态和控制寄存器(可读/写)

该寄存器实际上是两个，作为控制寄存器是只写，作为状态寄存器是只读。写控制位功能如表 5.9.7 所列。

表 5.9.7 写控制位功能

SOR	RFS	—	—	1	1	NRF	AC
0：无作用 1：软复位	0：选中激活 RF0 1：选中激活 RF1	—	—	1	1	0：接上激活的 RF 单元 1：关闭激活的 RF 单元	0：无作用 1：启动防冲突

读状态位等于 1 含义如表 5.9.8 所列。

表 5.9.8 读状态位等于 1 的含义

DV	TE	PE	CE	BE	AE	—	—
数据有效	溢出出错	奇/偶校验错	CRC 错	位计数器出错	认证出错	—	—

在上述表中，仅当DV位被置有效时(即DV=1)，TE、PE、CE、BE及AE标志才有效；但有一例外，即当认证Authentication正确完成后，AE标志也直接有效。

(2) ENABLE控制校验方式寄存器(只写)(见表5.9.9)

表5.9.9 控制校验方式寄存器

1	PR(Parity复位)	CE(CRC使能)	CR(CRC复位)	—	—	—	—
1	0：无效 1：复位清parity块	0：关闭CRC 1：打开CRC	0：无效 1：复位清CRC块	—	—	—	—

(3) BCNTS发送位计数器(Bit-Counter-for-Sending)(只写)

控制MCU向DATA寄存器中写进的数据位的数目；例如，设置BCNTS=10H，则可向MCM的DATA寄存器写进总的16位(数据字节数目为2)，多余的数据MCM将不予接收。

(4) BCNTR接收位计数器(Bit-Counter-for-Receiving)(只写)

控制MCU读取DATA寄存器的数据位的数；例如，设置BCNTR=20H，则可向MCM的DATA寄存器读取总的32位(字节数目为4)，多余的数据MCM将不予理会。

如果BCNTR中的值与实际接收到的数据数目有差异，则STACON寄存器中的BE标志被置1。

(5) MODE数据编码模式寄存器(只写)

使用M1卡时只有最后3位有关联。MODE寄存器中的P2、P1及P0位决定了在NPAUSE0和NPAUSE1引脚上的各自的脉冲宽度，脉冲宽度的可变范围在2～3 μs之间。

在使用Mifare卡时，P2、P1及P0位应被设置为110 b或111 b。使用MCM200时，MODE寄存器的设置值应为1100 0110b，即C6H。

(6) BAUDRATE位速率寄存器(只写)

BAUDRATE寄存器进行设置的推荐值(对于M1卡)为0X0E，即初始化BAUDRATE为0000 1110b；位BR=0。

(7) TOC(Time Out Counter)定时溢出计数器(只写)

设置TOC寄存器，控制定时时间。TOC寄存器常用的设置值为0AH，即定时1 ms。如果给TOC写0x00，则将关闭定时溢出计数器。如果有溢出出现，则TE标志被设置，DV标志被激活。

(8) CRC处理器状态和控制寄存器CRCSTACON(可读/写)

写数据到CRCSTACON寄存器中，即执行对CRC处理器的控制(见表5.9.10)。

表 5.9.10 CRC 处理器状态和控制寄存器的写控制

位	名 字	功能描述
C8	8 位-CRC	0：选择 16 位 CRC 处理器； 1：选择 8 位 CRC 处理器
CRE	(CRC-复位)	0：无效； 1：复位 CRC 处理器

读 CRCSTACON，得到 CRC 处理器状态(见表 5.9.11)。

表 5.9.11 CRC 处理器状态和控制寄存器的读状态

位	名 字	功能描述
CR	CRC-Ready	1：最后一个字节 BYTE 被处理完成
CZ	CRC-Zero	1：CRC 寄存器内容＝00H，意味着 CRC 校验 OK

(9) KEYSTACON 密码状态与控制寄存器(可读/写)

读 KEYSTACON 密码状态如表 5.9.12 所列。

写数据到 KEYSTACON 寄存器，将确定存取中的密码或传输密码的地址的一部分。

表 5.9.12 读 KEYSTACON 密码状态

位	名 字	功能描述
AL	Authenticate /Load Keys	0：准备提取密码； 1：准备认证
KS1， KS0	Key-Set 密码集	00：选择 KEY-set 0； 01：选择 KEY-set 1； 10：选择 KEY-set 2； 11：选择传输密码 Transport KEY

存放在 MCM 的 RAM 中的密码对程序员来说是透明的，因此也是不可读的(这里指的是密码本身及存放密码的地址不可读)。

注意：KEYSTACON 寄存器中的值必须根据所使用的 AUTHENTICATION 命令 60H 或 61H 指令代码来确定。

(10) KEYADDR 密码地址寄存器(只写)

表 5.9.13 所列为写 KEYADDR 密码地址寄存器。

写 KEYADDR 寄存器，将用于存放 RAM 密码和传输密码各自密码地址的一部分。

表 5.9.13　写 KEYADDR 密码地址寄存器

位	名　字	功能描述
AL	Authenticate /Load KEYs	0：准备提取密码； 1：准备认证
AB	KeyA 或 KeyB	0：使用密码 A； 1：使用密码 B
A5…A0	KEY address	A5～A0 指定密码的 sector

(11) 接收代码寄存器 RCODE(只写)

写入数据到 RCODE 寄存器，设置接收器的译码器参数。RCODE 寄存器中的值一般应设置为 02。

3. 读写器模块对 M1 卡的命令集

表 5.9.14 所列为对 M1 卡的命令字。

表 5.9.14　对 M1 的命令字

指　令	代码 H	出错代码	接收卡片的数据
Answer to Request(请求的应答) Request std Request all	 26 52	TE，BE	卡的类型(Tagtype)
AntiCollision(防冲突)	93	TE，BE	系列号 Serial Number
Select Tag(选卡片)	93	TE，BE，PE，CE	Size 块 0 的字节 5
Authentication(认证)：			
Auth-1a(A 密码)	60	TE，BE，PE，CE	—
Auth-1b(B 密码)	61		
Load KEY(装载密码)	—	AE	这是对读写模块本身
Read(读)	30	TE，BE，PE，CE	Data
Write(写)	A0	TE，BE	—
Decrement(减值)	C0	TE，BE	—
Increment(增值)	C1	TE，BE	—
Restore(恢复)	C2	TE，BE	—
Transfer(转移)	B0	TE，BE	—
Halt(暂停)	50	TE，BE	—

4. 对 MCM200 的编程

在上述资料的基础上，就可以针对 MCM 与 M1 之间的操作编写几个基本程序模块。程序员可以面向硬件，即上述 MEM 的寄存器，用指令集中的相应代码进行最底层的程序编写(像对接口技术中可编程芯片一样)。下面以 MCM 发出“请求操作”的 8051 汇编语言子程序为例。

```
;========================== MCM REQUEST OPERATION =====================
REPEAT_RQT:
_1_STACON:                        ;设置 MCM 中的 STACON 寄存器为 0CH
    MOV A,#0CH
    MOV R0,#01H                   ;STACON 寄存器地址为 01H
    MOVX @R0,A
_2_BAUDRATE:                      ;设置 MCM 中的 BAUDRATE 寄存器为 0EH
    MOV A,#0EH
    MOV R0,#05H
    MOVX @R0,A
_3_ENABLE:                        ;设置 MCM 中的 ENABLE 寄存器为 0C0H
    MOV A,#0C0H
    MOV R0,#02H
    MOVX @R0,A
_4_MODE:                          ;设置 MCM 中的 MODE 寄存器为 0C6H
    MOV A,#0C6H                   ;如果采用 SB201,则 MODE 寄存器应为 0D6H
    MOV R0,#07H
    MOVX @R0,A
_5_STACON_AGAIN:
    MOV A,#0CH
    MOV R0,#01H
    MOVX @R0,A
_6_RCODE:
    MOV A,#02H
    MOV R0,#0EH
    MOVX @R0,A
_7_BCNTS:
    MOV A,#07H
    MOV R0,#03H
    MOVX @R0,A
_8_BCNTR:
    MOV A,#10H
    MOV R0,#04H
    MOVX @R0,A
;------------------------------------------------------------------------
;根据 R2 值,判断是执行 Request std 操作还是 Request all 操作
    MOV A,R2
    XRL A,#01H
```

```
        JNZ RQT_STD
;------------------------------------------------------------------------
RQT_ALL:
        MOV A,#52H
        AJMP _11_RQT_MCM
RQT_STD:
        MOV A,#26H
_11_RQT_MCM:
        MOV R0,#00H
        MOVX @R0,A
_12_TOC:
        MOV A,#0AH
        MOV R0,#06H
        MOVX @R0,A                    ;TOC = 0AH
;------------------------------------------------------------------------
RD_STACON:
        MOV R0,#01H
        MOVX A,@R0                    ;READ STACON()
;------------------------------------------------------------------------
JUDG_DV_BIT:
        JNB ACC.7,RD_STACON           ;TAGTYOEE 没有到 FIFO(Dv = 0),重新 RD_STACON
        MOV R7,A                      ;protect A = stacon()
;------------------------------------------------------------------------
        MOV A,#00H
        MOV R0,#06H
        MOVX @R0,A                    ;TOC = 00H
;------------------------------------------------------------------------
        MOV A,R7                      ;return stacon() value to A
        ;-------------------          ;for "BE" and "TE" error - flag
        ACALL H_SEND_TO_BUF23         ;DISPLAY R7XX - - - > R7 = STACON()
;------------------------------------------------------------------------
_13_JUDG_ERR:
        JB ACC.6,TE_ERR               ;TE_ERR
        JB ACC.3,BE_ERR               ;BE_ERR
;------------------------------------------------------------------------
        MOV R0,#00H                   ;READ_TAGTYPE_0
        MOVX A,@R0
        MOV 45H,A                     ;TAGTYPE_0 = >45H
        ACALL SEND_TO_BUF01           ;SEND TAGTYPE 0 TO DISP_BUF_LOW
;------------------------------------------------------------------------
        MOV R0,#0
        MOVX A,@R0                    ;READ_TAGTYPE_1
        MOV 46H,A                     ;TAGTYPE_1 = >46H
        ACALL SEND_TO_BUF23           ;SEND TAGETYPE_1 TO DISP_BUF_HIGH
```

```
;------------------------------------------------------------------------
    MOV B,#00H                  ;"00H" is "OK" flag
    LJMP REQUEST_EXIT           ;exit and RET
;------------------------------------------------------------------------
TE_ERR:
    MOV B,#01                   ;"TE" error flag is "01H"
    MOV R6,B
    LJMP RQT_EXIT
;------------------------------------------------------------------------
BE_ERR:
    MOV R7,#0AH                 ;READY TO DELAY 500 μs
    ACALL D500US                ;延时 500 μs
    MOV B,#0BH                  ;"BE" error flag is "0BH"
;------------------------------------------------------------------------
RQT_EXIT:
    LJMP REPEAT_RQT
;------------------------------------------------------------------------
REQUEST_EXIT:
    RET
```

根据操作流程,还有好几个不同功能的模块可以照此写出;但是可以看出工作量很大,也比较复杂。其实对于大多数应用开发者来说,这些模块都是可以共享的。如果把它们封装起来,形成函数,尤其是以C语言的形式提供给开发者,这类系统的应用和推广就会快得多。事实上,厂商(或发行商)提供了这类底层基本操作的C语言函数库。现列举如下:

```
EXTERN uchar mifs_request(uchar _Mode,uchar idata * _TagType);
EXTERN uchar mifs_anticoll(uchar _Bcnt,uchar idata * _SNR);
EXTERN uchar mifs_select(uchar idata * _SNR,uchar idata * _Size);
EXTERN uchar mifs_authentication(uchar _Mode,uchar _SecNr);
EXTERN uchar mifs_halt(void);
EXTERN uchar mifs_read(uchar _Adr,uchar idata * _Data);
EXTERN uchar mifs_write(uchar _Adr,uchar idata * _Data);
EXTERN uchar mifs_increment(uchar _Adr,uchar idata * _Value);
EXTERN uchar mifs_decrement(uchar _Adr,uchar idata * _Value);
EXTERN uchar mifs_restore(uchar _Adr);
EXTERN uchar mifs_transfer(uchar _Adr);
EXTERN uchar mifs_load_key(uchar _Mode,uchar _SecNr,KEY * _TK,KEY * _NK);
EXTERN uchar mifs_config(uchar _Mode,uchar _Baud);
EXTERN uchar mifs_reset(uint _Msec);
EXTERN uchar mifs_check_write(uchar idata * _SNR,uchar _Mode,uchar _Adr,
                              uchar idata * _Data);
```

这是出现在某头文件(.H)中定义的各函数原型。不加任何注释,相信稍有基础的读者都能直接理解它们各自的功能和参数。具体的函数代码在另一个文件中。

下面是在一个应用系统中，与这些函数有关的程序语句，编程语言是 C51。

```
#include <reg52.h>
#include <xxxx.h>
……
KEY code Nkey_a = {{0x59,0x55,0x4E,0x54,0x41,0x4F}};                /*新密码*/
KEY code Nkey_b = {{0x57,0x65,0x6E,0x68,0x6F,0x75}};
KEY code Tkey[16] = {{{0xBD,0xDE,0x6F,0x37,0x83,0x83}},             /*传输密码,厂商提供*/
                     {{0x14,0x8A,0xC5,0xE2,0x28,0x28}},
                     {{0x7D,0x3E,0x9F,0x4F,0x95,0x95}},
                     {{0xAD,0xD6,0x6B,0x35,0xC8,0xC8}},
                     {{0xDF,0xEF,0x77,0xBB,0xE4,0xE4}},
                     {{0x09,0x84,0x42,0x21,0xBC,0xBC}},
                     {{0x5F,0xAF,0xD7,0xEB,0xA5,0xA5}},
                     {{0x29,0x14,0x8A,0xC5,0x9F,0x9F}},
                     {{0xFA,0xFD,0xFE,0x7F,0xFF,0xFF}},
                     {{0x73,0x39,0x9C,0xCE,0xBE,0xBE}},
                     {{0xFC,0x7E,0xBF,0xDF,0xBF,0xBF}},
                     {{0xCF,0xE7,0x73,0x39,0x51,0x51}},
                     {{0xF7,0xFB,0x7D,0x3E,0x5A,0x5A}},
                     {{0xF2,0x79,0x3C,0x1E,0x8D,0x8D}},
                     {{0xCF,0xE7,0x73,0x39,0x45,0x45}},
                     {{0xB7,0xDB,0x6D,0xB6,0x7D,0x7D}}};
……
/*给 MCM 的 ASIC 存放密码,这里只装载区 1 的*/
NRST = 1;
while(mifs_load_key( KEYA | KEYSET0,1,&Tkey[1],&Nkey_a)!= 0);
while(mifs_load_key( KEYB | KEYSET0,1,&Tkey[1],&Nkey_b)!= 0);
delay_10ms(100);
NRST = 0;
……
NRST = 1;                                                           /*准备读卡前要先使天线工作*/
  /*读卡;各函数返回值为 0,表示成功*/
  if(mifs_request(0,CardType)!= 0) goto M_err1;                     /*返回值非 0,表示出错*/
  if(mifs_anticoll(0,CardSNR)!= 0) goto M_err2;                     /*防冲突*/
  if(mifs_select(CardSNR,&i)!= 0)  goto M_err3;                     /*选卡*/
  if(mifs_authentication( KEYB | KEYSET0,1)!= 0) goto M_err4;       /*认证*/
  if(mifs_read(5,BlockData)!= 0)  goto M_err5;                      /*读卡的第5块,即扇区1的块1*/
```

```
NRST = 0;/ * 读到卡后使天线暂停工作,以免干扰显示和通信,同时也降低了能耗 * /
……
```

由此可以看出这样编写应用程序就简单得多,它不要求开发人员对 MCM 那些寄存器和指令有具体详细了解,更不要去面向那些硬件直接编程;只要对 M1 结构、操作流程和所用函数功能以及参数有所了解就可以。当然,作为一个应用系统,一开始还必须要对它涉及的 IC 卡进行必要的初始化,例如,所用扇区的密码和存取控制字等。它们所需要的程序也同样是用上述方式编写。不少开发商都推出各种形式现成的读写器,它们有通用的通信接口(如 RS-232,USB 等),同时还有配套的、友好的操作界面软件(如各种视窗平台上的)。有了这样的产品,高层应用开发者几乎可以不用了解上述硬件和软件(或说它们透明了或被屏蔽了)。这些不在本文叙述之列,作为电子技术人员,更多的责任是关注和做好系统的底层。

5.9.2.2 Mifare 的专用读写芯片 MF RC500

MCM 是 Philips 公司的早期产品,它们尺寸大,成本高。近十年,以 MF RC500 为代表的芯片成为 Mifare 卡读写器的主流核心元件。

1. 概 述

MF RC500 符合 ISO/IEC 14443 标准中 TYPE A 协议的规定(以下简称为 TYPE A)。MF RC500 集成了 13.56 MHz 频率下所有类型的被动非接触式通信方式和协议。用其内部的射频接口部分直接驱动近距离天线,作用范围可达 100 mm。接收部分的解调电路可用于所有与 TYPE A 兼容的应答信号数字处理,实时接收 TYPE A 数据帧,并支持 CRC 校验码。此外它还支持快速加密算法,用于 Mifare 系列产品的验证。

MF RC500 提供了并行接口和串行接口(如,与之兼容的 FM1702),可直接与任何 8 位微处理器相连,为读写器的设计提供了极大的方便。

MF RC500 的主要特点:

- 高集成度的模拟调制解调电路;
- 天线输出带有驱动器,可以直接驱动天线,操作距离可达 100 mm,外部使用元件少;
- 支持 Mifare 双界面卡;
- 支持 ISO/IEC 14443 TYPE A 协议;
- 内部自带振荡电路,直接连接 13.56 MHz 晶体振荡器,振荡频率自动监控;
- 支持软件控制的 Power Down 节电模式;
- 64 字节发送和接收 FIFO 缓冲区;
- 一个可编程定时器,一个中断处理器;
- 具有防冲突功能;
- 具有加密功能,支持 Mifare 标准的加密算法;带 512 字节的 EEPROM 保存数据。

2. MF RC500 结构组成

图 5.9.10 是 RC500 的结构方框图。

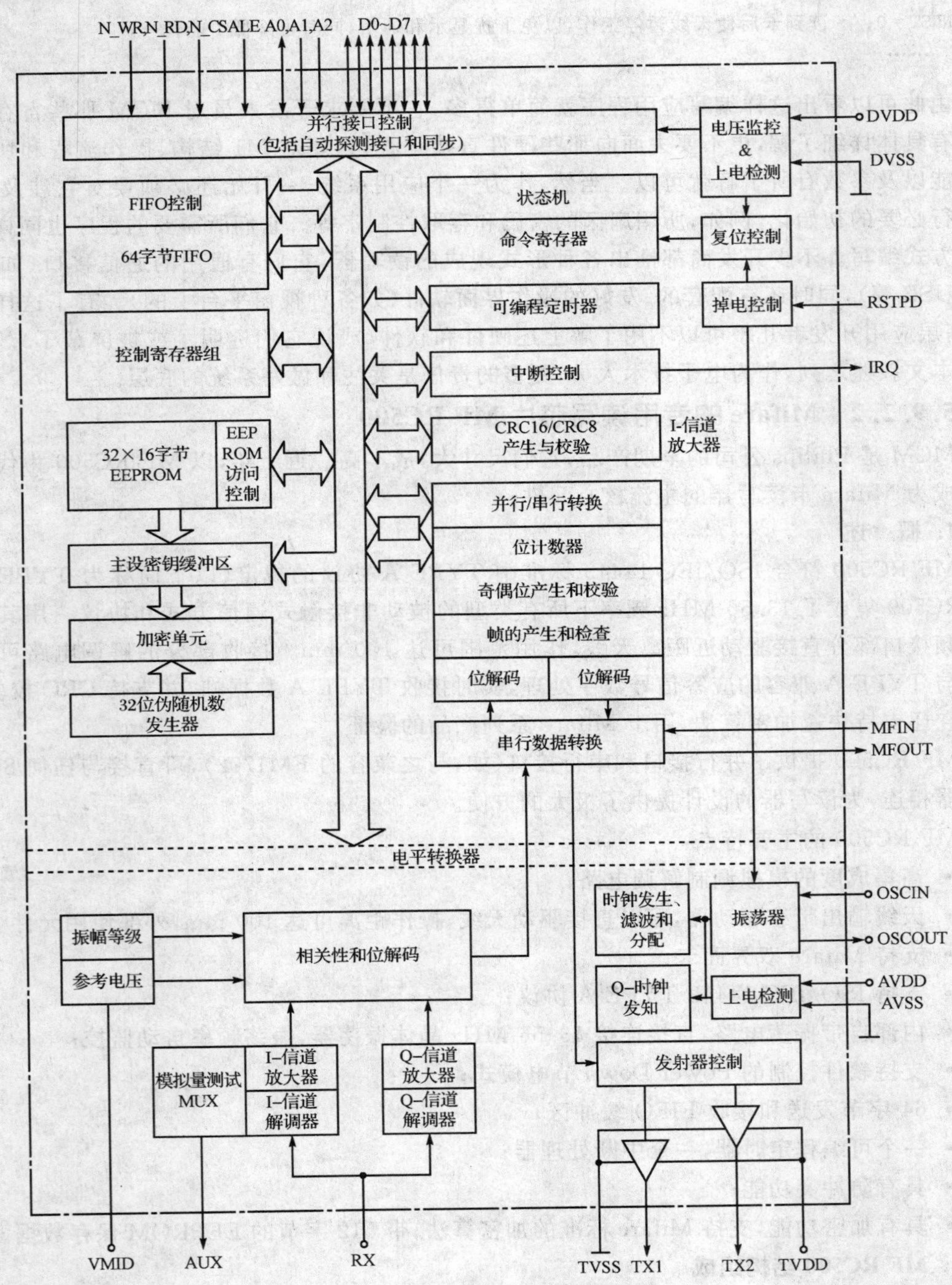

图 5.9.10　RC500 的结构方框图

RC500 的外形和引脚定义如图 5.9.11 所示。

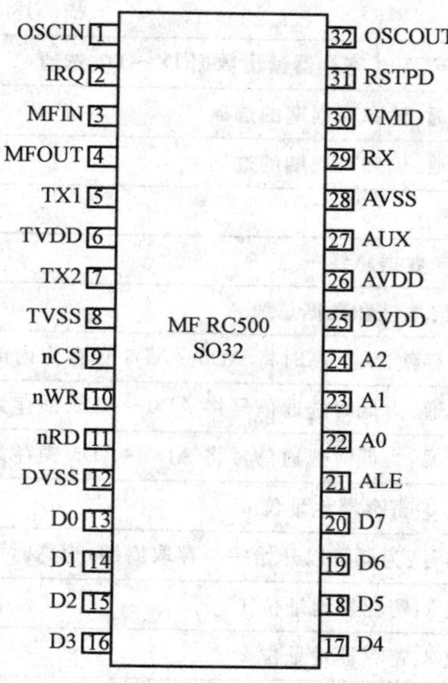

图 5.9.11 RC500 的外形和引脚定义

RC500 的引脚描述如表 5.9.15。

表 5.9.15 RC500 的引脚描述

引脚号	符 号	类 型	描 述
1	OSCIN	I	晶振输入：振荡器反相放大器输入。该脚也作为外部时钟输入(f_{osc}=13.56 MHz)
2	IRQ	O	中断请求：输出中断事件请求信号
3	MFIN	I	Mifare 接口输入：接收符合 ISO 14443A(Mifire)的数字串行数据流
4	MFOUT	O	Mifare 接口输出：发送符合 ISO14443A(Mifire)的数字串行数据流
5	TX1	O	发送器 1：发送经过调制的 13.56 MHz 能量载波
6	TVDD	PWR	发送器电源：提供 TX1 和 TX2 输出电源
7	TX2	O	发送器 2：发送经过调制的 13.56MHz 能量载波
8	TVSS	PWR	发送器地：提供 TX1 和 TX2 输出电源
9	nCS	I	片选：选择和激活 MF RC500 的微处理器接口
10	nWR	I	写：MF RC500 寄存器写入数据 D0～D7 选通
	R/W	I	读/写：选择所要执行的是读还是写
	Write	I	写：选择所要执行的是读还是写

续表 5.9.15

引脚号	符 号	类 型	描 述
11	nRD	I	读 MF RC500 寄存器读出数据 D0～D7 选通
	nDS	I	数据选通：读和写周期的选通
	nDStrb	I	数据选通：读和写周期的选通
12	DVSS	PWR	数字地
13～20	D0～D7	I/O	8 位双向数据总线
	AD0～7	I/O	8 位双向地址和数据总线
21	ALE	I	地址锁存使能：为高时将 AD0～AD5 锁存为内部地址
	AS	I	地址选通：为低时选通信号将 AD0～AD5 锁存为内部地址
	nAStrb	I	地址选通：为低时选通信号将 AD0～AD5 锁存为内部地址
22	A0	I	地址线 0：寄存器地址位 0
	nWait	O	等待信号：为低可以开始一个存取周期，为高时可以停止
23	A1	I	地址线 1：寄存器地址位 1
24	A2	I	地址线 2：寄存器地址位 2
25	DVDD	PWR	数字电源
26	AVDD	PWR	模拟电源
27	AUX	O	辅助输出：该脚输出模拟测试信号，该信号可通过 TestAnaOutSel 寄存器选择
28	AVSS	PWR	模拟地
29	RX	I	接收器输入：卡应答输入脚，该应答为经过天线电路耦合的调制 13.56 MHz 载波
30	VMID	PWR	内部参考电压：该脚输出内部参考电压。注：必须接一个 100 nF 电容
31	RSTPD	I	复位和掉电：为高时，内部电流吸收关闭，振荡器停止，输入端与外部断开；该引脚的下降沿启动内部复位
32	OSCOUT	O	晶振输出振荡器反向放大器输出

3. RC500 与微处理器的接口

MF RC500 支持与不同的微处理器直接接口，可与 PC 的增强型并口 EPP 直接相连。表 5.9.16 所列为 MF RC500 支持的并口信号。

表 5.9.16　MF RC500 支持的并口信号

总线控制信号	总 线	独立的地址和数据总线	复用的地址和数据总线
独立的读和写选通信号	控制	NRD, nWR, nCS	nRD, nWR, nCS, ALE
	地址	A0, A1, A2	AD0, AD1, AD2, AD3, AD4, AD5
	数据	D0～D7	AD0～AD7

续表 5.9.16

总线控制信号	总　线	独立的地址和数据总线	复用的地址和数据总线
共用的读和写选通信号	控制	R/W,nDS,nCS	R/W,nDS,nCS,AS
	地址	A0,A1,A2	AD0,AD1,AD2,AD3,AD4,AD5
	数据	D0～D7	AD0～AD7
带握手的共用读和写选通信号(EPP)	控制	—	nWrite,nDStrb,nAStrb,nWait
	地址		AD0,AD1,AD2,AD3,AD4,AD5
	数据		AD0～AD7

在每次上电或硬复位后，MF RC500 也复位其并行微处理器接口模式，并自动检测当前微处理器接口的类型。MF RC500 在复位阶段后根据控制脚的逻辑电平识别微处理器接口。这是由固定引脚连接的组合(见表 5.9.17)和一个专门的初始化程序实现的。

表 5.9.17　RC500 与微处理器并行接口类型和连线配置

MF RC500	并行接口类型				
	独立读/写选通		共用读/写选通		
	专用地址总线	复用地址总线	专用地址总线	复用地址总线	带握手的复用地址总线
ALE	HIGH	ALE	HIGH	AS	nAStrb
A2	A2	LOW	A2	LOW	HIGH
A1	A1	HIGH	A1	HIGH	HIGH
A0	A0	HIGH	A0	LOW	nWait
nRD	nRD	nRD	nDS	nDS	nDStrb
nWR	nWR	nWR	R/W	R/W	nWrite
nCS	nCS	nCS	nCS	nCS	LOW
D7～D0	D7…D0	AD7…AD0	D7…D0	AD7…AD0	AD7…AD0

(1) 独立的读写选通信号和微处理器连接(见图 5.9.12)

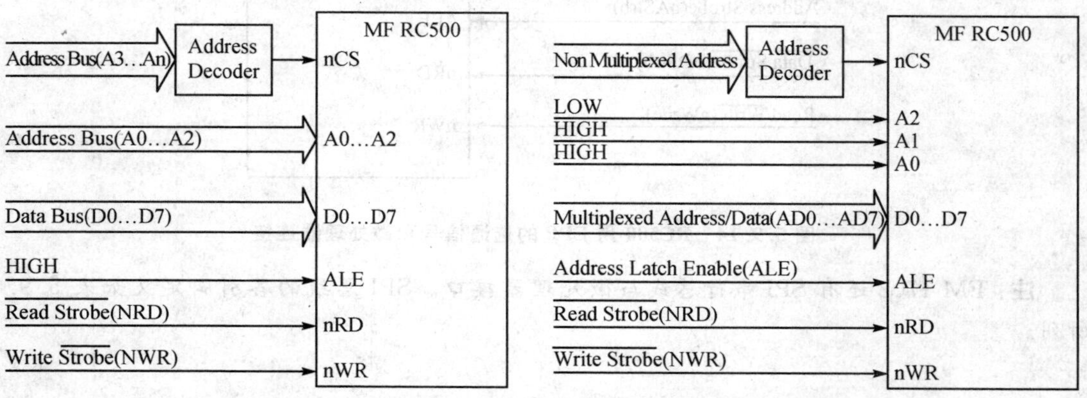

图 5.9.12　RC500 用独立的读写选通信号和微处理器连接

(2) 共用的读/写选通信号和微处理器连接(见图 5.9.13)

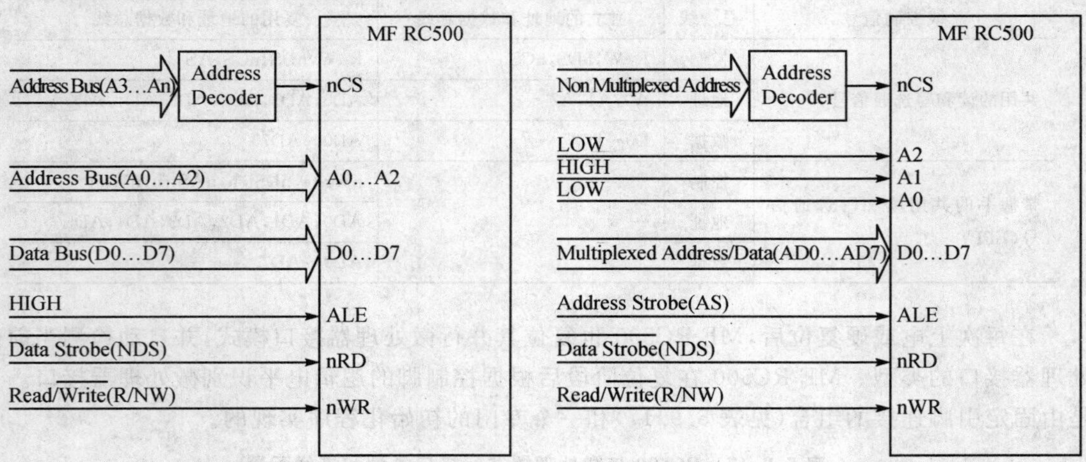

图 5.9.13　RC500 用共用的读写选通信号和微处理器连接

(3) 带握手机制的共用读/写选通信号 EPP(见图 5.9.14)

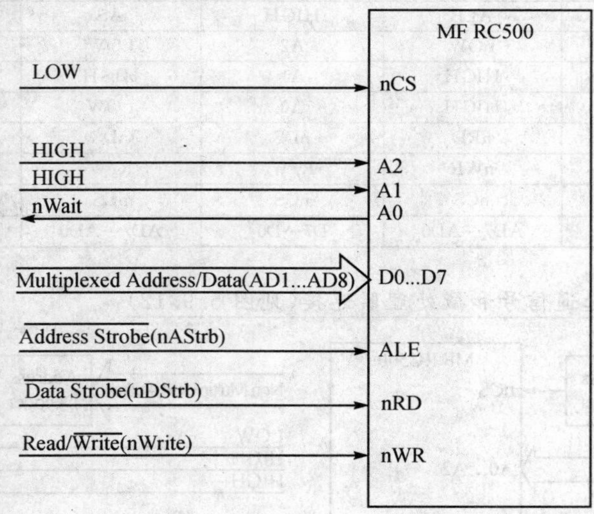

图 5.9.14　RC500 用 EPP 的选通信号和微处理器连接

注：FM 1702 还有 SPI 串行总线与微处理器接口。SPI 总线的各引脚定义如表 5.9.18 所列。

表 5.9.18 FM1702 的 SPI 总线引脚

FM1702	SPI 接口	FM1702	SPI 接口
ALE	nSS	nWR	HIGH
A2	SCK	nCS	LOW
A1	LOW	D7...D0	不连接
A0	MOSI	D0	MISO
nRD	HIGH		

一个实际的 8052 和 RC500 的接口电路如图 5.9.15 所示。图的右侧是天线，直接设计蚀刻在 PCB 板上。因为程序中要用到定时器 T2，所以单片机必须是 8052 类型，如 89C52、89C54 和 89C58 等。

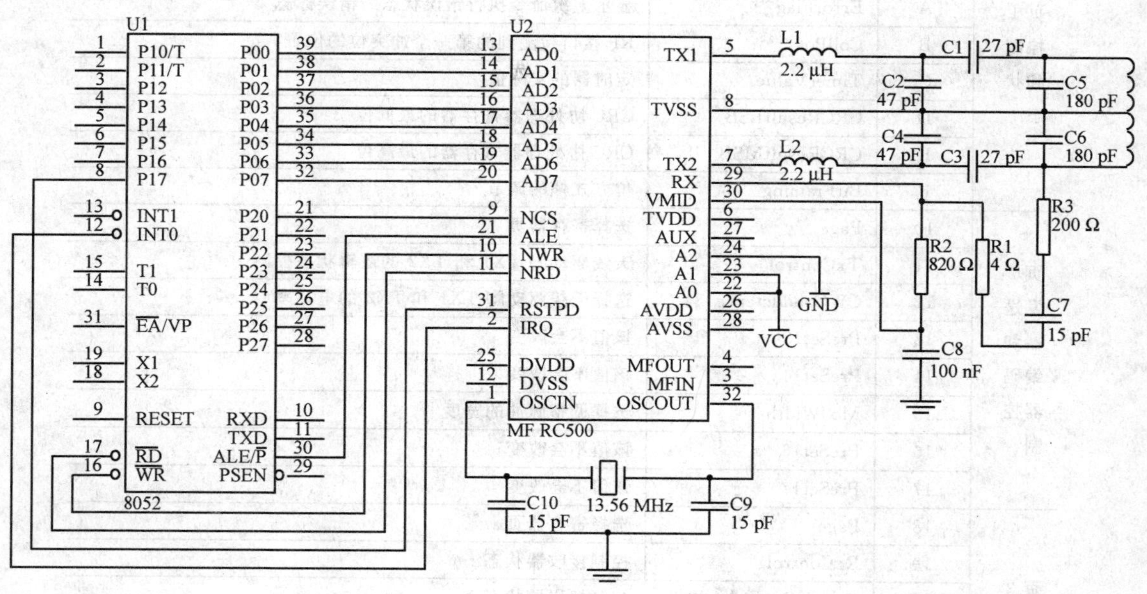

图 5.9.15 8052 单片机与 MF RC500 接口电路原理图

4. RC500 内部寄存器

MF RC500 寄存器汇总如表 5.9.19 所列。

表 5.9.19 MF RC500 寄存器汇总

页	地 址	寄存器名	功 能
页 0：命令和状态	0	Page	选择寄存器页
	1	Command	启动和停止命令的执行
	2	FIFOData	64 字节 FIFO 缓冲区的输入和输出端口
	3	PrimaryStatus	接收器和发送器以及 FIFO 缓冲区状态标志
	4	FIFO Length	FIFO 中缓冲的字节数
	5	SecondaryStatus	不同的状态标志
	6	InterruptEn	使能和禁止中断请求通过的控制位
	7	InterruptRq	中断请求标志
页 1：控制和状态	8	Page	选择寄存器页
	9	Control	不同的控制标志例如定时器节电
	A	ErrorFlag	显示上次命令执行错误状态的错误标志
	B	CollPos	RF 接口检测到的第一个冲突位的位置
	C	TimerValue	定时器的实际值
	D	CRCResultLSB	CRC 协处理器寄存器的最低位
	E	CRCResultMSB	CRC 协处理器寄存器的最高位
	F	BitFraming	位方式帧的调节
页 2：发送器和编码器控制	10	Page	选择寄存器页
	11	TxControl	天线驱动脚 TX1 和 TX2 的逻辑状态控制
	12	CWConductance	选择天线驱动脚 TX1 和 TX2 的电导率
	13	PreSet13	该值不会改变
	14	PreSet14	该值不会改变
	15	ModWidth	选择调整脉冲的宽度
	16	PreSet16	该值不会改变
	17	PreSet17	该值不会改变
页 3：接收器和解码控制	18	Page	选择寄存器页
	19	RxControl1	控制接收器状态
	1A	DecodeControl	控制解码器状态
	1B	BitPhase	选择发送器和接收器时钟之间的相位
	1C	RxThreshold	选择位解码器的阈值
	1D	PreSet1D	该值不会改变
	1E	RxControl2	控制解码器状态和定义接收器的输入源
	1F	ClockQControl	控制时钟产生用于 90°相移的 Q 信道时钟

续表 5.9.19

页	地 址	寄存器名	功 能
页 4：时序和信道冗余	20	Page	选择寄存器页
	21	RxWait	选择发送后接收器启动前的时间间隔
	22	ChannelRedundancy	选择 RF 信道上数据完整性检测的类型和模式
	23	CRCPresetLSB	CRC 寄存器预设值的低字节
	24	CRCPresetMSB	CRC 寄存器预设值的高字节
	25	PreSet25	该值不会改变
	26	MFOUTSelect	选择输出到引脚 MFOUT 的内部信号
	27	PreSet27	该值不会改变
页 5：FIFO，定时器和 IRQ 脚配	28	Page	选择寄存器页
	29	FIFOLevel	定义 FIFO 上溢和下溢警告界限
	2A	TimerClock	选择定时器时钟的分频器
	2B	TimerControl	选择定时器的起始和停止条件
	2C	TimerReload	定义定时器的预装值
	2D	IRQPinConfig	配置 IRQ 脚的输出状态
	2E	PreSet2E	该值不会改变
	2F	PreSet2F	该值不会改变
页 6：RFU	30	Page	选择寄存器页
	31	RFU	保留将来之用
	32	RFU	保留将来之用
	33	RFU	保留将来之用
	34	RFU	保留将来之用
	35	RFU	保留将来之用
	36	RFU	保留将来之用
	37	RFU	保留将来之用
页 7：测试控制	38	Page	选择寄存器页
	39	RFU	保留将来之用
	3A	TestAnaSelect	选择模拟测试模式
	3B	PreSet3B	该值不会改变
	3C	PreSet3C	该值不会改变
	3D	TestDigiSelect	选择数字测试模式
	3E	RFU	保留将来之用
	3F	RFU	保留将来之用

5. 寄存器寻址方式

可通过 3 种机制对 MF RC500 进行操作：

① 通过执行命令初始化功能和控制数据操作；

② 通过一系列的可配置位，配置电气和功能状态；

③ 通过读取状态标志，监控 MF RC500 的状态。

命令配置位和标志都可通过微处理器接口访问。MF RC500 可内部寻址 64 个寄存器，这需要 6 条地址线。

(1) 分页机制

MF RC500 寄存器集被分成 8 页，每页 8 个寄存器；不管当前所选的是哪一页，页寄存器(Page)总是可以寻址的。

(2) 专用的地址总线

使用 MF RC500 专用地址总线，微处理器通过地址脚 A0、A1 和 A2，定义 3 条地址线，这允许在一页内进行寻址，要在不同页的寄存器之间进行切换，就需要用到分页机制。

表 5.9.20 列出了寄存器地址的组合状况。

表 5.9.20 RC500 寄存器地址的组合

页寄存器 MSB：UsePageSelect	寄存器地址					
1	PageSelect2	PageSelect1	PageSelect0	A2	A1	A0

说明：当页寄存器(Page)的最高位＝1 时，被寻址的寄存器地址由页寄存器低三位和三位地址线编码表示。

(3) 复用的地址总线

使用 MF RC500 复用的地址总线，微处理器可以一次定义所有的 6 条地址线。这种情况下，既可以使用分页机制，也可使用线性寻址(见表 5.9.21)。

表 5.9.21 RC500 寄存器地址的组合状况

接口总线类型	页寄存器 MSB：UsePageSelect	寄存器地址					
复用地址总线(分页模式)	1	PageSelect2	PageSelect1	PageSelect0	AD2	AD1	AD0
复用地址总线(线性寻址)	0	AD5	AD4	AD3	AD2	AD1	AD0

6. EEPROM 存储器结构

RC500 的 EEPROM 存储器结构如表 5.9.22 所列。

表 5.9.22 RC500 的 EEPROM 存储器结构

块编号	块地址	字节地址	访问权限	存储器内容
0	0	00H～0FH	R	产品信息区
1	1	10H～1FH	R/W	启动寄存器初始化文件
2	2	20H～2FH	R/W	
3	3	30H～3FH	R/W	寄存器初始化文件（第 3～7 块，地址从 30H～7FH）
…	…	…	R/W	
7	7	70H～7FH	R/W	
8	8	80H～8FH	W	Crypto1 密钥（第 8～31 块，地址从 80H～1FFH）
…	…	…	W	
31	1F	1F0H～1FFH	W	

表 5.9.22 说明如下：

① 在 10H～2FH 的"启动寄存器初始化文件"的值在上电初始化过程中自动写入地址对应的寄存器中(见表 5.9.18 中页 2～页 5，其中各"page"寄存器除外)。文件的数值是在芯片生产测试时写入的。

② 在 30H～7FH 的"寄存器初始化文件"存储值用于执行 LoadConfig 命令时，初始化 RC500 的 10H～2FH 寄存器。该区间可容纳两套初始化值，还剩余的一个块(16 字节)可供用户使用。

③ 在 80H～1FFH 的"Crypto1 密钥"用来存储特定格式的密钥，即原 6 字节密钥拆分成 12 字节，每字节低 4 位原码，高 4 位反码。例如，实际密钥是{A0 A1 A2 A3 A4 A5}，转换成{5A F0 5A E1 5A D2 5A C3 5A B4 5A A5}存入该区。存入时没有块的界限，即一个密钥可以跨界；因此这 384 字节可存入 32 条不同 Crypto1 密钥。

7. FIFO 缓冲区

MF RC500 有一个 8×64 位的 FIFO 缓冲区，它起到一个并行—并行转换器的作用。它缓冲微处理器和 MF RC500 之间输入和输出的数据流，这样最高可以处理 64 字节长的数据流，而不需要考虑时限。

8. 中断请求系统

RC500 中断请求系统如表 5.9.23 所列。

表 5.9.23 RC500 中断请求系统

中断标志	中断源	中断产生条件
TimerIRq	定时器单元	定时器递减计数到 0
TxIRq	发送器	数据流发送结束
	CRC 协处理器	FIFO 缓冲区所有数据的 CRC 计算已结束
	EEPROM	FIFO 缓冲区所有数据已被写入 EEPROM
RxIRq	接收器	数据流接收结束
IdleIRq	命令寄存器	命令执行完成
HiAlertIRq	FIFO 缓冲区	HiAlert 置 1 时,FIFO 上限报警
LoAlertIRq	FIFO 缓冲区	LoAlert 置 1 时,FIFO 下限报警

9. MF RC500 命令集

MF RC500 在实现对 Mifare 卡的操作过程中,定义了两组命令。一组是 PICC－Commands,PICC(Proximity Integrated Circuit Card or tag)即邻近耦合的 IC 卡(这里就是 Mifare 卡)。这组命令是由 IC 卡(标签)执行的:先把它写入 RC500,再通过射频信号发送给标签。另一组是 PCD-Commands,PCD(Proximity Coupling Device or reader module)即读写器。这组命令是由 RC500 内部执行的。每一个 PICC 命令都包含有一个 PCD 命令,所以函数 M500PcdCmd 对于理解这个通信是非常重要的;但是这个函数对于一般应用开发的用户并不直接出现,而是作为许多其他功能函数的子函数被隐含。

MF RC500 的状态由内部状态机执行特定的命令而决定。这些命令由微处理器将相应的命令代码写入 Command 寄存器来启动。命令所需要的变量和数据通过 FIFO 进行交换。

下面分别列出各命令。

(1) PICC 命令集和它的代码

每个 PICC(标签)命令都是写给读写器 IC,然后通过 RF 发送出去。下面的内容出现某个.H 文件中。

```
//Each tag command is written to the reader IC and transfered via RF
#define PICC_REQSTD        0x26    //request idle 对等待状态的卡的请求
#define PICC_REQALL        0x52    //request all 对停止状态的卡的请求
#define PICC_ANTICOLL1     0x93    //anticollision level 1 防冲突等级 1
#define PICC_ANTICOLL2     0x95    //anticollision level 2 防冲突等级 2
#define PICC_ANTICOLL3     0x97    //anticollision level 3 防冲突等级 3
#define PICC_AUTHENT1A     0x60    //authentication step 1 认证步骤 1
#define PICC_AUTHENT1B     0x61    //authentication step 2 认证步骤 2
#define PICC_READ          0x30    //read block  读块
```

```
#define PICC_WRITE          0xA0      //write block 写块
#define PICC_DECREMENT      0xC0      //decrement value 减值
#define PICC_INCREMENT      0xC1      //increment value 增值
#define PICC_RESTORE        0xC2      //restore command code 恢复命令代码
#define PICC_TRANSFER       0xB0      //transfer command code 转移命令代码
#define PICC_HALT           0x50      //halt 暂停
```

从以上命令和代码可以看出，它们和前面使用 MCM200 时对卡片的命令集是一致的。

(2) PCD 命令集和它的代码

MF RC500 的状态由可执行特定的命令集的内部状态机决定。这些命令可通过将相应的命令代码写入 Command 寄存器，由此来启动处理一个命令，所需要的变量和/或数据主要通过 FIFO 缓冲区进行交换。RC500 PCD 命令如表 5.9.24 所列。

表 5.9.24　RC500 的 PCD 命令集

命　令	代　码	动　作	经由 FIFO 通过的变量和数据	经由 FIFO 返回的数据
StartUp	3FH	运行复位和初始化阶段。 注：该命令不能通过软件，只能通过上电或硬件复位启动	—	—
Transmit	1AH	将数据从 FIFO 缓冲区发送到卡	数据流	—
Receive	16H	启动接收器电路 注：① 在接收器实际启动之前，状态机经过寄存器 RxWait 配置的时间后才结束等待。 ② 由于该命令与 Transmit 命令无时序的关系，因此可以只用于测试	—	—
Transceive	1EH	将数据从 FIFO 发送到卡，并在发送后自动启动接收器。 注：① 在接收器实际启动之前状态机经过寄存器 RxWait 配置的时间后才结束等待。 ② 该命令是发送和接收的组合	数据流	数据流
WriteE2	01H	从 FIFO 缓冲区获得数据并写入内部 EEPROM	起始地址低字节 起始地址高字节 数据字节流	—
ReadE2	03H	从内部 EEPROM 读出数据并将其放入 FIFO 缓冲区。 注：密钥不能被读出	起始地址低字节 起始地址高字节 数据字节个数	数据流

续表 5.9.24

命　令	代　码	动　作	经由 FIFO 通过的变量和数据	经由 FIFO 返回的数据
LoadKeyE2	0BH	将一个密钥从 EEPROM 复制到密钥缓冲区	起始地址低字节 起始地址高字节	—
LoadKey	19H	从 FIFO 缓冲区读出密钥字节并将其放入密钥缓冲区。 注：密钥必须以指定的格式准备	字节 0 低 字节 1～字节 11 最高	—
Authent1	0CH	执行 Crypto1 卡验证的第一部分	卡的 Auth 命令 卡的模块地址 卡的序列号最低字节 卡的序列号字节 1 卡的序列号字节 2 卡的序列号最高字节	—
Authent2	14H	使用 Crypto1 算法执行卡验证的第二部分	—	—
LoadConfig	07H	从 EEPROM 读取数据并初始化 MF RC500 寄存器	起始地址低字节 起始地址高字节	—
CalcCRC	12H	启动 CRC 协处理器。 注：CRC 计算结果可从寄存器 CRCResultLSB 和 CRCResultMSB 中读出	数据字节流	—

10. MF RC500 的有关函数

在厂家提供的 MF RC500 的 DATA SHEET 中，对上述 RC500 的内部寄存器、中断系统、EEPROM、FIFO 缓冲区等都给了详细的说明。根据这些，开发人员可以从最底层接口编程，设计出一个个功能模块(函数)。为了避免繁杂量大的重复工作，最广泛的推广使用这类 RFID 系统，厂商也同样提供了一整套基于 C 语言的基本功能函数，供开发人员使用。这里只列举适用与微控制器接口中的主要函数形式，并作必要的说明(函数返回值 MI_OK＝0，表示成功，否则失败)，其中必须要用的函数比较少，其余都是某些特殊功能所需要的。

1) char M500PcdReset(void)；复位

使 RC500 复位。RC500 的 reset 引脚和微控制器的一个 I/O 口相连。

2) char M500PcdConfig(void)；RC500 的设置

向读写器开始写数据前，必须先执行该函数。进行复位并设置若干 RC500 寄存器。

3) char M500PcdInOutSlaveConfig(void)；

通过 RC500 的数字接口 mifare in(MFIN)和 mifare out(MFOUT)，一个 RC500 可以和另一个通信。这样，一个 RC500 作为主设可以通过 mifare out 向另一个作为从设的 RC500 的 mifare in 接口发出命令。这个从设不能由微控制器初始化，因为它只有 mifare in/out 的接口相连。因此，从设一旦被初始化，相应的参数就写入 EEPROM。在上电或复位后，这个

RC500 就读这些设置，并自动初始化为从设。

4) char M500PcdInOutMasterConfig(void);

对应于从设的设置过程，该函数是初始化作为主设的 RC500。它是附属于标准的设置 M500PcdConfig。

5) char M500PcdLoadKeyE2(unsigned char key_type,
unsigned char sector,
unsigned char * uncoded_keys);

把密钥存储在 RC500 内部的 EEPROM 中。函数 M500PiccAuthE2 要用这些密钥。

输入：key_type　　(密钥类型)取 PICC_AUTHENT1A 或 PICC_AUTHENT1B。
sector　　装载密钥的区号，0～15 有效。
* uncoded_keys　　6 字节的密钥。

注：在这个函数的原型中，就包括先调用函数 M500HostCodekey，把 6 字节的非编码密钥转换成 12 字节的 Code_key，然后调用函数 PcdWriteE2，把 Code_key 写入 EEPROM 中。这样就可供认证函数 M500PiccAuthE2 使用。

6) char M500PcdLoadMk(unsigned char kl_mode,
unsigned char key_addr,
unsigned char * mk);

为了调用能兼容以前的函数库，本函数把所有的密钥存放在微控制器中(定义了一个16×12 字节的二维数组)，该函数执行后，把 * mk 指向的 6 字节密钥复制到二维数组的 key_addr 位置。当调用认证函数 M500PiccAuth 时，就使用这些密钥。

注：该方式支持应用软件的向后兼容，但是它不能达到同样的安全等级，因为在这种情况下，密钥保存在 RC500 的安全密钥存储器之外。

输入：kl_mode　　取 PICC_AUTHENT1A 或 PICC_AUTHENT1B；选择主设密钥 A 或主设密钥 B。
key_addr　　指定写入密钥的 RAM 地址，它的取值 0～15。
* mk　　认证密钥 6 字节的指针。

返回：MI_OK(若成功)。

7) char PcdReadE2(unsigned short startaddr,
unsigned char length,
unsigned char * _data);

读取存储在 RC500 中 EERPOM 中的数据；给出开始地址和要读取的字节数；读取的数据存储在给定的缓冲区。

输入：startaddr　　在 EEPROM 中 2 字节开始的地址。
Length　　读取的字节数目。

输出：* _data　　保存读取字节的缓冲区。

8) char PcdWriteE2(unsigned short startaddr,
unsigned char length,
unsigned char * _data);

把数据缓冲区中给定长度的数据写到 RC500 的 EERPOM 中。

参数说明:三项参数含义同上面"读取"函数,操作方向相反;其中 * _data 是数据源缓冲区(输入)。

9) char M500PcdMfOutSelect(unsigned char type);

该函数用于设置引脚 MfOut 的输出。

输入:type　出现在引脚 MfOut 上的信号。它的编码含义如下:

000　恒定低电平;
001　恒定高电平;
010　来自内部编码器的调制信号,密勒编码;
011　串行数据流,不是密勒编码;
100　能量载波解调器的输出信号;
101　副载波解调器的输出信号;
110　保留;
111　保留。

10) char M500PiccRequest(unsigned char req_code,unsigned char * atq);

向 IC 卡发出请求。该函数访问读写器模块,使它向 Mifare 卡发送请求(REQ)命令代码。发出这个命令后,该函数等待卡的回应。

需要说明的是,由于 Mifare 和 ISO 14443 之间的接口特性,这项工作实际上是由函数 M500PiccCommonRequest 进行(即,该函数就是直接调用函数 M500PiccCommonRequest)。

输入:rq_code　请求代码。可取下列值:

ALL　发送 52H,得到来自处在暂停(halt)状态的卡的回应。
IDLE　发送 26H,得到来自非暂停状态卡的回应。

输出:* atq 16 位的 ATQ(对请求的应答)。

atq[0]…低字节(LSByte);atq[1]…高字节(MSByte)

卡应答的 ATQ 内容的低字节如表 5.9.25 所列。

表 5.9.25　卡应答的 ATQ 内容低字节

Bit7	Bit6	Bit5	Bit4	Bit3	Bit2	Bit1	Bit0
UID size 长度		RFU	bit-frame anticoll 防冲突的位结构				
00..std 标准 01..dbl 双倍 10..tpl 三倍			(if any bit set .. Y,else .. N) 若任意位置 1,则成功;否则失败				

高字节：保留将来使用。

11）char M500PiccCommonRequest(unsigned char req_code，unsigned char * atq)；

该函数实际上执行了前面 M500PiccReques 所描述的功能。

12）char M500PiccAnticoll(unsigned char bcnt，unsigned char * snr)；

防卡片冲突。实际上防冲突的循环过程是由函数 M500PiccCascAnticoll 执行的，调用的选择码(select_code)是 93H。

输入：bcnt　　序列号的 bit 位数(缺省值是 0)。

　　* snr　　4 字节序列号(位数目由 bcnt 表示)。

输出：* snr　　4 字节序列号，由防冲突顺序决定。

13）char M500PiccCascAnticoll(unsigned char select_code,
　　　　unsigned char bcnt,
　　　　unsigned char * snr)；

对应于 ISO 14443 中的规定，这个函数能够处理扩展的序列号，所以可能有多个选择码(select_code)。该函数发送一个选择码，然后所有处于准备好的标签都响应。在所有响应的标签中，最高的序列号将被该函数返回。

输入：select_code　　93H 表示标准选择码；95H 表示重叠等级 1；97H 表示重叠等级 2。

bcnt　　序列号位 bit 数目(缺省值是 0)。

* snr　　4 字节序列号(位数目已知，并且由 bcnt 表示出)。

输出：* snr　　4 字节序列号，由防冲突序列决定。

14）char M500PiccSelect(unsigned char * snr，unsigned char * sak)；

选择卡片。这个选择过程实际上是由函数 M500PiccCascSelect 执行的，它在调用时用选择码 93H。

参数：

输入：* snr　　4 字节的序列号

输出：* sak　　1 字节的选择应答：

xxxxx1xx　　重叠位集，UID(唯一标识符)不完整(Cascade bit set)；

xx1xx0xx　　UID 完整，PICC 符合 ISO/IEC 14443—4(UID complete)；

xx0xx0xx　　UID 完整，PICC 不符合 ISO/IEC 14443—4(not compliant with)。

(15) char M500PiccCascSelect(unsigned char select_code,
　　　　unsigned char * snr,
　　　　unsigned char * sak)；

该函数根据选择码，选择一个 UID 等级；返回选择应答字节。

符合 ISO 14443 的规范，这个函数能够处理扩展的序列号，所以可以有多个选择码。

选择函数中的选择码如表 5.9.26 所列。

表 5.9.26　选择函数中的选择码

Bit7	Bit6	Bit5	Bit4	Bit3	Bit2	Bit1	Bit0	防冲突的位结构
1	0	0	1	0	0	1	1	标准的,93H
1	0	0	1	0	1	0	1	双倍的,95H
1	0	0	1	0	1	1	1	三倍的,97H

选择应答字节(SAK)如表 5.9.27 所列。

表 5.9.27　选择函数中的应答字节

Bit7	Bit6	Bit5	Bit4	Bit3	Bit2	Bit1	Bit0	UID	ATS
—	—	1	—	—	0	—	—	UID 完整	ATS 有效
—	—	0	—	—	0	—	—	UID 完整	ATS 无效
—	—	x	—	—	1	—	—	UID 不完整	

注："—"表示保留将来使用;ATS(Answer To Select)为对选择的应答。

结合上面防冲突函数功能,下面简要介绍 ISO/IEC 14443—3 中给出的 TYPE A 类型的防冲突协议如下:

① TYPE A 的 IC 卡状态集:POWER-OFF(掉电状态)、IDLE(闲置状态)、READY(准备状态)、ACTIVE(激活状态)、HALT(暂停状态)。

② TYPE A 命令集:A 型命令集共有 5 个命令,读写器通过发送这 5 个命令实现对 IC 卡的防冲突和选择。包括 REQA(TYPE A 请求命令)、WUPA(TYPE A 唤醒命令)、ANTICOLLISION(防冲突命令)、SELECT(选择命令)和 HLTA(暂停命令)。

③ TYPE A 的 IC 卡的状态变化如图 5.9.16 所示。

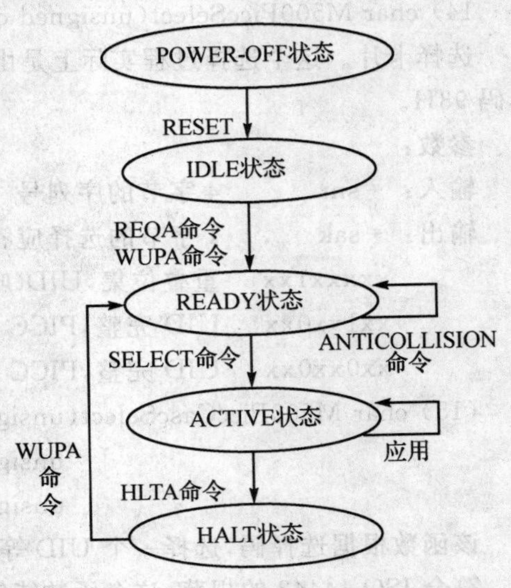

图 5.9.16　TYPE A 的 IC 卡的状态变化

④ UID 的构成与级别。每张 IC 卡都有一个不重复的序列号 ID,称为唯一标识符 UID(Unique IDentification)。IC 卡的 UID 长度可以是 4 字节、7 字节或 10 字节。

⑤ IC 卡的请求应答 ATQA(Answer To Request)。读写器由请求应答 ATQA 判断有无冲突。下列两种情况下,IC 卡将给出请求应答 ATQA:

• 读写器向 IC 卡发送了 REQA 命令,所有处于 IDLE 状态的 IC 卡都将给出请求应答 ATQA；

- 读写器向 IC 卡发送了 WUPA 命令，所有处于 IDLE 状态或 HALT 状态的 IC 卡都给出请求应答 ATQA。

⑥ IC 卡的选择应答 SAK(Select Acknowledge)。

⑦ TYPE A 读写器的初始化与防冲突流程：TYPE A 的初始化和防冲突采用了位帧防冲突技术(bit anticollision)，流程如图 5.9.17 所示。首先选择 UID CL1，检查 SAK 以判断 UID 是否完整，若 UID 的规格为 1，则 SAK 返回为"完整"；若 UID 的规格为 2，则还需选择 UID CL2，再次进入位帧防冲突过程，最终才能选出 IC 卡的唯一标识符 UID，然后进入激活(ACTIVE)状态。

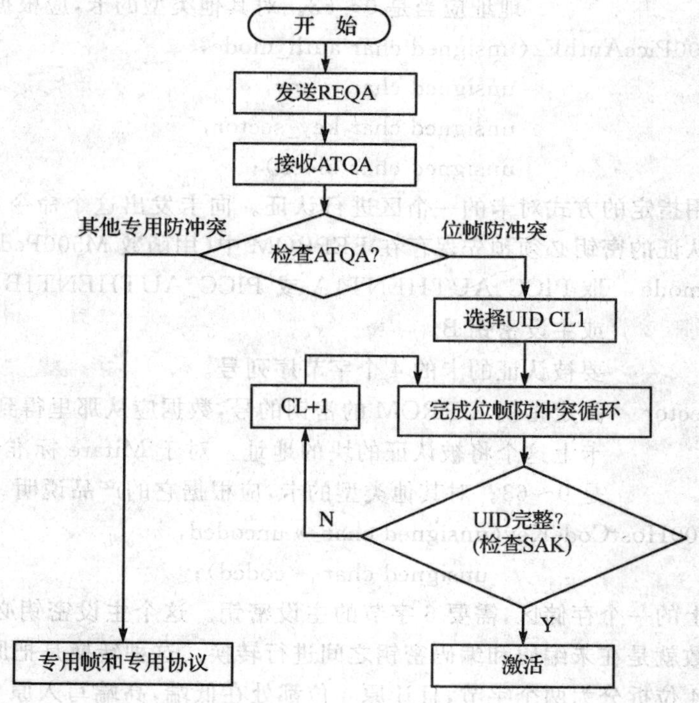

图 5.9.17 TYPE A 类型的防冲突流程

16) char M500PiccAuth(unsigned char auth_mode,
unsigned char * snr,
unsigned char key_sector,
unsigned char block)；

这个函数使用指定的方式和主设密钥(用密钥地址寻址)对卡的一个区(根据块的地址寻址)进行认证。向卡发出这个命令后，函数等待卡的回应。

这个函数的调用和早期的认证函数兼容。这些密钥由微控制器保存(见函数 M500PcdLoadMk)。在函数执行中首先调用了函数 M500HostCodeKey,把先前 M500PcdLoadMk 中由 key_sector 指定的 6 字节非编码密钥转换成 12 字节的编码密钥,然后调用函数 M500PiccAuthkey 完成认证。

输入:auth_mode　　取 PICC_AUTHENT1A 或 PICC_AUTHENT1B,选择主设密钥 A 或主设密钥 B。

　　* snr　　要被认证的卡的 4 个字节序列号。

　　key_sector　　指定密钥 RAM 的地址,数据应从那里得到(0~15)。

　　block　　在卡上这个将被认证的块的地址。对于 Mifare 标准卡,这个地址应当是 0~63。对其他类型的卡,应根据它的产品说明。

```
17) char M500PiccAuthE2(unsigned char auth_mode,
                        unsigned char * snr,
                        unsigned char key_sector,
                        unsigned char block);
```

这个函数使用指定的方式对卡的一个区进行认证。向卡发出这个命令后,函数等待卡的回应。这些用做认证的密钥必须预先保存在 EEPROM 中(用函数 M500PcdLoadKeyE2)。

输入:auth_mode　取 PICC_AUTHENT1A 或 PICC_AUTHENT1B,选择主设密钥 A 或主设密钥 B。

　　* snr　要被认证的卡的 4 个字节序列号。

　　key_sector　指定密钥 E^2PROM 的密钥的号,数据应从那里得到(0~15)。

　　block　卡上这个将被认证的块的地址。对于 Mifare 标准卡,这个地址应当是 0~63。对其他类型的卡,应根据它的产品说明。

```
18) char M500HostCodeKey(unsigned char * uncoded,
                         unsigned char * coded);
```

为了认证卡上的一个存储区,需要 6 字节的主设密钥。这个主设密钥必须转为读写器模式的编码。该函数就是在未编码和编码密钥之间进行转换。这种转换是把原 6 字节密钥的每字节高 4 位和低 4 位拆分为两个字节,且让原 4 位都处在低端,高端写入原 4 位的反码,得 12 字节 coded 型的密钥。无论用哪种方式装载密钥和认证,都要直接或间接调用该函数。

输入:uncoded　用做卡认证的 6 字节主设密钥。

输出:coded　用做卡认证的 12 字节的主设密钥。

```
19) char M500PiccAuthKey(unsigned char auth_mode,
                         unsigned char * snr,
                         unsigned char * keys,
                         unsigned char block);
```

这个函数是用存储在控制器中的密钥认证卡的一个区。这些密钥首先被装载到读写器的模块,然后用来认证所指定区。之前,为了得到要求的密钥编码,必须使用函数 M500HostCodeKey。

输入:auth_mode　取 PICC_AUTHENT1A 或 PICC_AUTHENT1B,选择主设密钥 A 或主设密钥 B。

　　* snr　要被认证的卡的 4 字节序列号。

　　* keys　12 字节主设密钥编码。

　　block　将要被认证的卡上这个块的地址。对于 Mifare 标准卡,这个地址应当是 0~63。对于其他类型的卡,应根据它的产品说明。

20) char M500PiccRead(unsigned char addr,unsigned char * _data);

该函数从指定的卡的块地址中读取 16 字节。对卡发出这个命令后,函数等待卡的应答。

输入:addr　要读取数据的块地址。对于 MIFARE 标准卡,地址取值 0~63(对 Mifare Pro 最大 255)。对于其他类型的卡,应根据它的产品说明。

输出:* _data　从卡上读取的 16 字节数据块的指针。

21) char M500PiccWrite(unsigned char addr,unsigned char * _data);

该函数对指定的卡的块地址写入 16 字节。对卡发出这个命令后,函数等待卡的应答。

输入:addr　要写入数据的块地址。对于 MIFARE 标准卡,地址取值 0~63(对 Mifare Pro 最大 255)。对其他类型的卡,应根据它的产品说明。

　　* _data　要写入卡上的 16 字节数据块的指针。

输出:—

```
22) char M500PiccValue(unsigned char dd_mode,
                       unsigned char addr,
                       unsigned char * value,
                       unsigned char trans_addr);
```

该函数执行增值(INCREMENT)、减值(DECREMENT)和恢复(RESTORE)命令。为了成功,所要进行的预处理是把数据块格式化为数值块(value block)。对于 INCREMENT 和 DECREMENT 命令,不是把数值直接写回到存储器的位置,而是把增加值装载到转移缓冲区,它可再用命令 TRANFER 转移到任何一个被认证过的块。

RESTORE 命令把存储在数据块地址中的值装载到转移缓冲区,然而这个特定的值只是一个虚拟(dummy)值,它必须在有效范围内。

用随后的 TRANSFER 命令,就给数值块确定了一个备份管理(见 5.9.1.5)。

对卡发出这个命令后,该函数等待卡的应答。

在出现错误的情况下,根据 MF RC 的错误标志,Mf500PiccValue()函数产生一个返回代码;否则,在无错误情况下这个值被送向卡,然后等待 NACK。在这个协议步骤中,由卡发出只有在一个错误情况下的 NACK 回应，是一个例外。这样，当所定时间到了，函数就成功了。

在完成计算之后，命令 TRANSFER 就自动地对地址为"trans_addr"的块(block)执行。对卡发出这个命令后，函数等待卡的应答，然后根据 MF RC 的错误标志，产生一个返回代码。

只有在 RESTORE、INCREMENT 或 DECREMENT 命令之后，TRANSFER 命令才能执行。

在数值块(value block)中的数值是 4 字节宽度，以正常的形式存储两次，以位(bit)取反的形式保存一次，目的是为了数据的安全。另外，数值块的起始地址是以正常形式和以"位"取反的形式各存储两次。在数值块备份的情况下，这个地址包含数值块的原始地址。

注：只有正数才能作为参数数值(value)。

输入：dd_mode　取 INCREMENT、DECREMENT 或 RESTORE 之一。
　　　addr　执行命令的块地址，取值 0～63。
　　　* value　4 字节的数值，低位在前。
　　　trans_addr　转移的目标块地址。

```
23) char M500PiccValueDebit(unsigned char dd_mode,
                            unsigned char addr,
                            unsigned char * value);
```

该函数用卡片对借方块的数值进行计算，这类卡支持自动转移(MIFARE light，MIFARE PLUS，MIFARE PRO，//MIFARE PROX 等)。

对卡发出这个命令后，函数等待卡的应答。在出错的情况下，根据 MF RC 的错误标志，它产生一个返回代码。

输入：dd_mode　取 INCREMENT、DECREMENT 或 RESTORE 之一。
　　　addr　执行命令的块地址，取值 0～63。
　　　* value　4 字节的数值，低位在前。

```
24) char M500PiccExchangeBlock(unsigned char * send_data,
                               unsigned char send_bytelen,
                               unsigned char * rec_data,
                               unsigned char * rec_bytelen,
                               unsigned char append_crc,
                               unsigned char timeout);
```

该函数在 PCD 和 PICC 之间交换数据块。

注意：当 append_crc 使能时，两个 CRC 字节被包含在 send_bytelen 和 rec_bytelen 之中。在接收缓冲区接收到的 CRC 字节总是被置 0。

输入：* send_data　发送的数据。

send_bytelen　包括两个字节 CRC 的长度。

append_crc　1 表示发送与接收的 CRC 以及奇偶校验都使能；0 表示 RxCRC 和 TxCRC 禁止，parity 使能。

timeout　设置时间溢出定时器。1 表示 1 s；2 表示 1.5 s；3 表示 6 s；4 表示 9.6 s。

输出：* rec_data　接收到的数据。

* rec_bytelen　接收到的数据长度。

25) char M500PiccHalt(void)；

该函数使 MIFARE 卡处于暂停状态。在对卡发出命令后，函数等待卡的回应。作为例外，在这个协议步骤中，卡没有发出 ACK，只有在错误情况下的 NACK。这样，当时间溢出发生，函数就成功了。

26) char M500PcdRfReset(unsigned char msec)；

关闭射频(RF)场一段时间(以兆秒计算)。这个周期由变量 msec 指定。随后是再开通射频场(大约 1 毫秒后)。如果选择的值是 0，射频场就完全关闭。

输入：msec　RF 场关闭的持续时间，以兆秒计算。如果该参数是 0，RF 永久关闭。

这些功能函数的背后主要是对 RC500 内部寄存器的读写操作(I/O 口)，其中也包括 PCD 和 PICC 命令的执行。前面提到的关键函数 M500PcdCmd，其形式如下：

```
char  M500PcdCmd(unsigned char cmd,          //PCD 命令代码
          volatile unsigned char * send, //发送缓冲区，发送给 PICC 不定长的字节流
          volatile unsigned char * rcv,  //接收缓冲区，来自 PICC 或 PCD 的不定长字节流
          volatile MfCmdInfo * info)     //函数与 ISR 之间通信的数据结构。它包括命令代码、
      //通信状态、已发送的字节数、要发送的字节数、接收的字节数、
      //中断源、发生冲突的位置等
```

这个函数提供了 MCU 与 RC500 之间的核心接口。基本功能由中断服务程序(ISR)提供，ISR 和函数 M500PcdCmd 紧密结合在一起运行。所有类型的中断由同一个 ISR 提供服务(例如单片机 8052 的外部中断 0)。根据命令代码 cmd 的值，所需要的中断都使能，并开始通信。当 RC500 在处理时，该函数等待它的结束。值得注意的是，发送的字节流是由中断服务程序写到 RC500 的 FIFO。在中断使能后，FIFO 下限中断(LoAlert)立即发生，ISR 把数据写入 FIFO。这个函数不包括对 FIFO 数据的写入或读取，该工作全都由 ISR 执行。命令完成后，评估错误状态并返回调用函数。

还有设置 RC500 定时器溢出时间的函数 M500PcdSetTmo(unsigned char tmoLength)也是在其他常见函数中调用的函数等。

5.9.3　程序设计举例

以上是设计软件时主要的基本功能函数。如果以 RC500 替代 MCM200 模块实现前面所

举的一个应用系统中具有的同样功能，那么相关程序代码可设计如下：

```
while(M500PcdConfig() != MI_OK);                        /＊RC500 初始化＊/
//假设根据有关访问控制字，只要求认证密钥 A
M500PcdLoad KeyE2(PICC_AUTHENT1A,2,Nkey_a);             /＊装载密钥 A 到 EEPROM 第 2 区＊/
……
if(M500PiccRequest(PICC_REQSTD,CardType)!= 0) goto M－err1; /＊请求＊/
if(M500PiccAnticoll(0,CardSNR)!= 0) goto M－err2;          /＊防冲突＊/
if(M500PiccSelect(CardSNR,&i)!= 0)  goto M－err3;  /＊选择卡，CardSNR 是卡的序列号＊/
if(M500PiccAuthE2(PICC_AUTHENT1A,CardSNR,2,8)!= 0) goto M－err4;  /＊认证＊/
if(M500PiccRead(8,BlockData)!= 0)  goto M－err5; /＊读卡的第 8 块数据存入 BlockData 数组＊/
……
```

其中装载密钥和认证也可分别调用 M500HostCodeKey 和 M500PiccAuthKey 函数来替代，或者用 M500PcdLoadMk 和 M500PiccAuth 函数操作。

有人对上述基本函数中的部分（主要是常用到的从设置密钥到读/写操作等）进行新的组合和集成，提供更简单的函数包装供开发者调用。以下介绍两个函数。

1. unsigned char rc500_keys(bit mode, uchar key_sector, uchar ＊keys, uchar ＊codekeys)

该函数用来设置 MFRC500 密钥，其内部过程比较简单（先调用函数 M500HostCodeKey，得 12 字节 codekeys，然后调用函数 PcdWriteE2，把这 12 字节写入指定的 EEPROM 位置，见表 5.9.21）。

输入：mode　　密钥模式(0) KEYA，(1) KEYB。

key_sector　　RC500 内 EEPROM 装载密钥的区号(0～15)。

＊keys　　6 字节密钥。

输出：＊codekeys　实际设置的 12 字节读写器模式的密钥。

2. char rc500(bit mode, bit authmode, uchar block, uchar ＊carddata, uchar ＊cardsn)

这个函数把请求、防冲突、选择、认证、读或写等过程集成为一体。

输入：mode　　读/写选择：READ＝0；WRITE＝1。

authmode　　密钥选择：KEYA＝0；KEYB＝1。

block　　IC 卡的块号(0～63)。

＊carddata　　读出或写入的 16 字节(输出或输入)。

＊cardsn　　卡的序列号 4 字节。

返回：MI_OK　　表示成功。

以下是在一个实验装置中，用这两个函数进行读、写操作的相关程序代码：

```
……
OpenIO();                                     //片选 RC500
```

```
if(M500PcdConfig()!= MI_OK)                          //初始化
    {alarm(30,1);
      return(NOK);}

if(rc500_keys(KEYA,0x03,buff1,buff)) == MI_OK;       //设置第 3 区密钥 A
……
//或者装载密钥 B
//if(rc500_keys(KEYB,0x03,buff2,buff)) == MI_OK;     //设置第 3 区密钥 B
……
if(rc500(READ,KEYA,0x0D,t_buff,cardsnr) == MI_OK)
    //读卡成功,其中包含请求、防冲突、选卡、认证、读卡等过程
    { M500PiccHalt();
      /*读到卡的第 13 块字节 16 个,存放在 t_buff 数组中*/
      …… //进行要求的数值计算,例如该项金额的变化等,结果保存在 t_buff 数组中
    }
……
if(rc500(WRITE,KEYA,0x0D,t_buff,cardsnr) == MI_OK);  //t_buff 写入第 13 块成功
……
```

由此可以看出,实现同样的功能,在 C 语言程序设计中要简单许多,它们对应的头函数和函数库都有相应的差别。

本节围绕 M1 卡和对应的基站芯片,从硬件到软件作了大致的介绍和分析。要真正实现一个应用系统在电子技术层面的开发设计,除电路设计外,如果根据相关器件的资料,软件从最底层的接口设计开始,是需要下功夫的事。绝大多数情况下,都是在有关厂商(或第三方)提供的 C 语言函数库的基础上进行的,如上述举例,就简便得多。当然,作为高层设计应用系统,市面上有很多现成的读写器供应,利用这些更高层的接口(硬件有 RS-232,USB 等通信接口,软件有视窗操作系统下的 API 动态函数库等供在 VC 或 VB 类的平台编程),就更加省事。

参考文献

[1] Punched Cards：IEEE Annals History of Computing. http://www.computer.org/portal/site/annals.

[2] A cultural history of the punch card. http://ccat.sas.upenn.edu/slubar/fsm.html.

[3] JAN VAN DEN ENDE. The Number Factory：Punched-Card Machines at the Dutch Central Bureau of Statistics. IEEE Annals of the History of Computing，1994，3(16).

[4] Friedrich W. Kistermann. Hollerith Punched Card System Development (1905—1913). IEEE Annals of the History of Computing，January-March 2005.

[5] LARS HEIDE. Shaping a Technology：American Punched Card Systems，1880—1914. IEEE Annals of the History of Computing，1997，40(19).

[6] Robert V. Williams. The Use of Punched Cards in US Libraries and Documentation Centers，1936—1965. University of South Carolina IEEE Annals of the History of Computing，April-June 2002.

[7] The0 Pavlidis，Jerome Swartz，and Ynjiun P. Wang. Fundamentals of Bar Code Information Theory Symbol Technologies. Computer，April 1990.

[8] John M. Tokar. A Computerized Bar Code System for Labeling Enviromental. Ocean Assessments Division National Ocean Service，NOAA Rockville，Maryland 20852.

[9] Two-Dimensional Bar Code Overview. http://www.dataintro.com/lit/wp2dbarcodes.pdf.

[10] The Pavlidis，Jerome Swartz，and Ynjiun P. Wang. Information Encoding with Two-Dimensional Bar Codes. Symbol Technologies Computer，June 1992.

[11] 中华人民共和国国家标准 四一七条码 417 Bar code. GB/T 17172—1997.

[12] 赵博，黄进. 二维条码 PDF417 编码原理及其软件实现. 电子科技，2007，(总第 211 期).

[13] Magnetic Stripe F/2F Read/Decode Integrated Circuit. MAGTEK South Annalee，Carson，CA. http://www.magtek.com/V2/... Magnetic+Stripe+F%2F2F.

[14] Magnetic Stripe(MagStripe) Techlonoge-In detail. Aurora Bar Code Technologies Ltd. http://www.google.com.hk/search?

[15] M3-2100-33G Single Track F/2F Decoder. Singular Technology CO.，LTD. http://www.singular.com.tw/Date：11-Feb-09 M3-2100-33G Intro.doc.

[16] 徐冠捷，曹柏荣. 基于单片机的磁卡读写机. 单片机开发与应用，2006，1.

[17] AT88SC1608. http://www. atmel. com/dyn/resources/prod_documents/doc0971. pdf.
[18] ICs for Chip Cards Intelligent 256-Byte EEPROM SLE 4432/SLE 4442 Data Sheet. Siemens, Semiconductor Group, 1998.
[19] IS23SC4442 256 Byte EEPROM With Write Protect Function and Programmable Security. Integrated Silicon Solution, Inc. http://www. issi. com/products-smart-cards. htm #D.
[20] John Wiley & Sons. RFID Handbook: Fundamentals and Applications in Contactless Smart Cards and Identification. 2nd Ed.
[21] EM4100 Read Only Contactless Identification Device. http://www. datasheetsite. com/datasheet/EM4100.
[22] EM4095 Data Sheet. http://www. emmicroelectronic. com/Products. asp? IdProduct=86.
[23] U2270B Application Note. http:// www. atmel. com/dyn/resources/prod_documents/doc4667. pdf.
[24] U2270B Antenna Design Hints. TELEFUNKEN Semiconductors, Rev. A3, 13-Dec-96.
[25] e5550 Data Sheet. TEMIC Semiconductor GmbH, Germany. http://www. temic-semi. com.
[26] mifrae Standard Card IC MF1 IC S50 Functional Specification. Philips Semiconductors, Product Specification Revision 5. 1, May 2001.
[27] mifare RC500 Highly Integrated ISO 14443A Reader IC Philips Semiconductors, Preliminary Product Specification Revision 2. 0, July 2001. http://www. nxp. com/documents/data_sheet/.